区域水资源
评价与规划管理

陈学群 沈连起 李福林 田婵娟 著

山东城市出版传媒集团·济南出版社

图书在版编目(CIP)数据

区域水资源评价与规划管理 / 陈学群等著. —济南 ：
济南出版社，2020.10

ISBN 978－7－5488－4320－7

Ⅰ.①区… Ⅱ.①陈… Ⅲ.①水资源—资源评价 ②水资源管理
Ⅳ.①TV211.1 ②TV213.4

中国版本图书馆 CIP 数据核字（2020）第 209444 号

出 版 人 崔 刚
责任编辑 韩宝娟
封面设计 谭 正

出版发行 济南出版社
地　　址 山东省济南市二环南路 1 号(250002)
印　　刷 济南龙玺印刷有限公司
版　　次 2021 年 6 月第 1 版
印　　次 2021 年 6 月第 1 次印刷
成品尺寸 185 mm×260 mm 16 开
印　　张 23.25
字　　数 400 千
审 图 号 潍坊审(2021)001 号
印　　数 1－560 册
定　　价 118.00 元

(济南版图书,如有印装错误,请与出版社联系调换。联系电话:0531－86131736)

前 言

水是生命之源、生产之要、生态之基，是人类社会赖以生存和发展不可代替的自然资源，还是构成区域生态环境系统的基本要素之一。水资源的可持续开发利用，是保障经济社会可持续发展的重要前提。近些年来，随着区域经济社会的持续快速发展和城市化水平的日益提高，水资源的需求量不断增加，并出现了水资源短缺、水生态退化、水环境恶化等突出问题。自党的十八大以来，习近平总书记针对上述问题进行了多方面的阐述并明确了基本要求。一方面提出了新时期“节水优先、空间均衡、系统治理、两手发力”的十六字治水方针，另一方面在黄河流域生态保护和高质量发展座谈会上明确要求推进水资源节约集约利用，要坚持“以水定城、以水定地、以水定人、以水定产”，把水资源作为最大的刚性约束。目前，我国已将水资源列为新时期国家发展中的三大战略资源之一，同时把水资源的节约集约利用提升为经济社会发展的战略问题，明确要强化水资源的规划与统一管理，加强水资源的合理开发、科学配置、全面节约、高效利用、有效保护和综合治理。因此，应用系统观念对区域水资源进行科学的评价和规划，不断提高水资源综合管理能力和水平，具有十分重要的意义。

寿光市是全国闻名的“蔬菜之乡”，也是山东省重要的工业基地，长期以来水资源已成为该市经济社会发展的命脉。但是，受全球气候变化和城镇化发展等多方面因素影响，寿光市的气候条件已发生了较大的变化，城市下垫面条件，地下水的补、径、排条件以及地表水与地下水之间的转化关系等均随之发生了变化，原有的水资源评价成果已不符合区域实际。与此同时，该市为保障工农业用水，长期以来存在超量开采地下水的现象，并导致地下水漏斗的形成和发展，海水入侵也出现加剧苗头。为缓解水资源供需矛盾，当地政府依托引黄济青和胶东调水输水工程积极开展跨流域调引黄河水、长江水，并通过水权交易方面增加流域内调水规模，逐步形成了当地地表水、地下水、黄河水、长江水、再生水等多种水源联合配置的格局。为了更好地摸清“家底”，高效配置有限的水资源，寿光市主动作为，开展了水资源评价和规划、管理工作，形成了系统的思路和成果。

前车之鉴，后世之师。鉴于寿光市水资源开发利用特征及面临系列问题的典型代表性，本书以该市先后组织完成的“寿光市水资源调查评价”“寿光市水资源优化配置研究”“寿光市地表水综合利用规划”等项目报告为核心依托，按照上、下两篇集中展示了区域水资源调查评价和水资源优化配置的思路、方法、方案等系统成果。其中，上篇重点展示了区域水资源调查评价工作的相关成果，下篇则重点展示了区域地表水资源综合利用规划的相关成果。上、下两篇既相对独立又相互照应，相信可作为北方缺水区域开展同类工作的借鉴。

本书由陈学群、沈连起、李福林、田婵娟共同撰写。在依托项目实施过程中，管清花、范明元、陈华伟、刘健、黄继文、王爱芹等同志作为项目组成员均承担了大量工作，在此表示衷心的感谢！同时，也借此对长期以来支持项目工作的寿光市水利局、山东省水利科学研究院的领导和同事们表示衷心感谢！

苔花如米小，也学牡丹开！本书从区、县水资源管理面临的问题实际出发，以粗浅的实例呈现了区域水资源评价与规划管理的一般特点，希望能为长期战斗在水资源管理一线的同志们提供些许有益的参考。

限于水平，书中疏漏之处恳请广大读者批评指正。

作　者

2020 年 9 月

目　录

上篇　寿光市水资源调查评价

下篇　寿光市水资源综合管理

上篇

寿光市水资源调查评价

第一章　寿光市水资源调查评价综述

第一节　寿光市水资源调查评价的目的和意义

寿光市是全国闻名的“蔬菜之乡”，也是山东省重要的工业基地，水资源已经成为寿光市发展的命脉。寿光市第一次水资源调查评价距今已有30多年，近年来受全球气候变化影响，寿光市的气候条件已发生较大的变化。同时随着工农业的迅速发展和城市化水平、水资源开发利用程度不断提高，城市下垫面条件，地下水的补、径、排条件以及地表水与地下水之间的转化关系均相应发生了变化，造成了寿光市水资源供需矛盾突出、地下水环境恶化、海水入侵加剧、水土流失等一系列问题。为保障寿光市水安全，寿光市相继开展了现代水网规划、水源地更迁以及资源水库调水等工作，以往的水资源调查评价成果已不能适应新的水利规划及工程措施要求。为贯彻落实国家新时期的治水方针，适应经济社会发展和水资源供求状况的变化，必须重新客观合理评价现状条件下寿光市水资源状况。

基于以上原因，进行寿光市水资源调查评价工作刻不容缓，不仅对缓解当地水资源的供需矛盾、生态环境的改善及水资源的可持续利用产生重大影响，而且对促进当地国民经济的进一步发展和不断改善人民的生活水平有重要的意义。对寿光市的水资源进行全方位的调查与评价，能为区域水资源开发利用提供基础依据，实现人水和谐，促进寿光市经济社会的健康可持续发展。

第二节　寿光市水资源调查评价的主要内容

本次水资源调查评价的主要任务是：延长水文系列，在分析研究全市范围内降雨、蒸发、径流诸水文要素的变化规律，地表与地下水相互转换关系和人类活动对水资源影响的基础上，对现状条件下地表水、地下水资源、总水资源的数量、质量、可利用量及其时空分布特点进行评价，并对近10年来水资源演变情势进行综合分析。

本次评价工作主要包括：

1. 划分评价区

在全省水资源三级区的基础上，对寿光市进一步划分水资源四级区。

2. 降雨量分析

确定相关参数、绘制降雨等值线图、确定分区降雨量。分析降雨量的地区分布、年内分配、年际变化以及系列代表性等。

3. 蒸发能力与干旱指数

分析单站蒸发能力，绘制水面蒸发量等值线图，分析水面蒸发量的地区分布，计算干旱指数。

4. 地表水资源量

收集寿光市所在流域各水文站点径流量资料，进行单站径流分析，编制寿光市年径流深等值线图；分析年径流深的地区分布、径流量的年际变化和年内分配；计算分区地表水资源量、地表水可利用量及出入境水量。

5. 地下水资源量

收集寿光市地层结构、单井柱状图及区域地质条件等资料，确定地下水评价区。收集地下水位长观井系列资料，分析地下水动态，绘制地下水等值线图。分析地下水资源量的地区分布，计算平原区及山丘区的地下水资源量、地下水开采量。并对重点地区地下水资源量进行核算。

6. 水资源总量

在分析整理以上基础资料的基础上，计算寿光市水资源总量及水资源可利用总量。

7. 水资源质量评价

分析河流、水库等地表水及地下水的水化学特征，对水资源的污染状况进行评价，包括污染源调查与评价，地表水、地下水质量现状评价，水资源质量变化趋势分析。

8. 水资源开发利用现状评价

分析寿光市供用水现状、供用水趋势、用水水平、用水效率、水资源开发利用程度。

9. 水资源演变情势分析

分析城市化对水资源演变情势的影响、蓄水工程的影响，引水、用水对河川径流的影响、地下水开发利用的影响以及对未来水资源演变趋势进行预测。

第三节　寿光市水资源调查评价的要求

一、基本技术要求

1. 评价区分区

本次水资源调查评价以水资源综合规划三级区、四级区以及地级行政区为分析评价单元，对各分区的水资源情况进行调查评价。

2. 系列年限范围

在以往的山东省、潍坊市及区域水资源评价工作的基础上，将水文系列延长至 2011 年，以 56 年（1956～2011 年）同步期水文系列作为水资源评价的基本依据。

3. 系列代表性

选择长系列雨量资料，采用长短系列统计参数的对比分析，以及丰、平、枯年数实际组成进行统计分析，对 1956～2011 年、1993～2011 年两个系列代表性进行评价以及分析年降雨量的多年变化规律，丰、平、枯水年出现的周期和频次。

4. 天然径流量的一致性分析处理

对于实测径流已经不能代表天然状况的水文站实测资料要进行水量还原计算，对于流域下垫面条件变化造成天然径流量系列明显变化的水文站要进行天然年径流系列的一致性分析处理。

5. 水资源演变情势分析

近 20 年来，由于人为因素较大程度地改变了一些地区的下垫面条件，导致产汇流条件变化，因此，在本次水资源调查评价工作中，要求对 1956～1979 年和近 20 年的同量级降雨条件下的径流量进行对比分析，若发现近 20 年来有明显的衰减或增加趋势，即在同量级雨量条件下产流量减少或增加量超过 10%，应在分析其成因的基础上对 1956～1979 年的天然径流量进行修正，改善系列的一致性，使分析成果能反映现状下垫面条件下的产流情况。

6. 调查评价思路

按照人口、资源、环境与经济社会协调发展和水资源可持续利用的原则，综合考虑河川径流特征、地下水开采条件、流域调蓄潜力、水土资源组合、生态环境保护要求及技术经济等因素，估算地表水资源可利用量以及地下水资源可开采量，为水资源承载能力分析提供依据。

（1）在重视地表水资源分析的同时，加强对地下水资源的分析

以利用地表水资源为主，以地下水资源补充地表水资源的不足，但随着经济社会的发展，水资源供需矛盾日益严重，地下水的开发利用也日显重要。因此，要根据变化了的情

况，充分利用地下水位动态监测资料，对地下水资源数量、质量及其分布特征进行全面评价。

(2) 加强水资源质量评价

水资源数量与质量是水资源的两个基本属性，在重视水资源数量评价的同时，加强对地表水和地下水资源质量的评价。地表水资源质量评价的主要内容包括：分析河流水化学特征；评价河流、湖泊、水库现状水质状况；评价水资源综合规划分区内污染较重的河流、湖泊、水库底质污染现状；进行流域主要水质污染物趋势分析以及水功能区水质达标分析等。地下水资源质量评价的主要评价对象是寿光市南部的浅层地下水以及进行了可开采量评价的深层承压水，评价的内容包括地下水水化学类型分析、地下水资源质量现状和空间分布特征以及地下水污染分析等。

(3) 分析水资源演变情势

由于人类活动和气候因素引起的降雨、径流、蒸发的变化，造成了水资源情势的变化。对近 20 年来水资源情势变化较大的流域和地区，应分析其成因和主要影响因素，并由此对未来水资源数量和可利用量的可能变化做出趋势预测分析。

二、调查评价的基础资料

1. 收集的基础资料

本市和邻近市（县、区）有关的水文资料。包括水文、气象部门正式刊印的降雨、蒸发、径流、泥沙、水温、气温等资料。

评价分区内的流域特征资料。包括地形、地貌、土壤、植被、河流、湖泊等。分区面积应采用水利部颁布的《全国水资源综合规划分区》中的面积，流域面积采用水文年鉴最近的刊印成果。

区域内水利工程概况。包括大、中型水库的蓄水变量和灌溉面积；引、提水工程的引、提水量及灌溉面积；全区域的灌溉面积、灌溉定额、渠系有效利用系数、田间回归系数等资料。

区域水文地质资料。包括岩性分布、地下水平均埋深、矿化度、地下水开采情况、地下水动态观测资料及有关参数分析成果。

区域社会经济资料。包括人口、耕地面积（水田、旱田等）、作物组成、耕作制度、工农业产值以及工农业与生活的用水情况。

水质监测资料。包括水文部门和环保部门的河流水质监测资料，工业、农业和城镇生活的排污量。

以往水文、水资源分析计算成果。包括《山东省水文图集》以及省级、市县级水资源调查评价成果。

2. 基础资料的审查

水资源调查评价成果的精度取决于搜集的资料的可靠程度。为了保证成果质量，对搜集的资料，我们进行必要的审查和合理性检查，以特大值、特小值和20年以前的资料为审查的重点。

对降雨量资料，着重分析年、月降雨量的特大值、特小值及其成因；对径流资料，主要审查集水面积的变动情况和断面迁移情况。

对水面蒸发资料，主要做好考证工作，对不同类型蒸发器的资料认真加以区别并分别选用相应的折算系数，对采用的折算系数进行合理性检查。

对水质、社会经济、用水等资料，进行必要的合理性检查。

三、主要参考依据

1. 主要法规文件

《中华人民共和国水法》

《中华人民共和国水土保持法》

《中华人民共和国水污染防治法》

《关于开展全国水资源综合规划编制工作的通知》（水规计〔2002〕83号）

《全国水资源综合规划任务书》

《全国水资源综合规划技术大纲》

《全国水资源综合规划技术细则》

《地表水水质补充细则》

《关于地下水水质调查评价汇总工作的补充说明》

《地下水资源量及可开采量补充细则（试行）》

《水资源可利用量估算方法（试行）》

《水资源评价导则》（SL/T 238—1999）

《地表水资源质量评价技术规程》（SL 395—2007）

《水利水电工程钻孔抽水试验规程》（SL 320—2005）

《水资源供需预测分析技术规范》（SL 429—2008）

《城市供水水源规划导则》（SL 627—2014）

《水资源保护规划编制规程》（SL 613—2013）

《水利水电工程水文计算规范》（SL 278—2002）

《生活饮用水卫生标准》（GB 5749—2006）

《城市水系规划规范》（GB 50513—2009）

《地表水环境质量标准》（GB 3838—2002）

《污水综合排放标准》(GB 8978－1996)

《供水水文地质勘查规范》(GB 50027－2001)

《城镇及工矿供水水文地质勘察规范》(DZ 44－86)

《地下水监测规范》(SL 183－2005)

《水文调查规范》(SL 196－97)

《城市地下水动态观测规程》(CJJ/T 76－98)

《地下水资源分类分级标准》(GB 15218－94)

《水质监测规范》(SD 127－84)

《水质采样技术规程》(SL 187－96)

《地下水质量标准》(GB/T 14848－93)

2. 主要参考资料

《寿光统计年鉴》

《山东省志·水利志》

《山东省水文年鉴》

《山东省水文图集》

《寿光市水资源公报》

《山东省用水定额编制报告》

《山东水旱灾害》

《山东省水资源综合利用中长期规划》

《寿光市国民经济和社会发展第十二个五年规划纲要》

第二章　寿光市的自然概况

第一节　自然地理概况

一、地理位置

寿光市地处山东省的中北部，位于小清河下游、渤海莱州湾的西南岸，地理坐标为北纬36°41′～37°19′，东经118°32′～119°10′。东接潍坊市寒亭区、潍城区，西毗邻东营市广饶县，南与昌乐县、青州市接壤，北临渤海莱州湾。南北纵长60 km，东西宽48 km，海岸线长56 km，总面积1990.1 km^2，约占全省总面积的1.27%。

寿光市现辖圣城街道、文家街道、洛城街道、古城街道、孙家集街道5个街道，稻田镇、侯镇、纪台镇、化龙镇．上口镇、田柳镇、营里镇、台头镇、羊口镇9个镇和双王城生态经济园区1个园区。共计975个行政村（居委会），2012年年末全市总人口105.1万人，是著名的“中国蔬菜之乡”。

二、地形地貌

从整体上来看，寿光市处于自南向北缓慢降低的平原区。地势上最高点在孙家集镇三元朱村东南角埠顶处，高程49.5 m；最低点在大家洼镇的老河口附近，高程1 m。南北相对高差48.5 m，水平距离70 km，平均坡降万分之七。

河流和地表径流自西南向东北流动，形成大平小不平的微地貌差异。全市地形总体分为三部分，划分成7个微地貌单元。

（1）南部缓岗区

该区西起孙家集镇大李家庄，经纪台镇张家庙子附近至稻田镇管村以南，为泰沂山区北部洪积扇尾。成土母质多为冲积物，土质较好。全区地形部位高，地面起伏大，地表径流强，潜水埋深大于5 m。土壤类型多为褐土和潮褐土。

（2）中部微斜平原区

该区地势平缓，坡降很小。分布有河滩高地、缓平坡地、河间洼地等微地貌单元。因受河流影响，各个地貌单元呈南北走向间隔条带状分布。土壤母质为河流冲积物。河滩高地主要分布在丹河以东，南起田马镇北，北至侯镇南端，潜水埋深较大，水热条件好，主要发育着褐土化潮土和潮土，河间洼地和河滩高地呈间隔平行分布。缓平坡地主要分布在化龙、文家，地形部位低，潜水较浅，多发育湿潮土，部分低洼地区发育着砂姜黑土。

（3）北部滨海浅平洼地

滨海浅平洼地主要包括侯镇、道口和羊口、卧铺的全部或大部。地形部位低，海拔在4～7 m之间。成土母质为海相沉积物与河流冲积物迭次相间。地下水埋深1～3 m，矿化度较高。土壤为滨海盐土和滨海潮盐土。

寿光市地形与地貌分布详见图2-1、图2-2及表2-1。

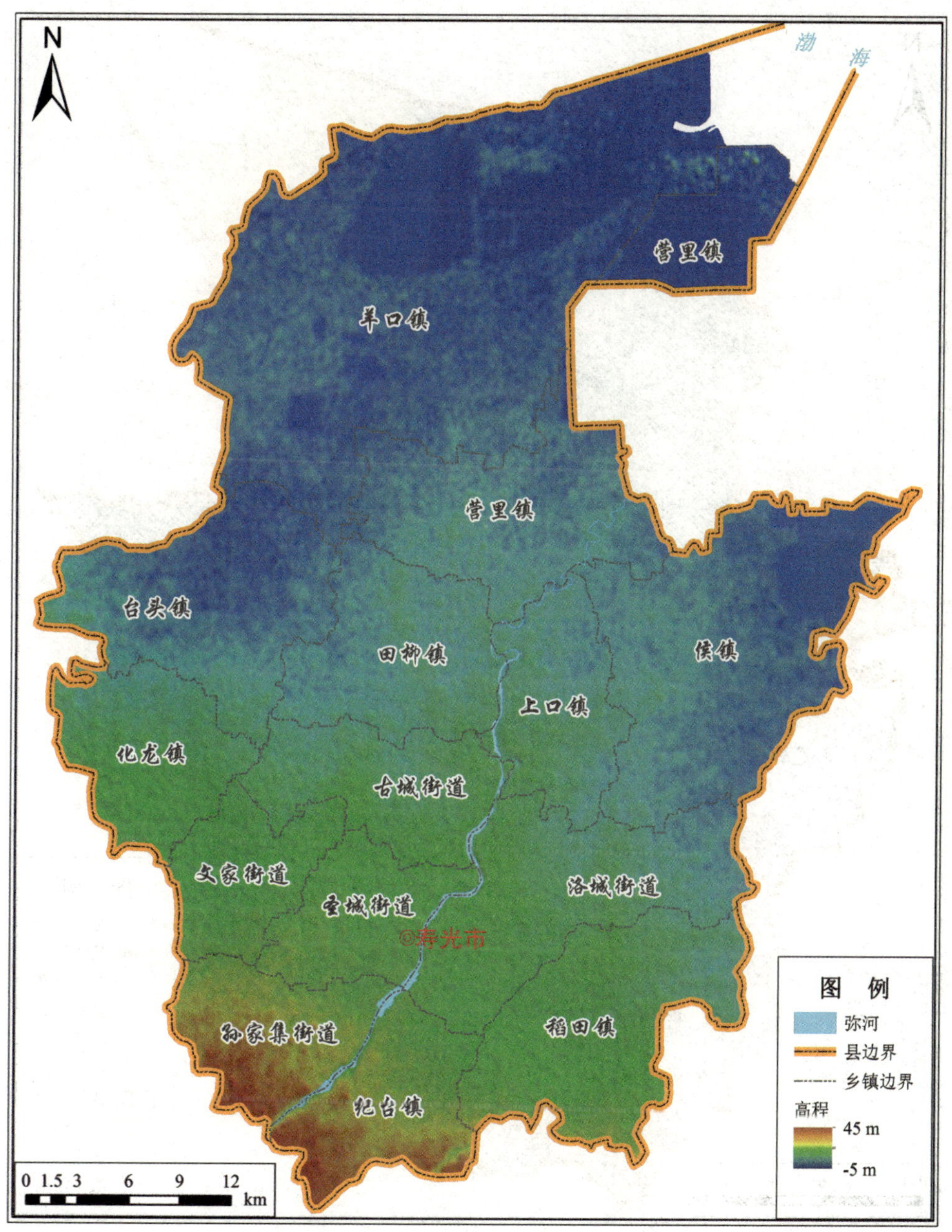

图 2-1　寿光市 DEM（数字高程模型）地形图

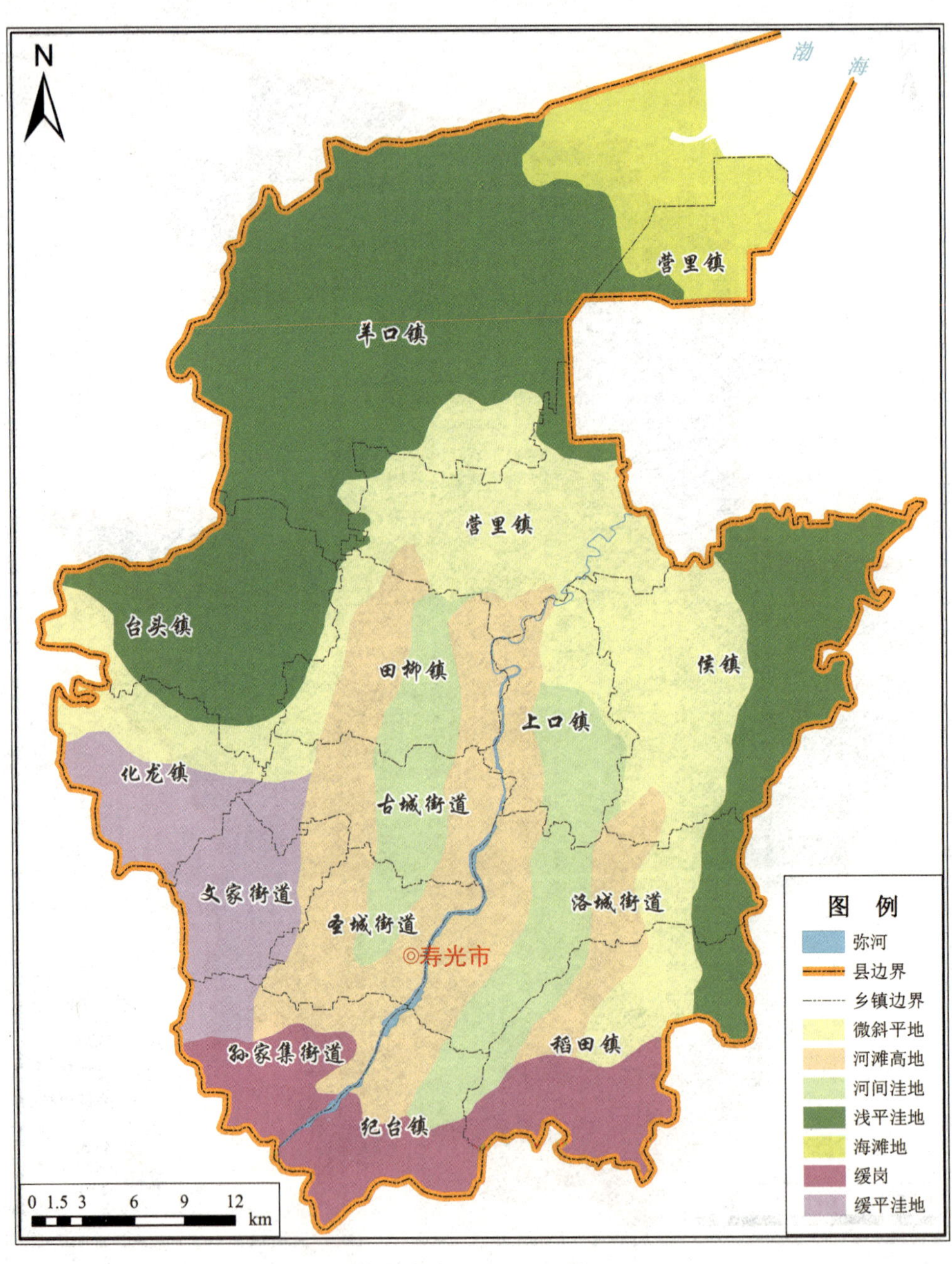

图 2-2　寿光市地貌分布图

表 2-1　寿光市微地貌单元分布位置一览表

名称	分布位置
缓岗	孙家集街道、纪台镇大部分和稻田镇南部
河滩高地	丹河东岸，南起稻田镇中部，北至侯镇南端； 弥河沿岸，南起孙家集街道、纪台镇以北，北至营里镇南部
河间洼地	与河滩高地呈间隔平行分布
缓平洼地	文家街道西南部及化龙镇中部和南部，孙家集西北部、古城街道西南部
微斜平地	从河滩高地、河间洼地到浅平洼地的过渡带
浅平洼地	稻田镇、洛城街道、侯镇东部，台头镇和羊口镇大部及营里镇北部
海滩地	渤海沿岸近海处，海拔高程 1～2 m 部位

三、土壤植被

寿光市的土壤多属耕种历史悠久的农业土壤，土壤类型可以分为 4 个土类（潮土、褐土、砂姜黑土和滨海盐土）、8 个亚类、13 个土属、79 个土种。土壤在区内的分布受地形、地下水位变化的影响，空间差异性较大。其大体趋势是从南向北依次分布为褐土、潮褐土、褐土化潮土、砂姜黑土、潮土、湿潮土、盐化潮土、滨海潮土 8 个亚类。

寿光市中部有一条大致东西向的咸淡水分界线，将全市分为南部井灌区和北部盐碱区，南部井灌区多为壤土、沙壤土，北部盐碱区多为潮土和潮盐土。

寿光市植被以栽培作物、人工植被为主，防护林和城市绿化为辅。作物主要有小麦、玉米、豆类和蔬菜。林木主要有杨、柳、榆、槐、桐、苹果、梨、桃、枣、葡萄。自然植被有曲曲菜、茅草、芦苇、碱蓬、黄蓿菜等。全市森林覆盖率为 27.06%，其中，南部井灌区林木覆盖率较高，作物种植密度大，植被较好，林木覆盖率达到了 31%；北部盐碱区，通过寿光林海生态博览园等示范工程建设和治理，林木覆盖率正在逐年提高。

四、地质与构造

（1）构造单元的划分

寿光市在大地构造上属于华北板块（Ⅰ级单元）华北拗陷（Ⅱ级单元）济阳拗陷（Ⅲ级单元）东营拗陷（Ⅳ级单元），五级构造单元可分为东营凹陷（Ⅴ1）、广饶凸起（Ⅴ2）、牛头凹陷（Ⅴ3）、双河凸起（Ⅴ4）、寿光凸起（Ⅴ5）、昌乐凹陷（Ⅴ6）。

①东营凹陷

位于寿光市最北部，南部与广饶凸起相邻，受古近纪末期盆地整体抬升影响，本区东营组被完全剥蚀，新近系直接覆盖于古近系之上，古近系主要为沙河街组和孔店组，其下部为侏罗系和寒武系。

②广饶凸起

北部为东营凹陷，南部为牛头凹陷和双河凸起，呈带状东西向展布，东部伸入莱州湾。广饶凸起自古生代隆起后，一直处于剥蚀阶段，直到新近纪又开始接受沉积，使得其缺失古近纪和中生代地层，新近系直接覆盖于古生代寒武-奥陶系之上。

③牛头凹陷

位于寿光市中部，北及东北为广饶凸起和双河凸起，南为寿光凸起和昌乐凹陷。该凹陷内地层差异较大，北部及东部新生界较厚，第四系、新近系和古近系均有发育，其下为侏罗-白垩系，基岩埋藏较深，而西南部新生界仅有第四系和新近系，且厚度较薄，直接覆盖于寒武系之上。

④双河凸起

位于寿光市东北部，西北与广饶凸起相邻，西南与牛头凹陷相邻，东北部伸入莱州湾。该凸起为一高凸起，新生界主要为第四系和新近系，下部为寒武-奥陶系，基岩埋深较浅。

⑤寿光凸起

位于寿光市西南，四周被牛头凹陷和昌乐凹陷所包围。该凸起为一高凸起，第四系和新近系很薄，下部为古生代寒武系和太古代泰山群，基岩埋深较浅。另外，根据区内钻孔资料，凸起东南部小范围内分布有古近纪沙河街组，而缺失寒武系，下部为太古代泰山群。

⑥昌乐凹陷

位于寿光市最南部，第四系、新近系和古近系均有发育，根据附近物探资料，其下部为寒武—奥陶系。本区有古近纪孔店组与沙四段之间、沙四段与新近系馆陶组之间两期重要的不整合，代表了两次重要的抬升剥蚀过程，孔一段沉积末期的构造抬升运动造成的剥蚀量较小，而沙河街末期的构造抬升运动使得本区普遍缺少沙三段、沙二段、沙一段以及东营组，剥蚀厚度较大。

（2）主要断裂构造

境内断裂均为隐伏断裂，主要有广南断裂、何家官-寒桥断裂、五井断裂、临朐-跋山断裂等。

①广南断裂

位于广饶凸起南部，是广饶凸起的南部边界，走向北东向，向东北延伸至莱州湾，断裂北部为上升盘，南部为下降盘。该断裂活动时间长，始于古生界初期，止于新近系馆陶组。

②何家官-寒桥断裂

该断裂是山东省物化探勘查院根据物探推测的断裂，走向东西向，倾向南，倾角40°左右，产生于古近纪，并在期间发生巨大的垂直升降运动，在第四纪仍有活动，力学性质为张性。该断裂是昌乐凹陷与寿光凸起和牛头凹陷的分界断裂，断裂中部被五井断裂切割。

③五井断裂

寿光市内沿弥河一线发育于第四系之下，走向北东向，倾向以南东向为主，倾角70°～80°，宽5～20 m。该断裂具有多期活动的特点，为先张后压扭，南东盘下落，北西盘上升，新近纪之前活动较为强烈，之后活动相对较弱。

④临朐-跋山断裂

该断裂是山东省地质调查院通过卫星照片解译，野外验证发现的一条大断裂，走向为南北向，近直立，宽10～100 m，区域上长达上百千米，在寿光市隐伏于第四系之下，向南切割五井断裂，是寿光凸起的西界断裂。其产生时间可追溯到侏罗系三台组沉积之前，中生代活动较弱，新生代又强烈活动，并控制第三纪的沉积及火山岩的喷发，是现今仍在活动的断裂，其性质为先张后压。

（3）地层岩性分布

根据区域地质、物探资料以及钻孔资料，寿光市发育的地层主要有：第四纪平原组，新近系明化镇组和馆陶组，古近纪东营组、沙河街组和孔店组，中生代侏罗-白垩系，晚古生代石炭-二叠系，古生代寒武-奥陶系，太古代泰山群，总体特征是各构造单元内地层向南倾，埋深及厚度由南向北增大。

①第四纪平原组

主要为灰黄色、棕黄色黏土和砂质黏土夹粉砂、细砂层，常含有钙质结核，与下伏地层呈整合接触，厚度一般小于300 m。

②新近系

在牛头凹陷南部及以南地区，该层顶板埋深小于300 m，厚度一般小于300 m，主要为棕红、灰绿色泥岩、砂质泥岩与棕黄色、灰绿色粉砂岩、泥质粉砂岩，并夹有黑色玄武岩，与下伏地层不整合接触。东营凹陷、广饶凸起、双河凸起和牛头凹陷北部自上而下具体又细分为明化镇组和馆陶组。

明化镇组主要为土黄、棕黄、棕红色泥岩、砂质泥岩与灰白色砂岩，与下伏馆陶组整合接触。顶板埋深一般在200～300 m，厚度以东营凹陷内最大，在500～600 m，广饶凸起、双河凸起、牛头凹陷北部厚度在200～300 m。

馆陶组主要为灰白色细、中砂岩，砾状砂岩，灰绿色粉砂岩和棕红色泥岩的交互沉积，与下伏地层呈不整合接触。东营凹陷内顶板埋深700～850 m，厚度小于300 m；牛头凹陷北部顶板埋深400～500 m，厚度100～200 m；广饶凸起、双河凸起内顶板埋深500 m左右，厚度小于100 m。

③古近纪沙河街组

除广饶凸起、双河凸起、寿光凸起西部、牛头凹陷西南部缺失外，其他地区均有分布。沙河街组自上而下分为四段，沙一段主要为深灰色泥岩、生物灰岩和灰质砂岩，沙二段为棕红色泥岩和灰色砂岩、含砾砂岩互层，沙三段上部以褐灰色、灰绿色泥岩为主，夹薄层细砂岩、灰质砂岩及白云岩，下部以浅灰色细砂岩为主，与褐灰色泥岩呈互层状，沙四段上部为灰色、灰绿色泥岩夹油页岩、白云岩和薄层砂，下部为棕红色泥岩夹砂岩。东营凹陷内该层顶板埋深750～1 100 m，厚度450 m左右，主要为沙三段和沙四段，沙一段和沙二段仅在北部有分布，厚度薄，在50～80 m；牛头凹陷北部，顶板埋深500～700 m，厚度900 m左右，为沙三段和沙四段，其中沙三段400 m左右，沙四段500 m左右；牛头凹陷东部，顶板埋深350～550 m，厚度500 m左右，主要为沙四段；昌乐凹陷内顶板埋深200～400 m，厚度250 m左右，均为沙四段；寿光凸起内沙河街组仅在东南部有小面积分布，根据区内钻孔资料，顶板埋深485 m，厚度175 m，为沙四段。该层与下伏地层不整合接触。

④古近纪孔店组

除广饶凸起、双河凸起、寿光凸起、牛头凹陷西南部缺失外，其他地区均有分布。东营凹陷内其顶板埋深1 200～1 550 m，厚度150～650 m，上部主要为紫红、棕红色泥岩与粉砂岩和细砂岩互层，下部主要为灰色泥岩、砂质泥岩夹粉砂岩。牛头凹陷和昌乐凹陷内孔店组自上而下分为孔一段和孔二段，孔一段为棕红色砂岩与棕红色、紫红色泥岩不等厚互层，孔二段主要为暗色泥岩夹炭质泥岩、页岩及薄层砂岩。在牛头凹陷北部，孔店组顶板埋深1 550 m左右，厚度550 m左右；牛头凹陷东部，孔店组顶板埋深850～1 050 m，厚度达1 600 m；昌乐凹陷内，其顶板埋深500 m左右，厚度1 000 m左右。孔店组与下伏地层不整合接触。

⑤中生代侏罗-白垩系

2 000 m以内仅在东营凹陷内有分布，区内钻孔揭露顶板埋深1 575 m，厚度234 m，主要为红色砂泥岩和碎屑岩夹炭质泥岩，与下伏地层呈不整合接触。

⑥古生代寒武-奥陶系

2 000 m以内主要分布于东营凹陷、广饶凸起、双河凸起、牛头凹陷西南部、寿光凸起和昌乐凹陷内，岩性主要为灰色灰岩、白云岩及页岩等。该层顶板埋深在各构造单元有着较大差异，东营凹陷内为1 800 m左右，广饶凸起和双河凸起内为500～700 m，牛头凹陷西南部在300 m左右，寿光凸起为200 m左右，东南部缺失该层，昌乐凹陷内根据物探资料顶板埋深为1 400～1 700 m。寿光凸起内该层厚度500～600 m，其他地区根据区域资料厚度达1 500～1 800 m。

⑦太古代泰山群

2 000 m以内仅分布于寿光凸起内，顶板埋深600～800 m，岩性为一套肉红色花岗片麻岩和浅灰绿、黑色花岗角闪岩。

根据山东省北部地区磁异常平面图和部分钻孔资料验证，寿光境内新近纪—第四纪地层内较广泛地存在玄武岩。这一时期火山多次活动、规模较大、活动性强，岩石化学成分偏碱性，类似大洋橄榄拉班玄武岩，属大陆碱性玄武岩类型。

五、水文地质

1. 北部滨海平原区域水文地质

本区受构造控制，晚第四纪以来，经四次海侵，河流以由西向东、由东向西变迁，形成相互叠置，具有一定水平分布规律的第四系含水层。含水层自西南向东北变薄，直至尖灭，特征有二：一是呈条状分布，大致为西南东北向；二是含水层厚度，弥河西大于弥河东。

本区南部咸水层上，有浅层淡水，向北逐渐尖灭，形成淡、咸、淡三层结构；中部一般为咸、淡两层结构；边区多为咸、淡、咸三层结构。

2. 要南部弥河冲洪积平原区域水文地质

本区位于弥河下游冲洪积平原，第四纪含水层组有二：第一含水层组，砂层底板埋深，由南及南西向北及北东逐渐加深。弥河东以中、粗砂含砾为主，颗粒较粗，单层及累计厚度较大；弥河西属弥河泛流带，含水砂层厚度变薄，颗粒变细。第二含水层组，为承压含水层，顶部砂质黏土，厚度 10～20 m，与第一含水层组相隔，使地下水均有承压性。第二含水砂层，横向多呈扁大透镜状，纵向呈带状展布，自上游而下游。砂层结构由单一变多层，单层厚度由厚变薄，颗粒由粗变细。

第一含水层组，富水区有三：一是中等富水区，单井涌水量大于 1 000 m^3/d，在古河道主流带，由冯家尧河两侧，经屯田、北齐疃、寒桥东至东锡家邵村。二是弱富水区，单井涌水量 500～1 000 m^3/d，沿主河道两侧分布，西部由东七经张建桥至安全牟城；东部由洛城、李家尧水至丁家店子一带。三是极弱富水区，单井涌水量小于 500 m^3/d，在本区弥河东，马家齐村—官庄一带；弥河东，沙埠屯—郭家庄—胡营一带。

第二含水层组，北部第一含水层组下微承压含水层为本区主要开采层。其富水区有三：一是强富水层，单井涌水量 2 000～3 000 m^3/d，局部大于 3 000 m^3/d；该区呈西南—东北方向分布，在第二含水层组古河道带内，分布于郭家庄—南魏庄地段。二是中等富水区，单井涌水量 1 000～2 000 m^3/d，沿第二含水层组古河道主流带两侧，与第一含水层组古河道主流带北段及南段，呈“介”字形，由东北—西南斜贯本区南部，分布在东锡家邵村—王家尧水—屯田—凤凰庄以及安全牟城—肖家楼—椒园—寿光市城区和西南仁和—沙窝—淄河店一带，南部六股路—凤凰庄、冯家尧河地段。三是弱富水区，单井涌水量大于 1 000 m^3/d，分布在古河道两侧边缘带，与古河道间带。该区多为细砂、中砂和粉砂，西部文家、化龙、台头，受淄河水补给，地下水较东部略丰。

东南贫水区，因第四纪沉积层较薄，含水层多为粉砂、细砂，含水量较小，单井涌水量小于 500 m^3/d。下隐伏第三纪地层中，多有泥岩、玄武岩。玄武岩地层多破碎、裂隙，有少量中砂层，厚度 1～2 m，单井涌水量 500～1 000 m^3/d。

寿光市饮用水水源地均处于弥河古河道上，地下水主要开采层为第二含水层组（承压水含水层），砂层以中细砂含水层为主，可利用含水层顶板埋深，西南及东南部较浅，向东北方向逐渐加深。顶板埋深40～100 m左右，底板埋深60～200 m左右，全部为承压水，含水砂层累计厚度可达25～30 m。有效孔隙度为0.06～0.08之间，含水层渗透系数为10～30 m/d之间，水力坡度$J=1.2‰$，地下水径流方向为西南东北向，地下水不仅受弥河地表径流补给，而且受地下水侧向补给。地下水排泄除人工开采外，主要向弥河两侧和下游地下径流排泄。

六、水文气象

寿光地处中纬度带，北濒渤海，属暖温带季风区大陆性气候。受冷暖气流的交替影响，形成了“春季干旱少雨，夏季炎热多雨，秋季爽凉有旱，冬季干冷少雪”的气候特点。

气温：年平均气温12.7 ℃，年最高14.2 ℃（1998年），年最低11.4 ℃（1969年）。月平均气温7月最高，为26.5 ℃；1月最低，为−3.1 ℃。月平均气温年较差29.6 ℃。极端最高气温41.0 ℃，出现在1968年6月11日；极端最低气温−22.3 ℃，出现在1972年1月27日。

降雨量：历年（寿光站）平均降雨量593.8 mm。最大1 286.7 mm（1964年），最小299.5 mm（1981年）。季节降雨高度集中于夏季（6、7、8月）。全年平均降雨日数73.7天（≥0.3 mm为一降雨日），7月份最多，平均13.6天；1月份最少，平均2.4 d。

蒸发：年平均蒸发量（E20值）1 834.0 mm，最大年2 531.8 mm，最少年1 453.5 mm。年内蒸发变率较大，3～5月占全年蒸发总量的30%～35%，6～9月占45%～50%，10月至次年2月仅占20%左右。

风向风速：全年主导风向为南偏东南风，出现频率为10%。冬春季盛行西偏西北风，夏秋两季盛行南偏东南风。

年平均风速3.1 m/s。4月最大，平均3.9 m/s；8月最小，平均2.4 m/s。最大风速23.0 m/s，出现在1984年3月20日。

七、河流水系

寿光市境内有小清河、弥河、塌河等大小河流17条，河流总长度485 km，总流域面积2 072 km^2，可以划分为5个水系，其中，小清河、弥河流域面积最大。小清河为省管理的中型河道，流经市境北边界，于羊角沟入海。弥河在境内纵贯南北，将全市分为东西两部分，弥河多年平均径流量为2.3亿m^3。

其他中、小河流共15条，包括丹河、塌河、益寿新河、张僧河、张僧河东支、桂河、织女河、阳河、龙泉河、乌阳沟、雷埠沟、王钦河、西跃龙河、东跃龙河、崔家河等，其中以丹河、塌河较大。河流总流域面积 5 219 km²，其中临朐、青州、广饶、昌乐等县（市）客水流域面积 3 388 km²，本市流域面积 1 831 km²。寿光市境内的以上诸河，除弥河、小清河有部分径流外，其他河道已基本干涸无径流，且小清河主要排泄上游污水。

（1）弥河水系

弥河，古称“巨洋水”“具水”“洱河”“朐弥”等。弥河是一条天然山洪河道，发源于沂蒙山北麓的临朐县九山，全长 216 km，流域面积 3 863 km²，在市南部的纪台镇入境，境内全长 70 km，境内流域面积 1 600 km²，在营里镇中营村北分流，分流口以上流经纪台、孙家集、洛城、圣城、古城、上口、田柳、营里等 8 个镇（街道）。分流口以下分为两支泄洪，老河道由上口镇半截河村穿营里、滨海经济开发区、侯镇等镇向东入海，下游有丹河、崔家河汇入。弥河分流自营里镇中营村北经营里、羊口镇等镇至羊口镇区东入海，下游有张僧河东支、营子沟汇入。夏秋之际，山洪下泻，水流湍急，上游往往冲决堤岸，河道亦是来回不定，素有“弥河串”之说。

（2）塌河水系

塌河亦名漏沟，是小清河右岸最下游一条较大支流。它包括雷埠沟、织女河、阳河、龙泉河、乌阳沟、王钦河、伏龙河、跃龙河、益寿新河等支流，各支流呈扇形分布，均在巨淀湖附近汇入塌河干流。新塌河自阳河入织女河汇口处开始，在八面河村东入小清河。

（3）丹河水系

丹河有康河、尧河两条支流。康河发源于昌乐县内，于纪台镇张家楼子村南入境，向北流经赵家庄子西，在耿家村北折向东北，经丁家尧河村北，于稻田村西穿潍博公路，在谷家齐村南与尧河汇流，复又向北经丁家店子村东、李家桥村西向东北，于草碾子村西入丹河。尧河发源于临朐县尧山，流经青州、昌乐两县边界，经尧沟镇北，于纪台镇冯家庄入寿境，向北流经李家庄东、于家桥子村折向东北，经尧河店子村南、陈家尧河村东、冯家尧河村、杨家尧河村西，于马家庄子北穿潍博公路、经官桥村北蜿蜒向东，经梁家尧水村南，于谷家齐村南与康河汇流入丹河。境内全长 56.8 km，总流域面积 770 km²，其中寿光境内流域面积522 km²。河道宽度 20～30 m，深度 2.5～3.0 m。

（4）崔家河水系

崔家河是寿光市内东部和潍城区西北部的排涝河道。干流自稻田镇傅家村西郭营、斟灌两沟汇口处起至韩家庙子北入丹河，长 23 km，流域面积 169.2 km²。河道底宽 10 m，深度 2.5 m。境内仅有四条支流：挑河子、芦洼沟、斟灌沟、郭家营沟，均为人工开挖而成。排除稻田镇北部和洛城街道办区域内丹河以东涝水，境内流域面积 130 km²。

（5）桂河水系

桂河发源于昌乐县方山，流经孤山前、朱刘店社区西、大石桥村西、后牟村东，在稻田镇桂河村南流入市境内。经桂河村西流向西北，在葛家村南有邢河汇入，向北经东桂河村东、国家埠村东、陶官庄村西，在田家村以南流向东北，在管村北穿潍博公路折向东，经王望、伦家村北，在何家村南有白杨沟汇入，在寿光寒亭边界有潘里沟汇入，下游注入潍城区境内大圩河故道。境内长 16.5 km，入境流域面积 50 km^2，出境流域面积 376 km^2。河道宽度 20～30 m，深度 2.5～3.0 m。

寿光市河流水系分布详见图 2-3，寿光市主要河流统计表见表 2-2。

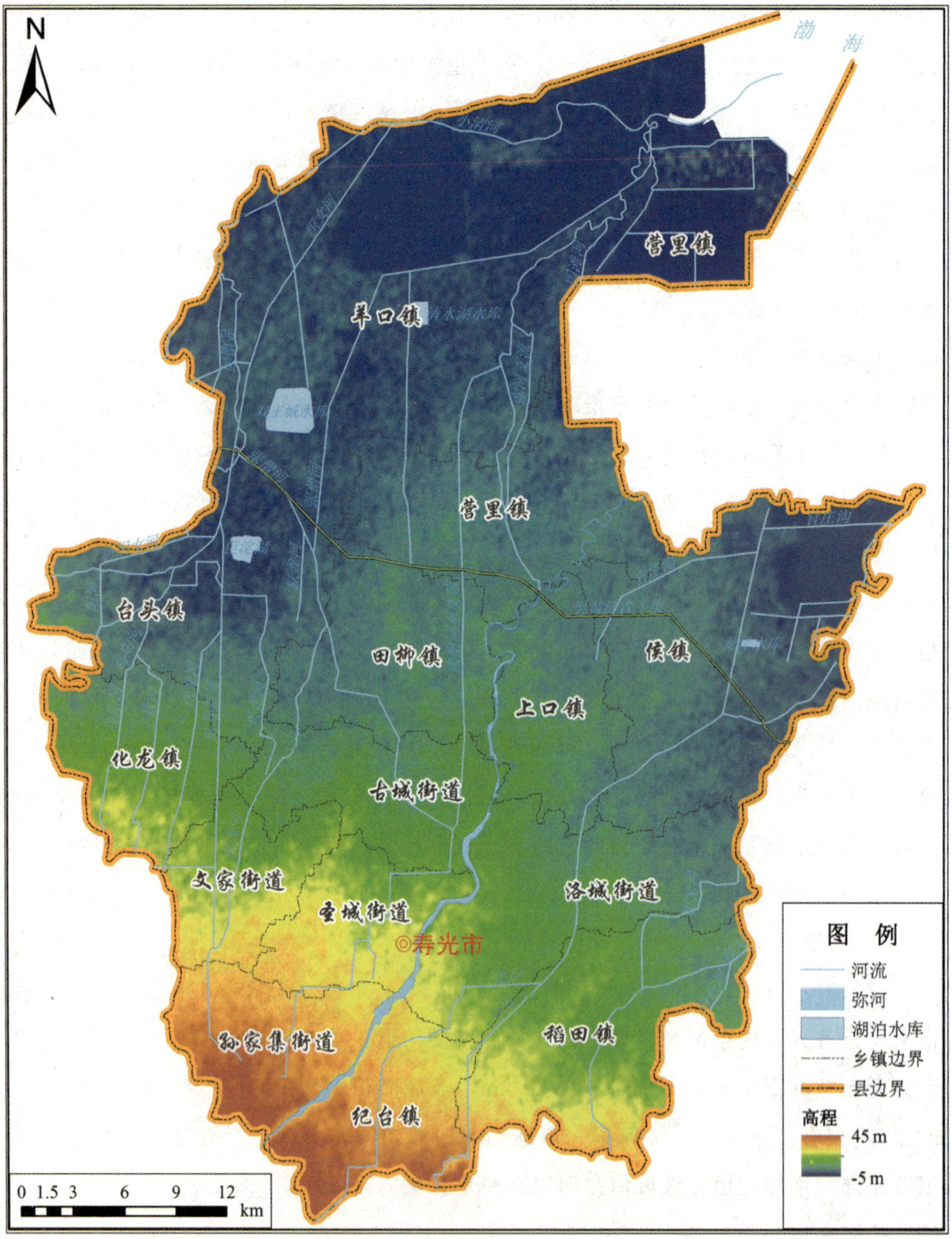

图 2-3　寿光市河流水系分布图

表 2-2　寿光市主要河流一览表

流域	河流名称	境内河长（km）	境内流域面积（km^2）	流经乡（镇）
淮河流域	弥河	70	1 600	孙家集街道、纪台镇、圣城街道、洛城街道、古城街道、田柳镇、上口镇、营里镇、侯镇、双王城生态经济园区
	弥河支流	36.5		营里镇、双王城生态经济园区
	丹河	56.8	522	纪台镇、稻田镇、洛城街道、上口镇、侯镇
	张僧河	46.5		古城街道、田柳镇、台头镇、双王城生态经济园区
	织女河	36.5		台头镇、双王城生态经济园区
	张僧河东支流	32.4		圣城街道、古城街道、田柳镇、营里镇、双王城生态经济园区
	益寿新河	28.4		孙家集街道、文家街道、化龙镇、台头镇
	跃龙河	25.7		文家街道、古城街道、田柳镇、台头镇
	官庄沟	18.4		上口镇、侯镇
	桂河	16.5	50	稻田镇
	小清河	16.0		双王城生态经济园区
	王钦河	11.3		化龙镇
	崔家河	23.0	130	稻田镇、洛城街道
	乌洋河	7.6		化龙镇、台头镇
	新织女河	7.3		台头镇
	乌洋沟	5.35		化龙镇
	兴龙河	4.41		古城街道、台头镇
	阳河	4.17		台头镇
	围滩河	3.97		双王城生态经济园区
	预备河	3.84		双王城生态经济园区
	尧河	3.4		纪台镇
	白杨河	3.0		稻田镇
	淄河	0.21		台头镇

第二节　社会经济概况

一、人口

2012年年末，全市总人口105.1万人，其中城镇人口28.2万人，农村人口76.9万人，男女性别比为101.8：100。全年出生人口11 041人，死亡人口8 168人。人口出生率10.53‰，死亡率7.79‰，人口自然增长率2.74‰，城镇化率46.46%。

二、经济

2012年全年完成地区生产总值（GDP）618.1亿元，按可比价计算同比增长13.2%，其中，第一产业完成增加值78.5亿元，同比增长5.5%；第二产业完成增加值312.7亿元，同比增长15.8%，其中工业增加值262.5亿元，同比增长16.8%；第三产业完成增加值226.9亿元，同比增长12.1%。一、二、三产业对经济增长的贡献率分别为5.5%、63.1%和31.4%，分别拉动GDP增长0.7、8.3和4.2个百分点。三次产业比重由上年的13.4：51.7：34.9调整为12.7：50.6：36.7，产业结构进一步优化。

寿光市三次产业结构在改革开放后变化明显，从1987年之前的“一、二、三”结构提升为2012年的“二、三、一”结构。1988年第二产业比例首次超过第一产业，1999年第三产业比例首次超过第一产业，在1988～1999年间，三次产业的增加值较为接近，1999年以后“二、三、一”结构清晰，第二、三产业比例明显上升，第一产业比例不断下降，这一结构趋势仍在延续。

三、农业

寿光市是传统的农业大市，蔬菜种植具有较高的知名度，是著名的“蔬菜之乡”。2012年完成农林牧渔业总产值150.4亿元、增加值78.5亿元，按可比价计算各增长5.5%。

据统计，全市粮食播种面积138.6万亩，同比下降0.9%，粮食总产68.2万吨，同比增长2.9%。其中，夏粮总产32.9万吨，同比增长1.9%，单产476.1公斤，同比增长3.0%；秋粮总产35.3万吨，同比增长3.8%，单产508公斤，同比增长4.5%；棉花播种面积28.4万亩，同比下降1.4%，总产19614吨，同比增长4.0%；水果总产10.4万吨，同比增长7.2%；瓜菜播种面积85.5万亩，同比下降0.1%，瓜菜总产444.6万吨，同比增长1.3%。高端农业迅猛发展。全市新增标准化蔬菜园区38个，自主研发蔬菜新品种10个，新认定绿色农产品92个，国家地理标志产品达到17个，种苗年繁育能力达到12亿株。

全市完成造林面积2667公顷，同比下降14.9%；本年新增育苗面积275公顷，同比增长41.0%；四旁植树500万株，与上年持平；2012年年末，农田林网面积达到85907公顷，同比增长0.3%；活立木蓄积量79.0万 m^3，同比增长11.4%；林木覆盖率达到22.1%，比上年提高2.0个百分点。

全市新增60亩以上标准化畜牧园区73个。2012年年末，全市牛存栏0.5万头，同比下降16.7%，出栏0.5万头，与上年持平；生猪存栏47.7万头，同比增长14.4%，出栏76.5万头，同比增长31.0%；羊存栏11.2万只，同比增长10.9%，出栏11.4万只，同比增长4.6%；家禽存栏2 164.4万只，同比增长20.6%，出栏7 615.3万只，同比增长10.9%。全年肉类总产17.0万吨，同比增长10.4%；禽蛋总产2.1万吨，同比增长10.5%；奶类总产量0.9万吨，与上年持平。

全市完成渔业总产值13.6亿元，按可比价计算增长5.0%。水产品产量18.8万吨，同比增长5.6%。海洋捕捞13.0万吨，同比下降3.0%；海水养殖5.1万吨，同比增长37.8%；淡水养殖0.7万吨，与上年持平。

四、工业

至2012年年底，全市规模以上工业企业达到501家，同比增加29家，完成工业总产值1 519.0亿元，工业增加值同比增长18.3%。

全市规模以上工业实现主营业务收入1 542.2亿元，利润81.5亿元，利税113.4亿元，同比分别增长19.1%、8.6%和13.1%。工业品产销率为97.7%。

全市80家装备制造业企业实现主营业务收入206.3亿元，同比增长21.8%；实现利润14.1亿元，同比增长30.2%；实现利税17.7亿元，同比增长37.2%。装备制造业增加值占规模以上工业增加值比重为13.1%，较年初提高0.86个百分点。

全市高新技术产业产值534.2亿元，同比增长19.0%，占规模以上工业总产值比重为35.2%，较年初提高2.98个百分点。

全市统计范围内的65种主要产品产量，有48种产品产量同比增长，锂离子电池、橡胶轮胎等产品产量同比增长25%以上。

第三章 降 雨

第一节 水资源分区

水资源分区是水资源管理、调查评价和开发利用的基础，也是水资源综合规划工作的基础。水资源分区采用区域区划的有关规定和方法，在高级分区中以水资源中地表水的区域形成（流域、水系）为主，在低级分区中，考虑供需系统及行政区域。

水资源分区与行政区域有机结合，保持行政区域和流域分区的统分性、组合性与完整性，适应水资源评价、供需分析、综合治理、合理配置、节约保护和管理等工作的需要。分区结果要能基本反映水资源及其开发利用条件的地区差别。

分区面积大小视经济条件、水资源开发率高低而异。对国民经济发达、供需矛盾突出、需水要求迫切、需水量大、水资源开发率高的地区，分区范围、面积可适当缩小；对经济发展较慢、水资源开发率低的地区，分区范围、面积可适当加大些，以利于对水资源开发重点地区的研究。

寿光市水资源分区，按照全国统一的水资源分区的有关规定，以《全国水资源分区》为基础，参照《山东省水资源综合规划水资源开发利用情况调查评价报告》制定的水资源评价分区和水资源利用分区成果。

按流域水系来划分，寿光市属于淮河流域水系的一部分；按照基本保持河流水系完整性的原则，寿光市又属于山东半岛沿海诸河的一部分，根据河流水系进一步细化，又可以划分为小清河区、弥河区和白浪河区。因此，寿光市按流域水系划分，可以划分为 1 个一级区、1 个二级区、2 个三级区和 3 个四级区。寿光市各级水资源分区名称及面积见表 3-1 和图 3-1。

表 3-1　寿光市水资源流域分区统计表

水资源分区				计算面积（km^2）	总面积（km^2）
一级区	二级区	三级区	四级区		
淮河区	山东半岛沿海诸河	小清河区	小清河区	482.1	482.1
		潍弥白浪河区	弥河区	1 358.2	1 358.2
			白浪河区	149.8	149.8
寿光市				1 990.1	1 990.1

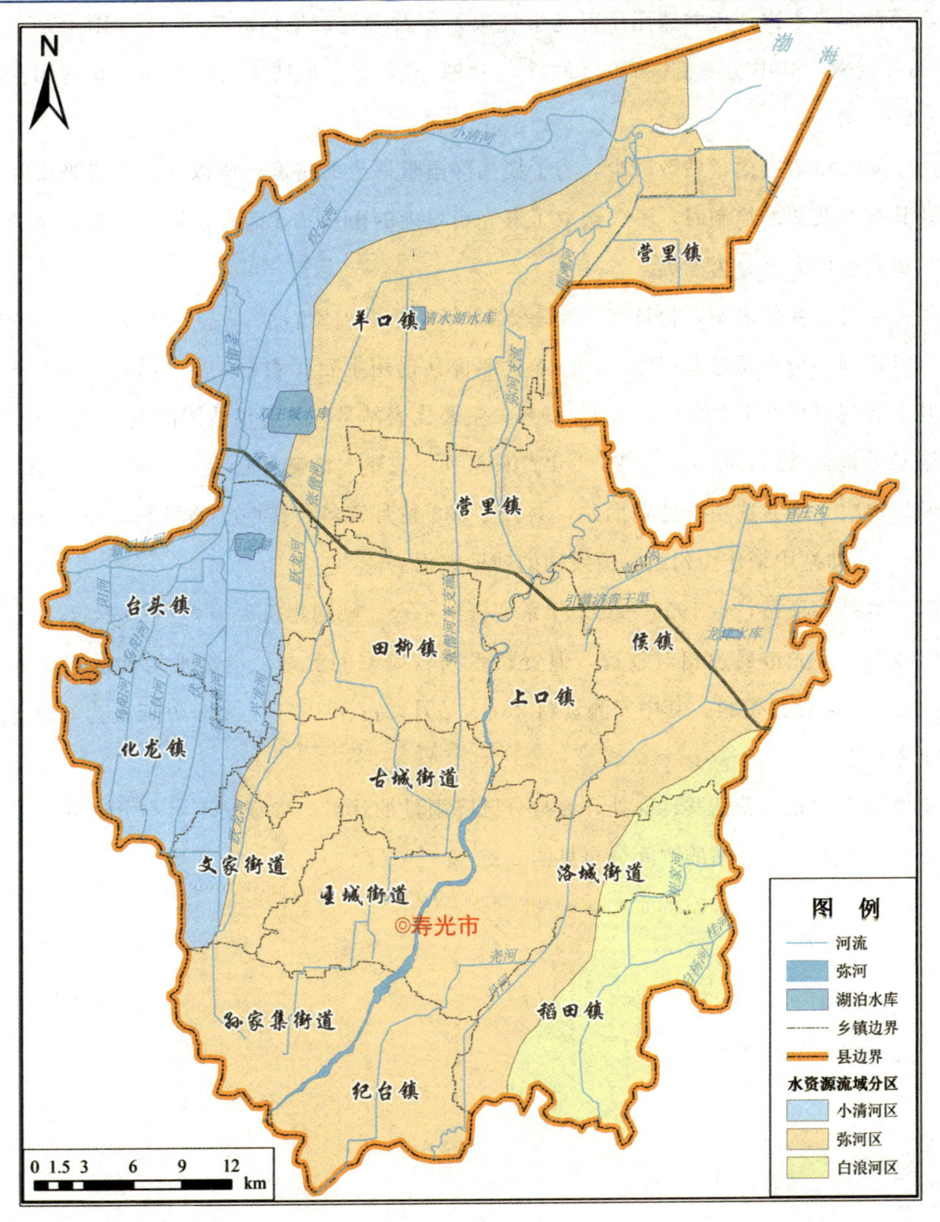

图 3-1　寿光市水资源流域分区图

第二节　基本资料

一、雨量站的选用

本次评价选站的原则：(1) 雨量站观测资料系列较长，质量较好；(2) 空间分布比较均匀，对降雨量变化梯度大的地区，选用雨量站适当加密。根据上述原则，结合寿光市雨量资料的实际情况，本次评价共选用了寿光市气象站以及寿光市境内和周边 11 处雨量站，共计 7 248站月资料，其中实测资料 7 072 站月，占 97.57%。全市选用雨量站的平均站网密度为 165.8 km^2/站。

由于寿光市境内雨量站数较少，为了提高降雨量评价的精度，所以在进行寿光市降雨量计算及其等值线图的绘制时，不仅选取了寿光市境内的雨量站，而且选取了周边区域的雨量站，并将这些雨量站分为三类。

第一类是主要代表站，指具有 1956～2011 年完整系列资料或 1956～2011 年系列资料不完整，但缺测年份不超过 5 年的测站。本次评价共选用主要代表站 4 处，共计 2 688 站月资料，其中实测资料 2 685 站月，占 99.89%。主要代表站是勾绘等值线图的主要依据点。

第二类是辅助站，指 1956～2011 年资料系列不完整、缺测年份大于 5 年且不超过 20 年的测站。本次平均共选用 5 处辅助站，共计 2 556 站月资料，其中实测资料 2 384 站月，占 93.27%。辅助站用来作为勾绘等值线图的辅助点据。

第三类是参证站，指 1956～2011 年系列资料不全、缺测年份大于 20 年且不超过 30 年的测站，或者是寿光市周边相对较远，但资料系列较完整的测站。本次平均共选用 3 处参证站，共计 2 004 站月资料，其中实测资料 2 003 站月，占 99.95%。参证站仅作为勾绘等值线图的参考点据。

主要代表站和辅助站共计 9 处，参与分区降雨量的计算。参证站不参与分区降雨量的计算。三种不同类型雨量站的空间分布见图 3-2。

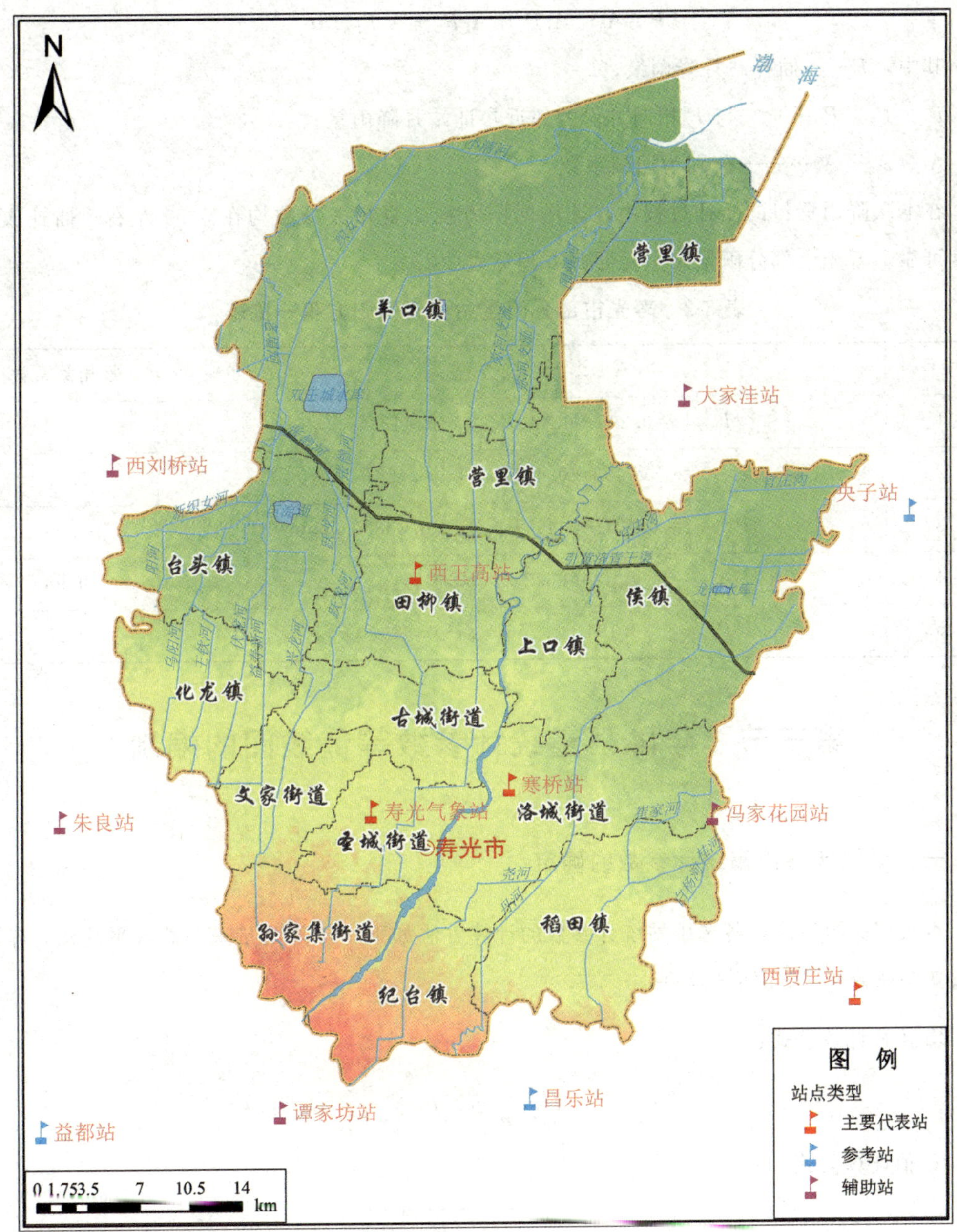

图 3-2 选用雨量站类型空间位置分布图

二、降雨资料的插补延展

本次水资源评价采用多元线性回归分析法和优化插值技术，对缺测月份降雨量进行插补延展。具体做法是，根据降雨量观测资料状况，选定插补站和参证站。根据插补站和参证站的资料情况，兼顾地形、高程等下垫面条件，按照阶段寻优、整体优化的原则，建议一组多元线性回归方程，其一般形式为：

$$P=A_0+A_1P_1+A_2P_2+A_3P_3+\cdots$$

其中，P——插补站月降雨量；

P_1、P_2、P_3…——与 P 相同月份的邻近参证站月降雨量；

A_1、A_2、A_3…——分别为回归系数。

在本次降雨资料的插补过程中，选用回归方程的复相关系数均在 0.95 左右，插补成果精度可靠。寿光市部分雨量站多元回归方程见表 3-2。

表 3-2　寿光市部分雨量站多元回归方程一览表

序号	多元回归方程	复相关系数
1	$P_{朱良站}=0.296+0.445P_{益都站}+0.413P_{西王高站}$	0.93
2	$P_{朱良站}=-0.403+0.441P_{益都站}+0.426P_{寿光气象站}$	0.95
3	$P_{大家洼站}=0.121+0.414P_{西王高站}+0.438P_{寿光气象站}$	0.93
4	$P_{大家洼站}=0.622+0.823P_{西王高站}$	0.98
5	$P_{冯家花园}=0.194+0.256P_{寒桥}+0.669P_{西贾庄站}$	0.97

第三节　年降雨量统计参数等值线图的编制

一、单站年降雨量统计参数的确定

本次水资源评价，各选用站统计参数的计算方法如下，年降雨量采用算术平均法，年降雨量变差系数 C_v 采用矩法计算。

均值 $\bar{P}$ 计算公式：

$$\bar{P}=\frac{1}{n}=\sum_{i=1}^{n}P_i$$

C_v 值计算公式：

$$C_v=\sqrt{\frac{1}{n-1}\sum_{i=1}^{n}(K_i-1)^2}$$

其中，K_i 为降雨量的模比系数：

$$K_i=\frac{P_i}{\bar{P}}$$

部分选用雨量站年降雨量特征值见表 3-3。

表 3-3　寿光市部分雨量站年降雨量特征值统计表

站点名称	最大		最小		平均年降雨量（mm）				1956～2011年 C_v 值
	年降雨量（mm）	出现年份	年降雨量（mm）	出现年份	1956～2011	1956～1979	1956～2000	1980～2011	
寿光气象站	1 286.7	1964	299.5	1981	597.0	634.9	591.6	568.6	0.29
寒桥站	1 335.2	1964	287.7	1981	597.2	653.0	593.6	555.3	0.3
西王高站	1 185.8	1964	257	1981	580.9	603.8	569.5	563.8	0.29
西贾庄站	1 121.7	1964	252.8	1977	591.7	645.6	589.5	551.3	0.29
昌乐站	1 100.4	1964	307.6	1981	608.7	659.9	606.0	570.3	0.28

二、统计参数等值线图的绘制

根据全市 12 处雨量站年降雨量的统计参数分析成果，4 处主要代表站作为勾绘等值线的主要依据点，5 处辅助站作为勾绘等值线的辅助点据，3 处参考站作为参考点据；在勾绘等值线过程中，同时综合考虑了地理位置、地形地貌、气候等因素对降雨的影响，不拘泥于个别点据，避免等值线过于曲折或产生过多的高、低值中心，点绘了寿光市 1956～2011 年多年平均降雨量等值线图（见图 3-3）、1956～1980 年多年平均降雨量等值线图（见图 3-4）、1981～2011 年多年平均降雨量等值线图（见图 3-5）和 1956～2011 年降雨量变差系数 C_v 等值线图（见图 3-6）。

年降雨量均值等值线图的线距为 10 mm，C_v 等值线图的线距为 0.01。

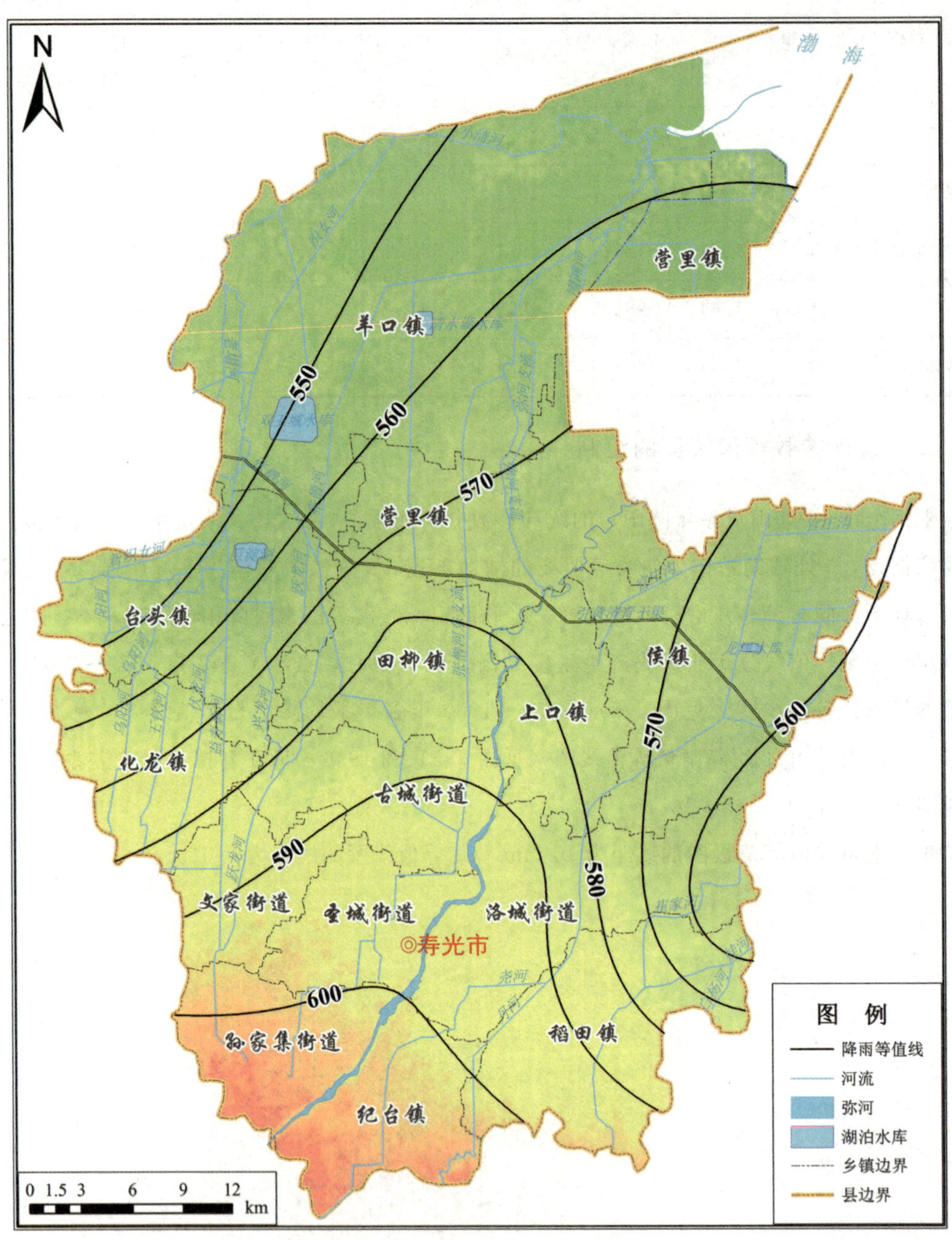

图 3-3 寿光市 1956～2011 年多年平均降雨量等值线图

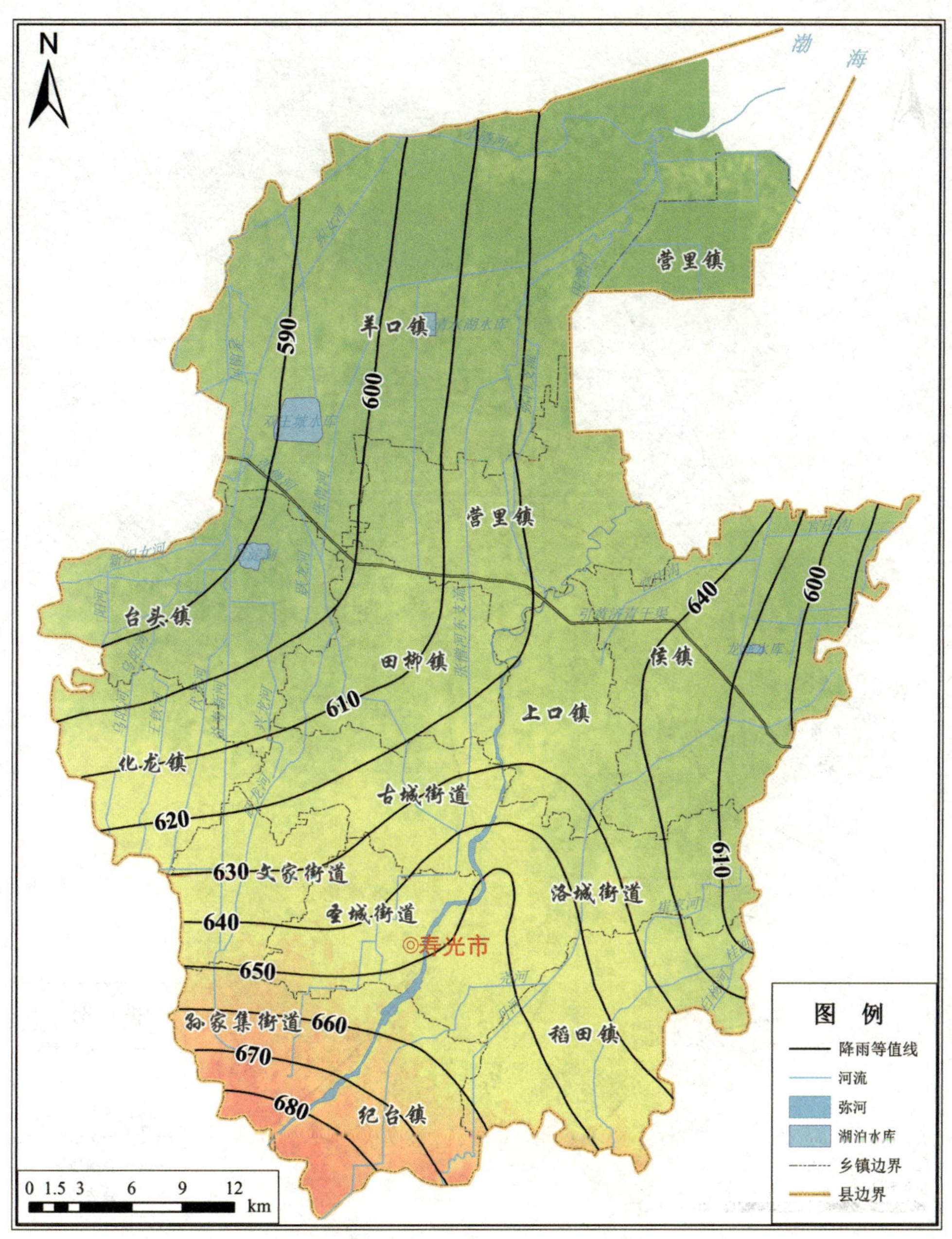

图 3-4　寿光市 1956～1980 年多年平均降雨量等值线图

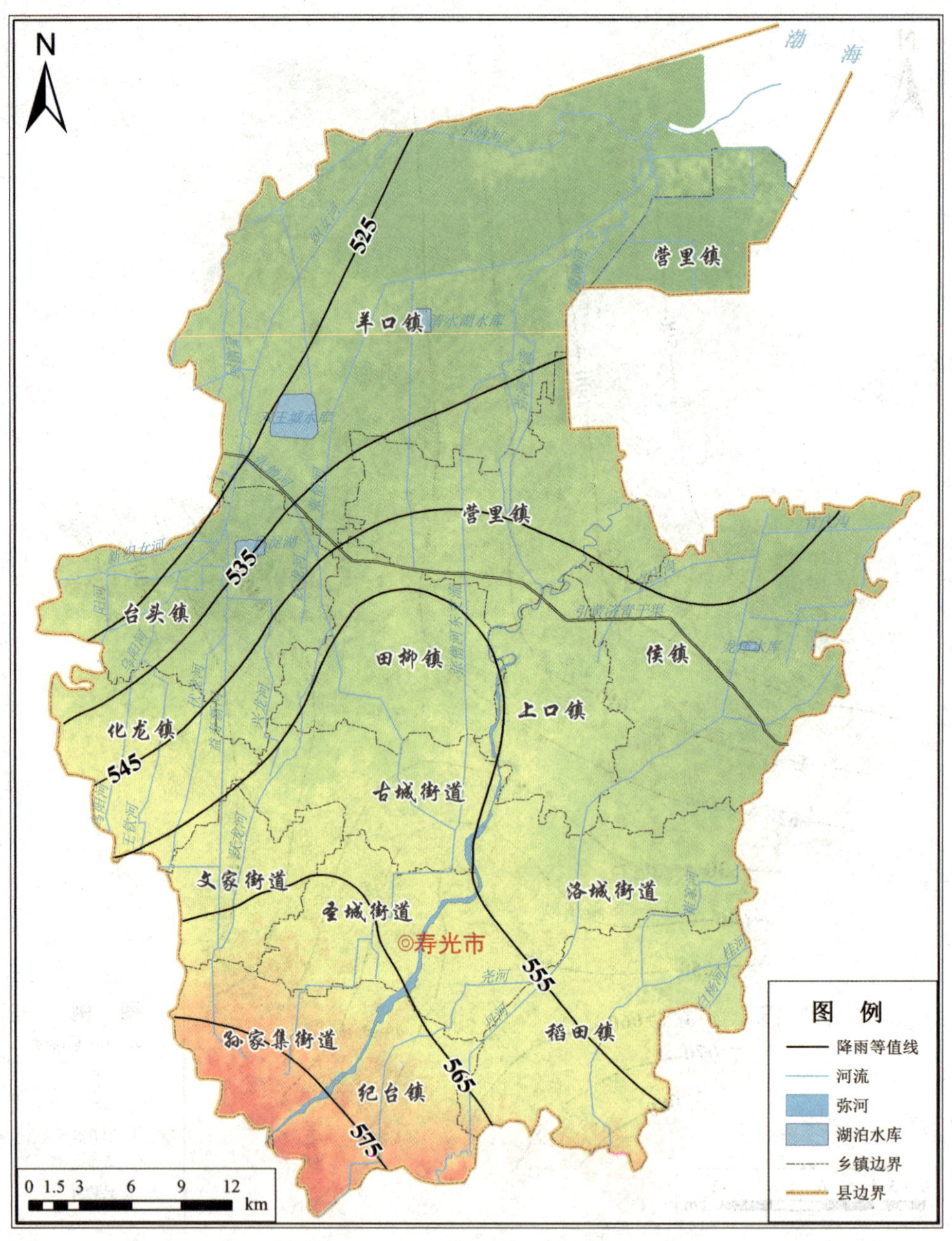

图 3-5 寿光市 1981～2011 年多年平均降雨量等值线图

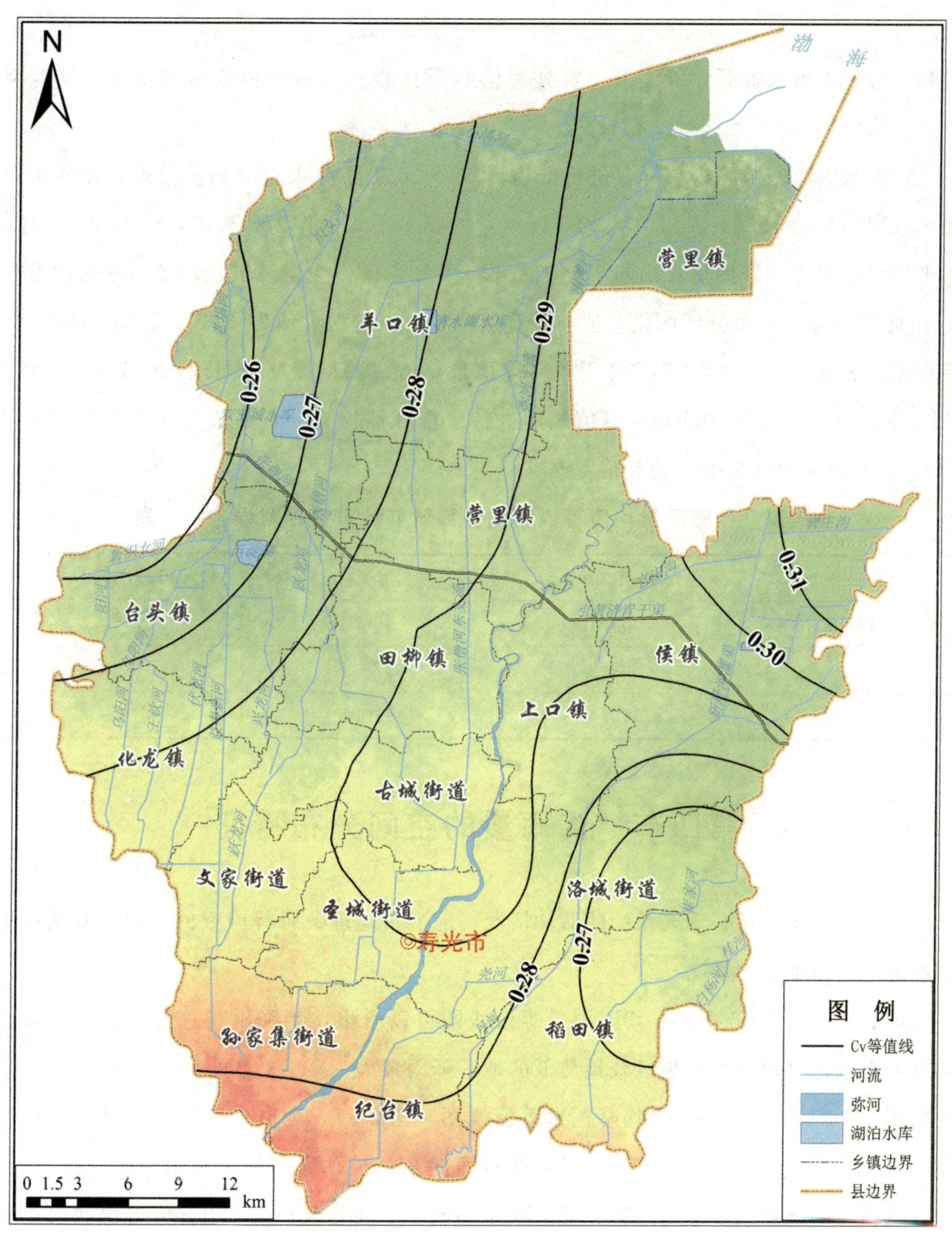

图 3-6　寿光市 1956～2011 年降雨量变差系数 C_v 等值线图

三、等值线图合理性检查

勾绘等值线图后，主要从以下几个方面进行了合理性检查：

(1) 对等值线的走向、位置、梯度和高低值区等进行综合分析，其总体符合降雨分布的一般规律，与地理位置、地形、地貌和水汽来源相一致。

(2) 与以往成果对照检查，等值线的量级、走向和高低值中心的分布等与以往成果大体一致。

(3) 与相邻市水资源评价成果边界处等值线衔接检查，各等值线衔接良好，没有突变现象。

(4) 以水资源四级区为单元，进行分区1956～2011年降雨量的均值检查。以各水资源四级区选用雨量站1956～2011年平均年降雨量的算术平均值作为计算值，以1956～2011年多年平均降雨量等值线图量算出同一分区的年降雨量均值作为量算值，两者的相对误差见表3-4。由此表可知，每个分区的量算值与计算值的相对误差最大值为－3.4%，均小于±5%的允许误差，表明1956～2011年多年平均年降雨量等值线图精度高。同理，对1956～1980年和1981～2011年多年平均降雨量等值线图进行了合理性检查，量算值与计算值的相对误差也均小于±5%的允许误差，满足精度要求。

表3-4　年降雨量均值等值线图量算值与计算值相对误差统计表

水资源四级区	计算值（mm）	量算值（mm）	相对误差（%）
小清河区	568.4	560.1	－1.4
弥河区	599.2	578.1	－3.5
白浪河区	590.4	570.5	－3.4

第四节　降雨量的空间分布特征

由于受水汽输入量、天气系统的活动情况、地形及地理位置等因素的影响，寿光市年降雨量在地区分布上很不均匀。

由图3-3、3-4、3-5多年平均降雨量等值线图可以看出，年降雨量总的分布趋势是自南部向北部递减，且地势高的地区较地势低的地区降雨量大。

依据1956～2011年多年平均降雨量等值线图（图3-3），全市多年平均降雨量变幅一般为520～650 mm。年降雨量600 mm等值线自西向东穿过孙家集街道和纪台镇；从600 mm等值线向西北方向降雨量逐渐递减，等值线呈西南—东北走势；从600 mm等值线向东北方向降雨量也逐渐递减，等值线呈南—北走势。全市南部地势高区年降雨量最大，局部达到650 mm；西北地势低区年降雨量最小，为520 mm左右。

依据1956～1980年多年平均降雨量等值线图（图3-4），全市多年平均降雨量变幅一般为560～700 mm。其等值线的走势与图3-3类似，孙家集街道和纪台镇的年降雨量最大，向西北方向和东北方向降雨量均有逐渐递减的趋势。全市南部地势高区年降雨量最大，局部超过700 mm；西北地势低区年降雨量最小，为560 mm左右。不同点在于同一地区的多年平均降雨量大于1956～2011年多年平均降雨量，这表明1956～1980年系列降雨量更为丰沛。

依据1981～2011年多年平均降雨量等值线图（图3-5），全市多年平均降雨量变幅一般为500～600 mm。其等值线的走势与图3-3、图3-4类似。全市南部地势高区年降雨量最大，局部超过600 mm；西北地势低区年降雨量最小，为500 mm左右。不同点在于同一地区的多年平均降雨量均小于1956～2011年和1956～1980年多年平均降雨量，这表明1981～2011年系列降雨量更为匮乏。

按照全国年降雨量五大类型地带划分标准，寿光市属于过渡带。

附：全国年降雨量划分的五大类型地带标准：

（1）十分湿润带：相当于年降雨量1 600 mm以上的地带；

（2）湿润带：相当于年降雨量800～1 600 mm之间的地带；

（3）过渡带：相当于年降雨量400～800 mm之间的地带；

（4）干旱带：相当于年降雨量200～400 mm之间的地带；

（5）严重干旱带：相当于年降雨量200 mm以下的地带。

第五节　降雨量的年内分配和年际变化

一、降雨量的频率分析

以频率12.5％、37.5％、62.5％和87.5％和大于87.5％的年降雨量为分界点，将1956～2011年寿光市降雨量划分为丰、偏丰、平、偏枯和枯水年五种年型，统计不同年型出现的频率。寿光市历年降雨量年型见表3-5；据此统计的五种年型出现频率（％）见表3-6。

表3-5　寿光市历年降雨量年型

年份	年型	年份	年型	年份	年型	年份	年型	年份	年型
1956	偏丰	1968	偏枯	1980	偏丰	1992	偏枯	2004	偏丰
1957	平	1969	偏枯	1981	枯	1993	平	2005	偏丰
1958	偏枯	1970	偏丰	1982	平	1994	平	2006	枯
1959	平	1971	偏丰	1983	枯	1995	偏丰	2007	平
1960	平	1972	偏枯	1984	偏枯	1996	偏枯	2008	偏丰
1961	平	1973	丰	1985	偏枯	1997	平	2009	平
1962	丰	1974	丰	1986	偏枯	1998	平	2010	偏枯
1963	平	1975	偏枯	1987	偏丰	1999	偏枯	2011	丰
1964	丰	1976	偏丰	1988	偏枯	2000	偏枯		
1965	偏枯	1977	枯	1989	枯	2001	偏丰		
1966	偏丰	1978	偏丰	1990	丰	2002	枯		
1967	偏丰	1979	平	1991	平	2003	偏丰		

表 3-6　寿光市降雨量年型出现频率（%）统计表

统计年限	年数	丰水年		偏丰年		平水年		偏枯年		枯水年	
		年数	频率（%）	年数	频率（%）	年数	频率（%）	年数	频率（%）	年数	频率（%）
1956～2011	56	6	10.7	15	26.8	14	25.0	15	26.8	6	10.7

由表 3-6 可知，寿光市丰、平、枯年型出现频率具有如下特点：

（1）偏丰、平、偏枯年型出现的频率约为丰、枯年型出现频率的 2.5～3 倍，这表明极端降雨年份——丰水和枯水年发生的概率较小。

（2）丰枯年型呈现对称分布，即偏丰和偏枯年型频率相同，均为 26.8%，丰水和枯水年型频率相同，均为 10.7%。这表明寿光市 1956～2011 年降雨量系列年型分配对称，具有较好的代表性。

二、年内分配

寿光市多年平均降雨量年内分配的特点表现为汛期集中、季节分配不均匀和最大最小月相差悬殊等，它与水汽输送的季节变化有密切关系。寿光市主要代表雨量站和辅助雨量站多年平均降雨量年内分配情况见表 3-7。

表 3-7　寿光市雨量站多年平均降雨量年内分配表

水资源四级区		小清河区			弥河区				白浪河区	
雨量站名称		西王高站	朱良站	西刘桥站	寿光气象站	寒桥站	大家洼站	谭家坊站	冯家花园站	西贾庄站
年降雨量（mm）		580.9	581.7	522.1	597.0	597.2	574.4	608.9	548.5	591.7
汛期	降雨量（mm）	422.2	421.7	386.1	434.6	428.1	426.9	429.3	388.6	426.2
	占年降雨量百分比（%）	72.7	72.5	73.9	72.8	71.7	74.3	70.5	70.8	72.0
3～5月	降雨量（mm）	81.6	84.8	76.0	85.5	87.1	79.7	92.5	82.7	83.4
	占年降雨量百分比（%）	14.1	14.6	14.6	14.3	14.6	13.9	15.2	15.1	14.1
6～8月	降雨量（mm）	367.4	363.1	336.7	378.3	373.2	376.8	375.4	336.6	369.4
	占年降雨量百分比（%）	63.2	62.4	64.5	63.4	62.5	65.6	61.6	61.4	62.4
9～11月	降雨量（mm）	103.8	107.6	88.7	107.9	107.4	95.5	111.0	101.2	108.6
	占年降雨量百分比（%）	17.9	18.5	17.0	18.1	18.0	16.6	18.2	18.4	18.4
12～2月	降雨量（mm）	28.1	26.3	20.8	25.4	29.5	22.4	30.1	28.0	30.3
	占年降雨量百分比（%）	4.8	4.5	4.0	4.3	4.9	3.9	4.9	5.1	5.1

（续表）

水资源四级区		小清河区			弥河区				白浪河区	
雨量站名称		西王高站	朱良站	西刘桥站	寿光气象站	寒桥站	大家洼站	谭家坊站	冯家花园站	西贾庄站
最大月	降雨量（mm）	161.0	147.4	146.7	152.1	155.9	176.9	148.4	146.5	164.2
	所在月份	7月	7月	7月	7月	7月	7月	8月	7月	7月
	占年降雨量百分比（%）	27.7	25.3	28.1	25.5	26.1	30.8	24.4	26.7	27.8
最小月	降雨量（mm）	7.3	6.1	5.3	5.9	7.2	5.2	6.3	6.3	8.0
	所在月份	1月	1月	1月	1月	1月	1月	1月	1月	1月
	占年降雨量百分比（%）	1.3	1.0	1.0	1.0	1.2	0.9	1.0	1.1	1.4
最大月降雨量与最小月降雨量比值		22.2	24.2	27.5	25.9	21.6	34.3	23.6	23.3	20.4

根据表3-7，可归纳出寿光市降雨量年内分配具有如下特点：

（1）汛期降雨集中。各雨量站多年平均年降雨量为522.1～608.9 mm，年降雨量主要集中在汛期6～9月份，多年平均连续最大四个月降雨量为386.1～434.6 mm，占年降雨量的70.5%～74.3%。

（2）降雨量的季节变化较大。夏季降雨量最多，其次是秋季和春季，秋季比春季降雨量略多，冬季降雨量最少。夏季6～8月降雨量最多，为336.6～378.3 mm，占全年降雨量的61.4%～65.6%；秋季9～11月降雨量为88.7～111.0 mm，占全年降雨量的16.6%～18.5%；春季3～5月降雨量为76.0～92.5 mm，占全年降雨量的13.9%～15.2%；冬季12～2月降雨量最少，为20.8～30.3 mm，仅占全年降雨量的3.9%～5.1%。

（3）年内各月降雨量变化较大，最大月与最小月降雨量相差悬殊。一年中最大月降雨量多发生在7月份，为146.5～176.9 mm，占全年降雨量的24.4%～30.8%；最小月降雨量出现在1月份，降雨量为5.2～8.0 mm，仅占全年降雨量的0.9%～1.4%。同站最大月降雨量是最小月的20.4～34.3倍。

由此可见，寿光市年降雨量约有70%集中在汛期6～9月份，约有63%集中在6～8月份，最大月降雨量多发生在7月份。这表明寿光市雨季较短、雨量集中，降雨量的年内分配很不均匀。

寿光市及其部分雨量站典型年及多年平均降雨量月分配见表3-8和表3-9。

由上述两表可知，各种不同频率典型年和多年平均降雨量的年内分配差异性较大，且各种不同频率典型年各月分配的不均匀性比多年平均大，这是由于典型年的选样是选取年内分配最不利的年份造成的。

表 3-8　寿光市典型年及多年平均降雨量月分配表

典型年	出现年份	降雨量(mm)													
		1月	2月	3月	4月	5月	6月	7月	8月	9月	10月	11月	12月	全年	汛期
丰水年	1971	0.6	14.3	32.0	33.7	13.7	91.1	185.6	254.0	41.5	8.2	4.0	10.2	689.1	572.3
		0.6	14.3	31.9	33.5	13.7	90.7	184.8	252.8	41.3	8.2	3.9	10.2	685.9	569.7
	分配比例(%)	0.1	2.1	4.6	4.9	2.0	13.2	26.9	36.9	6.0	1.2	0.6	1.5	100	83.1
平水年	1960	1.2	0.0	18.8	14.8	13.1	106.9	227.6	142.1	31.1	11.0	9.9	2.0	578.5	507.6
		1.2	0.0	18.8	14.8	13.1	106.8	227.5	142.0	31.1	11.0	9.9	2.0	578.4	507.5
	分配比例(%)	0.2	0.0	3.2	2.6	2.3	18.5	39.3	24.6	5.4	1.9	1.7	0.4	100	87.7
枯水年	2010	4.5	33.8	10.3	19.9	40.3	62.8	42.9	199.8	40.4	12.2	0.0	3.7	470.6	345.9
		4.6	34.6	10.5	20.4	41.3	64.3	43.9	204.5	41.4	12.5	0.0	3.8	481.7	354.1
	分配比例(%)	1.0	7.2	2.2	4.2	8.6	13.4	9.1	42.5	8.6	2.6	0.0	0.8	100	73.5
特枯年	1981	7.3	7.2	16.7	7.8	10.3	54.8	134.4	49.9	5.1	17.7	5.1	2.2	318.5	244.2
		8.3	8.2	19.0	8.9	11.7	62.3	152.7	56.7	5.8	20.1	5.7	2.5	361.9	277.5
	分配比例(%)	2.3	2.3	5.3	2.5	3.2	17.2	42.2	15.7	1.6	5.6	1.6	0.7	100	76.7
多年平均		6.5	10.8	14.5	29.5	40.9	79.1	159.6	134.2	55.6	30.0	21.0	9.4	591.1	428.5
	分配比例(%)	1.1	1.8	2.5	5.0	6.9	13.4	27.0	22.7	9.4	5.1	3.6	1.6	100	72.5

表 3-9 寿光市部分雨量站典型年及多年平均降雨量月分配表

雨量站名称	所在水资源四级区	典型年	出现年份	降雨量(mm)													
				1月	2月	3月	4月	5月	6月	7月	8月	9月	10月	11月	12月	全年	汛期
西王高站	小清河区	丰水年	1971	0.2	17.8	31.8	31.1	19.1	80.2	182.3	270.5	29.5	15.4	4.3	6.7	688.9	562.5
				0.2	18.5	33.1	32.3	19.9	83.4	189.5	281.2	30.7	16.0	4.5	7.0	716.0	584.7
		平水年	2009	2.0	6.6	30.3	40.6	47.7	51.9	240.3	94.2	15.7	23.6	20.2	4.3	577.4	402.1
				2.0	6.5	29.6	39.7	46.7	50.8	235.0	92.1	15.4	23.1	19.8	4.2	564.7	393.3
		枯水年	1972	45.7	8.0	18.9	1.4	31.2	0.9	115.9	78.6	88.3	67.5	8.1	0.2	464.7	283.7
				45.2	7.9	18.7	1.4	30.9	0.9	114.7	77.8	87.4	66.8	8.0	0.2	460.0	280.8
		特枯年	2006	3.0	8.9	1.0	8.0	58.5	77.3	57.1	115.9	4.7	0.2	6.6	4.7	345.9	255.0
				2.9	8.6	1.0	7.8	56.7	74.9	55.3	112.3	4.6	0.2	6.4	4.6	335.3	247.2
		多年平均		7.3	11.0	13.6	27.5	40.5	77.5	161.0	128.9	54.8	28.2	20.7	9.8	580.9	422.2
寿光气象站	弥河区	丰水年	1971	0.1	10.6	25.8	39	15	141.2	192.9	250.7	33.9	7.8	4.1	10.9	732.0	618.7
				0.1	10.7	25.9	39.2	15.1	141.9	193.9	252.0	34.1	7.8	4.1	11.0	735.9	622.0
		平水年	1999	0.1	1.4	7.5	7.2	58.1	147.1	62.1	120.7	111.1	49.9	15.1	0.0	580.3	441.0
				0.1	1.4	7.5	7.2	58.1	147.1	62.1	120.7	111.1	49.9	15.1	0.0	580.4	441.1
		枯水年	1988	6.8	0.1	1.9	1.0	85.2	22.3	213.4	82.2	45.7	5.4	0.0	2.3	466.3	363.6
				6.9	0.1	1.9	1.0	86.4	22.6	216.3	83.3	46.3	5.5	0.0	2.3	472.7	368.6
		特枯年	1989	12.5	0.8	59	3.4	10.1	31.2	73	129.7	23.2	5.9	9.3	2.7	360.8	257.1
				11.9	0.8	56.3	3.2	9.6	29.8	69.7	123.9	22.2	5.6	8.9	2.6	344.6	245.5
		多年平均		5.9	10.3	14.3	28.7	42.4	83.1	152.1	143.1	56.4	30.2	21.3	9.3	597.0	434.6

（续表）

雨量站名称	所在水资源四级区	典型年	出现年份	降雨量（mm）													
				1月	2月	3月	4月	5月	6月	7月	8月	9月	10月	11月	12月	全年	汛期
寒桥站	弥河区	丰水年	1956	6.1	8.0	38.0	28.3	37.6	162.3	91.0	122.8	208.9	34.2	6.4	9.4	753.0	585.0
				6.0	7.9	37.4	27.8	37.0	159.6	89.5	120.8	205.4	33.6	6.3	9.2	740.5	575.3
		平水年	1993	2.2	8.7	2.5	11.0	35.7	119.3	161.5	26.1	60.7	27.5	119.3	7.5	582.0	367.6
				2.2	8.7	2.5	10.9	35.5	118.7	160.7	26.0	60.4	27.4	118.7	7.5	579.3	365.9
		枯水年	1986	0.0	2.4	9.7	5.7	22.8	73.2	186.2	110.7	7.0	12.5	0.8	19.0	450.0	377.1
				0.0	2.5	10.1	5.9	23.7	76.2	193.7	115.2	7.3	13.0	0.8	19.8	468.2	392.3
		特枯年	2006	2.5	8.2	1.0	4.7	49.0	62.5	45.5	137.0	2.0	1.5	6.2	6.4	326.5	247.0
				2.6	8.5	1.0	4.9	50.6	64.6	47.0	141.6	2.1	1.6	6.4	6.6	337.4	255.2
		多年平均		7.2	12.3	15.5	31.2	40.4	79.9	155.9	137.5	54.8	30.5	22.0	10.0	597.2	428.1
西贾庄站	白浪河区	丰水年	1993	2.9	11.4	5.8	32.7	54.3	167.3	203.2	21.2	95.9	27.2	98.4	5.5	725.8	487.6
				2.9	11.5	5.8	32.9	54.6	168.1	204.2	21.3	96.4	27.3	98.9	5.5	729.3	490.0
		平水年	2001	34.7	28.4	6.5	27.5	4.2	117.5	256.6	63.2	27.4	3.6	17.2	7.5	594.3	464.7
				33.6	27.5	6.3	26.6	4.1	113.7	248.4	61.2	26.5	3.5	16.6	7.3	575.2	449.8
		枯水年	2009	1.2	6.8	35.9	44.9	18.5	65.2	174.5	66.8	20.5	27.4	26.0	4.3	492.0	327.0
				1.1	6.5	34.2	42.8	17.6	62.1	166.2	63.6	19.5	26.1	24.8	4.1	468.5	311.4
		特枯年	1986	0.0	5.9	11.1	3.5	6.5	75.7	160.3	36.1	16.4	14.0	0.6	22.7	352.8	288.5
				0.0	5.7	10.7	3.4	6.3	73.3	155.2	34.9	15.9	13.6	0.6	22.0	341.5	279.3
		多年平均		8.0	11.7	15.4	31.0	37.0	78.8	164.2	126.4	56.8	30.8	21.1	10.6	591.7	426.2

三、年际变化

季风气候的不稳定性和天气系统的多变性，造成年际之间降雨量差别很大。降雨量的年际变化可从变化幅度和变化过程两个方面来分析。年际变化幅度可用年降雨量变差系数 C_v 来反映，C_v 值大，则表示年降雨量的年际变化大；反之亦然。年际变化幅度也可以用年降雨量极值比和极差来反映。年降雨量的年际变化过程可以用年降雨量过程线和年降雨量模比系数来反映。

寿光市 9 个主要代表雨量站和辅助雨量站的年降雨量变差系数 C_v 值为 0.24～0.32，故降雨量的年际变化较大。全市 C_v 值总的变化趋势为东部最大，自东部向西北部和西南部递减。

寿光市各地最大与最小年降雨量相差悬殊。9 个主要代表雨量站和辅助雨量站年降雨量特征值、极值比及极差情况见表 3-10。

表 3-10　寿光市雨量站降雨量特征值、极值比与极差

水资源四级区	雨量站名称	最大年		最小年		极值比	极差(mm)
		年降雨量(mm)	出现年份	年降雨量(mm)	出现年份		
小清河区	西王高站	1 185.8	1964	257.0	1981	4.6	928.8
	朱良站	1 194.9	1964	310.3	2006	3.9	884.6
	西刘桥站	754.6	1978	303.5	1984	2.5	451.1
弥河区	寿光气象站	1 286.7	1964	299.5	1981	4.3	987.2
	寒桥站	1 335.2	1964	287.7	1981	4.6	1 047.5
	大家洼站	1 190.1	1964	324.9	2002	3.7	865.2
	谭家坊站	920.0	2011	364.4	1989	2.5	555.6
白浪河区	冯家花园	818.4	1990	275.7	2006	3.0	542.7
	西贾庄站	1 121.7	1964	252.8	1977	4.4	868.9

由上表可知，寿光市各雨量站最大与最小年降雨量的比值为 2.5～4.6；最大与最小年的极差为 451.1～1 047.5 mm。极值比最大的站点为西王高站和寒桥站，比值皆为 4.6，两站的极差分别为 928.8 mm 和 1 047.5 mm；极差最大的是寒桥站，极差值为 1 047.5 mm，其极值比为 4.6。由此可见，寒桥站既是极值比最大的测站，又是极差最大的测站。

为了分析寿光市年降雨量的年际变化过程，绘制了 1956～2011 年寿光市多年平均降雨量过程线（图 3-7）和多年平均降雨量差积曲线（图 3-8）。从图 3-7 可以看出，寿光市年降雨量的多年变化具有明显的丰、枯水交替出现的特点。从图 3-8 可以看出，1956～1961 年为差积曲线下降段（枯水期），1962～1974 年为上升段（丰水期），1975～2002 年为下降段（枯水期)，2003～2011 年为先上升再下降的波动段。且在每一个上升段或下降段内都有若干个较小的上升或下降的波动段。这表明寿光市连续丰水年和连续枯水年的出现十分明显。

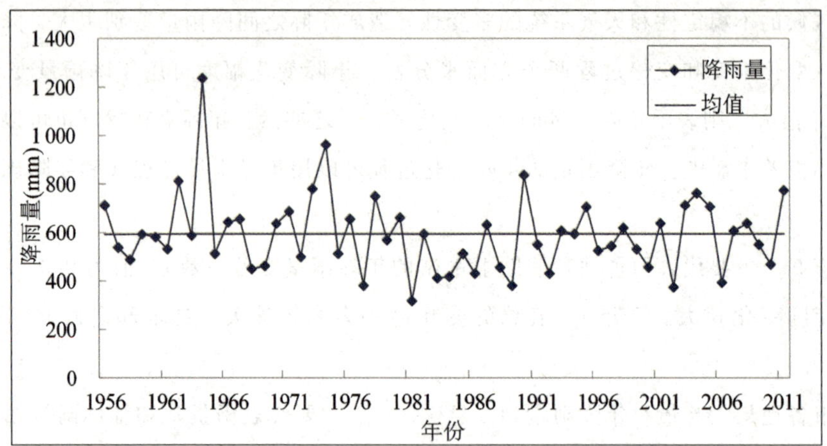

图 3-7 寿光市 1956～2011 年多年平均降雨量过程线图

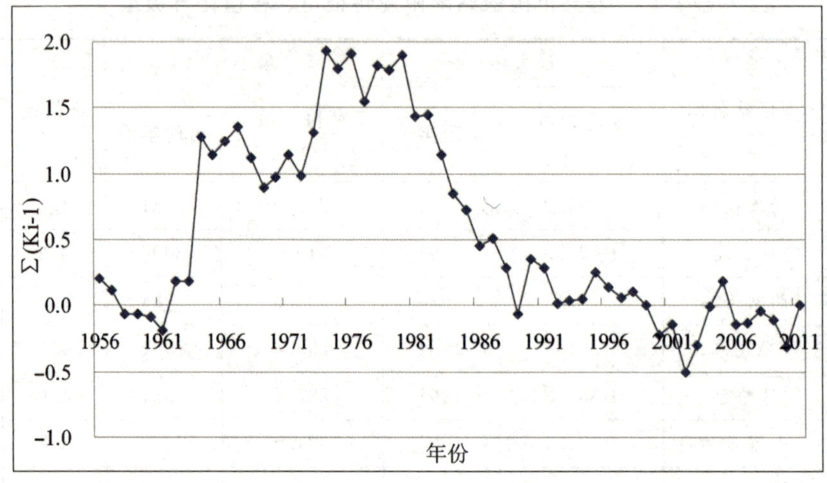

图 3-8 寿光市 1956～2011 年多年平均降雨量差积曲线图

第六节 分区年降雨量计算

根据寿光市雨量站分布特点和降雨地区分布特点，本次评价各分区历年的年降雨量由选用站用算术平均法计算。各分区年降雨量的均值用算术平均值计算，适线时不进行调整；年降雨量变差系数 C_v 值先用矩法计算，再用适线法调整确定；C_s/C_v 值采用 2.0。适线时，经验频率采用，频率曲线线型采用 P-Ⅲ型；适线时以频率在 20%～95%之间的点据拟合良好为主进行定线，对系列中特大、特小值不进行处理。

分区降雨量的计算为水资源分区的年降雨量的计算。

各水资源分区年降雨量的计算，从四级分区开始。四级分区面平均年降雨量系列根据分区内各雨量站的年降雨量，采用算术平均法求得；然后采用面积加权法逐级算出三级、二级、一级分区的面平均年降雨量系列；根据各分区年降雨量系列，计算各分区年降雨量的统计参数和不同保证率的年降雨量。

由于寿光市境内雨量站数较少，为了提高降雨量统计参数的精度，所以在计算各水资源四级区面平均年降雨量时，根据离各分区距离较近和空间分布较均匀的原则，在各分区内和周边区域选取了相应的雨量站，如表 3-11 所示。

表 3-11　寿光市水资源分区降雨量计算所选取的雨量站情况表

水资源分区名称				测站	
一级区	二级区	三级区	四级区	名称	资料年限
淮河区	山东半岛沿海诸河	小清河区	小清河区	西王高站	1956～2011
				朱良站	1964～2011
				西刘桥站	1965～2011
		潍弥白浪河区	弥河区	寿光气象站	1956～2011
				寒桥站	1956～2011
				大家洼站	1964～2011
				谭家坊站	1976～2011
			白浪河区	冯家花园	1978～2011
				西贾庄站	1956～2011

1956～2011 年各水资源四级区年降雨量计算成果见表 3-12，寿光市 1956～2011 年降雨量频率分析曲线见图 3-9。

表 3-12　寿光市各水资源分区年降雨量计算成果表

水资源分区名称				统计参数			不同频率年降雨量（mm）			
一级区	二级区	三级区	四级区	均值（mm）	C_v	C_s/C_v	20%	50%	75%	95%
淮河区	山东半岛沿海诸河	小清河区	小清河区	568.4	0.25	2	683.5	557.0	467.5	356.7
		潍弥白浪河区	弥河区	599.2	0.26	2	725.4	586.7	488.6	367.1
			白浪河区	590.4	0.28	2	722.7	573.9	471.4	350.7
寿光市				591.1	0.26	2	715.6	578.8	482.0	362.1

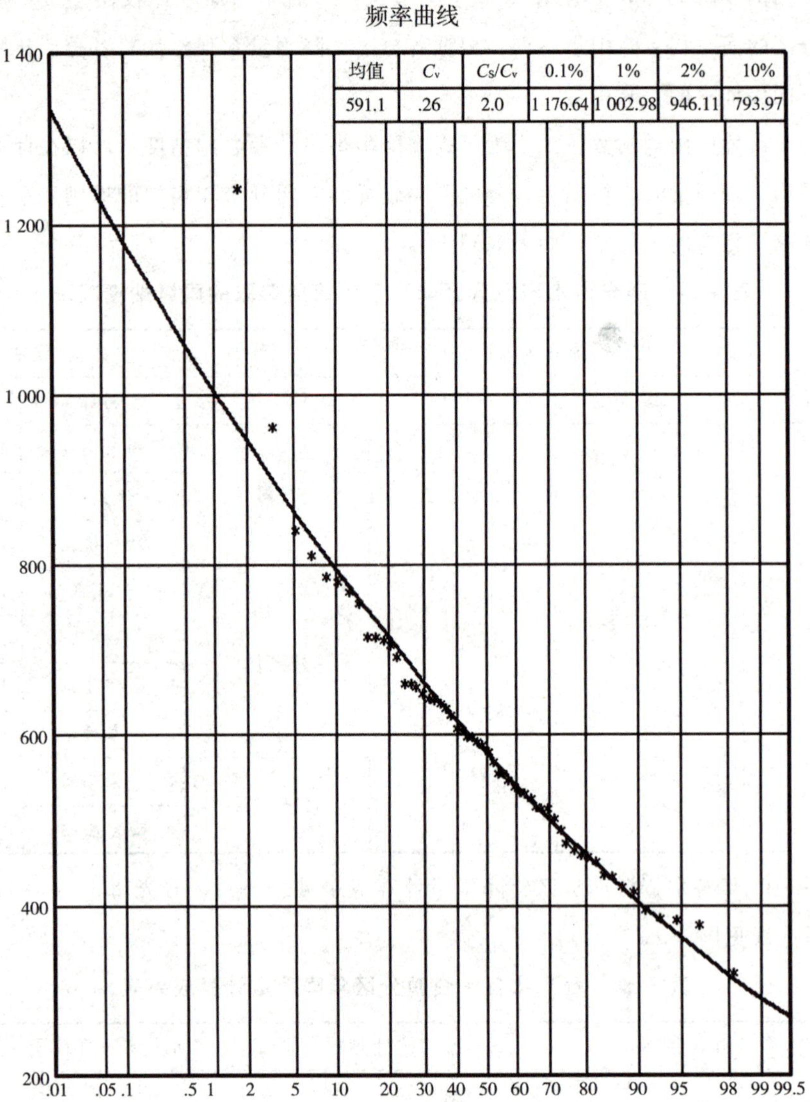

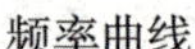

频率曲线
均值
C_v
C_s/C_v
0.1%
1%
2%
10%
591.1
.26
2.0
1 176.64
1 002.98
946.11
793.97
1 400
1 200
1 000
800
600
400
200
.01
.05
.1
.5
1
2
5
10
20
30
40
50
60
70
80
90
95
98
99
99.5

图 3-9　寿光市 1956～2011 年降雨量频率分析图

由表 3-12 可知，全市 1956～2011 年平均年降雨量为 591.1 mm。各水资源四级区中，弥河区年降雨量均值最大，为 599.2 mm；小清河区最小，为 568.4 mm。年降雨量均值都介于 560～600 mm 之间。

第七节　年降雨量系列代表性分析

年降雨量系列代表性，一般是指某一具有可靠性和一致性的年降雨量样本分布对总体分布的代表性。在具体的分析中，通常是将长期的年降雨量系列看作总体，用它来衡量各个样本分布的代表性。由于水文现象本身的时序变化不是纯粹独立的，存在着连续丰水、平水、枯水以及丰枯交替等周期性变化的现象，系列的代表性取决于是否包含丰、平、枯的整个周期，能否反映水文的周期波动、丰枯交替以及特征值的客观规律。降雨量系列的代表性直接影响着水资源评价的精度。

一、资料情况

寿光市境内和周边区域无长系列雨量观测资料，在寿光市东南的青岛雨量站，有自 1899～2011 年共 113 年降雨量资料，系列较长。在寿光市三个水资源四级区中各选择了具有 1956～2011 年降雨量系列的西王高站、寒桥站和西贾庄站，绘制了它们与青岛站同期年降雨量过程线（见图 3-10）。由此看出，寿光市上述三个雨量站的年降雨量系列的丰、枯变化规律与青岛站基本一致，连续丰水年组和枯水年组的出现也比较相近，四处的降雨量资料具有一致性，故选用青岛雨量站长系列资料作为代表性分析的依据。本评价计算了青岛站 1956～2011 年、1956～1979 年、1956～2000 年、1980～2011 年四个短系列和 1899～2011 年长系列年降雨量的统计参数（均值和变差系数），通过长、短系列统计参数的对比分析和不同年型的频率分析，结合寿光市 1956～2011 年平均年降雨量统计参数的稳定性分析，对四个短系列的代表性进行了初步的分析与评价。

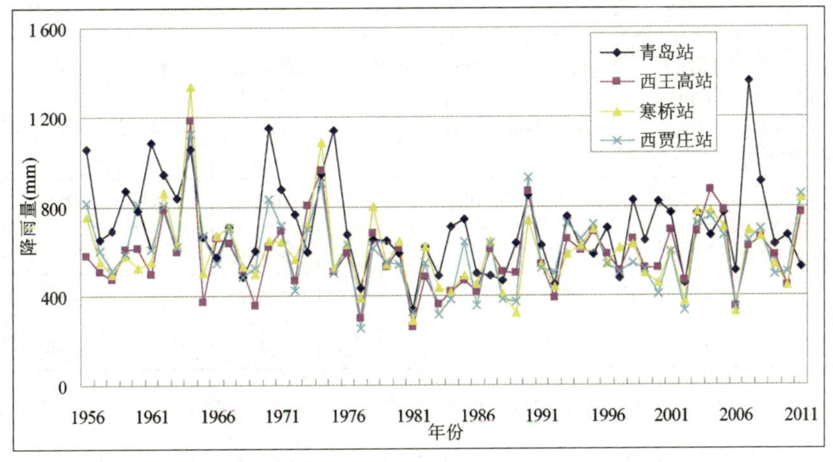

图 3-10　青岛站、西王高站、寒桥站与西贾庄站同期年降雨量过程线图

二、长系列站不同长度系列统计参数对比分析

根据青岛站的年降雨量资料，分别截取 1956～2011 年、1956～1979 年、1956～2000 年、1980～2011 年四个统计年限的年降雨量系列，并计算各短系列和长系列年降雨量均值和变差系数（见表 3-13），据此分析各系列的代表性。年降雨量均值采用算数平均法计算，变差系数 C_v 采用适线值。适线时，线型采用 P-Ⅲ分布，C_s/C_v 值采用 2.0。同时计算了短系列与长系列统计参数的比值，即代表性模数和，式中和分别为长、短系列年降雨量平均值，C_{v_N} 和

C_{v_n} 分别长、短系列的 C_v 值。此外，还计算了不同系列不同保证率的年降雨量及不同统计年限对长系列年降雨量的相对误差（见表 3-13）。

表 3-13　青岛站长、短系列统计参数误差统计表

统计年限	年数	均值			变差系数		
		均值（mm）	$K_{均值}$	相对误差（%）	C_v	K_{cv}	相对误差（%）
1899～2011	113	678.9	1		0.28		
1956～2011	56	710.9	1.05	4.73	0.29	1.04	3.57
1956～1979	24	786.1	1.16	15.80	0.29	1.04	3.57
1956～2000	45	706.2	1.04	4.03	0.3	1.07	7.14
1980～2011	32	654.6	0.96	−3.58	0.3	1.07	7.14

由表 3-13 可以看出，四个系列中，1956～2011 年系列代表性最好，均值和变差系数 C_v 的相对误差分别为 4.73%和 3.57%；1980～2011 年和 1956～2000 年系列代表性次之，相对误差分别为 4.03%和 7.14%以及−3.58%和 7.14%；1956～1979 年系列代表性较差。

表 3-14　不同长系列不同保证率年降雨量对长系列的相对误差统计表

统计年限	年数	$P=20\%$		$P=50\%$		$P=75\%$		$P=95\%$	
		降雨量（mm）	相对误差（%）	降雨量（mm）	相对误差（%）	降雨量（mm）	相对误差（%）	降雨量（mm）	相对误差（%）
1899～2011	113	830.9		659.8		542.0		403.2	
1956～2011	56	875.9	5.41	690.3	4.62	562.5	3.78	412.0	2.17
1956～1979	24	968.5	16.56	763.3	15.68	622.0	14.76	455.6	12.98
1956～2000	45	875.7	5.39	685.0	3.81	553.6	2.15	399.0	−1.05
1980～2011	32	811.6	−2.32	634.9	−3.78	513.2	−5.32	369.8	−8.29

由表 3-14 可以看出，四个系列中，1956～2000 年系列代表性最好，四个不同保证率（P=20%、50%、75%和 95%）的年降雨量对长系列的相对误差都比较小，为−1.05%～5.39%；其次为 1956～2011 年，相对误差为 2.17%～5.41%；再次为 1980～2011 年，相对误差为−8.29%～−2.32%；1956～1979 年系列代表性最差，相对误差为 12.98%～16.56%。

三、不同系列不同年型的频率分析

判断有限样本对总体的偏离程度，可以适线后的长系列频率曲线代表总体分布，按频率小于 12.5%、12.5%～37.5%、37.5%～62.5%、62.5%～87.5%和大于 87.5%的年降雨量分别划分为丰水年、偏丰水年、平水年、偏枯水年和枯水年五种年型，统计不同系列不同年型出现的频次，论证各短系列频率曲线经验点据分布的代表性。若短系列五种年型出现的频率接近长系列的频次分布，则认为短系列的代表性较好。青岛站历年降雨量年型见表3-15；据此统计长短系列五种年型出现的频率（%）见表3-16。

表3-15　青岛站历年降雨量丰枯年型

年份	年型	年份	年型	年份	年型	年份	年型	年份	年型
1899	枯	1922	偏丰	1945	偏枯	1968	偏枯	1991	平
1900	平	1923	平	1946	偏丰	1969	偏枯	1992	枯
1901	偏枯	1924	偏丰	1947	偏丰	1970	丰	1993	偏丰
1902	偏丰	1925	偏丰	1948	平	1971	偏丰	1994	平
1903	偏丰	1926	丰	1949	偏枯	1972	偏丰	1995	偏枯
1904	平	1927	偏枯	1950	偏丰	1973	偏枯	1996	平
1905	平	1928	平	1951	偏枯	1974	丰	1997	偏枯
1906	平	1929	偏枯	1952	平	1975	丰	1998	偏丰
1907	偏枯	1930	平	1953	偏丰	1976	平	1999	平
1908	偏枯	1931	平	1954	平	1977	枯	2000	偏丰
1909	平	1932	偏枯	1955	平	1978	平	2001	偏丰
1910	丰	1933	平	1956	丰	1979	平	2002	枯
1911	丰	1934	平	1957	平	1980	偏枯	2003	偏丰
1912	平	1935	偏枯	1958	平	1981	枯	2004	平
1913	偏枯	1936	偏枯	1959	偏丰	1982	平	2005	偏丰
1914	偏丰	1937	偏枯	1960	偏丰	1983	偏枯	2006	偏枯
1915	偏枯	1938	平	1961	丰	1984	平	2007	丰
1916	偏枯	1939	偏丰	1962	丰	1985	偏丰	2008	丰
1917	偏枯	1940	平	1963	偏丰	1986	偏枯	2009	平
1918	枯	1941	枯	1964	丰	1987	偏枯	2010	平
1919	枯	1942	偏枯	1965	平	1988	枯	2011	偏枯
1920	枯	1943	偏枯	1966	偏枯	1989	平		
1921	偏枯	1944	偏枯	1967	平	1990	偏丰		

表 3-16 青岛站年降雨量长短系列丰平枯年型出现频率（%）统计表

统计年限	年数	丰水年		偏丰年		平水年		偏枯年		枯水年	
		年数	频率（%）	年数	频率（%）	年数	频率（%）	年数	频率（%）	年数	频率（%）
1899～2011	113	12	10.6	24	21.2	35	31.0	32	28.3	10	8.8
1956～2011	56	9	16.1	13	23.2	17	30.4	12	21.4	5	8.9
1956～1979	24	7	29.2	5	20.8	7	29.2	4	16.7	1	4.2
1956～2000	45	7	15.6	10	22.2	14	31.1	10	22.2	4	8.9
1980～2011	32	2	6.3	8	25.0	10	31.3	8	25.0	4	12.5

由表 3-16 可知，青岛站 1956～2000 年系列代表性最好，五种年型的频率对长系列频率的相对误差为－0.2%～0.5%，相对误差绝对值的均值为 0.1%；其次为 1956～2011 年系列，五种年型的频率对长系列频率的相对误差为－0.2%～0.5%，相对误差绝对值的均值为 0.2%；再次为 1980～2011 年系列，五种年型的频率对长系列频率的相对误差为－0.4%～0.4%；1956～1979 年系列较差，五种年型的频率对长系列频率的相对误差为－0.5%～1.7%。

四、寿光市统计参数的稳定性分析

统计参数的稳定性分析，是基于长系列统计参数比短系列统计参数的代表性相对较好这一基本假定，即长系列统计参数更接近于总体，故以长系列统计参数为标准来检验短系列的代表性。

根据寿光市 1956～2011 年降雨量资料，以长系列末端 2011 年为起点，以年降雨量逐年向前计算累积平均值和变差系数 C_v 值（用矩法进行计算），并进行综合比较分析。均值、C_v 等参数均以最长系列的计算值为标准，从过程线上确定参数相对稳定所需的年数。

寿光市 1956～2011 年降雨量逆时序累积平均过程线和逆时序变差系数 C_v 过程线，见图 3-11、3-12。

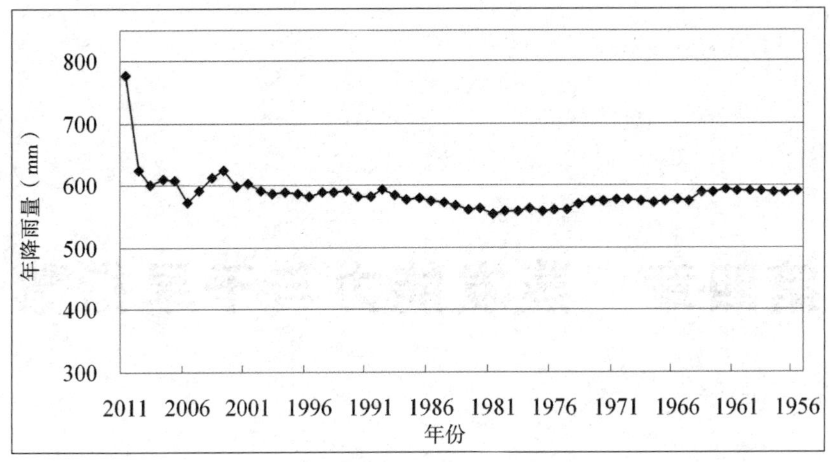

图 3-11　寿光市 1956～2011 年降雨量逆时序逐年累积平均过程线图

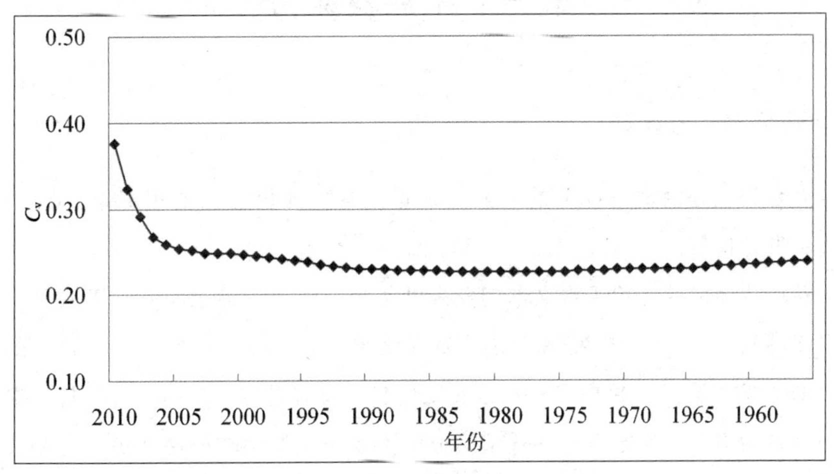

图 3-12　寿光市 1956～2011 年降雨量 C_v 值逆时序逐年累积平均过程线图

由图 3-11 和图 3-12 可以看出，降雨量均值和 C_v 值逆时序逐年累积平均过程线随年序变化，其变幅愈来愈小，降雨量均值达到稳定的时间约为 50 年，C_v 值达到稳定的时间约为 45 年。

五、系列代表性分析结果

从上述分析可以看出：

1. 综合而言，青岛站四个短系列中，1956～2000 年和 1956～2011 年系列代表性相对较好；1980～2011 年系列代表性次之；1956～1979 年系列代表性较差。

2. 由于寿光市各主要代表雨量站的年降雨量系列的丰、枯变化规律与青岛站相似，因此 1956～2000 年和 1956～2011 年寿光市各雨量站降雨量资料系列也具有较好的代表性。又通过寿光市 1956～2011 年降雨量和 C_v 值的稳定性分析可知，两者达到稳定均需要 50 年左右，故本次评价选用 1956～2011 年系列进行分析计算。

第四章　蒸发能力与干旱指数

第一节　蒸发能力

一、单站蒸发能力计算

蒸发能力是指充分供水条件下的陆面蒸发量。本次评价近似地用 E601 型蒸发器（皿）观测的水面蒸发量代替。

寿光市及周边地区共选用了水文部门蒸发站 4 处（依次为谭家坊站、下营站、冶源水库站和峡山水库站）、气象部门蒸发站 1 处（寿光气象站），共计 5 处，评价统一采用 1980～2011 年同步期系列资料。所采用资料都是实测资料，没有进行资料的插补延长。根据观测资料的情况和蒸发站与寿光市距离，把选用站分为主要代表站和辅助站两类。主要代表站，实测资料系列齐全或与寿光市距离较近，是分析评价的主要依据，参与寿光市平均蒸发量的计算。辅助站，有部分资料缺测或与寿光市距离较远，对分析计算起辅助作用，不参与寿光市平均蒸发量的计算。本次评价，主要代表站 3 个（依次为谭家坊站、下营站和寿光气象站），占选用站的 60%；辅助站 2 个（依次为冶源水库站和峡山水库站），占选用站的 40%。

由于各水面蒸发站观测仪器型号不统一，安装方式各异，除 E601 型蒸发器外，还有 Φ80 cm 和 Φ20 cm 蒸发器。20 世纪 80 年代以前，水文系统的蒸发资料以 Φ80 cm 蒸发器为主；20 世纪 80 年代以后，逐步采用 E601 型和 Φ20 cm 两种蒸发器相结合观测，春、夏、秋三季采用 E601 型蒸发器观测，冬季采用 Φ20 cm 蒸发器观测。气象部门主要应用 Φ20 cm 蒸发器进行观测，系列较长。观测器（皿）的口径不同，观测的水面蒸发量也随之不同。在进行单站分析时，需首先将单站蒸发量按照相应折算系数折算为 E601 型蒸发器蒸发量，再计算各站 1980～2011 年平均年蒸发量。寿光市隶属于鲁北平原区，依据《山东省水资源综合调查与评价》，不同型号蒸发器（皿）蒸发量间的折算系数见表 4-1。根据此表的折算系数和实测蒸发资料，计算出 5 个蒸发站 1980～2011 年多年月平均蒸发量，如表 4-2 所示。

表 4-1　寿光市不同型号蒸发器（皿）蒸发量折算系数

分区名称	折算系数	水文资料折算系数													气象资料年折算系数
		1	2	3	4	5	6	7	8	9	10	11	12	年	
鲁北平原区	$R=\frac{E601}{\Phi 80}$			0.82	0.76	0.77	0.81	0.80	0.84	0.86	0.88	0.97	0.93		
	$R=\frac{E601}{\Phi 20}$	0.69	0.63	0.73	0.77	0.76	0.76	0.76	0.81	0.87	0.60	0.87	0.71	0.77	0.66

表 4-2　寿光市 5 个蒸发站 1980～2011 年多年月平均蒸发量统计表

站点名称	蒸发量（mm）												
	1	2	3	4	5	6	7	8	9	10	11	12	年均
寿光气象站	29.7	47.5	98.0	141.2	164.7	178.2	136.9	110.3	100.8	80.0	48.2	31.6	1 167.2
谭家坊站	26.0	38.7	82.3	125.7	143.7	141.5	114.3	99.1	90.0	73.8	47.5	30.0	1 012.7
下营站	22.1	30.7	74.0	123.7	155.6	162.0	138.1	127.7	115.1	86.4	54.9	28.1	1 118.4
冶源水库站	25.4	33.9	79.5	117.0	136.5	137.7	116.5	106.9	94.6	76.4	51.5	28.9	1 004.8
峡山水库站	18.4	23.9	76.8	111.8	132.0	133.9	113.2	106.9	96.4	76.4	48.9	21.7	960.3

二、寿光市蒸发量计算结果

根据表 4-2 寿光市 5 个蒸发站 1980～2011 年多年月平均蒸发量统计表中三个主要代表站的 1980～2011 年多年月平均蒸发量数据，采用算术平均法计算寿光市 1980～2011 年多年月平均蒸发量及其各月蒸发量占全年的比例，见表 4-3。由此看出，1980～2011 年寿光市多年平均水面蒸发量为 1 099.4 mm，具有季节和各月份变化较大的特点。

蒸发量的季节变化较大。夏季蒸发量最多，其次是春季和秋季，冬季蒸发量最少。夏季 6～8 月多年平均蒸发量为 402.7 mm，占全年蒸发量的 36.6%；春季 3～5 月多年平均蒸发量为 369.6 mm，占全年的 33.6%；秋季 9～11 月多年平均蒸发量为 232.3 mm，占全年的 21.1%；冬季 12～2 月多年平均蒸发量为 94.9 mm，仅占全年的 8.6%。

年内各月份蒸发量变化较大，最大月与最小月降雨量相差悬殊。一年中以 6 月份蒸发量最多，为 160.5 mm，占全年蒸发量的 14.6%；最小月蒸发量出现在 1 月份，为 26.0 mm，仅占全年蒸发量的 2.4%。年内变化率为 6.2 倍。

表 4-3　寿光市 1980～2011 年多年月平均蒸发量统计表

月份	1	2	3	4	5	6	7	8	9	10	11	12	年均
蒸发量(mm)	26.0	39.0	84.8	130.2	154.6	160.5	129.8	112.4	102.0	80.1	50.2	29.9	1 099.4
占全年比例(%)	2.4	3.5	7.7	11.8	14.1	14.6	11.8	10.2	9.3	7.3	4.6	2.7	100

三、面蒸发量等值线绘制及合理性检查

将 5 个蒸发站 1980～2011 年平均年蒸发量点绘在寿光市政区图底图上，综合考虑地形、气象等因素，并结合以往相关图件的等值线走向、高低值区分布等，绘制了寿光市 1980～2011 年平均年蒸发量等值线图（见图 4-1）。

对等值线图从以下几个方面进行了合理性检查：首先，结合自然地理条件检查等值线的分布与弯曲，符合一般规律；其次，借助蒸发能力与气象因子（如湿度、温度、风速和日照时数等）的关系对等值线进行了检查，基本符合规律；最后，将本次绘制的等值线图与以往编制的有关图件进行对照，总体趋势基本一致，与邻近地区的等值线图进行对照，等值线衔接良好。总的来说，寿光市 1980～2012 年平均年蒸发量等值线图是合理的。

四、蒸发量的地区分布

寿光市 1980～2011 年平均年蒸发量在 1 000～1 200 mm 之间，总体变化趋势为由东南往西北递减，等值线走向呈西南—东北方向。

寿光市南部缓岗区年蒸发量最小，一般在 1 000～1 100 mm 之间；向北年蒸发量逐渐递增，中部微斜平原区年蒸发量在 1 100～1 170 mm 之间；北部滨海浅平洼地年蒸发量最大，大部分地区的年蒸发量在 1 150～1 200 mm 之间。寿光市蒸发量的地区分布情况详见图 4-1。

第二节　干旱指数

干旱指数系指年蒸发能力与年降雨量的比值，是反映气候干湿程度的指标。干旱指数小于 1，表明该地区蒸发能力小于降雨量，气候湿润；干旱指数大于 1，表明该地区蒸发能力大于降雨量，气候偏干旱。干旱指数越大，干旱程度就越严重。我国气候干湿分带与干旱指数的关系见表 4-4。

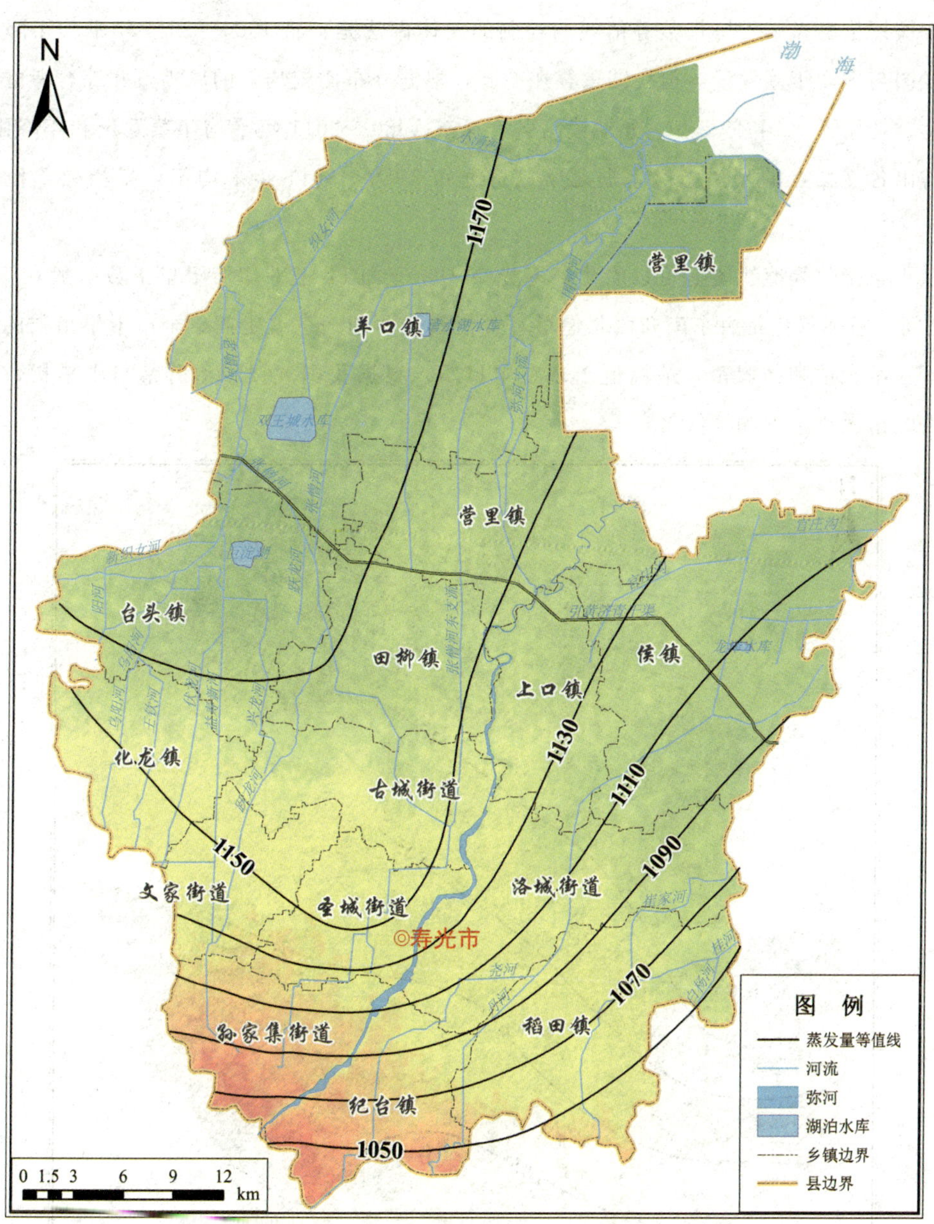

图 4-1　寿光市 1980～2011 年多年平均蒸发量等值线图

表 4-4　干湿分带与干旱指数关系表

气候分带	干旱指数
十分湿润	＜0.5
湿润	0.5～1.0
半湿润	1～3
半干旱	3～7
干旱	＞7

本次评价寿光市干旱指数等值线图绘制的具体做法是：将1980～2011年平均年降雨量等值线图与平均年蒸发量等值线图重叠在一起，根据分布比较均匀的原则，并综合考虑等值线密度，选用了32个交叉点，分别读出各交叉点1980～2011年平均年蒸发量和年降雨量，相除得出各交叉点的干旱指数，据之绘制寿光市1980～2011年平均年干旱指数等值线图（见图4-2）。

从干旱指数等值线图上可以看出，寿光市1980～2011年平均年干旱指数一般在1.8～2.2之间，总体趋势是由东南向西北递增，等值线呈西南—东北走向。全市干旱指数的最低值出现在纪台镇和稻田镇，最高值出现在羊口镇。根据我国气候干湿分带与干旱指数的关系，寿光市属于半湿润气候带。

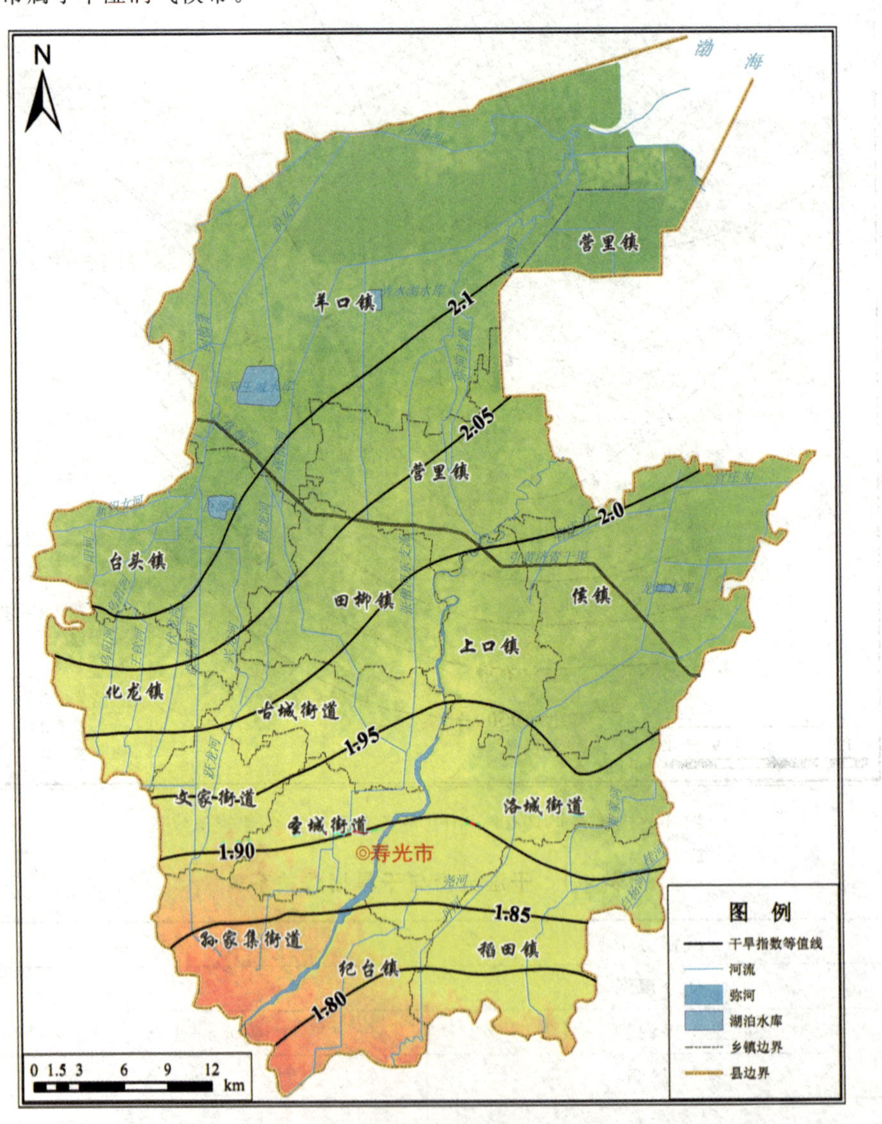

图4-2 寿光市1980～2011年平均年干旱指数等值线图

第五章　地表水资源量

地表水资源量是河流、湖泊、水库等地表水体中由当地降雨形成的可以逐年更新的动态水量，用天然河川径流量表示。近几十年来，人类活动影响在一定程度上改变了河川径流的天然时空变化过程。为使资料系列一致，本次评价通过单站实测径流还原计算和天然径流量系列一致性分析与处理，提出系列一致性较好、反映近期下垫面条件下的天然年径流量系列，作为评价地表水资源量的依据。

第一节　基本资料

考虑到寿光市境内和周边区域水文站实测资料的完整性和可靠性，本次选用寒桥和谭家坊站的资料作为寿光市地表水资源量评价的依据。寒桥水文站1951年设站，流域面积2 263 km^2，观测年份1951～1975年；1976年1月，该水文站上迁约25 km至谭家坊，改名为谭家坊站，流域面积变为2 153 km^2，观测年份1976年至今。谭家坊至寒桥段没有区间入流。为了简化表述，以下将寒桥和谭家坊水文站统称为谭家坊水文站。本次评价资料系列为1956～2011年，共计672站月资料，其中实测资料占100%。

采用的水文资料全部按照国家规范要求进行严格审核，资料可靠。

第二节　单站径流分析

单站径流还原计算，采用分项调查分析法对控制站以上或区间地表水的蓄、引、提、用水量进行还原，将实测径流量系列还原为天然径流量系列。对以往水资源调查评价已经还原计算的单站径流系列，一律不进行重新还原计算。另外，人类活动在一定程度上改变了流域下垫面条件，导致产汇流条件可能发生了变化，本次评价对水文站1956～2011年天然年径流系列进行一致性分析，必要时进行系列一致性修正，以提出系列一致性较好、反映近期下垫面条件下的天然年径流量系列。

一、单站径流还原计算

本次评价对谭家坊站进行了逐月还原计算，提出历年逐月的天然径流量系列。还原计算分河系自上而下、按水文控制断面分段进行，然后逐级累计成各级控制站的天然径流量。

径流还原计算采用分项调查法，根据实测水文资料和水量调查成果，按照下列水量平衡方程式进行还原计算：

$$W_{天}=W_{实测}+W_{农耗}+W_{工业}+W_{生活}\pm W_{蓄}\pm W_{引水}\pm W_{分洪}$$

式中：$W_{天}$为还原后的天然径流量；

$W_{实测}$为水文站实测径流量；

$W_{农耗}$为农业灌溉耗损量；

$W_{工业}$为工业用水耗损量；

$W_{生活}$为城镇生活用水耗损量；

$W_{蓄}$为水库蓄水变量，增加为正，减少为负；

$W_{引水}$为跨流域（或跨区间）引水量，引出为正，引入为负；

$W_{分洪}$为河道分洪决口水量，分出为正，分入为负。

各项水量的确定方法如下：

（1）实测径流量$W_{实测}$：水文站历年逐月实测径流量，根据历年水文年鉴相应月份平均流量乘以各月秒数求得；年径流量为逐月径流量之和。

（2）农业灌溉耗损量$W_{农耗}$：指农田、林果、草场引水灌溉过程中，因蒸发消耗和渗漏损失而不能回归到河流的水量。农业灌溉耗水量在各项还原水量中占有较大比重，主要还原项目包括大中型水库灌溉和其他小型水库、塘坝、拦河闸引用水和扬水站等提水灌溉。其中，大型水库农业灌溉耗水量根据供水量和排水量计算，或根据供水量乘以综合耗水系数计算。中小型水库无实测灌溉引用水资料，只有水文调查的年灌溉还原水量、灌溉定额、灌溉亩数、灌溉次数等资料，故以毛灌溉用水量近似地作为灌溉耗水量。

表 5-1　谭家坊水文站实测径流量

年份	径流量（万 m^3）	年份	径流量（万 m^3）	年份	径流量（万 m^3）	年份	径流量（万 m^3）
1956	51 816	1971	47 880	1986	4 550	2001	12 790
1957	61 224	1972	19 684	1987	2 630	2002	4 092
1958	20 942	1973	18 148	1988	1 490	2003	29 590
1959	11 681	1974	42 769	1989	852	2004	53 200

（续表）

年份	径流量（万 m^3）	年份	径流量（万 m^3）	年份	径流量（万 m^3）	年份	径流量（万 m^3）
1960	21 769	1975	24 201	1990	28 800	2005	36 730
1961	15 924	1976	25 630	1991	10 600	2006	12 570
1962	92 336	1977	11 300	1992	2 120	2007	9 413
1963	87 159	1978	18 200	1993	2 630	2008	29 030
1964	154 767	1979	18 100	1994	31 500	2009	18 700
1965	54 711	1980	15 300	1995	42 100	2010	2 035
1966	25 898	1981	4 040	1996	18 570	2011	43 080
1967	21 323	1982	4 970	1997	13 300	平均	24 697
1968	12 011	1983	2 830	1998	24 400		
1969	15 306	1984	624	1999	6 658		
1970	30 427	1985	8 580	2000	2 045		

（3）工业耗水量 $W_{工业}$：对城镇和工业供水的水库，依据实测用水量或调查的工业用水量进行还原计算工业年耗水量。工业耗水量年内变化不大，将年还原计算水量平均分配到各月，得各月工业耗水量。

（4）居民生活耗水量 $W_{生活}$：城镇居民生活用水量通过自来水厂调查收集，耗水量由下式计算：

$$W_{生活}=\beta' W_{用水}$$

式中：$W_{生活}$ 为生活耗水量；

β' 为生活耗水率；

$W_{用水}$ 为生活用水量。

收集资料时，仅调查地表水用水量。农村生活用水面广量小，且多为地下水，对测站径流影响很小，不进行还原计算。城镇生活用水回归系数较大，耗水率低，影响相应控制站的实测径流量，在径流还原时予以考虑。

城镇生活用水的年内变化小，各月生活耗水量由年还原水量按月平均分配求得。

（5）水库蓄水变量 $W_{蓄}$：大型水库年蓄水变量，从《水文年鉴》上各水库实测蓄水变量资料中抄录；中型水库年蓄水变量根据历年实测报汛水位、库容资料求得；小型水库年蓄水变量采用水文调查的年蓄水变量资料求得。月分配采用下面两种方法：

①直接移用。

②当年蓄水变量为正时，流域内实测月过程；分配到年内汛期各月，分配时考虑汛期各月降雨量大小；当年蓄水变量为负时，分配到枯水期各灌溉月份，分配时考虑各月需水量

大小。

（6）跨流域引水量 $W_{引水}$：谭家坊站控制流域无跨流域引水情况。

（7）河道分洪决口水量：谭家坊站控制流域无分洪决口情况。

谭家坊水文站1956～2011年还原计算成果见表5-2、图5-1。

表5-2　谭家坊站1956～2011年天然径流量成果表

年份	天然年径流量（万 m^3）	年份	天然年径流量（万 m^3）	年份	天然年径流量（万 m^3）	年份	天然年径流量（万 m^3）
1956	37 340	1970	33 917	1984	11 831	1998	35 133
1957	36 208	1971	44 847	1985	35 240	1999	14 709
1958	24 893	1972	22 316	1986	10 427	2000	12 012
1959	29 419	1973	12 236	1987	19 101	2001	25 798
1960	24 067	1974	50 493	1988	13 873	2002	8 373
1961	13 650	1975	23 453	1989	9 463	2003	72 642
1962	86 076	1976	31 556	1990	52 157	2004	51 370
1963	75 908	1977	10 483	1991	22 444	2005	45 486
1964	155 378	1978	27 066	1992	13 419	2006	8 599
1965	46 677	1979	19 968	1993	25 176	2007	28 288
1966	24 897	1980	34 514	1994	45 069	2008	36 887
1967	23 329	1981	7 674	1995	49 866	2009	17 199
1968	9 249	1982	28 499	1996	19 394	2010	19 462
1969	14 121	1983	4 698	1997	23 325	2011	66 532

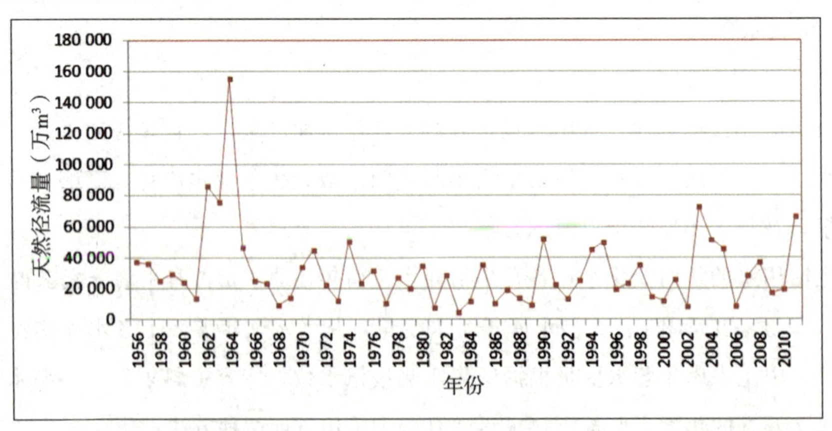

图5-1　谭家坊站1956～2011年天然径流量过程线图

二、单站成果的合理性检查

对单站径流还原成果，主要从如下几个方面进行了合理性检查：

（1）从单站流域平均年降雨量—年径流深关系进行检查：点绘还原修正后的水文站历年降雨量—径流深关系图，绝大部分站点点据分布比较集中、无系统偏差、相关性较好。对个别偏离关系线较远的点据进行了深入分析，找出了偏离原因，并对个别不合理的点据进行修正。

谭家坊站 1956～2011 年降雨量—径流深关系图见图 5-2，图上的点据符合分布集中、无系统偏差以及相关性较好的要求；谭家坊站 1956～2011 年降雨量、径流深过程如图 5-3 所示，径流深丰枯变化与降雨量一致。所以还原计算成果合理。

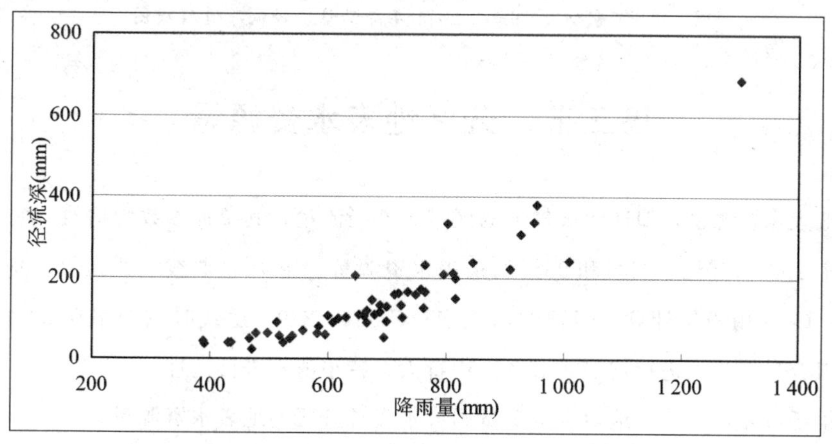

图 5-2　谭家坊站 1956～2011 年降雨量—径流深关系图

（2）上下游水量平衡检查：对具有两个或两个以上选用站的河流都进行了水量平衡检查，基本上符合一般规律。

（3）对上下游、不同地区间年降雨量、年径流深、年径流系数以及年降雨—径流关系进行了对照检查，都符合一般规律。

（4）逐站对月天然径流过程进行了合理性检查。点绘水文站逐月降雨量—径流量过程线，汛期各月天然径流量与月降雨量相应，枯水期月天然径流量的变化过程符合天然径流的退水规律。对降雨、径流不相应或天然月径流量出现负值的情况，都查明了原因，并视不同情况进行了适当调整。

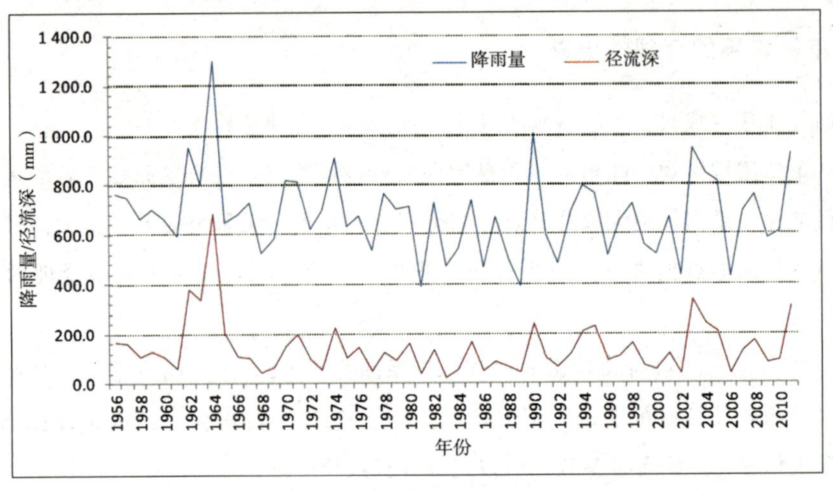

图 5-3 谭家坊站 1956～2011 年降雨量、径流深过程线图

第三节 分区地表水资源量

分区地表水资源量，即现状条件下的区域天然径流量，其统计参数为均值、变差系数 C_v 及不同频率 20%、50%、75%和 95%的地表水资源量，用 P-Ⅲ曲线适线计算。均值采用算术平均值；C_v 先用矩法计算，经适线后确定；$C_s/C_v=2.0$。适线时以频率在 20%～95%之间的点据拟合良好为主进行定线，对系列中特大、特小值不进行处理。

与降雨部分相同，分区地表水资源量为各水资源分区的地表水资源量。

各水资源分区天然年径流量的计算，从四级分区开始。首先计算水资源四级分区的天然年径流量系列，然后用面积加权的方法，逐级算出三级、二级、一级分区的天然年径流量系列，并分别计算四个系列的统计参数和不同保证率的天然年径流量。

各水资源四级区的年天然径流量的计算方法如下：

(1) 分区内有控制站时，根据选用控制站近期下垫面条件下的天然径流系列，用水文比拟法求得未控区的天然径流量系列，二者逐年相加，求得该分区的天然年径流量系列。

未控区的径流量计算，分以下几种情况分别进行计算：

①面积比缩放法：当分区内选用水文站能控制该区面积的绝大部分，且控制站上下游降雨、产流等条件相近时，根据控制站以上天然年径流量，除以控制站集水面积，求得控制站以上的平均年径流深，并直接借用到未控区上计算未控区的天然年径流量。

②径流系数法：当分区内控制站上、下游降雨量差异较大而产流条件相似时，借用控制站以上的年径流系数，乘以未控区的年降雨量，求得未控区的年径流量。

③径流特征值移置法：当未控区与邻近流域气候及自然地理条件相似时，直接移用邻近站的年径流深、年径流系数或年降雨量—年径流深关系，根据未控区年降雨量、未控区面积

推求未控区的年径流量。

（2）分区内没有控制站时，借用邻近自然地理特征相似流域的年径流系数或年降雨量—年径流深关系，并根据本分区面平均年降雨量，求得分区年径流量；或直接借用邻近相似流域的年径流深，乘以该分区面积求得。

寿光市的小清河区和白浪河区内没有控制站，而两者与谭家坊站控制流域的自然地理特征相似，故借用谭家坊站的年降雨量—年径流深关系，根据小清河区和白浪河区的1956～2011年面平均年降雨量，分别求得两个分区的年径流深系列，再乘以各分区面积即得年径流量系列。

对于寿光市弥河区，寒桥站1956～1975年位于寿光市境内，采用径流系数法计算未控区的径流量系列，即寒桥站以上的年径流系数，乘以未控区的年降雨量，求得未控区的年径流量。1976～2011年时，寿光市弥河区内无控制站，故采用与计算小清河区和白浪河区径流量相同方法计算弥河区的径流量系列。

通过上述方法计算出三个水资源四级区1956～2011年的径流量系列，详见表5-3、图5-4。

表5-3　寿光市地表径流量计算成果表

年份	小清河区	弥河区	白浪河区	合计	年份	小清河区	弥河区	白浪河区	合计
1956	3 194	21 975	2 634	24 609	1985	1 482	7 099	1 135	8 235
1957	2 194	15 692	1 101	16 793	1986	1 240	4 671	403	5 074
1958	1 844	10 993	698	11 691	1987	4 028	11 743	1 059	12 802
1959	3 645	14 749	1 058	15 808	1988	1 937	4 679	409	5 088
1960	3 795	11 774	2 604	14 378	1989	1 557	3 197	342	3 539
1961	2 072	7 384	1 151	8 535	1990	7 898	27 301	3 221	30 522
1962	7 723	44 462	2 552	47 014	1991	3 858	7 065	824	7 889
1963	3 514	32 891	1 187	34 079	1992	1 134	4 556	663	5 219
1964	23 739	91 217	6 324	97 540	1993	3 845	9 898	1 371	11 270
1965	1 597	22 627	1 492	24 119	1994	3 103	10 393	955	11 348
1966	5 107	14 166	838	15 004	1995	4 533	17 812	1 579	19 391
1967	3 950	12 848	1 721	14 569	1996	2 320	6 690	1 021	7 711
1968	1 417	4 832	598	5 430	1997	1 778	8 983	664	9 647
1969	1 661	6 685	750	7 435	1998	3 234	12 307	862	13 169
1970	3 981	15 365	2 830	18 195	1999	2 771	6 844	657	7 501
1971	5 111	22 764	1 803	24 567	2000	1 875	4 629	536	5 165
1972	1 893	11 200	444	11 644	2001	3 226	13 519	1 134	14 653

（续表）

年份	小清河区	弥河区	白浪河区	合计	年份	小清河区	弥河区	白浪河区	合计
1973	5 236	8 723	1 719	10 442	2002	1 282	3 262	323	3 585
1974	10 797	33 099	3 574	36 673	2003	5 020	17 354	1 888	19 242
1975	2 566	11 257	659	11 916	2004	7 024	20 518	2 086	22 604
1976	3 172	14 630	1 277	15 906	2005	5 936	15 919	1 496	17 415
1977	1 100	3 688	343	4 031	2006	1 069	3 988	320	4 307
1978	5 706	21 595	1 159	22 754	2007	2 790	10 837	1 402	12 239
1979	2 042	9 725	936	10 661	2008	3 727	12 232	1 706	13 938
1980	4 550	13 815	1 005	14 820	2009	3 433	7 567	686	8 253
1981	1 028	2 921	332	3 253	2010	1 886	5 046	615	5 661
1982	3 171	10 159	1 052	11 211	2011	6 240	22 394	2 458	24 851
1983	1 503	3 895	338	4 234	平均	3 692	13 925	1 293	15 219
1984	1 236	4 179	432	4 611					

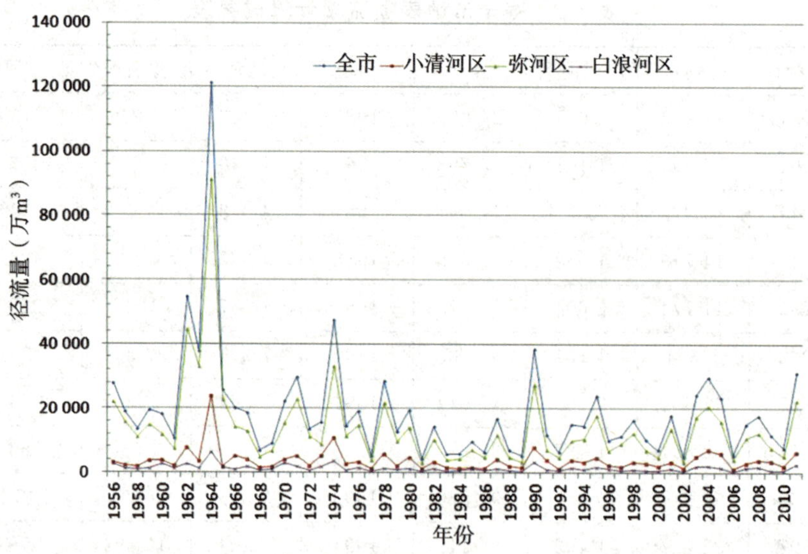

图 5-4　寿光市及各水资源分区 1956～2011 年地表径流量过程线图

根据径流量计算成果，采用 P-Ⅲ型曲线进行适线，计算各分区地表水资源量的统计参数和不同频率的地表水资源量，见表 5-4，频率曲线见图 5-5、5-6、5-7、5-8。

表 5-4 寿光市水资源分区地表水资源量

水资源分区名称				统计参数				不同频率年地表水资源量（万 m^3）			
一级区	二级区	三级区	四级区	均值		C_v	C_s/C_v	20%	50%	75%	95%
				（万 m^3）	（mm）						
淮河区	山东半岛沿海诸河	小清河区	小清河区	3 692	76.6	0.69	2	5 501	3 132	1 832	712
		潍弥白浪区	弥河区	13 925	102.5	0.7	2	20 846	11 781	6 809	2 520
			白浪河区	1 293	86.4	0.68	2	1 918	1 100	651	264
寿光市				18 911	95.0	0.68	2	28 041	16 082	9 524	3 865

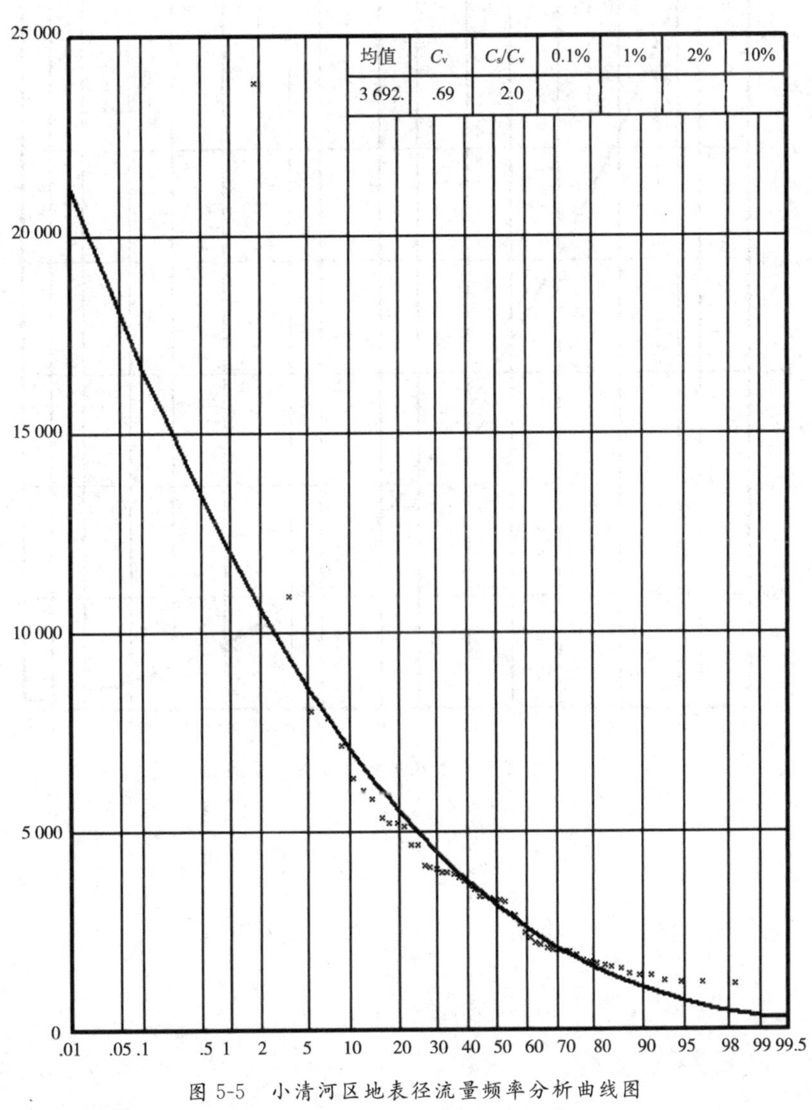

图 5-5 小清河区地表径流量频率分析曲线图

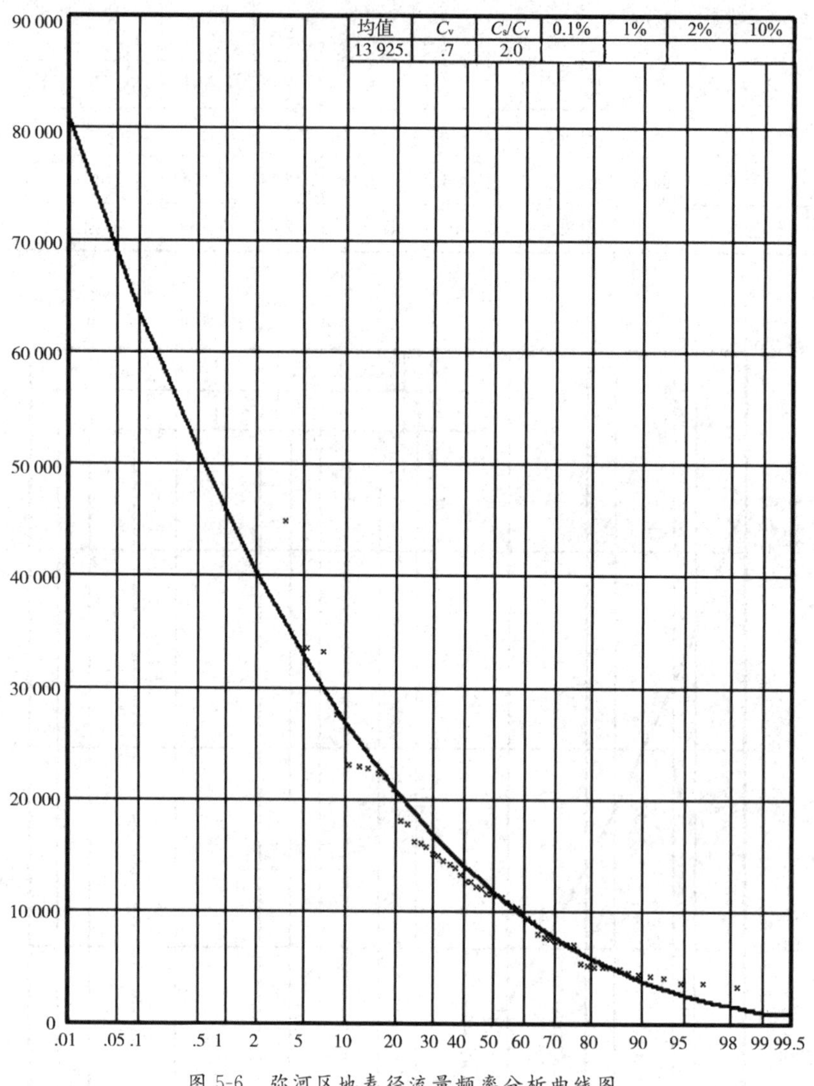

图 5-6 弥河区地表径流量频率分析曲线图

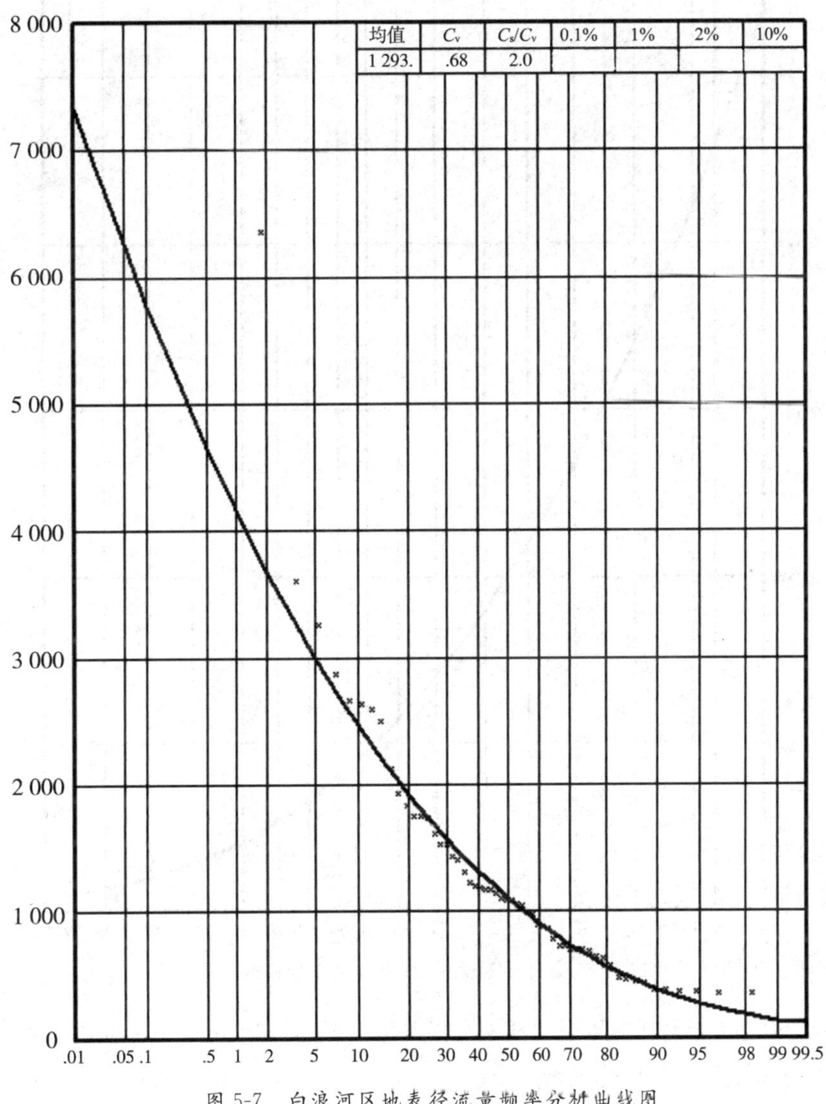

图 5-7 白浪河区地表径流量频率分析曲线图

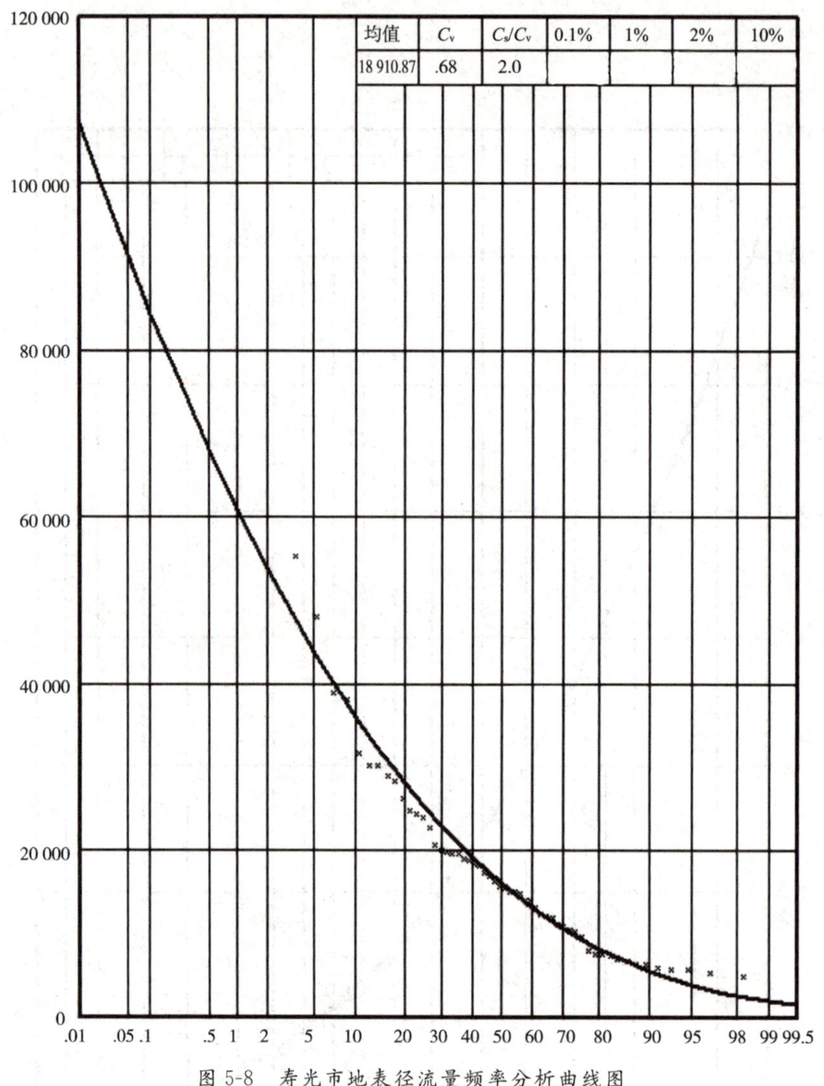

图 5-8 寿光市地表径流量频率分析曲线图

全市 1956～2011 年系列多年平均地表水资源量为 18 911 万 m^3。各水资源四级区中，就多年平均年径流深而言，弥河区年径流深最大，为 102.5 mm；小清河区最小，为 76.6 mm。就多年平均年径流量而言，弥河区年径流量最大，为 13 925 万 m^3；白浪河区最小，为 1 293 万 m^3。

第四节 年径流深的地区分布

受降雨和下垫面条件的制约影响，径流深的地区分布相似于降雨在区域上的分布，而在下垫面条件变化剧烈的地区，又主要取决于下垫面的变化。

寿光市 1956～2011 年平均年径流深 95.0 mm，各分区年径流量差别较大。平均年径流深最小为小清河区，同步期平均年径流深为 76.6 mm；平均年径流深最大为弥河区，平均年径流深达 102.5 mm，为小清河区的 1.34 倍；白浪河区平均年径流深居中，为 86.4 mm。寿光市各水资源分区径流深见图 5-9。

从寿光市 1956～2011 年各水资源分区平均年径流深值，可总结出寿光市径流深分布的一般规律：年径流深的分布不均匀，总的分布趋势是自南部、东部往北部、西部递减。

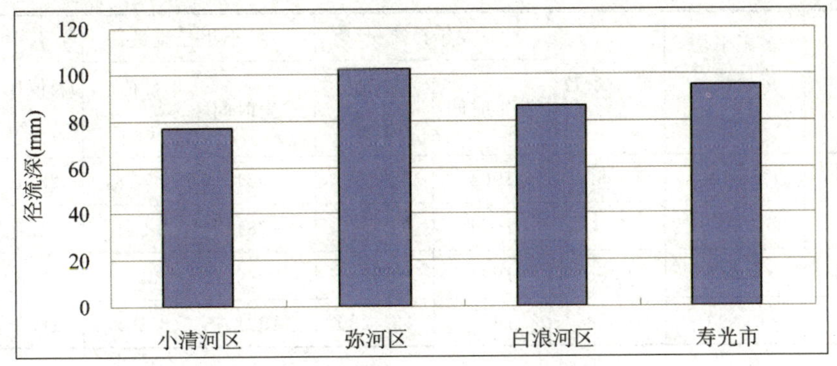

图 5-9　寿光市各水资源分区径流深柱状图

全市多年平均年径流深一般在 75～105 mm 之间。

全国按年径流深多寡划分的五大地带：

(1) 丰水带：年径流深在 1 000 mm 以上，相当于降雨的十分湿润带；

(2) 多水带：年径流深在 300～1 000 mm 之间，相当于降雨的湿润带；

(3) 过渡带：年径流深在 50～300 mm 之间，相当于降雨的过渡带；

(4) 少水带：年径流深在 10～50 mm 之间，相当于降雨的干旱带；

(5) 干涸带：年径流深在 10 mm 以下。

根据全国划分的五大类型地带，寿光市基本属于过渡带。

第五节　径流量的年内分配和年际变化

一、天然径流量的年内分配

寿光市天然径流量年内变化非常不均匀，汛期洪水暴涨暴落，突如其来的特大洪水，不仅无法充分利用，还会造成严重的洪涝灾害；枯季河川径流量很少，导致河道经常断流，水资源供需矛盾突出。寿光市多年平均 6～9 月天然径流量占全年的 75%左右，而枯季 8 个月的天然径流量仅占全年径流量的 25%左右。河川径流年内分配高度集中的特点，给水资源的开发利用带来了困难，严重制约了寿光市社会经济的快速健康发展。

二、径流量的年际变化

从年径流量的变差系数 C_v 来看，天然径流量的年际变化幅度比降雨量的变化幅度要大得多。寿光市各水资源分区1956～2011年径流量年际变化见表5-5；谭家坊站年径流量年际变化见表5-6。

表5-5 寿光市水资源分区年径流量年际变化情况表

水资源四级区	多年平均年径流量（万 m^3）	变差系数	最大年径流量		最小年径流量		极值比	极值差（万 m^3）
			发生时间	量值（万 m^3）	发生时间	量值（万 m^3）		
小清河区	3 692	0.69	1964	23 739	1981	1 028	23.1	22 712
弥河区	13 925	0.7	1964	91 217	1981	2 921	31.2	88 296
白浪河区	1 293	0.68	1964	6 324	2006	320	19.8	6 004
寿光市	18 911	0.68	1964	121 280	1981	4 281	28.3	116 999

表5-6 谭家坊站年径流年际变化情况表

水文站名称	多年平均年径流量（万 m^3）	变差系数	最大年径流量		最小年径流量		极值比	极值差（万 m^3）
			发生时间	量值（万 m^3）	发生时间	量值（万 m^3）		
谭家坊站	31 182	0.68	1964	155 378	1983	4 698	33.1	150 680

由表5-5可知，寿光市多年平均年径流量18 911万 m^3，年径流变差系数0.68。最大年径流量121 280万 m^3，发生在1964年；最小年径流量4 281万 m^3，发生在1981年；极值比28.3；极值差为116 999 m^3。

其中，小清河区多年平均年径流量3 692万 m^3，年径流变差系数0.69。最大年径流量23 739万 m^3，发生在1964年；最小年径流量1 028万 m^3，发生在1981年；极值比23.1；极值差为22 712 m^3。

弥河区多年平均年径流量13 925万 m^3，年径流变差系数0.7。最大年径流量91 217万 m^3，发生在1964年；最小年径流量2 921万 m^3，发生在1981年；极值比31.2；极值差为88 296 m^3。

白浪河区多年平均年径流量1 293万 m^3，年径流变差系数0.68。最大年径流量6 324万 m^3，发生在1964年；最小年径流量320万 m^3，发生在2006年；极值比19.8；极值差为6 004 m^3。

由表5-6可知，谭家坊站多年平均年径流量31 182万 m^3，年径流变差系数0.68。最大年径流量155 378万 m^3，发生在1964年；最小年径流量4 698万 m^3，发生在1983年；极值比 33.1；极值差为 150 680 m^3。

由上述分析来看，寿光市天然年径流的年际变化大，丰枯相差悬殊，极值比和极值差较大，其中又以弥河区年径流的年际变化最大，小清河区其次，白浪河区年径流的年际变化相对偏小点。

寿光市天然径流量不仅年际变化幅度大，而且有连续丰水年和连续枯水年现象。图 5-10、5-9 和图 5-11 为 1956～2011 年寿光市年径流量过程线和年径流量差积曲线。由此看出，寿光市年径流量的多年变化具有明显的丰、枯水交替出现的特点，并且连续丰水年和连续枯水年的出现十分明显。这些年际变化的特征给水资源开发利用带来很大的困难，严重影响了工农业生产和城乡人民的生活。

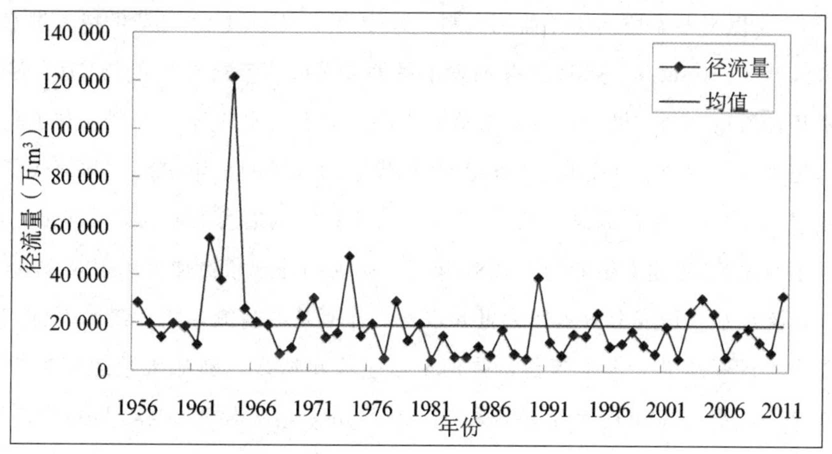

图 5-10 寿光市 1956～2011 年径流量过程线图

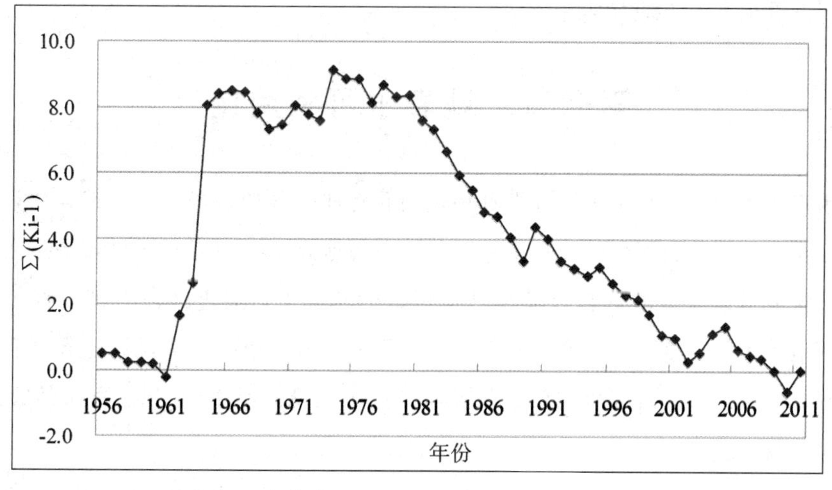

图 5-11 寿光市 1956～2011 年径流量差积曲线图

第六节　出入境水量

寿光市境内有大、小河流17条，其中，小清河、弥河最大。小清河流经市境北边界，于羊角沟入海。弥河纵贯南北，将全市分为东西两部分。寿光市境内的诸河中，除弥河、小清河有部分径流外，其他河道已基本干涸无径流，且小清河主要排泄上游污水。根据寿光市上述河流的实际情况，本次评价主要分析计算了弥河的入境水量。河流出入境水量，主要根据控制站实测径流量和控制站至市界区间的用水资料分析计算求得。

弥河是寿光市境内最大的河流，由于排泄上游山区洪水，洪水流急量大，古时洪水泛滥频繁，据1953年以来谭家坊站历年监测资料，1963年7月20日弥河发生特大洪水，谭家坊站实测最大洪峰3 580 m^3/s，1964年弥河发生最大来水量，年径流量为154 767万 m^3。弥河历史上为常年性河道，断流极少，自上游冶源水库、黑虎山水库等大中型水利工程建成蓄水后，下游河道来水量锐减，加上自20世纪80年代连续多年的干旱少雨，弥河成了季节性河流。自建站以来至2011年，谭家坊站1995年9月4日实测最大洪峰流量364 m^3/s。弥河在寿光境内河道自1972年起发生断流，1981年以来弥河断流现象更加突出，至1983年断流天数达275天，除丰水年份或上游水库大量弃水外，弥河基本断流，之后随着对弥河的梯级开发治理，加之本区逐渐进入丰水年份，弥河来水量逐年增多，断流天数逐年减少，至2004年弥河恢复常年流水，2011年年径流量为43 080万 m^3。可见弥河径流年际、年内变化之大。

本次评价使用了谭家坊站1956～2011年实测径流量数据（见表5-7），由此可知，弥河区多年平均入境水量为24 697万 m^3。

第七节　地表水可利用量

地表水资源可利用量是水资源开发利用规划和管理的科学依据之一，正确估算地表水资源可利用量是水资源调查评价的一项重要工作。所谓地表水资源可利用量，是指在可预见的时期内，在统筹考虑河道内生态环境和其他用水的基础上，通过经济合理、技术可行的措施，可供河道外生活、生产、生态用水的一次性最大水量。根据水资源评价导则和寿光市实际工作基础，本次地表水资源可利用量估算所指的可预见期至2030年。本次估算采用1956～2011年资料系列。

表 5-7　1956～2011 年弥河谭家坊站实测径流量统计表

年份	年径流量（万 m^3）	断流天数（d）	年份	年径流量（万 m^3）	断流天数（d）	年份	年径流量（万 m^3）	断流天数（d）
1956	51 816		1975	24 201		1994	31 500	75
1957	61 224		1976	25 630	6	1995	42 100	33
1958	20 942		1977	11 300	11	1996	18 570	20
1959	11 681		1978	18 200	97	1997	13 300	80
1960	21 769		1979	18 100	11	1998	24 400	16
1961	15 924		1980	15 300	2	1999	6 658	33
1962	92 336		1981	4 040	187	2000	2 045	232
1963	87 159		1982	4 970	269	2001	12 790	99
1964	154 767		1983	2 830	275	2002	4 092	65
1965	54 711		1984	624	266	2003	29 590	22
1966	25 898		1985	8 580	131	2004	53 200	
1967	21 323		1986	4 550	138	2005	36 730	
1968	12 011		1987	2 630	135	2006	12 570	
1969	15 306		1988	1 490	191	2007	9 413	66
1970	30 427		1989	852	266	2008	29 030	
1971	47 880		1993	28 800	202	2009	18 700	
1972	19 684	21	1991	10 600	32	2012	2 035	
1973	18 148	4	1992	2 120	247	2011	43 080	
1974	42 769	20	1993	2 630	158	多年平均	24 697	

根据水利部制定的《地表水资源可利用量估算方法》，本次地表水资源可利用量估算，以水系为单元，以保持成果的独立性、完整性，仅估算多年平均情况下寿光市水资源分区的地表水资源可利用量。

一、地表水资源可利用量估算方法

本次地表水资源可利用量估算方法系水利部制定的《地表水资源可利用量估算方法》中推荐使用的方法。根据《山东省水资源综合调查与评价》和寿光市河流水系的特点，各分区多年平均地表水资源可利用量的估算方法采用正算法。

具体做法为：根据工程最大供水能力或最大用水需求的分析成果，以用水消耗系数（耗水率）折算出相应的可供河道外一次性利用的水量。计算公式如下：

$$W_{地表水可利用量}=K_{用水消耗系数}\times W_{最大供水能力}$$

式中：$K_{用水消耗系数}$为在输送和使用过程中耗损水量与供水量的比值；

$W_{最大供水能力}$为该区域内已建或可预见期内规划兴建的地表水供水工程最大供水能力的总和，各工程的最大供水能力一般指该工程最近5年的最大供水量或设计供水量。

二、地表水资源可利用量成果

对白浪河区，依据白浪河上冯家花园实测流量数据可知，白浪河已基本干涸无径流，所以白浪河区无可利用的地表水资源量，即可利用量为0。

对弥河区，综合考虑弥河11座拦河闸坝工程和管道调水供水工程供水能力，其中11座拦河闸坝年调蓄能力5 720万 m^3、管道调水工程泵站供水能力28万 m^3/d。首先根据管道提水泵站月提水能力与谭家坊实测月径流量进行比较，取两者较小值，作为提水泵站供水能力，经分析计算，管道工程泵站多年平均供水能力为7 315万 m^3；然后，采用谭家坊站实测径流量资料减去管道工程提水泵站供水能力，用剩余径流量与调蓄工程调蓄能力进行比较，取两者较小者作为调蓄工程供水能力，经分析计算，调蓄工程多年平均供水能力为4 125万 m^3。由以上分析得出，该区最大供水能力为11 441万 m^3，计算结果见表5-8。采用《山东省水资源综合调查与评价》中潍弥白浪河区的耗水系数0.86，计算出弥河区的地表水可利用量=11 441×0.86=9 839万 m^3。

对小清河区，由于其与弥河区距离较近且下垫面条件相似，故直接采用弥河区的地表水资源可利用率作为计算地表水资源可利用量的依据。

通过上述分析，计算出寿光市多年平均地表水资源可利用量为1.24亿 m^3，可利用率65.8%。各水资源分区地表水资源可利用量估算成果见表5-9。

表5-8 弥河供水工程供水能力分析计算成果表

年份	实测径流量	泵站供水能力	调蓄工程供水能力	最大供水能力	年份	实测径流量	泵站供水能力	调蓄工程供水能力	最大供水能力
1956	51 816	9 842	5 720	15 562	1985	8 580	4 374	4 219	8 593
1957	61 224	10 019	5 720	15 739	1986	4 550	4 209	342	4 552
1958	20 942	9 236	5 720	14 956	1987	2 630	2 632	0	2 632
1959	11 681	7 881	3799	11 680	1988	1 490	1 491	0	1 491
1960	21 769	6 101	5 720	11 821	1989	852	849	0	849
1961	15 924	8 897	5 720	14 617	1993	28 800	5 152	5 720	10 872
1962	92 336	9 866	5 720	15 586	1991	10 600	7 658	2 925	10 583
1963	87 159	10 220	5 720	15 940	1992	2 120	2 106	0	2 106
1964	154 767	10 220	5 720	15 940	1993	2 630	2 625	0	2 625

（续表）

年份	实测径流量	泵站供水能力	调蓄工程供水能力	最大供水能力	年份	实测径流量	泵站供水能力	调蓄工程供水能力	最大供水能力
1965	54 711	10 220	5 720	15 940	1994	31 500	7 246	5 720	12 966
1966	25 898	9 920	5 720	15 640	1995	42 100	8 512	5 720	14 232
1967	21 323	9 237	5 720	14 957	1996	18 570	9 292	5 720	15 012
1968	12 011	9 613	2 346	11 959	1997	13 300	7 519	5 720	13 239
1969	15 306	9 869	5 437	15 306	1998	24 400	9 848	5 720	15 568
1970	30 427	7 512	5 720	13 232	1999	6 658	5 357	1301	6 658
1971	47 880	10 220	5 720	15 940	2000	2 045	1 930	99	2 029
1972	19 684	9 313	5 720	15 033	2001	12 790	4 565	5 720	10 285
1973	18 148	9 328	5 720	15 048	2002	4 092	3 402	691	4 093
1974	42 769	8 385	5 720	14 105	2003	29 590	6 359	5 720	12 079
1975	24 201	9 911	5 720	15 631	2004	53 200	10 012	5 720	15 732
1976	25 630	9 880	5 720	15 600	2005	36 730	10 016	5 720	15 736
1977	11 300	8 732	2 591	11 323	2006	12 570	9 464	3101	12 565
1978	18 200	7 113	5 720	12 833	2007	9 413	6 473	2944	9 417
1979	18 100	10 161	5 720	15 881	2008	29 030	9 761	5 720	15 481
1980	15 300	9 036	5 720	14 756	2009	18 700	9 611	5 720	15 331
1981	4 040	3 712	328	4 040	2012	2 035	9 483	5 720	15 203
1982	4 970	4 285	689	4 974	2011	43 080	7 542	5 720	13 262
1983	2 830	2 833	0	2 833	平均	24 697	7 315	4 125	11 441
1984	624	612	0	612					

表 5-9　寿光市水资源分区地表水资源可利用量估算表

水资源分区名称					多年平均地表水资源量（万 m^3）	地表水资源可利用量（万 m^3）	地表水资源可利用率（%）
一级区	二级区	三级区		四级区			
淮河区	山东半岛沿海诸河	小清河区		小清河区	3 692	2 610	70.7
		胶东诸河区	潍弥白浪河区	弥河区	13 925	9 839	70.7
				白浪河区	1 293	0	0
寿光市					18 911	12 449	65.8

第六章　地下水资源量

地下水资源是指赋存于地面以下岩土孔隙中的饱和重力水，是水资源的重要组成部分。根据相对埋藏特征及参与大气水文循环的程度，可以分为浅层水和深层水。

浅层水是指埋藏相对较浅，包括与当地大气降雨、地表水体有直接补排关系，具有自由水位的潜水和与当地潜水具有密切水力联系的弱承压水；深层水是指埋藏相对较深，且与当地浅层水水力联系微弱的地下水。地下水资源数量是指地下水中参与现代水循环且可以更新的动态水量。

第一节　地下水资源评价的重点及内容

一、评价的重点

本次评价的对象是寿光市境内与大气降雨及当地地表水有密切水力联系的第四系松散岩类孔隙淡水。对近期下垫面条件下的地下淡水资源量及其时空分布特征进行全面评价，为水资源总体规划、科学合理开发利用及配置提供可靠的依据。

二、评价内容

根据上述评价对象及重点，本次评价内容主要是在收集及分析评价区的地形、地貌、水文地质条件、水文气象、地下水开发利用等基础资料的基础上，继而合理确定含水层的给水度、渗透系数、降雨入渗补给系数、潜水蒸发系数等水文参数及水文地质参数，从而计算评价寿光市的地下水的补给量、排泄量、水资源量、可开采量以及地下水水质。

第二节 评价类型区的划分及评价方法

一、评价类型区的划分

地下水资源评价类型区的划分，是地下水资源评价的基础。地下水的储存、分布及其动态特征，受区域降雨特征、地质、地貌、水文地质条件及开采条件等综合因素制约。而上述诸因素的空间分布差异很大，所以在评价区域地下水资源时，首先要划分评价类型区。

评价类型区划分是否合理，直接影响到计算成果的精度。划定分区时不仅以水文地质条件为基本控制条件，而且要考虑地下水与地表水之间的水力联系条件，因此，应尽可能与地表水分区相一致。同时还要考虑区域内地下水资源的开发利用格局、其他水资源开发利用方式等。评价类型区包括计算分区和成果汇总分区两大类。

1. 计算分区

本次地下水资源量的计算，评价类型区划分为三级。

（1）一级计算区（Ⅰ）

根据区域地形、地貌特征将地下水资源评价区划分为平原区和山丘区两个一级类型区。从地形地貌上来看，寿光市境内最高海拔 49.5 m，地貌主要以缓岗、海滩地等平原地貌为主，因此一级计算区仅有平原区。

（2）二级计算区（Ⅱ）

根据寿光市境内次级地形地貌特征和地下水的类型，Ⅰ级平原区又可以划分为南部冲洪积平原区和北部滨海平原区 2 个Ⅱ级类型区。

（3）三级计算区（Ⅲ）

在Ⅱ级计算区划分的基础上，按区域水文地质条件、地下水特征、水系流域的完整性与水文气象特征的一致性，进一步划分为若干个均衡计算区，即Ⅲ级计算区。

具体划分时，以北部 200 m 以上地下淡水尖灭线、1981 年咸淡水分界线、弥河冲洪积扇边界和东南贫水区分界线进行控制分区，如图 6-1 所示。根据各控制分区线的空间分布特征，为了便于计算，在中部弥河冲洪积扇与 1981 年咸淡水分界线处，以咸淡水分界线为依据分区；在东南部弥河冲洪积扇与贫水区分界线处以弥河冲洪积扇为依据进行分区。共划分为Ⅲ－1、Ⅲ－2、Ⅲ－3 和Ⅲ－4 共计 4 个三级计算区（见图 6-1）。

由于Ⅲ－1 计算区自 20 世纪 80 年代发生咸水入侵以来，一直为咸水区，本次评价的重点为淡水，因此本次评价中Ⅲ－1 计算区只参与分区，不参与计算。

地下水资源评价类型区的各计算分区面积见表 6-1，计算总面积为 1 062.3 km^2，涉及台头镇、化龙镇等 12 个街镇行政单位。

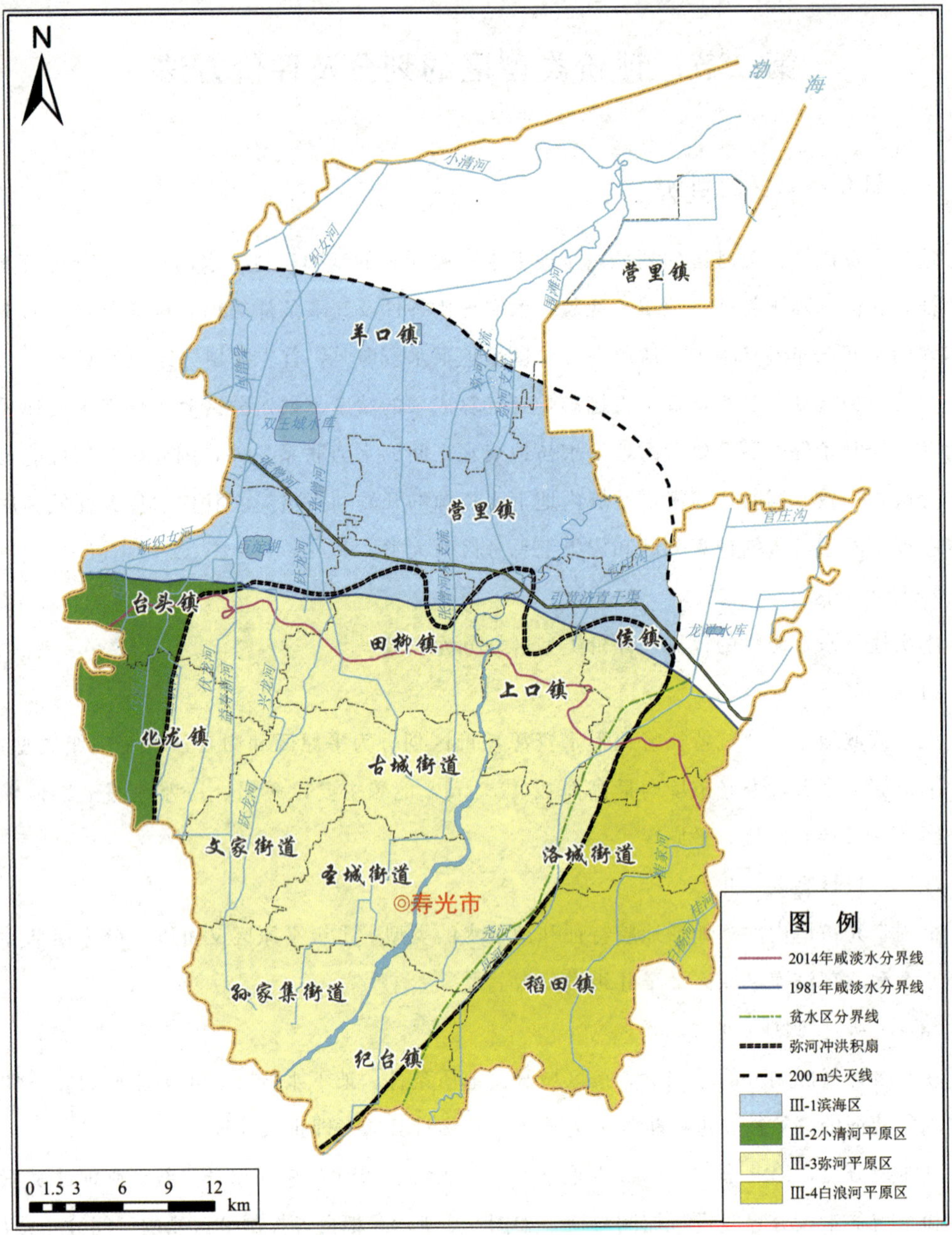

图 6-1　寿光市地下水资源评价三级计算区分区图

2. 成果汇总分区

为便于评价成果的实际应用，将地下水资源计算成果分别按照水资源分区和行政分区两大类进行汇总。

按水资源分区，全市共划分为 1 个水资源一级区、1 个水资源二级区、1 个水资源三级区和 3 个水资源四级区，水资源区汇总表详见表 6-2。

表 6-1 寿光市地下水资源分区计算表

计算区				面积（km²）	计算区在各街镇中所占面积（km²）												合计
Ⅰ级计算区	Ⅱ级计算区		Ⅲ级计算区		台头镇	化龙镇	田柳镇	古城街道	文家街道	圣城街道	孙家集街道	上口镇	洛城街道	纪台镇	稻田镇	侯镇	
平原区	冲洪积平原区	Ⅱ－2	Ⅲ－2 小清河平原区	77.0	34.5	42.5											77.0
			Ⅲ－3 弥河平原区	735.5	49.5	45.7	83.1	87.8	65.7	68.3	79.5	73.4	92.3	61.7		28.5	735.5
			Ⅲ－4 白浪河平原区	249.8									55.8	26.4	79.5	88.1	249.8
			Ⅲ－1 滨海区	/													
	滨海平原区	Ⅱ－1															
合计				1 062.3	84	88.2	83.1	87.8	65.7	68.3	79.5	73.4	148.1	88.1	79.5	116.6	1 062.3

注：Ⅲ－1 滨海区只参加分区，不参加计算。

表 6-2 寿光市地下水资源计算分区面积表（水资源分区）

水资源一级区	水资源二级区	水资源三级区		水资源四级区	计算面积（km²）			计算总面积（km²）
					Ⅲ－2	Ⅲ－3	Ⅲ－4	
淮河区	山东半岛沿河诸河	小清河区		小清河区	77.0	115.8		192.8
		胶东诸河区	潍弥白浪河区	弥河区		619.7	98.5	718.2
				白浪河区			151.3	151.3

按照分区中涉及的街镇进行行政分区，全市共划分为 12 个行政区，如表 6-3 所示。

表 6-3　寿光市地下水资源计算分区面积表（行政分区）

街镇	面积（km^2）
台头镇	84.0
化龙镇	88.2
田柳镇	83.1
古城街道	87.8
文家街道	65.7
圣城街道	68.3
孙家集街道	79.5
上口镇	73.4
洛城街道	148.1
纪台镇	88.1
稻田镇	79.5
侯镇	116.6
全市	1 062.3

二、评价方法

本次地下水资源量的评价，利用水均衡理论，采用补给量法计算，同时计算出排泄量和地下水的蓄变量，从而进行水均衡分析，进而确定出地下水资源量。

根据寿光市评价区的水文地质条件、已有的研究成果、本次调查的结果、室内外试验所获得的数据等相关资料，分别求出评价区多年平均地下水的各项补给量、排泄量。根据水均衡原理建立多年平均的水均衡方程：总补给量＝总排泄量。

其中，总补给量、总排泄量分别为各项补给量、排泄量的总和。不同计算分区的总补给量、总排泄量所包含的补给项、排泄项不同。

总补给量＝降雨入渗补给量＋侧向补给量＋河道渗漏补给量＋渠系渗漏补给量＋渠灌田间入渗补给量＋井灌回归补给量＋越流补给量＋人工回灌补给量

总排泄量＝潜水蒸发量＋河道排泄量＋地下水实际开采量＋侧向流出量＋越流排泄量

以上方程式中的各计算可根据寿光市已有的资料选取。在人类活动影响和均衡期间代表多年的年数并非足够多的情况下，水均衡还与均衡期间的地下水蓄变量有关。因此，在实际应用水均衡理论时，一般指均衡期间多年平均地下总补给量、总排泄量和地下水蓄变量三者之间的关系，即：

总补给量－总排泄量＝蓄变量

第三节　分区水文地质条件

各分区水文地质条件主要包括水文地质概况、区域地下水补给、径流和排泄条件、区域水位动态特征等。

一、北部滨海区

1. 含水层、含水岩组及赋存特征

本区位于潍坊凹陷的西北部，自第四系晚更新世以来，本区发生过三次地壳运动，形成三次范围不大的海进海退，从而形成三个海相地层，赋存大量的海水，经过长时间的浓缩、埋藏、封存，形成了封闭状态下的天然卤水（咸水）含水层。

该区内的河流以由西向东、由东向西变迁，形成相互叠置、具有一定水平分布规律的第四系卤水（咸水）含水层。含水层自西南向东北变薄，直至尖灭，特征有二：一是呈条状分布，大致为西南东北向；二是含水层厚度，弥河西大于弥河东。在空间上沿渤海莱州湾南岸呈东西向条带状展布，西至小清河东岸，东至丹河，向东延伸至胶莱河西岸，南至岔河乡—道口—柏庄一线，北至沿海潮滩带，局部延伸至近岸浅海。

该区域内的天然卤水（咸水）含水层一般有3～4层，总厚度在15～50 m，各层厚度变化较大，在东西方向上以中部地段最厚，向西逐渐变薄，呈透镜状；在南北方向上以中北部地段最厚，向南逐渐变薄，整个卤水（咸水）为以东西拉长的透镜体。埋深一般在0～80 m，最深可达100 m，按照埋藏条件及水力性质特征，可以分为潜水卤水层和承压卤水层。潜水卤水层分布于第四系全新统地层中。主要含水层岩性为粉砂、淤泥质粉砂、黏土质粉砂等，普遍含有贝螺类碎片，属于浅滩滨海相沉积，为第三海相层。

潜水卤水层一般有两小层，底板埋深8～22 m，水位埋深8～20 m，总厚度在2.5～20 m。承压卤水层赋存于第四系更新统地层中。与潜水卤水层之间有一层隔水层，赋存于第一、二海相层中，具有微承压—承压水的性质。

2. 地下水含水层（岩组）富水性

由于近年来矿区开发力度较大，潜水卤水层目前已基本采空。承压卤水层是本区的主要含水层，其分布较稳定的含水层主要有上、中、下三层：上层承压卤水层分布在潜水卤水层以下，上部有一层淤泥质砂土或亚黏土与之相隔，为第二海相层，厚度在2～16 m；中层顶板以亚砂土和亚黏土与上层相隔，为第一海相层，含水层厚度在3～15.5 m；下层其底板多以亚黏土与中层相隔，厚度在1.5～12 m。承压卤水层层数较多，累计含水层厚度较大，含水层稳定，富水性强，储存量较大，单井涌水量受含水层岩性、厚度及补给条件的制约，一般可达1 000 m^3/d。

3. 地下水的补给、径流与排泄

该区地下水的补给方式主要有海水补给（包括静水压力下海水在水平方向上自北向南补给和海水在涨潮覆盖潮间带后蒸发浓缩形成的高浓度咸水自上而下渗入补给两种方式）、大气降雨入渗补给。排泄方式以人工开发为主，以及潜水卤水层的蒸发排泄。

4. 地下水的动态特征

北部滨海平原区大气降雨和潮汐海水是卤（咸）水的主要补给来源，蒸发和卤水开采是主要的排泄方式，地下水动态类型为渗入—蒸发、开采型。

通过卤（咸）水动态监测资料分析，在人类大规模开发利用卤水之前，卤水人工开采量较小，咸淡水维持动态平衡，地下水由南部淡水区向北部咸水区径流并最终排泄于渤海，地下水动态变化主要是随降雨、潮汐海水的变化而变化。

现状条件下，随着盐业及盐化工业迅速发展，卤水开采量不断增大，导致地下水位持续下降，水位埋深不断增大，除个别年份外，水位呈逐年下降趋势。当遇降雨偏丰年份或大潮汐年份，年末地下水位呈上升趋势，反之则呈下降趋势。

年内咸水最高水位出现时间多在 9～10 月份，滞后于集中降雨 1～2 个月。由于开采卤水时间的差异性，最高水位出现在枯水期或平水期的现象也存在。由于大量开采卤水，地下咸水位持续下降，目前已降至海平面以下，形成了等水位线封闭呈圆形的漏斗区。一般年份，丰水期咸水位比枯水期咸水位略有回升。

地下水位年变幅在 1.25～3.25 m，比较稳定，由于南部淡水和北部卤水的超采，沿现状咸淡水分界线附近形成了地下分水岭，分水岭以南的地下水流向淡水区地下水漏斗中心，形成咸水入侵，分水岭以北的地下水向北径流排泄于渤海。

二、南部弥河冲洪积平原区

1. 含水层、含水岩组及赋存特征

南部弥河冲洪积平原区位于弥河下游冲洪积平原，第四纪主要含水层组自上而下可以划分为两个。第一含水层组，砂层底板埋深，由南及南西向弱及北东逐渐加深。弥河西以中、粗砂含砾为主，颗粒较粗，单层及累计厚度较大；弥河东属弥河泛流带，含水砂层厚度变薄，颗粒变细。第二含水层组，为承压含水层，顶部砂质黏土，厚度 10～20 m，与第一含水层组相隔，使地下水均有承压性。第二含水砂层，横向多呈扁大透镜状，纵向呈带状展布，自上游而下游。砂层结构由单一变多层，单层厚度由厚变薄，颗粒由粗变细。不同位置区水文地质剖面图详见图 6-3、6-4、6-5、6-6。

2. 地下水含水层（岩组）富水性

本区内主要开采层包括区内中深含水层组的承压水、半承压水和浅层含水层组下部的潜水—微承压含水层，也是本区地下水开采的主要目的层。根据抽水试验的结果，其富水性特征如下：

(1) 超强富水区（单井出水量>3 000 m^3/d），该区呈西南东北向分布在古河道的主流带上，主要分布范围为肖家营村—曹家庄村—后张家庄村—南胡家庄村—陈家庄村—任家村—蒋家集村。

(2) 强富水区（单井出水量 2 000～3 000 m^3/d），该区主要呈扇形分布，加之西南东北向的古河道主流带的带状分布，主要分布范围为宋家庄村—刘家庄村—新桥村—裴西村—付家庄村—小坨村—南台头村—桥子村—大仓村—东七村—于家尧河村—闫家庄—查芦村—桂家村—周家庄村—安家村—郝家庄村—南王村—西曹村—西庄子村—徐家村—孙家集村—肖家营村。

(3) 中等富水区（单井出水量 1 000～2 000 m^3/d），主要的分布范围为一座楼村—朗家营村—赵家庂村—西伦疃村—申明亭村—崔家庄子村—西里村—东孙家庄村—东营村—岳家庄村—单家庄村—北台头村—后寨子村。

(4) 弱富水区（单井出水量 500～1 000 m^3/d），主要分布范围为李家庄子村—袁刘村—四岐仓村—大道村—孟家河东村—申明亭村—吴家下口村—北王里村—赵家庄村—东头村。

(5) 贫水区（单井出水量<500 m^3/d），主要分布范围为孟家河东村—崔家庄子村—高家庄村—刘家尧河村—同兴庄村—任家洼村—张家楼子村—小南韩—贾家庄子—东庞陈村—谭家村—南慈村—斗鸡台村—李家黄疃—赵家辛章村。富水性空间分布详见图 6-2。

3. 地下水的补给、径流与排泄

本区补给来源主要有大气降雨、侧向径流补给、弥河渗漏补给以及区内地表径流通过小河道渗漏补给、农业灌溉回渗补给等。

大气降雨是本区地下水的主要补给来源，本区的地下水位变化周期与降雨周期相一致，地下水位变化因年降雨量、降雨时间、降雨强度的差异，出现不同的变化状态。除大气降雨补给外，本区地下水还受到弥河河水的补给。河道渗漏补给是本区地下水的重要补给来源。

弥河沿中东部由南向北贯穿本区，由于两岸大量开采地下水，导致地下水位远低于河水位，为弥河河水渗漏补给创造了条件，且弥河在本区段内是强渗河段，当弥河有水时，河道渗漏补给两侧地下水。根据历年水文资料和地下水位动态监测资料，弥河两岸附近地下水位动态变化与弥河河水基本一致，而在远离河岸和近河岸开采强度较大的地段，这种同步关系则变得不明显。

在地形、地貌及地质构造控制下，本区地下水总体流向由南西向北东方向运动。由于弥河附近地下水位较高，形成了本区的地下水位分水岭，地下水由弥河主流带向两岸径流。在工业、生活水源地集中开采地段形成的漏斗区附近，局部地下水流向发生改变，由四周向漏斗中心径流，径流条件相对较好。

天然情况下，本区地下水主要消耗于潜水蒸发和径流排泄。现状条件下，地下水的排泄方式主要有两种，即人工开采和地下径流。本区是井灌区，地下水被大量开发利用，而在枯水年份，开采量还要大。因此，人工开采是本区地下水的主要排泄方式，同时地下水径流排泄仍是其排泄途径之一。

4. 地下水的动态特征

地下水动态变化主要是受降雨、弥河河水和人工开采等因素的综合影响。在一个水文年内地下水动态的特征、地下水位的变化，随着降雨量及开采强度变化而变化。在农业集中开采的 3、4、5 月份，地下水位开始下降，水位随开采强度的变化而变化，水位有升有降，开采强度越大，地下水位的下降幅度也随之增大，当开采量明显减少或停止开采，地下水位则有所回升。在降雨量集中的 7、8、9 月份，地下水位开始回升，到 10 月份地下水位达到最高值，一般回升值在 1～3 m 左右。

年际地下水动态随着工农业生产的迅速发展，地下水开采量急剧增加，加之连续十几年降雨量偏少，地下水补给量显著减少，导致地下水位持续下降，表明该区域地下水动态变化与开采强度关系密切。近 10 年来，寿光市在控制地下水开采方面采取了诸多措施（弥河河道拦蓄补源、工业企业用地表水置换地下水开采、调整农业种植结构等），大部分地区地下水位多年下降趋势已逐步得到扭转。寿光市不同时期枯水期（5 月 1 日）和丰水期（9 月 1 日）地下水位等值详见图 6-7—图 6-13 所示。

单井长观井的地下水位变化曲线图如图 615～图 620 所示。从图中可以看出，化龙镇长观井多年地下水位动态曲线呈下降趋势，该处水位从 1975 年的 5 m，下降到 2011 年的一 20 m，水位共计下降 25 m。田柳镇西兴旺村长观井地下水变化基本上呈多年动态平衡状态，并且还有上升的趋势，这是因为该处位于咸淡水分界线附近，随着地下水开采量的增大，地下水位下降加快，与北部咸水区产生水头差，造成咸水入侵，该井水质变咸，该井的开采量逐渐减少，水位有所回升。侯镇长观井多年地下水位动态曲线呈下降趋势，该处水位从 1986 年的－5 m，下降到 2011 年的－17m，水位共计下降 12 m。纪台镇长观井多年地下水位动态曲线从 1985—2004 年基本呈动态平衡状态，从 2004—2011 年地下水位呈上升趋势，这是因为该处长观井位于弥河附近，弥河水位高于周围地下水水位，这从地下水水位等值线图中也能看出。这就说明弥河对周边地下水具有一定的补给作用，近年来弥河来水量大，又有层层橡胶坝拦蓄，弥河水源源不断地补给地下水，水位慢慢回升是很正常的。另外，稻田镇和圣城街道（城区）的长观井多年来都呈下降趋势，并且水位降幅都很大，尤其是位于城区的井，这都从一定程度上表明了，寿光市地下水开采较为严重，地下水位长年呈下降趋势。

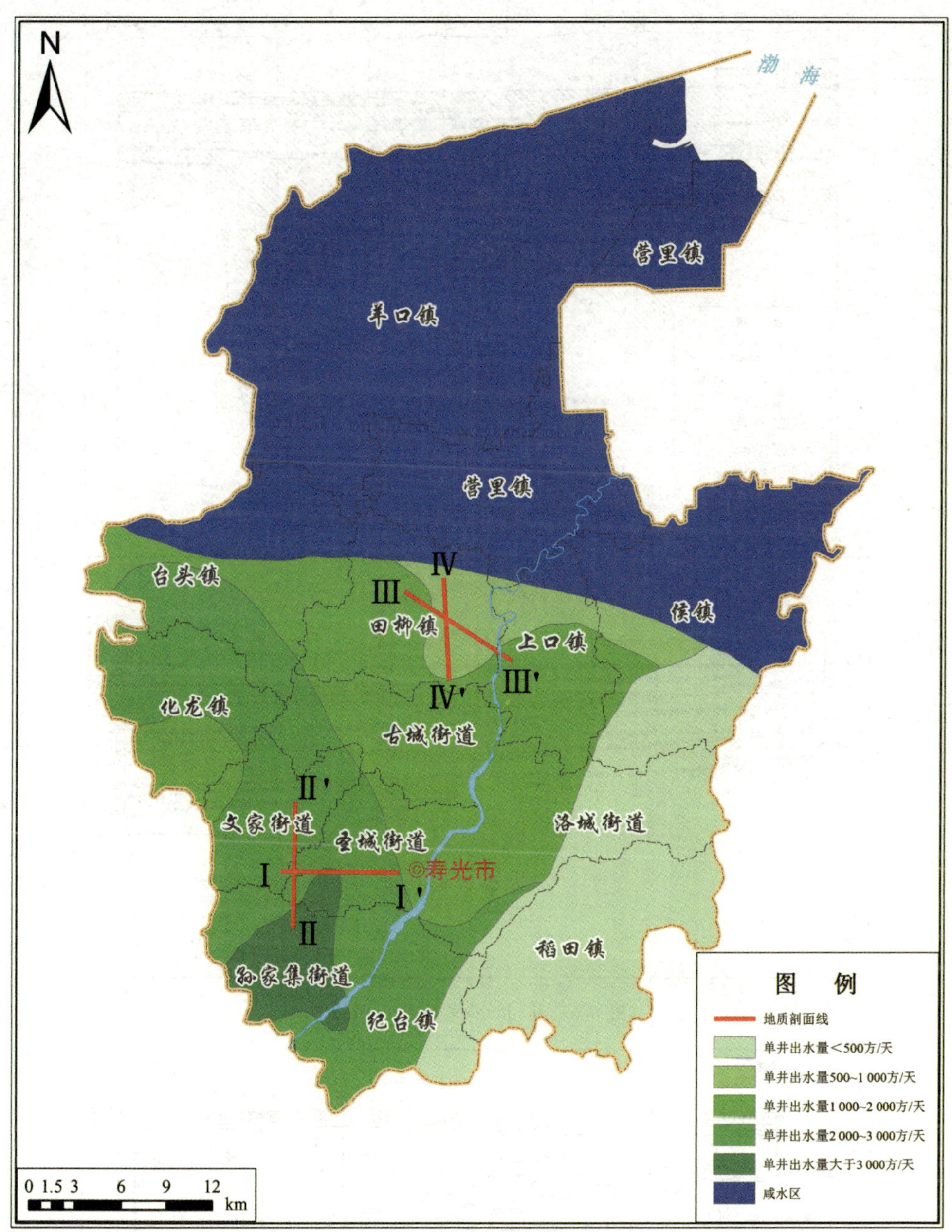

图 6-2　寿光市地下水富水性分布图

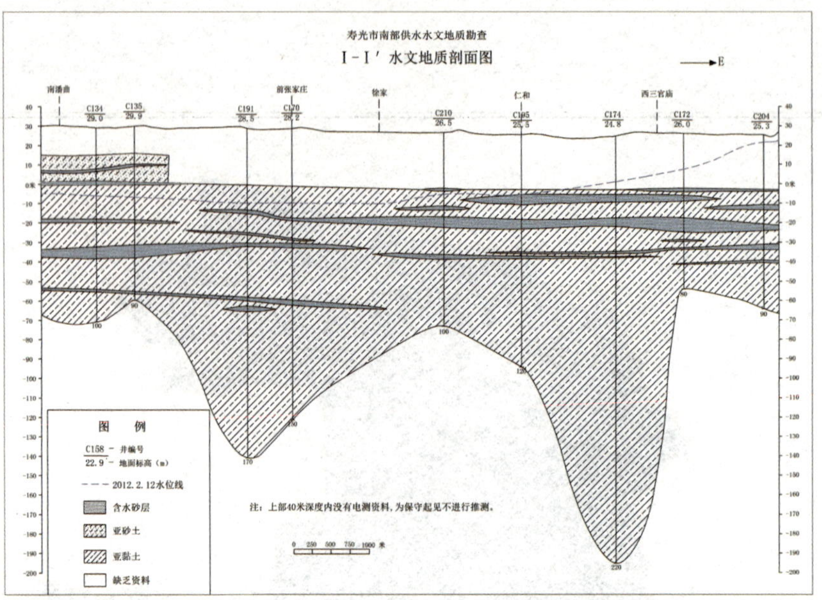

图 6-3　Ⅰ-Ⅰ′水文地质剖面图

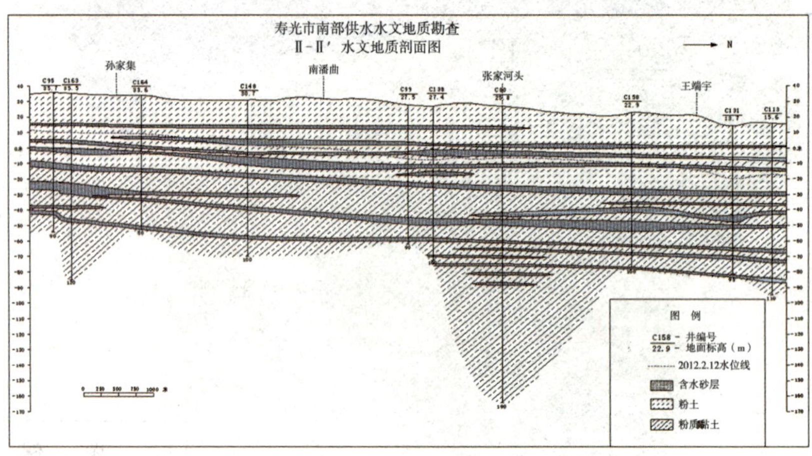

图 6-4　Ⅱ-Ⅱ′水文地质剖面图

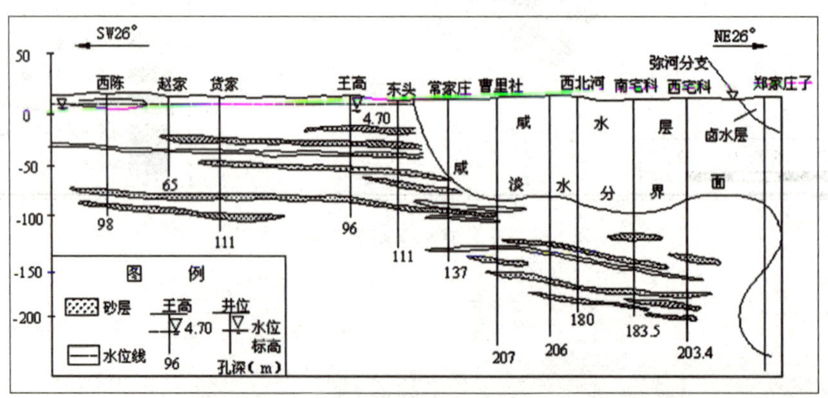

图 6-5　Ⅲ-Ⅲ′水文地质剖面图

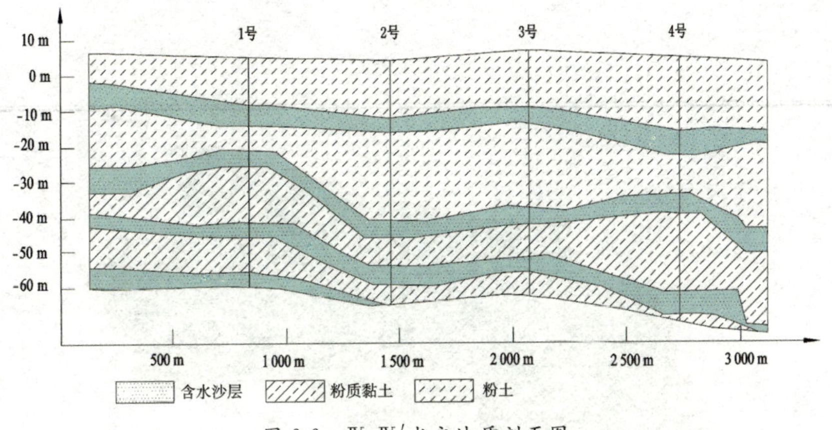

图 6-6　Ⅳ-Ⅳ′水文地质剖面图

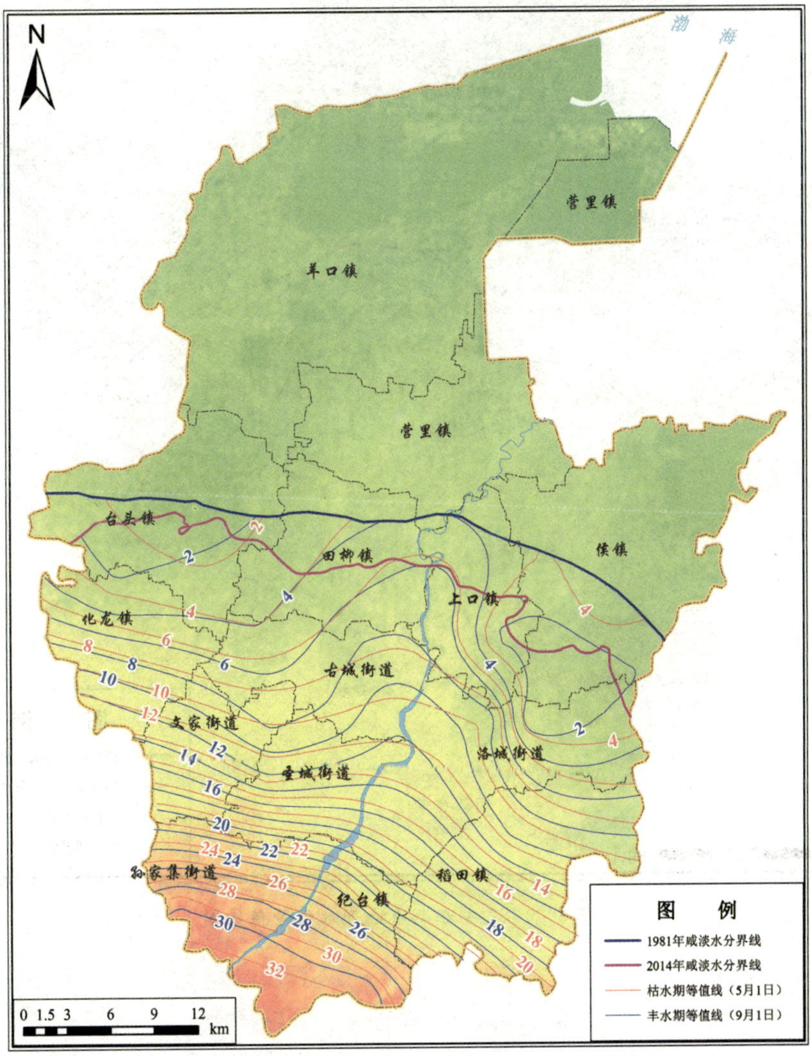

图 6-7　1981 年寿光市地下水位等值线图

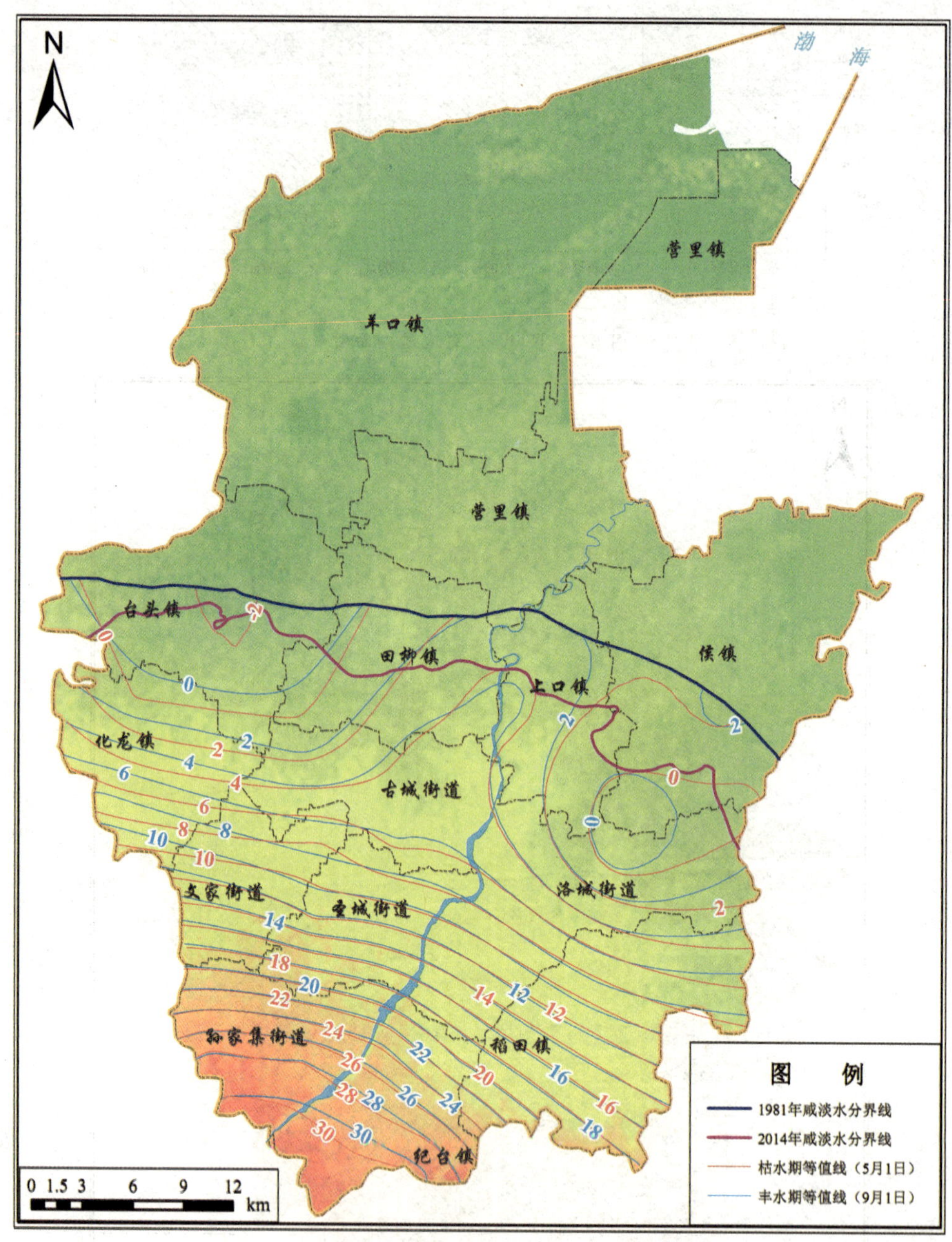

图 6-8　1982 年寿光市地下水位等值线图

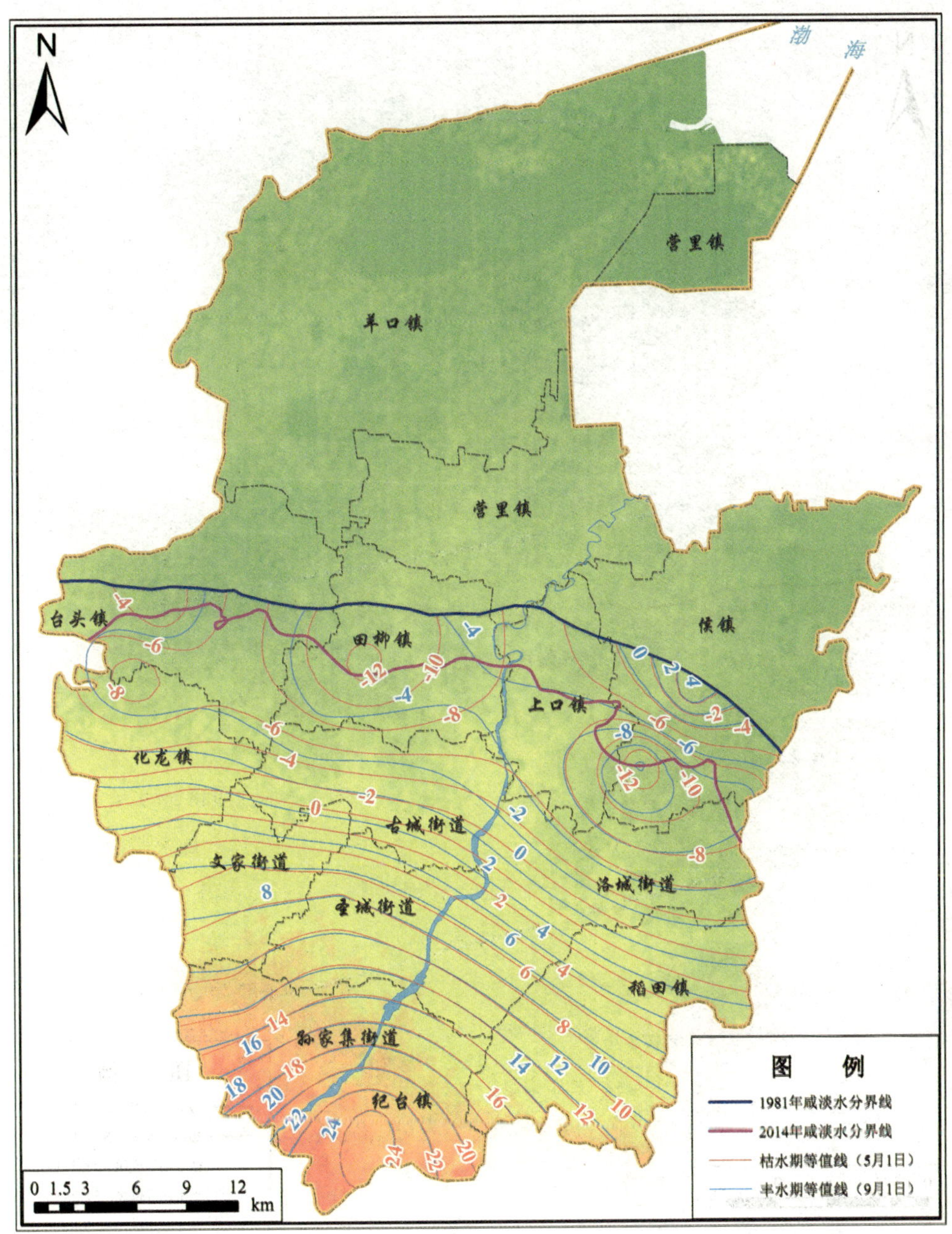

图 6-9　1990 年寿光市地下水位等值线图

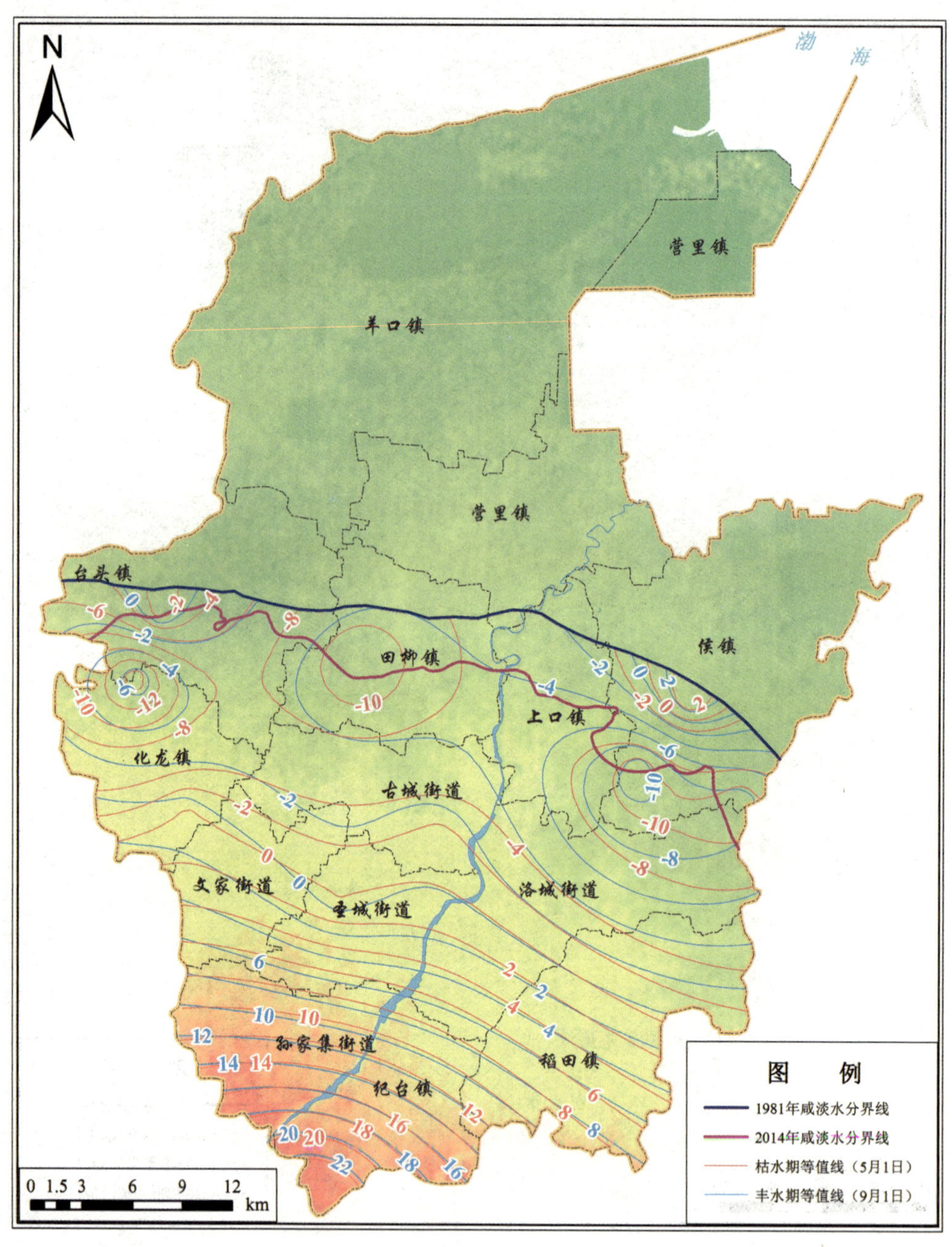

图 6-10 1995 年寿光市地下水位等值线图

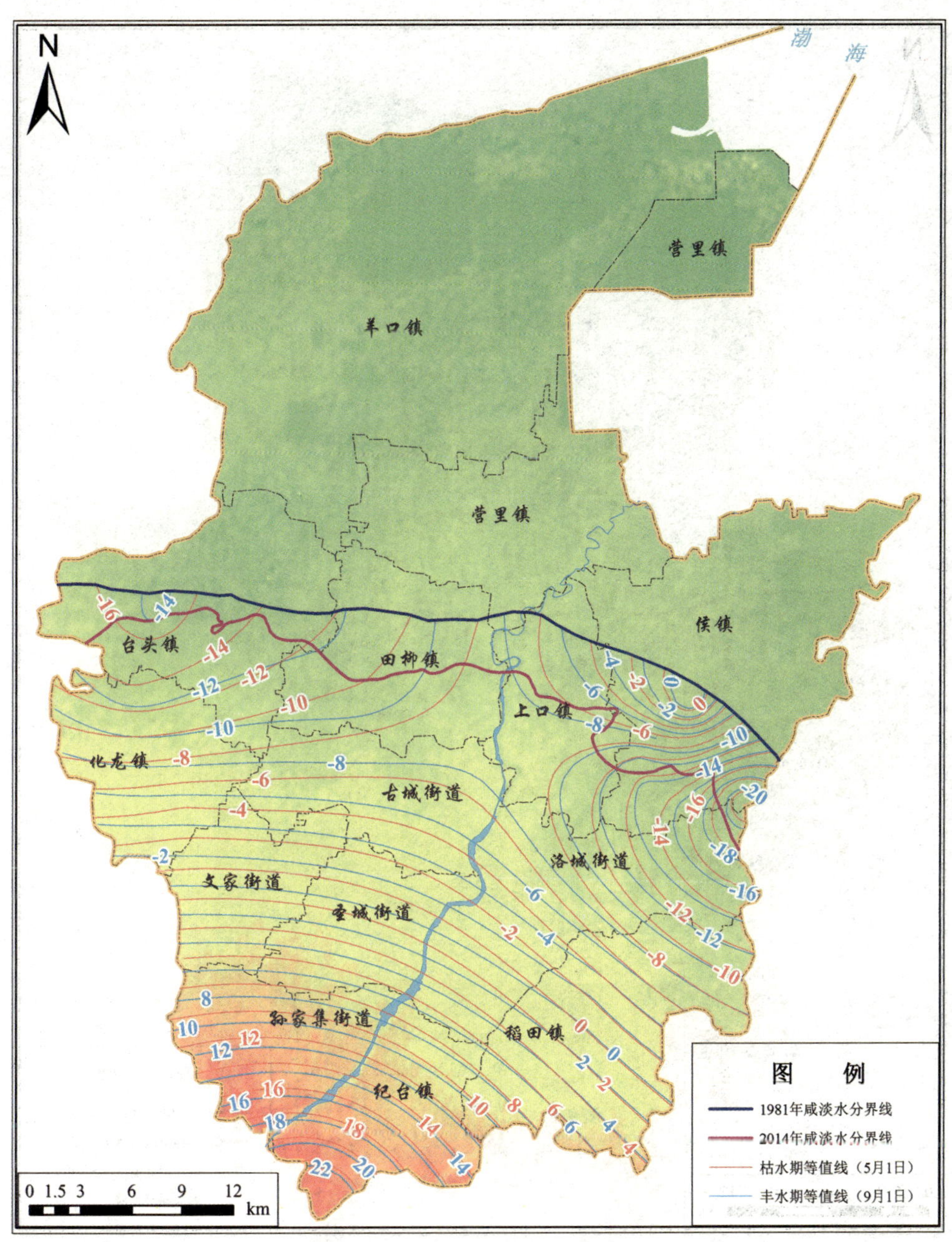

图 6-11　2000 年寿光市地下水位等值线图

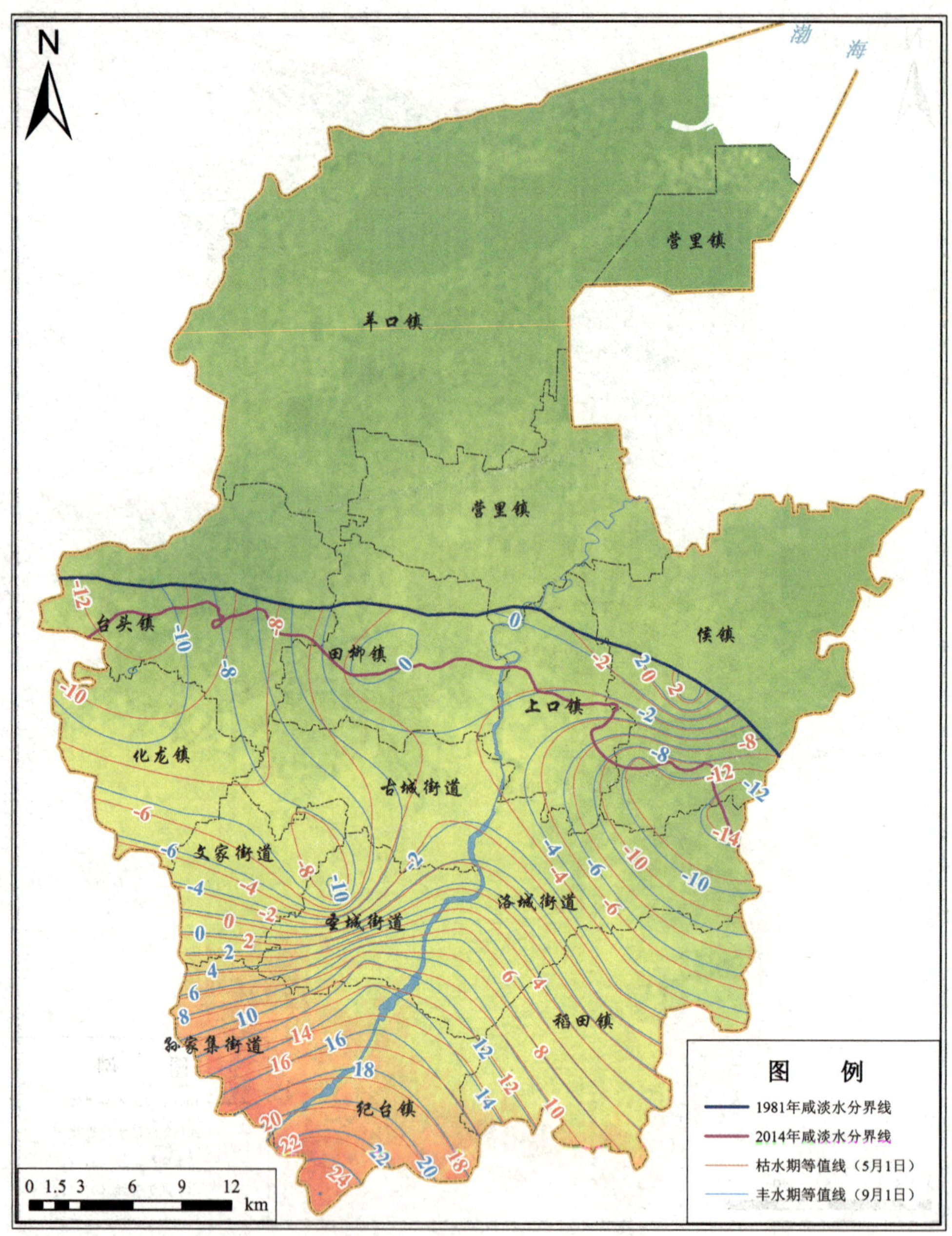

图 6-12　2005 年寿光市地下水位等值线图

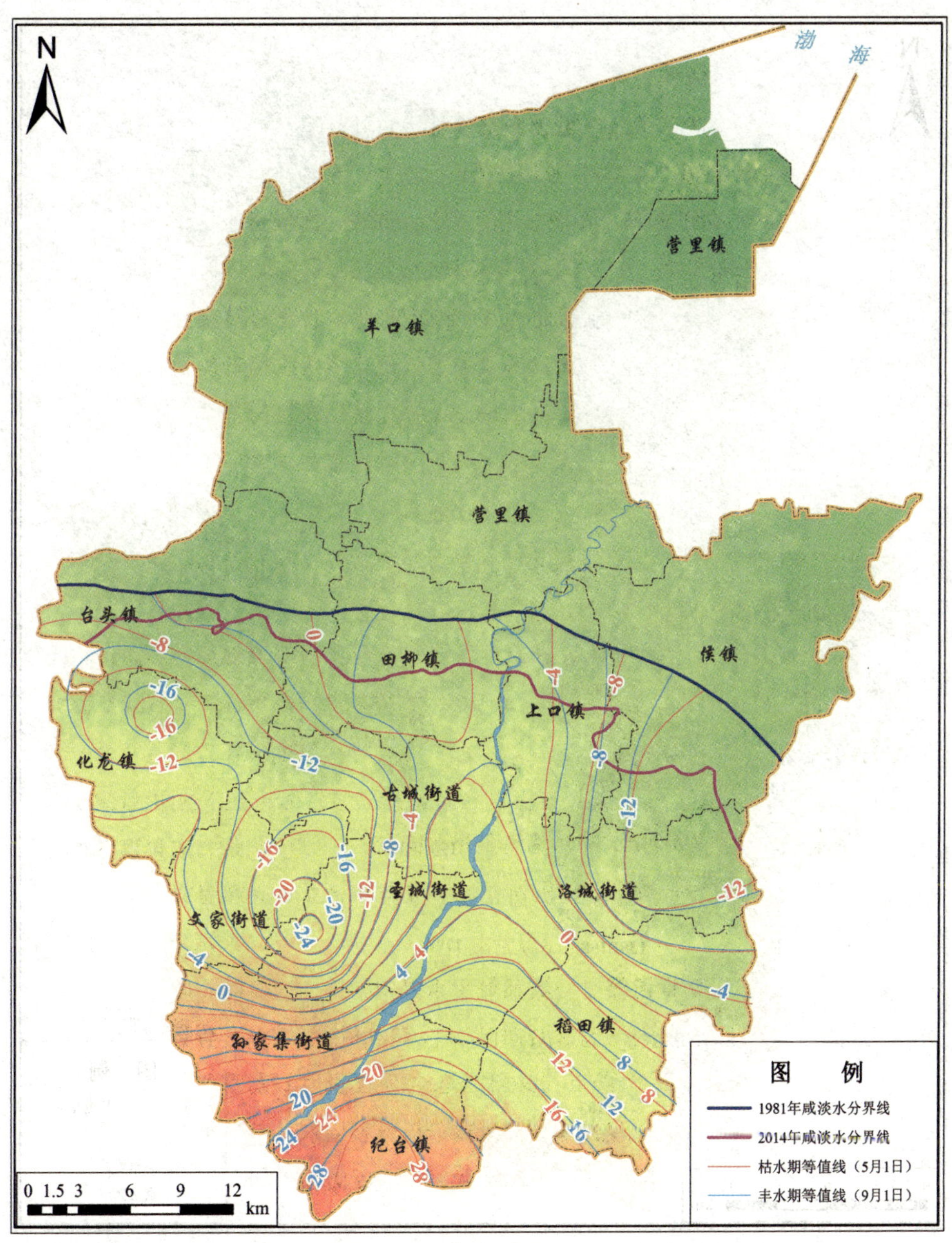

图 6-13 2010 年寿光市地下水位等值线图

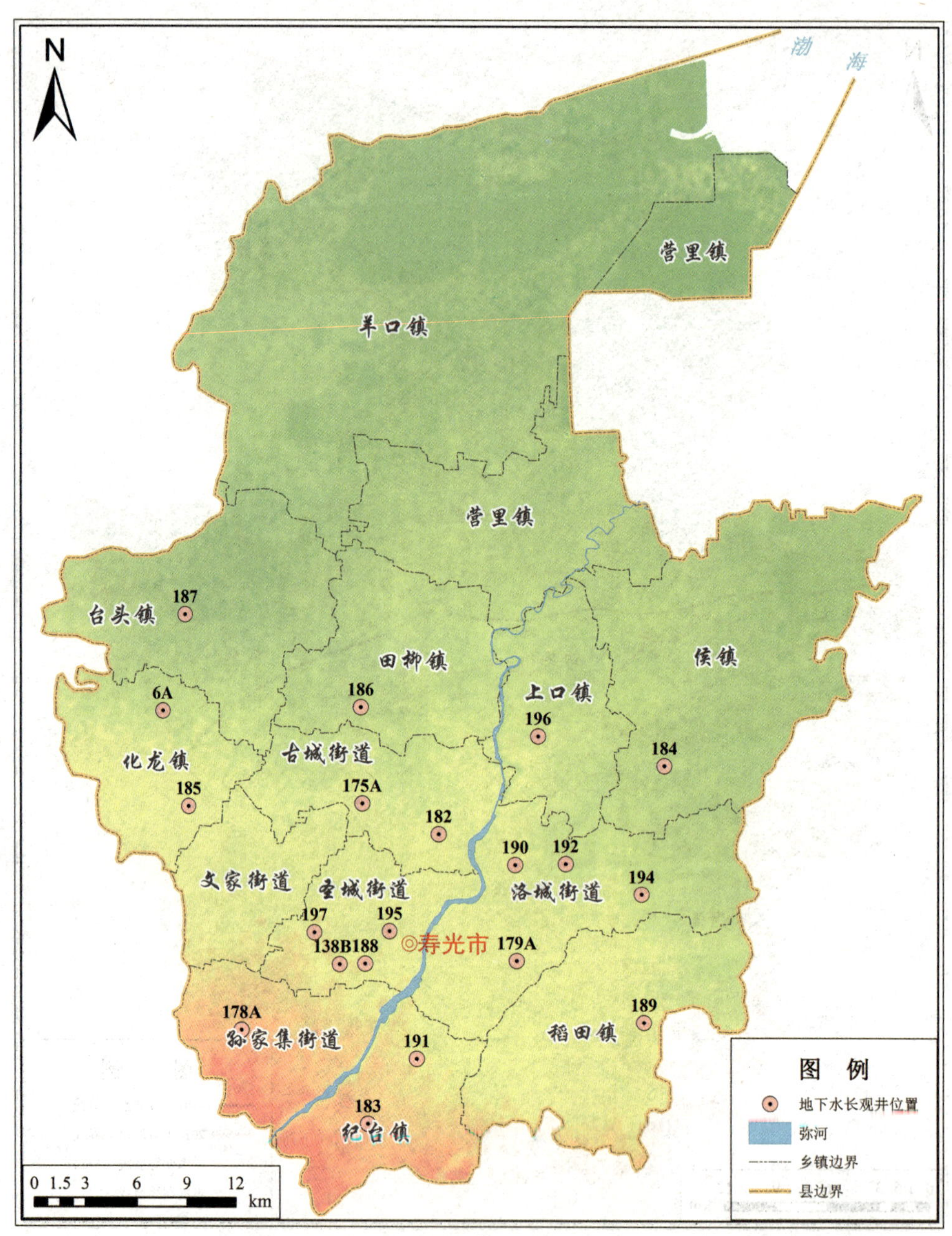

图 6-14 地下水长观井位置图

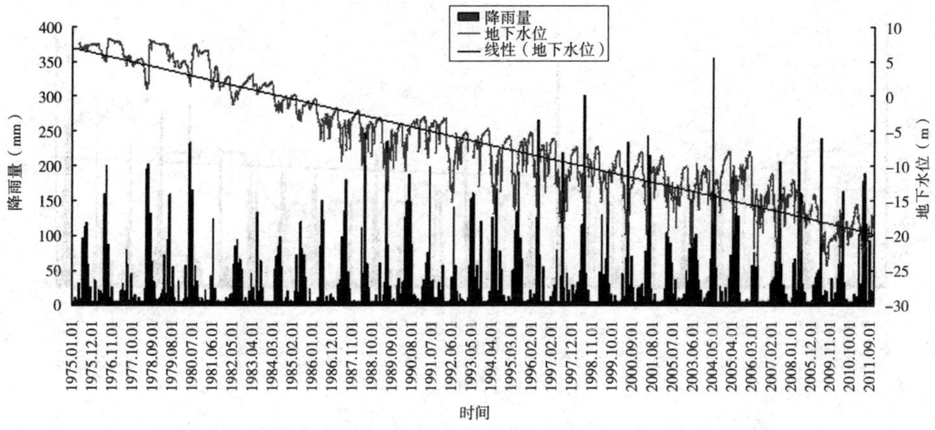

图 6-15　化龙镇西北柴村长观井 1975—2011 年地下水位动态曲线图

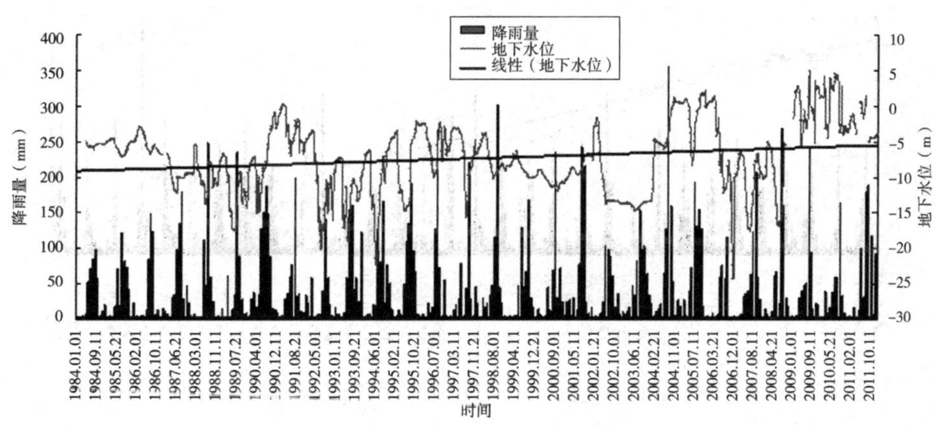

图 6-16　田柳镇西兴旺村长观井 1984—2011 年地下水位动态曲线图

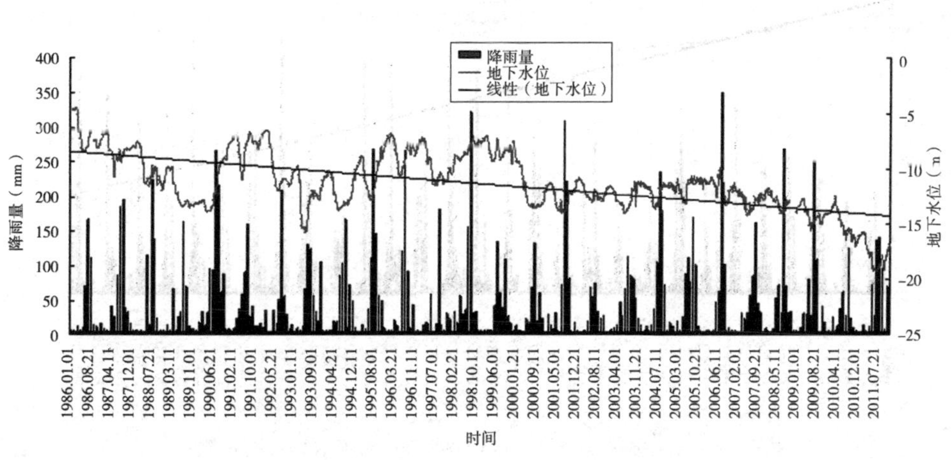

图 6-17　侯镇长观井 1986—2011 年地下水位动态曲线图

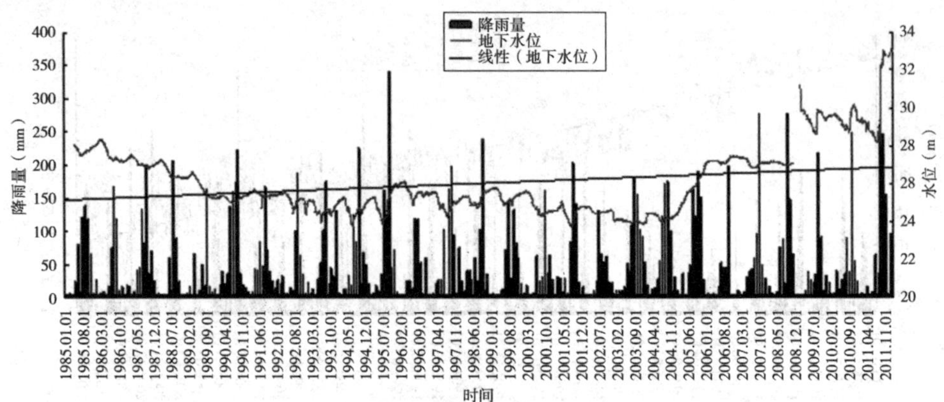

图 6-18　纪台镇长观井 1985—2011 年地下水位动态曲线图

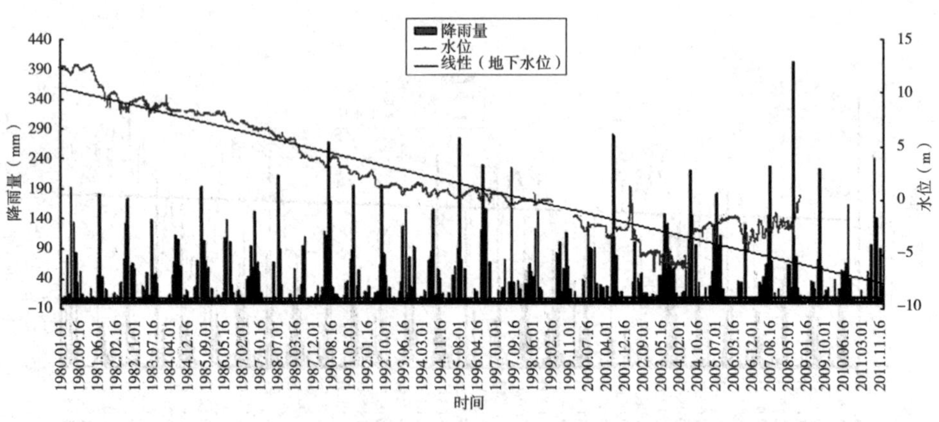

图 6-19　稻田镇长观井 1980—2011 年地下水位动态曲线图

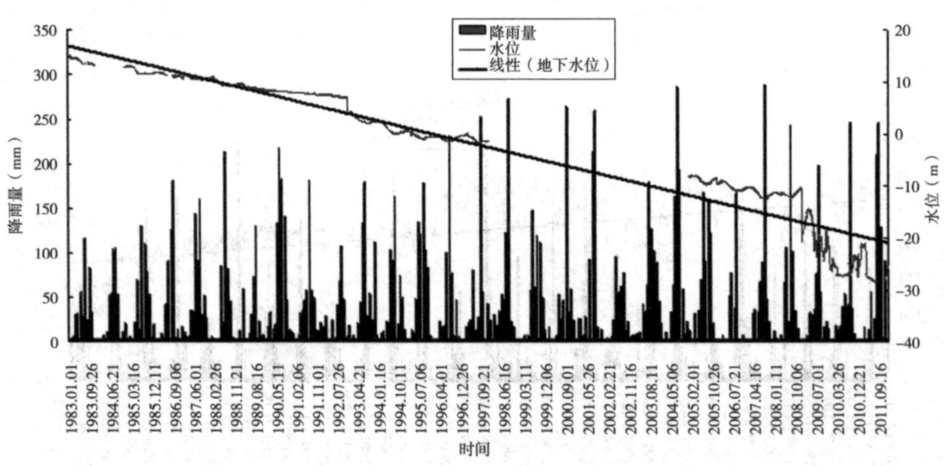

图 6-20　圣城街道长观井 1983—2011 年地下水位动态曲线图

三、水文地质参数的分析确定

水文地质参数是定量描述含水层物理特性的指标或系数，是计算地下水资源量的基础数据。基于水均衡法，平原区地下水资源量的计算，其各补给项、排泄项以及地下水蓄变量的计算需要选定各种有关水文地质参数，其值准确与否直接影响评价成果是否可靠。

为确保计算参数的准确性，采用多种方法进行综合分析，选取符合当地计算期内下垫面条件下的参数值。

地下水资源量分项计算中，主要水文地质参数包括：潜水变幅带给水度 μ、降雨入渗补给系数 α、灌溉回归系数 β、含水层渗透系数 K 及潜水蒸发系数 C 等。

潜水变幅带给水度 μ 和含水层渗透系数 K 采用寿光市多年来水源地水文地质勘查资料成果，具体包括后疃水源地、化龙水源地、寒桥水源地、大马疃水源地、王口水源地以及寿光市城西水源地勘查成果。降雨入渗补给系数 α 采用地下水动态资料分析法进行对照确定；河道渗漏补给量有关参数采用现场测点和室内试验测定相结合的方法进行综合确定。部分水文地质参数根据山东省及潍坊市等区域已有的研究成果通过比拟法来确定。

1. 潜水变幅带给水度 μ

给水度 μ 是指饱和岩土在重力作用下自由排出水的体积（$V_{水}$）与该饱和岩土体积（V）的比值。它是衡量含水层给水能力的重要指标，不仅与变幅带的岩性及其结构特征、地下水埋深及水位下降速度有关，还与包气带岩性及非饱和带水分运移速度有密切关系。在平面上随岩性而异，在垂直方向上随地下水埋深而变。其大小的决定因素是饱水带岩性及其结构特征（颗粒级配、孔隙裂隙发育程度及其密实度等）。

本次含水层给水度的确定，结合已有的水源地勘查资料，采用《水资源研究》2004 年第 25 卷第二期中《平原区地下水资源评价方法综述》一文提出的给水度计算方法，根据长系列地下水等值线和分区降雨量系列资料求取分区给水度。Ⅲ－2 区地下水给水度计算过程如下：

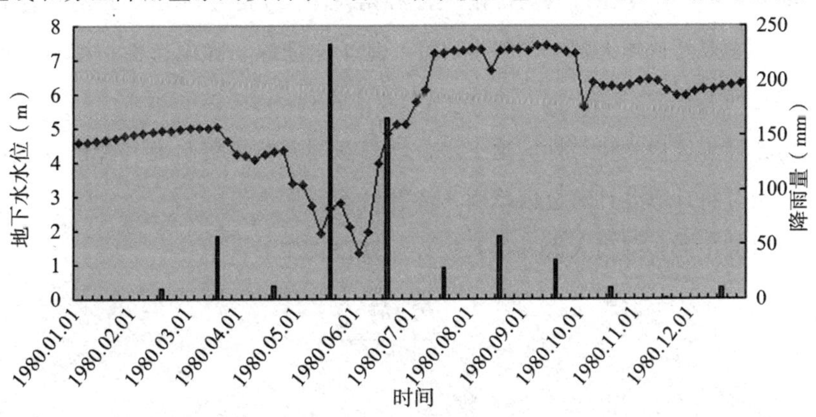

图 6-21　地下水位与降雨量关系图（6 号观测井）

（1）选择寿光市 6 号观测井作为代表井进行分析计算，6 号观测井位于化龙镇北柴西村西北，自 1975 年至今具有长系列动态观测数据，代表性较强。

（2）选择人类活动影响较小的观测时段，绘制地下水位过程线和相应降雨量过程线，本次选择 1981 年时段。

（3）在地下水位动态曲线中，选取水位平缓上升阶段，确定阶段的天数 t，统计水位平缓上升的水位高差 H，计算该分区给水度。

选取 1980 年 1 月 1 日至 3 月 16 日时段，共 104 d，降雨量累计 67.2 mm，水位由 4.57 m 上升到 5.03 m，水位变幅 0.46 m。根据下述公式求取给水度为 0.058。

$$\mu=\frac{\frac{P_c}{t_c}\times t-P}{\Delta H}$$

式中：t 为水位过程线上平缓上升段时间（d）；

P_c 统计时段内的降雨总量（mm）；

t_c 统计时段内的历时（d）。

利用上述方法分别求取各分区内长观井的资料，然后求取其平均值作为该区内的综合给水度值，各计算区采用的平均给水度计算成果表如表 6-4 所示。

表 6-4　各计算区平均给水度计算成果表

计算区	给水度	备注
Ⅲ－2	0.058	选用 6 号观测井
Ⅲ－3	0.060	
Ⅲ－4	0.020	

2. 降雨入渗补给系数 α

降雨入渗补给系数 α 是地下水资源评价和系统管理中常用的重要参数，降雨入渗也往往是区域水资源主要的补给来源。其为降雨入渗补给量 P_r 与相应降雨量 P 的比值，受多种因素的综合影响，主要随地形地貌、包气带岩性、地下水埋深、降雨特性、植被及前期土壤含水量等因素变化而变化。

本次选用各计算区内具代表性的地下水位动态观测井长观资料及其降雨资料，用地下水动态资料分析法分析计算各计算分区降雨入渗补给系数。

首先求得单井中的年降雨入渗补给系数，计算公式如下：

$$\alpha_{年}=\frac{\sum_{i=1}^{n}\Delta h_i\cdot\mu_i}{P_{年}}$$

式中：$\alpha_{年}$ 为单井年降雨入渗补给系数；

μ_i 为变幅带中相应埋深段给水度；

Δh_i 为监测井内第 i 次降雨的地下水升幅（m）；

$P_{年}$ 为与监测井相应的雨量站的年降雨量。

用单井的年降雨入渗补给系数，求算术平均值作为计算区的年降雨入渗补给系数。

将计算结果与潍坊市及山东省计算成果对照，各计算区内多年平均降雨入渗补给系数见表 6-5。

表 6-5　各计算区多年平均降雨入渗补给系数成果表

计算区	降雨入渗补给系数	计算井
Ⅲ－2	0.18	
Ⅲ－3	0.17	
Ⅲ－4	0.13	

3. 灌溉回归系数 β

灌溉回归系数包括渠灌入渗补给系数和井灌回归补给系数。渠灌入渗补给系数 $\beta_{渠}$ 是指引地表水灌溉由渠系到田间的总入渗补给量与灌水量的比值，或称渠灌综合入渗补给系数。井灌回归补给系数 $\beta_{井}$ 是指提取地下水就地灌溉后，在重力作用下又回渗到地下水的水量与灌水量的比值。影响 β 值大小的主要因素是包气带岩性、地下水埋深、灌水定额及耕地的平整程度。

随着近几十年降雨量的减少，寿光市用水量大幅度增加，地下水位呈现出逐年下降的趋势，地下水资源日趋紧张。根据寿光市的实际情况，为满足工农业发展，寿光市在全市范围内大力开展节水灌溉和节水工程改造，大大降低了灌水定额和浇地成本。

根据潍坊市、寿光市进行的有关灌溉试验，“山东省利用世行贷款节水井灌区地下水资源与节水效益综合研究”等专项实验研究成果及以往的科研成果，经综合分析，确定本次寿光市引河、湖、库灌溉综合入渗补给系数和井灌回归补给系数见表 6-6。

表 6-6　灌溉入渗补给系数取值表

计算区	渠灌	井灌
Ⅲ－2	0.2	0.11
Ⅲ－3	0.21	0.12
Ⅲ－4	0.19	0.1

4. 含水层渗透系数 K

含水层渗透系数 K 为水力坡度等于 1 时的渗透速度，是表征含水层透水能力的参数，影响 K 值大小的主要因素是岩性及其结构特征。

含水层渗透系数 K 利用城西水源地、化龙水源地、寒桥水源地等水源地勘查中抽水试验的有关成果。

各计算分区含水层渗透系数选用值见表6-7。

表6-7　各计算区渗透系数成果表

计算区	渗透系数（m/d）	备注
Ⅲ－2	1.23	
Ⅲ－3	8.4	
Ⅲ－4	1.2	

5. 潜水蒸发系数 C

潜水蒸发系数是指潜水蒸发量 E 与相应计算时段的水面蒸发量 E_0 的比值，即：

$$C=\frac{E}{E_0}\text{或 }E=C\cdot E_0$$

潜水蒸发强度与当地气象因素、岩性和潜水位等有关，而地下水埋深是诸因素中的主要因素。当埋深达到土壤毛细管输水能力所不及的深度时，潜水蒸发的强度就趋于零，此时的埋深称为极限埋深。本次评价利用浅层地下水位的观察资料，采用潜水蒸发经验公式进行分析计算。

潜水蒸发经验公式（修正后的阿维里杨诺夫公式）：

$$E=E_0\cdot k\cdot(1-Z/Z_0)^n$$

式中：E 为潜水蒸发量（mm）；

E_0 为 $E601$ 型及换算成 $E601$ 型蒸发皿的水面蒸发量（mm）；

k 为作物修正系数（无因次），取值0.9～1.2；

Z 为潜水埋深（m）；

Z_0 为极限埋深（m），亚黏土取4 m，亚砂土取3.5m，粉细砂取3 m；

n 为经验指数（无因次），取值3.0。

对地下水位埋深大于4 m时，潜水蒸发量甚微，对于寿光市而言，地下水位埋深都大于4 m，因此不存在潜水蒸发。

第四节　地下水资源量的计算

平原区地下水资源量的计算，利用水均衡理论，采用补给量法计算，同时计算排泄量和地下水蓄变量，从而进行水均衡分析。

根据寿光市的资料情况，本次计算以1980～2011年多年平均地下水资源量作为近期下垫面条件下的多年平均地下水资源量。

一、各项补给量

平原区地下水各项补给量主要包括降雨入渗补给量、侧向流入补给量、河道渗漏补给量、灌溉入渗补给量、井灌回归补给量等。

(1) 降雨入渗补给量

降雨入渗补给量 Pr 指降雨渗入到岩土中并在重力作用下渗透补给地下水的水量。

计算公式为：

$$P_r = 10^{-1} . P . \alpha . F$$

式中：P_r 为降雨入渗补给量（万 m^3/a）；

P 为年平均降雨量（mm）；

α 为降雨入渗补给系数（无因次）；

F 为计算区面积（km^2）。

年降雨量值采用地表水资源中的计算结果，降雨入渗补给系数按照上述确定值进行计算，计算结果见表6-8。

计算结果显示，寿光市多年平均降雨入渗量为 9 481.0 万 m^3，补给模数为 8.9 万 $m^3/km^2 \cdot a$。其中，Ⅲ－2 计算区降雨入渗补给量为 764.6 万 m^3，补给模数为 9.9 万 $m^3/km^2 \cdot a$；Ⅲ－3 计算区降雨入渗补给量为 6 996.9 万 m^3，补给模数为 11.0 万 $m^3/km^2 \cdot a$；Ⅲ－4 计算区降雨入渗补给量为 1 719.5 万 m^3，补给模数为 6.9 万 $m^3/km^2 \cdot a$。

(2) 侧向流入补给量

根据区域地下水的流向，侧向流入补给量主要发生在寿光市与青州市、昌乐县交界的东南部及南部区域，其侧向流入补给量大小采用达西公式计算：

$$Q_{侧向} = 10^{-4} . K . M . I . L . t$$

式中：$Q_{侧向}$ 为侧向流入补给量（万 m^3/a）；

K 为含水层渗透系数（m/d）；

M 为含水层厚度（m）；

I 为水力坡度（无因次）；

L 为侧向补给断面的长度（m）；

t 为侧向补给的时间（d）。

其中，K 根据上述方法确定的值，再以含水层厚度为权重进行加权平均，M 根据钻井柱状图或断面剖面图及地下水埋深确定，取断面加权平均值；I 由各年水位观测资料求得（在图中尽量选取与侧渗剖面线垂直的对井，不垂直的根据剖面走向与地下水流向间的夹角进行换算）；L 以图中实际量算。计算结果见表 6-9。

计算结果显示，寿光市多年平均侧向流入补给量为 966.5 万 m^3，其中，Ⅲ－2 计算区侧向流入补给量为 27.3 万 m^3；Ⅲ－3 计算区侧向流入补给量为 928.2 万 m^3；Ⅲ－4 计算区侧向流入补给量为 10.9 万 m^3。

表 6-8　寿光市降雨入渗补给量计算成果表

参数 / 年份	Ⅲ－2 计算区					Ⅲ－3 计算区					Ⅲ－4 计算区					合计	
	P	F	α	P_r	补给模数	P	F	α	P_r	补给模数	P	F	α	P_r	补给模数	P_r	补给模数
1980	614.1	77.0	0.18	851.1	11.1	670.4	735.5	0.19	9 367.8	12.7	623.3	249.8	0.15	2 335.5	9.3	12 554.5	11.8
1981	257.0	77.0	0.18	356.2	4.6	322.8	735.5	0.18	4 273.9	5.8	359.2	249.8	0.15	1 345.9	5.4	5 976.0	5.6
1982	480.6	77.0	0.17	629.1	8.2	602.9	735.5	0.17	7 537.7	10.2	637.1	249.8	0.15	2 387.2	9.6	10 554.1	9.9
1983	361.5	77.0	0.18	501.0	6.5	415.2	735.5	0.18	5 496.2	7.5	387.6	249.8	0.15	1 452.3	5.8	7 449.5	7.0
1984	413.0	77.0	0.18	572.4	7.4	429.9	735.5	0.18	5 691.1	7.7	450.0	249.8	0.15	1 686.2	6.8	7 949.7	7.5
1985	468.6	77.0	0.18	649.5	8.4	531.5	735.5	0.17	6 645.0	9.0	571.1	249.8	0.15	2 139.9	8.6	9 434.4	8.9
1986	418.2	77.0	0.18	579.6	7.5	452.0	735.5	0.17	5 651.0	7.7	449.1	249.8	0.15	1 682.8	6.7	7 913.4	7.4
1987	606.6	77.0	0.18	840.7	10.9	633.8	735.5	0.17	7 924.7	10.8	548.4	249.8	0.15	2 054.9	8.2	10 820.3	10.2
1988	507.5	77.0	0.18	703.4	9.1	452.3	735.5	0.17	5 655.3	7.7	425.8	249.8	0.15	1 595.5	6.4	7 954.2	7.5
1989	498.3	77.0	0.17	652.3	8.5	365.4	735.5	0.17	4 568.2	6.2	341.8	249.8	0.15	1 280.7	5.1	6 501.2	6.1
1990	863.8	77.0	0.18	1 197.2	15.5	851.5	735.5	0.17	10 647.0	14.5	818.4	249.8	0.13	2 657.7	10.6	14 501.9	13.7
1991	536.5	77.0	0.17	702.3	9.1	530.5	735.5	0.17	6 633.4	9.0	559.0	249.8	0.13	1 815.3	7.3	9 151.0	8.6
1992	386.3	77.0	0.17	505.7	6.6	447.1	735.5	0.17	5 590.6	7.6	502.5	249.8	0.13	1 631.8	6.5	7 728.1	7.3
1993	652.7	77.0	0.17	854.4	11.1	597.5	735.5	0.17	7 470.2	10.2	567.1	249.8	0.13	1 841.6	7.4	10 166.2	9.6
1994	597.9	77.0	0.18	828.7	10.8	607.6	735.5	0.17	7 597.4	10.3	487.4	249.8	0.13	1 582.8	6.3	10 008.9	9.4
1995	683.9	77.0	0.17	895.2	11.6	732.1	735.5	0.17	9 154.1	12.4	637.7	249.8	0.13	2 070.9	8.3	12 120.2	11.4
1996	585.5	77.0	0.17	766.4	10.0	520.1	735.5	0.17	6 503.1	8.8	631.2	249.8	0.13	2 049.8	8.2	9 319.2	8.8

（续表）

年份 \ 参数	Ⅲ－2 计算区					Ⅲ－3 计算区					Ⅲ－4 计算区					合计	
	P	F	α	P_r	补给模数	P	F	α	P_r	补给模数	P	F	α	P_r	补给模数	P_r	补给模数
1997	512.8	77.0	0.19	750.2	9.7	577.6	735.5	0.17	7 222.3	9.8	494.6	249.8	0.13	1 606.2	6.4	9 578.7	9.0
1998	649.3	77.0	0.19	949.9	12.3	644.1	735.5	0.17	8 053.8	11.0	554.1	249.8	0.13	1 799.4	7.2	10 803.1	10.2
1999	520.6	77.0	0.19	731.6	9.9	524.5	735.5	0.17	6 557.5	8.9	481.2	249.8	0.13	1 562.6	6.3	8 881.7	8.4
2000	521.6	77.0	0.19	763.1	9.9	450.2	735.5	0.17	5 629.4	7.7	516.9	249.8	0.11	1 420.3	5.7	7 812.8	7.4
2001	690.2	77.0	0.18	956.6	12.4	665.4	735.5	0.17	8 319.2	11.3	616.4	249.8	0.11	1 693.7	6.8	10 969.6	10.3
2002	466.4	77.0	0.18	646.4	8.4	371.6	735.5	0.17	4 645.7	6.3	319.4	249.8	0.11	877.6	3.5	6 169.8	5.8
2003	684.0	77.0	0.18	948.0	12.3	725.5	735.5	0.17	9 071.3	12.3	719.6	249.8	0.11	1 977.3	7.9	11 996.6	11.3
2004	870.0	77.0	0.18	1 205.8	15.7	769.3	735.5	0.17	9 618.9	13.1	745.0	249.8	0.11	2 047.1	8.2	12 871.9	12.1
2005	777.6	77.0	0.18	1 077.8	14.0	704.1	735.5	0.17	8 803.1	12.0	663.3	249.8	0.11	1 822.6	7.3	11 703.5	11.0
2006	345.9	77.0	0.18	479.4	6.2	420.2	735.5	0.17	5 253.7	7.1	275.7	249.8	0.11	757.6	3.0	6 490.6	6.1
2007	619.1	77.0	0.18	858.1	11.1	616.5	735.5	0.17	7 708.1	10.5	659.6	249.8	0.11	1 812.4	7.3	10 378.6	9.8
2008	658.6	77.0	0.18	912.8	11.9	642.8	735.5	0.17	8 036.9	10.9	698.2	249.8	0.10	1 744.1	7.0	10 693.9	10.1
2009	577.4	77.0	0.15	666.9	8.7	543.8	735.5	0.14	5 599.0	7.6	520.7	249.8	0.10	1 300.7	5.2	7 566.6	7.1
2010	444.9	77.0	0.15	513.9	6.7	466.8	735.5	0.14	4 806.6	6.5	466.6	249.8	0.10	1 165.6	4.7	6 486.1	6.1
2011	770.6	77.0	0.15	890.0	11.6	793.4	735.5	0.14	8 169.9	11.1	730.4	249.8	0.10	1 824.5	7.3	10 884.5	10.2
多年平均	563.8	77.0	0.18	764.6	9.9	564.9	735.5	0.17	6 996.9	9.5	545.3	249.8	0.13	1 719.5	6.9	9 481.0	8.9

表 6-9　寿光市侧向入渗补给量计算成果表

参数 年份	Ⅲ－2 计算区					Ⅲ－3 计算区					Ⅲ－4 计算区					合计
	K	M	I	L	$Q_{侧向}$	K	M	I	L	$Q_{侧向}$	K	M	I	L	$Q_{侧向}$	$Q_{侧向}$
1980	1.2	22.0	0.001 7	13.8	23.2	9.8	35	0.001 7	31.6	672.5	1.2	13	0.001 7	10.6	10.260 59	706.0
1981	1.2	22.0	0.001 7	13.8	23.2	9.8	35	0.001 7	31.6	672.5	1.2	13	0.001 7	10.6	10.260 59	706.0
1982	1.2	22.0	0.001 7	13.8	23.2	9.8	35	0.001 7	31.6	672.5	1.2	13	0.001 7	10.6	10.260 59	706.0
1983	1.2	22.0	0.001 7	13.8	23.2	9.8	35	0.001 7	31.6	672.5	1.2	13	0.001 7	10.6	10.260 59	706.0
1984	1.2	22.0	0.001 7	13.8	23.2	9.8	35	0.001 7	31.6	672.5	1.2	13	0.001 7	10.6	10.260 59	706.0
1985	1.2	22.0	0.001 7	13.8	23.2	9.8	35	0.001 9	31.6	751.7	1.2	13	0.001 7	10.6	10.260 59	785.1
1986	1.2	22.0	0.001 7	13.8	23.2	9.8	35	0.001 9	31.6	751.7	1.2	13	0.001 7	10.6	10.260 59	785.1
1987	1.2	22.0	0.001 7	13.8	23.2	9.8	35	0.001 9	31.6	751.7	1.2	13	0.001 7	10.6	10.260 59	785.1
1988	1.2	22.0	0.001 7	13.8	23.2	9.8	35	0.001 9	31.6	751.7	1.2	13	0.001 7	10.6	10.260 59	785.1
1989	1.2	22.0	0.001 9	13.8	25.9	9.8	35	0.001 9	31.6	751.7	1.2	13	0.001 9	10.6	11.467 72	789.0
1990	1.2	22.0	0.001 9	13.8	25.9	9.8	33	0.002 4	31.6	895.2	1.2	11	0.001 9	10.6	9.703 452	930.8
1991	1.2	21.0	0.001 9	13.8	24.7	9.8	33	0.002 4	31.6	895.2	1.2	11	0.001 9	10.6	9.703 452	929.6
1992	1.2	21.0	0.001 9	13.8	24.7	9.8	33	0.002 4	31.6	895.2	1.2	11	0.001 9	10.6	9.703 452	929.6
1993	1.2	21.0	0.002	13.8	26.0	9.8	33	0.002 4	31.6	895.2	1.2	11	0.001 9	10.6	9.703 452	930.9
1994	1.2	21.0	0.002	13.8	26.0	9.8	33	0.002 4	31.6	895.2	1.2	11	0.001 9	10.6	9.703 452	930.9
1995	1.2	21.0	0.002	13.8	26.0	9.8	33	0.002 4	31.6	895.2	1.2	11	0.001 9	10.6	9.703 452	930.9
1996	1.2	21.0	0.002	13.8	26.0	9.8	33	0.002 4	31.6	895.2	1.2	11	0.001 9	10.6	9.703 452	930.9

（续表）

参数 年份	Ⅲ－2 计算区					Ⅲ－3 计算区					Ⅲ－4 计算区					合计
	K	M	I	L	$Q_{侧向}$	K	M	I	L	$Q_{侧向}$	K	M	I	L	$Q_{侧向}$	$Q_{侧向}$
1997	1.2	21.0	0.002	13.8	26.0	9.8	33	0.002 4	31.6	895.2	1.2	11	0.001 9	10.6	9.703 452	930.9
1998	1.2	21.0	0.002	13.8	26.0	9.8	33	0.002 4	31.6	895.2	1.2	11	0.001 9	10.6	9.703 452	930.9
1999	1.2	21.0	0.002	13.8	26.0	9.8	33	0.002 4	31.6	895.2	1.2	11	0.001 9	10.6	9.703 452	930.9
2000	1.2	21.0	0.002	13.8	26.0	9.8	33	0.003 1	31.6	1 156.3	1.2	11	0.002 4	10.6	12.256 99	1 194.6
2001	1.2	20.0	0.002 4	13.8	29.7	9.8	31	0.003 1	31.6	1 086.2	1.2	9	0.002 4	10.6	10.028 45	1 126.0
2002	1.2	20.0	0.002 4	13.8	29.7	9.8	31	0.003 1	31.6	1 086.2	1.2	9	0.002 4	10.6	10.028 45	1 126.0
2003	1.2	20.0	0.002 4	13.8	29.7	9.8	31	0.003 1	31.6	1 086.2	1.2	9	0.002 4	10.6	10.028 45	1 126.0
2004	1.2	20.0	0.002 4	13.8	29.7	9.8	31	0.003 1	31.6	1 086.2	1.2	9	0.002 4	10.6	10.028 45	1 126.0
2005	1.2	20.0	0.002 4	13.8	29.7	9.8	31	0.003 1	31.6	1 086.2	1.2	9	0.002 6	10.6	10.864 15	1 126.9
2006	1.2	20.0	0.002 8	13.8	34.7	9.8	31	0.003 1	31.6	1 086.2	1.2	9	0.002 6	10.6	10.864 15	1 131.8
2007	1.2	20.0	0.002 3	13.8	34.7	9.8	31	0.003 1	31.6	1 086.2	1.2	9	0.002 6	10.6	10.864 15	1 131.8
2008	1.2	20.0	0.002 3	13.8	34.7	9.8	31	0.003 4	31.6	1 191.4	1.2	9	0.003 8	10.6	15.878 38	1 241.9
2009	1.2	20.0	0.002 3	13.8	34.7	9.8	31	0.003 5	31.6	1 226.4	1.2	9	0.003 8	10.6	15.878 38	1 277.0
2010	1.2	20.0	0.002 8	13.8	34.7	9.8	31	0.003 5	31.6	1 226.4	1.2	9	0.003 8	10.6	15.878 38	1 277.0
2011	1.2	20.0	0.002 8	13.8	34.7	9.8	31	0.003 5	31.6	1 226.4	1.2	9	0.003 8	10.6	15.878 38	1 277.0
多年平均	1.2	21.0	0.002 1	13.8	27.3	9.8	32.9	0.002 5	31.6	928.2	1.2	10.9	0.002 2	10.6	10.9	966.5

（3）河道渗漏补给量

当河道水位高于河道岸边地下水位时，河水渗漏补给地下水。通过分析，对境内地下水有补给作用的河道仅有弥河，其他河道基本常年性无径流。

本次评价弥河渗漏补给量，采用我国广泛应用的考斯加科夫公式进行估算，其计算公式为：

$$Q_{河补}=0.864AQ_{n}^{1-m}$$

式中：$Q_{河补}$为单位长度上的河道渗漏补给量（m^3/d·m）；

A、m为与河床土壤有关的参数，无量纲；

Q_n为弥河多年平均流量（m^3/s）；

根据水文地质勘探资料，参数A和m分布取2.5和0.47。计算结果如表6-10所示。从表中可以看出，弥河多年平均渗漏量为7 385.9万m^3/a。

表6-10　寿光市河流渗漏补给量计算成果表

参数 / 年份	Ⅲ—3计算区					
	$Q_{实测年径流量}$（万m^3/a）	Q_n（m^3/s）	A	m	弥河长度（km）	$Q_{河补}$（万m^3/a）
1980	15 267.7	4.84	2.5	0.47	40.2	7 311.5
1981	4 039.7	1.28	2.5	0.47	40.2	3 613.9
1982	4 974.0	1.58	2.5	0.47	40.2	4 035.2
1983	2 833.1	0.90	2.5	0.47	40.2	2 994.3
1984	612.5	0.19	2.5	0.47	40.2	1 329.7
1985	8 592.7	2.72	2.5	0.47	40.2	5 391.3
1986	4 551.7	1.44	2.5	0.47	40.2	3 849.8
1987	2 632.0	0.83	2.5	0.47	40.2	2 879.8
1988	1 490.6	0.47	2.5	0.47	40.2	2 130.5
1989	849.3	0.27	2.5	0.47	40.2	1 581.3
1990	28 919.6	9.17	2.5	0.47	40.2	10 257.4
1991	10 582.9	3.36	2.5	0.47	40.2	6 020.7
1992	2 105.7	0.67	2.5	0.47	40.2	2 558.6
1993	2 624.7	0.83	2.5	0.47	40.2	2 875.5
1994	31 522.3	10.00	2.5	0.47	40.2	10 736.7
1995	42 110.7	13.35	2.5	0.47	40.2	12 517.9
1996	18 506.0	5.87	2.5	0.47	40.2	8 096.2
1997	13 300.6	4.22	2.5	0.47	40.2	6 796.1
1998	24 398.0	7.74	2.5	0.47	40.2	9 373.5
1999	6 657.9	2.11	2.5	0.47	40.2	4 709.5
2000	2 029.4	0.64	2.5	0.47	40.2	2 509.0

（续表）

参数 / 年份	Ⅲ－3 计算区					
	$Q_{实测年径流量}$（万 m^3/a）	Q_n（m^3/s）	A	m	弥河长度（km）	$Q_{河补}$（万 m^3/a）
2001	12 784.1	4.05	2.5	0.47	40.2	6 654.9
2002	4 093.3	1.30	2.5	0.47	40.2	3 639.2
2003	29 598.1	9.39	2.5	0.47	40.2	10 384.2
2004	53 143.7	16.85	2.5	0.47	40.2	14 161.0
2005	36 752.9	11.65	2.5	0.47	40.2	11 646.9
2006	12 565.2	3.98	2.5	0.47	40.2	6 594.3
2007	9 416.9	2.99	2.5	0.47	40.2	5 659.5
2008	29 045.2	9.21	2.5	0.47	40.2	10 281.0
2009	18 689.2	5.93	2.5	0.47	40.2	8 138.6
2010	20 280.6	6.43	2.5	0.47	40.2	8 498.8
2011	43 027.6	13.64	2.5	0.47	40.2	12 661.7
多年平均	15 562.4	4.93	2.5	0.47	40.2	7 385.9

（4）灌溉入渗补给量

灌溉入渗补给量包括渠灌入渗补给量和井灌回归补给量。

渠灌入渗补给量，是指引各种地表水体灌溉后入渗补给地下水的总补给量。井灌回归补给量，是指抽取地下水就地灌溉后又重新回渗到地下含水层的水量。

其补给量，按照下述公式计算：

$$Q_{补}=\beta \cdot Q$$

式中：$Q_{补}$ 为井（灌）回归补给量（万 m^3/a）；

β 为井（渠）灌回归补给系数（无因次）；

Q 为井（灌）溉用水量（万 m^3/a）。

渠灌灌溉用水量和井灌灌溉用水量，根据调查统计的 1980～2011 年农业用水量，经合理性分析修正后确定。渠灌入渗补给系数和井灌回归补给系数，按照前述方法确定的值选用。

计算结果见表 6-11。从表中可以看出，寿光市多年平均灌溉回归总补给量为 3206.4 万 m^3/a，其中渠灌回归补给量为 800.3 万 m^3/a，井灌回归补给量为 2406.2 万 m^3/a。Ⅲ－2 计算区中，总灌溉回归补给量为 342.7 万 m^3/a，其中渠灌回归补给量为 65.2 万 m^3/a，井灌回归补给量为 277.5 万 m^3/a；Ⅲ－3 计算区中，总灌溉回归补给量为 2212.2 万 m^3/a，其中渠灌回归补给量为 523.0 万 m^3/a，井灌回归补给量为 1689.6 万 m^3/a；Ⅲ－4 计算区中，总灌溉回归补给量为 651.5 万 m^3/a，其中渠灌回归补给量为 212.2 万 m^3/a，井灌回归补给量为 439.4 万 m^3/a；

表 6-11　寿光市灌溉回归补给量计算成果表

参数/年份	Ⅲ－2 计算区						Ⅲ－3 计算区						Ⅲ－4 计算区						合计
	渠灌水量	$\beta_渠$	小计	井灌水量	$\beta_井$	小计	渠灌水量	$\beta_渠$	小计	井灌水量	$\beta_井$	小计	渠灌水量	$\beta_渠$	小计	井灌水量	$\beta_井$	小计	$Q_补$
1980	291.0	0.21	61.1	1 866.6	0.12	224.0	2 279.4	0.21	478.7	10 732.95	0.12	1 288.0	944.0	0.21	198.2	2 955.5	0.12	354.7	2 604.6
1981	288.9	0.21	60.7	2 386.8	0.12	286.4	2 259.3	0.21	474.5	13 724.1	0.12	1 646.9	937.2	0.21	196.8	3 779.1	0.12	453.5	3 118.7
1982	292.1	0.21	61.3	2 601.0	0.12	312.1	2 289.7	0.21	480.8	14 955.75	0.12	1 794.7	947.5	0.21	199.0	4 118.3	0.12	494.2	3 342.2
1983	290.5	0.21	61.0	2 203.2	0.12	264.4	2 274.5	0.21	477.6	12 668.4	0.12	1 520.2	942.3	0.21	197.9	3 488.4	0.12	418.6	2 939.7
1984	290.7	0.21	61.1	2 346.0	0.12	281.5	2 277.1	0.21	478.2	13 489.5	0.12	1 618.7	943.2	0.21	198.1	3 714.5	0.12	445.7	3 083.3
1985	289.4	0.21	60.8	2 346.0	0.12	281.5	2 264.0	0.21	475.4	13 489.5	0.12	1 618.7	938.7	0.21	197.1	3 714.5	0.12	445.7	3 079.3
1986	288.8	0.21	60.7	2 448.0	0.12	293.8	2 259.0	0.21	474.4	14 076	0.12	1 689.1	937.0	0.21	196.8	3 876.0	0.12	465.1	3 179.8
1987	289.6	0.21	60.8	2 427.6	0.12	291.3	2 266.0	0.21	475.9	13 958.7	0.12	1 675.0	939.4	0.21	197.3	3 843.7	0.12	461.2	3 161.6
1988	289.2	0.21	60.7	2 580.6	0.12	309.7	2 262.2	0.21	475.1	14 838.45	0.12	1 780.6	938.1	0.21	197.0	4 086.0	0.12	490.3	3 313.4
1989	289.8	0.21	60.9	2 550.0	0.12	306.0	2 268.0	0.21	476.3	14 662.5	0.12	1 759.5	940.1	0.21	197.4	4 037.5	0.12	484.5	3 284.5
1990	326.7	0.2	65.3	2 560.2	0.12	307.2	2 620.5	0.2	524.1	14 721.15	0.12	1 766.5	1 059.8	0.21	222.6	4 053.7	0.12	486.4	3 372.2
1991	326.8	0.2	65.4	2 050.2	0.11	225.5	2 621.5	0.2	524.3	11 788.65	0.12	1 414.6	1 060.2	0.21	222.6	3 246.2	0.11	357.1	2 809.5
1992	327.4	0.2	65.5	2 723.4	0.11	299.6	2 627.7	0.2	525.5	15 659.55	0.12	1 879.1	1 062.3	0.2	212.5	4 312.1	0.11	474.3	3 456.5
1993	326.2	0.2	65.2	2 713.2	0.11	298.5	2 615.6	0.2	523.1	15 600.9	0.12	1 872.1	1 058.2	0.2	211.6	4 295.9	0.11	472.5	3 443.1
1994	327.0	0.2	65.4	2 509.2	0.11	276.0	2 623.7	0.2	524.7	14 427.9	0.12	1 731.3	1 060.9	0.2	212.2	3 972.9	0.11	437.0	3 246.7
1995	325.0	0.2	65.0	2 417.4	0.11	265.9	2 604.6	0.2	520.9	13 900.05	0.12	1 668.0	1 054.4	0.2	210.9	3 827.6	0.11	421.0	3 151.8
1996	326.3	0.2	65.3	2 805.0	0.11	308.6	2 617.2	0.2	523.4	16 128.75	0.12	1 935.5	1 058.7	0.2	211.7	4 441.3	0.11	488.5	3 533.0

（续表）

参数 年份	Ⅲ－2计算区						Ⅲ－3计算区						Ⅲ－4计算区						合计
	渠灌水量	$\beta_{渠}$	小计	井灌水量	$\beta_{井}$	小计	渠灌水量	$\beta_{渠}$	小计	井灌水量	$\beta_{井}$	小计	渠灌水量	$\beta_{渠}$	小计	井灌水量	$\beta_{井}$	小计	$Q_{补}$
1997	326.2	0.2	65.2	2 917.2	0.11	320.9	2 616.2	0.2	523.2	16 773.9	0.12	2 012.9	1 058.4	0.2	211.7	4 618.9	0.11	508.1	3 642.0
1998	327.0	0.2	65.4	2 845.8	0.11	313.0	2 623.6	0.2	524.7	16 363.35	0.12	1 963.6	1 060.9	0.2	212.2	4 505.9	0.11	495.6	3 574.6
1999	326.6	0.2	65.3	2 958.0	0.11	325.4	2 619.5	0.2	523.9	17 008.5	0.12	2 041.0	1 059.5	0.2	211.9	4 683.5	0.11	515.2	3 682.7
2000	326.5	0.19	62.0	3 437.4	0.11	378.1	2 618.8	0.19	497.6	19 765.05	0.12	2 371.8	1 059.2	0.19	201.3	5 442.6	0.11	598.7	4 109.5
2001	326.5	0.19	62.0	2 958.0	0.11	325.4	2 619.2	0.19	497.6	17 008.5	0.12	2 041.0	1 059.4	0.19	201.3	4 683.5	0.11	515.2	3 642.6
2002	326.0	0.19	61.9	2 754.0	0.11	302.9	2 614.2	0.19	496.7	15 835.5	0.12	1 900.3	1 057.7	0.19	201.0	4 360.5	0.11	479.7	3 442.5
2003	362.5	0.19	68.9	2 328.0	0.11	256.1	2 962.1	0.19	562.8	13 386	0.12	1 606.3	1 175.8	0.19	223.4	3 686.0	0.11	405.5	3 122.9
2004	485.7	0.19	92.3	1 824.0	0.11	200.6	4 139.1	0.19	786.4	10 488	0.12	1 258.6	1 575.6	0.19	299.4	2 888.0	0.11	317.7	2 954.9
2005	449.4	0.19	85.4	2 184.0	0.11	240.2	3 793.0	0.19	720.7	12 558	0.12	1 507.0	1 458.0	0.19	277.0	3 458.0	0.11	380.4	3 210.7
2006	449.4	0.19	85.4	2 568.0	0.11	282.5	3 792.7	0.19	720.6	14 766	0.12	1 771.9	1 458.0	0.19	277.0	4 066.0	0.11	447.3	3 584.7
2007	377.0	0.19	71.6	2 112.0	0.11	232.3	3 100.7	0.19	589.1	12 144	0.12	1 457.3	1 222.9	0.19	232.4	3 344.0	0.11	367.8	2 950.6
2008	413.2	0.19	78.5	2 064.0	0.11	227.0	3 447.0	0.19	654.9	11 868	0.12	1 424.2	1 340.5	0.19	254.7	3 268.0	0.11	359.5	2 998.8
2009	413.2	0.19	78.5	2 064.0	0.11	227.0	3 446.6	0.19	654.9	11 868	0.12	1 424.2	1 340.4	0.19	254.7	3 268.0	0.11	359.5	2 998.7
2010	181.2	0.19	34.4	1 884.0	0.11	207.2	1 231.1	0.19	233.9	10 833	0.12	1 300.0	587.9	0.19	111.7	2 983.0	0.11	328.1	2 215.4
2011	225.7	0.19	42.9	1 908.0	0.11	209.9	1 656.2	0.19	314.7	10 971	0.12	1 316.5	732.3	0.19	139.1	3 021.0	0.11	332.3	2 355.4
多年平均	328.2	0.199	65.2	2 448.2	0.113	277.5	2 634.7	0.199	523.0	14 076.9	0.120	1 689.2	1 064.6	0.200	212.1	3 876.2	0.113	439.4	3 206.4

二、总补给量和水资源量

根据水量平衡原理，计算区内多年平均各项补给量之和为计算区内多年平均地下水总补给量，多年平均总补给量扣除井灌回归补给量即为多年平均地下水资源量，计算结果见表6-12。

经计算，寿光市多年平均地下水总补给量为21 039.8万m^3/a，多年平均补给模数为19.8万$m^3/km^2.a$。其中，Ⅲ－2计算区中，总补给量为1 134.6万m^3/a，补给模数为11.1万$m^3/km^2\cdot a$；Ⅲ－3计算区中，总补给量为17 523.3万m^3/a，补给模数为21.5万$m^3/km^2\cdot a$；Ⅲ－4计算区中，总补给量为2 381.9万m^3/a，补给模数为7.8万$m^3/km^2\cdot a$；

在多年平均总补给量中，降雨入渗补给量为9 481.0万m^3/a，约占总补给量的45.1%，河流渗漏补给量为7 385.9万m^3/a，约占总补给量的35.1%；灌溉回归补给量为3 206.4万m^3/a，约占总补给量的15.2%；侧向径流补给为966.5万m^3/a，约占总补给量的4.6%。其总补给量组成结构见图6-15。

扣除井灌回归补给量2 406.2万m^3/a，寿光市多年平均地下水资源量为18 633.7万m^3/a，多年平均地下水资源模数为15.4万$m^3/km^2.a$。其中，Ⅲ－2计算区中，地下水资源量为857.1万m^3/a，地下水资源模数为11.1万$m^3/km^2\cdot a$；Ⅲ－3计算区中，地下水资源量为15 834.1万m^3/a，地下水资源模数为21.5万$m^3/km^2\cdot a$；Ⅲ－4计算区中，地下水资源量为1 942.5万m^3/a，地下水资源模数为7.8万$m^3/km^2\cdot a$（详见表6-12）。

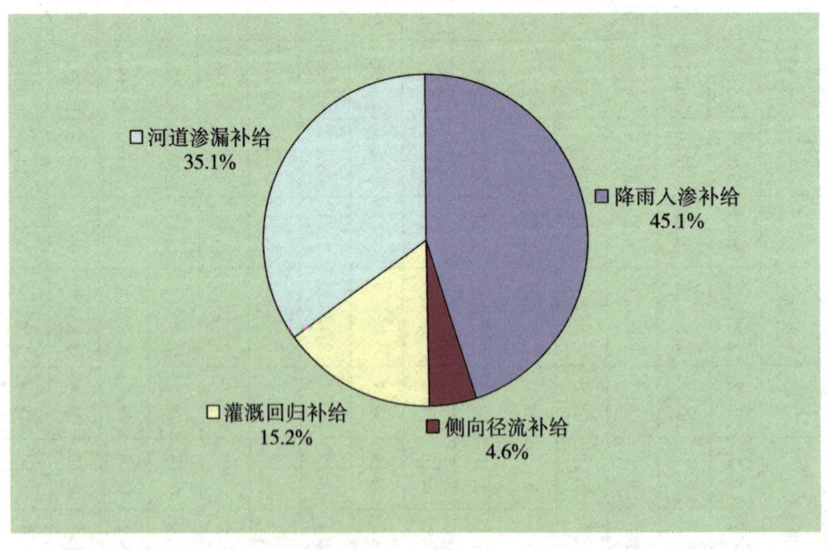

图6-22　寿光市地下水总补给量组成结构示意图

表 6-12　寿光市地下水总补给量及水资源量计算成果表

年份＼参数	Ⅲ－2计算区						Ⅲ－3计算区							Ⅲ－4计算区						合计			
	降雨入渗补给	侧向径流补给	渠灌补给	井灌补给	小计	补给模数	降雨入渗补给	侧向径流补给	河道渗漏补给	渠灌补给	井灌补给	小计	补给模数	降雨入渗补给	侧向径流补给	渠灌补给	井灌补给	小计	补给模数	总补给量	补给模数	地下水资源量	地下水资源模数
1980	851.1	23.2	61.1	224.0	1 159.4	15.1	9 367.8	672.5	7 311.5	478.7	1 288.0	19 118.5	26.0	2 335.5	10.3	198.2	354.7	2 898.7	11.6	23 176.5	21.8	20 374.5	16.9
1981	356.2	23.2	60.7	286.4	726.5	9.4	4 273.9	672.5	3 613.9	474.5	1 646.9	10 681.6	14.5	1 345.9	10.3	196.8	453.5	2 006.5	8.0	13 414.6	12.6	10 587.7	8.8
1982	629.1	23.2	61.3	312.1	1 025.7	13.3	7 537.7	672.5	4 035.2	480.8	1 794.7	14 521.0	19.7	2 387.2	10.3	195.0	494.2	3 090.6	12.4	18 637.4	17.5	15 322.7	12.7
1983	501.0	23.2	61.0	264.4	849.6	11.0	5 496.2	672.5	2 994.3	477.6	1 520.2	11 160.9	15.2	1 452.3	10.3	197.9	418.6	2 079.1	8.3	14 089.6	13.3	11 301.2	9.4
1984	572.4	23.2	61.1	281.5	938.2	12.2	5 691.1	672.5	1 329.7	478.2	1 618.7	9 790.3	13.3	1 686.2	10.3	198.1	445.7	2 340.2	9.4	13 068.7	12.3	10 066.1	8.3
1985	649.5	23.2	60.8	281.5	1 014.9	13.2	6 645.0	751.7	5 391.3	475.4	1 618.7	14 882.1	20.2	2 139.9	10.3	197.1	445.7	2 793.0	11.2	18 690.1	17.6	15 610.7	12.9
1986	579.6	23.2	60.7	293.8	957.2	12.4	5 651.0	751.7	3 849.8	474.4	1 689.1	12 415.9	16.9	1 682.8	10.3	196.8	465.1	2 354.9	9.4	15 728.1	14.8	12 616.6	10.5
1987	840.7	23.2	60.8	291.3	1 216.0	15.8	7 924.7	751.7	2 879.8	475.9	1 675.0	13 707.1	18.6	2 054.9	10.3	197.3	461.2	2 723.6	10.9	17 646.7	16.6	14 294.4	11.8
1988	703.4	23.2	60.7	309.7	1 097.0	14.2	5 655.3	751.7	2 130.5	475.1	1 780.6	10 793.2	14.7	1 595.5	10.3	197.0	490.3	2 293.1	9.2	14 183.2	13.4	10 815.3	9.0
1989	652.3	25.9	60.9	306.0	1 045.0	13.6	4 568.2	751.7	1 581.3	476.3	1 759.5	9 136.9	12.4	1 280.7	11.5	197.4	484.5	1 974.1	7.9	12 156.0	11.4	8 867.0	7.4
1990	1 197.2	25.9	65.3	307.2	1 595.7	20.7	10 647.0	895.2	10 257.4	524.1	1 766.5	24 090.3	32.8	2 657.7	9.7	222.6	486.4	3 376.4	13.5	29 062.4	27.4	25 213.7	20.9
1991	702.3	24.7	65.4	225.5	1 017.9	13.2	6 633.4	895.2	6 020.7	524.3	1 414.6	15 488.3	21.1	1 815.3	9.7	222.6	357.1	2 404.7	9.6	18 910.8	17.8	16 121.3	13.4
1992	505.7	24.7	65.5	299.6	895.4	11.6	5 590.6	895.2	2 558.6	525.5	1 879.1	11 449.1	15.6	1 631.8	9.7	212.5	474.3	2 328.3	9.3	14 672.9	13.8	11 424.0	9.5
1993	854.4	26.0	65.2	298.5	1 244.1	16.2	7 470.2	895.2	2 875.5	523.1	1 872.1	13 636.2	18.5	1 841.6	9.7	211.6	472.5	2 535.5	10.2	17 415.8	16.4	13 827.0	11.5
1994	828.7	26.0	65.4	276.0	1 196.1	15.5	7 597.4	895.2	10 736.9	524.7	1 731.3	21 485.5	29.2	1 582.8	9.7	212.2	437.0	2 241.7	9.0	24 923.3	23.5	21 558.8	17.9
1995	895.2	26.0	65.0	265.9	1 252.2	16.3	9 154.1	895.2	12 517.9	520.9	1 668.0	24 756.2	33.7	2 070.9	9.7	210.9	421.0	2 712.5	10.9	28 720.9	27.0	25 379.7	21.0
1996	766.4	26.0	65.3	308.6	1 166.3	15.1	6 503.1	895.2	8 096.2	523.4	1 935.5	17 953.4	24.4	2 049.8	9.7	211.7	488.5	2 759.7	11.0	21 879.4	20.6	18 289.1	15.2

（续表）

参数 年份	Ⅲ－2计算区						Ⅲ－3计算区							Ⅲ－4计算区						合计			
	降雨入渗补给	侧向径流补给	渠灌补给	井灌补给	小计	补给模数	降雨入渗补给	侧向径流补给	河道渗漏补给	渠灌补给	井灌补给	小计	补给模数	降雨入渗补给	侧向径流补给	渠灌补给	井灌补给	小计	补给模数	总补给量	补给模数	地下水资源量	地下水资源模数
1997	750.2	26.0	65.2	320.9	1 162.4	15.1	7 222.3	895.2	6 796.1	523.2	2 012.9	17 449.7	23.7	1 606.2	9.7	211.7	508.1	2 335.6	9.3	20 947.7	19.7	17 264.4	14.3
1998	949.9	26.0	65.4	313.0	1 354.4	17.6	8 053.8	895.2	9 373.5	524.7	1 963.6	20 810.9	28.3	1 799.4	9.7	212.2	495.6	2 516.9	10.1	24 682.2	23.2	20 868.5	17.3
1999	761.6	26.0	65.3	325.4	1 178.4	15.3	6 557.5	895.2	4 709.5	523.9	2 041.0	14 727.1	20.0	1 562.6	9.7	211.9	515.2	2 299.4	9.2	18 204.9	17.1	14 470.3	12.0
2000	763.1	26.0	62.0	378.1	1 229.3	16.0	5 629.4	1 156.3	2 509.0	497.6	2 371.8	12 164.1	16.5	1 420.3	12.3	201.3	598.7	2 232.5	8.9	15 625.9	14.7	11 426.2	9.5
2001	956.6	29.7	62.0	325.4	1 373.8	17.8	8 319.2	1 086.2	6 654.9	497.6	2 041.0	18 599.0	25.3	1 693.7	10.0	201.3	515.2	2 420.2	9.7	22 393.0	21.1	18 463.0	15.3
2002	646.4	29.7	61.9	302.9	1 041.1	13.5	4 645.7	1 086.2	3 639.2	496.7	1 900.3	11 768.1	16.0	877.6	10.0	201.0	479.7	1 568.3	6.3	14 377.4	13.5	10 956.5	9.1
2003	948.0	29.7	68.9	256.1	1 302.7	16.9	9 071.3	1 086.2	10 384.2	562.8	1 606.3	22 710.9	30.9	1 977.3	10.0	223.4	405.5	2 616.2	10.5	26 629.8	25.1	23 315.3	19.3
2004	1 205.8	29.7	92.3	200.6	1 528.5	19.9	9 618.9	1 086.2	14 161.0	786.4	1 258.6	26 911.2	36.6	2 047.1	10.0	299.4	317.7	2 674.2	10.7	31 113.8	29.3	28 009.1	23.2
2005	1 077.8	29.7	85.4	240.2	1 433.1	18.6	8 803.1	1 086.2	11 646.9	720.7	1 507.0	23 763.9	32.3	1 822.6	10.9	277.0	380.4	2 490.9	10.0	27 687.9	26.1	24 367.4	20.2
2006	479.4	34.7	85.4	282.5	882.0	11.5	5 253.7	1 086.2	6 594.3	720.6	1 771.9	15 426.7	21.0	757.6	10.9	277.0	447.3	1 492.7	6.0	17 801.4	16.8	14 700.2	12.2
2007	858.1	34.7	71.6	232.3	1 196.7	15.5	7 708.1	1 086.2	5 659.5	589.1	1 457.3	16 500.3	22.4	1 812.4	10.9	232.4	367.8	2 423.5	9.7	20 120.5	18.9	17 098.6	14.2
2008	912.8	34.7	78.5	227.0	1 253.1	16.3	8 036.9	1 191.4	10 281.0	654.9	1 424.2	21 588.4	29.4	1 744.1	15.9	254.7	359.5	2 374.2	9.5	25 215.6	23.7	22 178.9	18.4
2009	666.9	34.7	78.5	227.0	1 007.1	13.1	5 599.0	1 226.4	8 138.6	654.9	1 424.2	17 043.0	23.2	1 300.7	15.9	254.7	359.5	1 930.7	7.7	19 980.9	18.8	17 190.1	14.3
2010	513.9	34.7	34.4	207.2	790.2	10.3	4 806.6	1 226.4	8 498.8	233.9	1 300.0	16 065.7	21.8	1 165.6	15.9	111.7	328.1	1 621.3	6.5	18 477.2	17.4	16 058.9	13.3
2011	890.0	34.7	42.9	209.9	1 177.5	15.3	8 169.9	1 226.4	12 661.7	314.7	1 316.5	23 689.2	32.2	1 824.5	15.9	139.1	332.3	2 311.9	9.3	27 178.6	25.6	24 352.2	20.2
多年平均	764.6	27.3	65.2	277.5	1134.6	11.1	6 996.9	928.2	7 385.9	523.0	1 689.2	17 523.3	21.5	1 719.5	10.9	212.1	439.4	2 381.9	7.8	21 039.8	19.8	18 633.7	15.4

三、各项排泄量

寿光市的地下水排泄项非常“特殊”，主要体现在：评价区域多年平均地下水位埋深均大于4 m，因此潜水蒸发排泄非常微弱；从不同时期的地下水的流场特征（图6-7至图6-13）来看，地下水径流的方向均从四周向境内汇聚，尤其是最近10年，地下水漏斗形成和咸水水入侵产生后更加明显，因此侧向出流项也没有。境内河流除弥河外，其他河流均为季节性河流，常年干旱，也不排泄地下水。故地下水的主要排泄项仅有人工开采项。

人工开采项的地下水实际开采量，主要包括工业用水开采量、农业用水开采量、人牲用水开采量等。本次评价根据各乡镇市区调查统计的1980～2011年逐年地下水开采量资料，并进行了合理性检查，剔除了深层地下水开采量后，综合考虑各计算区不同区域所占面积及水文地质条件、开采强度、水源地所在位置等因素，合理分配修正。寿光市地下水排泄量见表6-13。

从表中可以看出，寿光市多年平均地下水排泄量，即开采量为24 548.5万 m^3/a，其中Ⅲ－2计算区中，地下水资源排泄量为1 706.5万 m^3/a；Ⅲ－3计算区中，地下水资源排泄量为19 429.2万 m^3/a；Ⅲ－4计算区中，地下水资源排泄量为3 412.9万 m^3/a。

表6-13　寿光市地下水开采量计算成果表

参数 年份	Ⅲ－2计算区			Ⅲ－3计算区			Ⅲ－4计算区			合计
	开采量	潜水蒸发	侧向出流	开采量	潜水蒸发	侧向出流	开采量	潜水蒸发	侧向出流	总排泄量
1980	1 281.0			14 585.1			2 562.0			18 428.1
1981	1 638.0			18 649.8			3 276.0			23 563.8
1982	1 785.0			20 323.5			3 570.0			25 678.5
1983	1 512.0			17 215.2			3 024.0			21 751.2
1984	1 610.0			18 331.0			3 220.0			23 161.0
1985	1 610.0			18 331.0			3 220.0			23 161.0
1986	1 680.0			19 128.0			3 360.0			24 168.0
1987	1 666.0			18 968.6			3 332.0			23 966.6
1988	1 771.0			20 164.1			3 542.0			25 477.1
1989	1 750.0			19 925.0			3 500.0			25 175.0
1990	1 757.0			20 004.7			3 514.0			25 275.7
1991	1 407.0			16 019.7			2 814.0			20 240.7
1992	1 869.0			21 279.9			3 738.0			26 886.9
1993	1 862.0			21 200.2			3 724.0			26 786.2

（续表）

参数 年份	Ⅲ－2 计算区			Ⅲ－3 计算区			Ⅲ－4 计算区			合计
	开采量	潜水蒸发	侧向出流	开采量	潜水蒸发	侧向出流	开采量	潜水蒸发	侧向出流	总排泄量
1994	1 722.0			19 606.2			3 444.0			24 772.2
1995	1 659.0			18 888.9			3 318.0			23 865.9
1996	1 925.0			21 917.5			3 850.0			27 692.5
1997	2 002.0			22 794.2			4 004.0			28 800.2
1998	1 953.0			22 236.3			3 906.0			28 095.3
1999	2 030.0			23 113.0			4 060.0			29 203.0
2000	2 359.0			26 858.9			4 718.0			33 935.9
2001	2 030.0			23 113.0			4 060.0			29 203.0
2002	1 890.0			21 519.0			3 780.0			27 189.0
2003	1 939.5			22 082.5			3 879.0			27 900.9
2004	1 271.5			14 476.7			2 543.0			18 291.1
2005	1 644.4			18 722.3			3 288.7			23 655.4
2006	1 929.2			21 965.3			3 858.4			27 752.9
2007	1 447.6			16 482.0			2 895.2			20 824.8
2008	1 407.7			16 027.7			2 815.4			20 250.8
2009	1 470.0			16 737.0			2 940.0			21 147.0
2010	1 481.2			16 864.5			2 962.4			21 308.1
2011	1 247.4			14 202.5			2 494.8			17 944.7
多年平均	1 706.5			19 429.2			3 412.9			24 548.5

第五节　蓄变量及水均衡分析

一、地下水蓄变量

平原区浅层地下水蓄变量（ΔW）是指计算区计算时段初浅层地下水的储存量与计算时段末浅层地下水的储存量的差值。地下水位的升或降，直接导致地下水蓄变量的变化，所以蓄变量（ΔW）值可能是正值，也可能是负值。

其计算可采用下面的公式：

$$\Delta W=10^2\cdot(h_1-h_2)\cdot\mu\cdot F/t$$

式中：ΔW 为地下水蓄变量（万 m^3/a）；

h_1、h_2为计算时段初、末的地下水位（m），

μ 为地下水位变幅带给水度（无因次）；

F 为计算面积（km^2）；

t 为计算时段长度（a）。

当 $h_1>h_2$时，ΔW 为“－”；当 $h_1<h_2$时，ΔW 为“＋”；当 $h_1=h_2$时，$\Delta W=0$。

蓄变量计算结果见表 6-14。结果表明，寿光市浅层地下水多年平均蓄变量为－2 686.5 万 m^3/a，其中Ⅲ－2 计算区中，多年平均蓄变量为－572.4 万 m^3/a；Ⅲ－3 计算区中，多年平均蓄变量为－1 289.3 万 m^3/a；Ⅲ－4 计算区中，多年平均蓄变量为－824.8 万 m^3/a。

二、地下水均衡分析

为检验计算成果的合理性，根据水量平衡原理，进行地下水总补给量、总排泄量和蓄变量间的水均衡分析，水均衡关系为：

$$Q_{总补}-Q_{总排}\pm\Delta W=X$$

$$\delta=\frac{X}{Q_{总补}}$$

式中：$Q_{总补}$为均衡计算区地下水的总补给量；

$Q_{总排}$为均衡计算区地下水的总排泄量；

ΔW 为地下水的蓄变量；

X 为绝对均衡差；

δ 为相对均衡差。

$|X|$值或$|\delta|$值较小时，可近似判断为 $Q_{总补}$、$Q_{总排}$、ΔW 三项计算成果的计算误差较小，亦即计算精确程度较高；$|X|$值或$|\delta|$值较大时，可近似判断为 $Q_{总补}$、$Q_{总排}$、ΔW 三项计算成果的计算误差较大，亦即计算精确程度较低。根据《水资源调查评价》和《地下水资源与开采量补充细则》中的规定，平原区地下水水均衡计算精度要求$|\delta|\leqslant 10\%$。

水均衡计算结果见表 6-14。从表中可以看出，寿光市多年平均相对均衡差为－8.2％，其中，Ⅲ－2 计算区中，相对均衡差为 0.2％；Ⅲ－3 计算区中，相对均衡差为－8.6％；Ⅲ－4 计算区中，相对均衡差为－8.7％。各水资源三级区均衡结果均小于±10％，满足计算精度的要求，说明本次评价各项水文地质参数取值合理，评价方法正确，成果精度较高。

表 6-14 寿光市地下水补给量和排泄量及均衡分析成果表

参数 年份	Ⅲ－2 计算区					Ⅲ－3 计算区					Ⅲ－4 计算区					合计					
	总补给量	总开采量	蓄变量	绝对均衡差	相对均衡差	总补给量	总开采量	蓄变量	绝对均衡差	相对均衡差	总补给量	总开采量	蓄变量	绝对均衡差	相对均衡差	总补给量	总排泄量	均衡	蓄变量	绝对均衡	相对均衡
1980	1 159.4	1 281.0	−103.3	−18.3	−1.6%	19 118.5	14 585.1	5 413.4	−880.0	−4.6%	2 898.7	2 562.0	569.3	−232.7	−8.0%	23 176.5	18 428.1	4 748.4	5 879.4	−1 131.0	−4.9%
1981	726.5	1 638.0	−919.0	7.5	1.0%	10 681.6	18 649.8	−6 951.4	−1 016.8	−9.5%	2 006.5	3 276.0	−1 150.6	−118.9	−5.9%	13 414.6	23 563.8	−10 149.2	−9 021.0	−1 128.2	−8.4%
1982	1 025.7	1 785.0	−839.8	80.6	7.9%	14 521.0	20 323.5	−4 442.8	−1 359.7	−9.4%	3 090.6	3 570.0	−283.5	−195.9	−6.3%	18 637.4	25 678.5	−7 041.1	−5 566.1	−1 475.0	−7.9%
1983	849.6	1512.0	−727.8	65.4	7.7%	11 160.9	17 215.2	−4 984.7	−1 069.6	−9.6%	2 079.1	3 024.0	−755.9	−189.0	−9.1%	14 089.6	21 751.2	−7 661.6	−6 468.4	−1 193.2	−8.5%
1984	938.2	1 610.0	−700.7	28.9	3.1%	9 790.3	18 331.0	−7 638.7	−902.0	−9.2%	2 340.2	3 220.0	−703.8	−176.0	−7.5%	13 068.7	23 161.0	−10 092.3	−9 043.2	−1 049.1	−8.0%
1985	1 014.9	1 610.0	−686.8	91.7	9.0%	14 882.1	18 331.0	−2 335.5	−1 113.4	−7.5%	2 793.0	3 220.0	−341.6	−85.4	−3.1%	18 690.1	23 161.0	−4 470.9	−3 363.8	−1 107.0	−5.9%
1986	957.2	1 680.0	−720.8	−2.0	−0.2%	12 415.9	19 128.0	−5 994.6	−717.4	−5.8%	2 354.9	3 360.0	−804.1	−201.0	−8.5%	15 728.1	24 168.0	−8 439.9	−7 519.5	−920.4	−5.9%
1987	1 216.0	1 666.0	−517.3	67.3	5.5%	13 707.1	18 968.6	−3 997.7	−1 263.8	−9.2%	2 723.6	3 332.0	−486.7	−121.7	−4.5%	17 646.7	23 966.6	−6 319.9	−5 001.6	−1 318.2	−7.5%
1988	1 097.0	1 771.0	−633.5	−40.6	−3.7%	10 793.2	20 164.1	−8 664.0	−706.9	−6.5%	2 293.1	3 542.0	−1 109.2	−139.8	−6.1%	14 183.2	25 477.1	−11 293.9	−10 406.6	−887.3	−6.3%
1989	1 045.0	1 750.0	−672.3	−32.6	−3.1%	9 136.9	19 925.0	−10 226.7	−561.4	−6.1%	1 974.1	3 500.0	−1 420.7	−105.2	−5.3%	12 156.0	25 175.0	−13 019.0	−12 319.7	−699.3	−5.8%
1990	1 595.7	1 757.0	−123.6	−37.7	−2.4%	24 090.3	20 004.7	4 155.0	−69.4	−0.3%	3 376.4	3 514.0	−110.1	−27.5	−0.8%	29 062.4	25 275.7	3 786.7	3 921.3	−134.7	−0.5%
1991	1 017.9	1 407.0	−421.3	32.1	3.2%	15 488.3	16 019.7	809.2	−1 340.6	−8.7%	2 404.7	2 814.0	−327.4	−81.9	−3.4%	18 910.8	20 240.7	−1 329.9	60.5	−1 390.3	−7.4%
1992	895.4	1 869.0	−960.6	−13.0	−1.4%	11 449.1	21 279.9	−8 996.4	−834.4	−7.3%	2 328.3	3 738.0	−1 227.8	−181.9	−7.8%	14 672.9	26 886.9	−12 214.0	−11 184.7	−1 029.3	−7.0%
1993	1 244.1	1 862.0	−544.4	−73.5	−5.9%	13 636.2	21 200.2	−6 149.0	−1 415.0	−10.4%	2 535.5	3 724.0	−950.8	−237.7	−9.4%	17 415.8	26 786.2	−9 370.4	−7 644.2	−1 726.2	−9.9%
1994	1 196.1	1 722.0	−488.2	−37.7	−3.2%	21 485.5	19 606.2	1 261.3	618.0	2.9%	2 241.7	3 444.0	−1 001.9	−200.5	−8.9%	24 923.3	24 772.2	151.1	−228.7	379.8	1.5%
1995	1 252.2	1 659.0	−310.0	−96.8	−7.7%	24 756.2	18 888.9	3 555.7	2 311.6	9.3%	2 712.5	3 318.0	−484.4	−121.1	−4.5%	28 720.9	23 865.9	4 855.0	2 761.3	2 093.6	7.3%
1996	1 166.3	1 925.0	−705.3	−53.4	−4.6%	17 953.4	21 917.5	−4 287.3	323.1	1.8%	2 759.7	3 850.0	−872.2	−218.1	−7.9%	21 879.4	27 692.5	−5 813.1	−5 864.8	51.7	0.2%

（续表）

参数 年份	Ⅲ－2计算区					Ⅲ－3计算区					Ⅲ－4计算区					合计					
	总补给量	总开采量	蓄变量	绝对均衡差	相对均衡差	总补给量	总开采量	蓄变量	绝对均衡差	相对均衡差	总补给量	总开采量	蓄变量	绝对均衡差	相对均衡差	总补给量	总排泄量	均衡	蓄变量	绝对均衡	相对均衡
1997	1 162.4	2 002.0	−797.0	−42.6	−3.7%	17 449.7	22 794.2	−3 827.0	−1 517.5	−8.7%	2 335.6	4 004.0	−1 444.7	−223.7	−9.6%	20 947.7	28 800.2	−7 852.5	−6 068.7	−1 783.8	−8.5%
1998	1 354.4	1 953.0	−574.9	−23.7	−1.8%	20 810.9	22 236.3	−1 340.5	−85.0	−0.4%	2 516.9	3 906.0	−1 211.3	−177.8	−7.1%	24 682.2	28 095.3	−3 413.1	−3 126.6	−286.5	−1.2%
1999	1 178.4	2 030.0	−750.5	−101.2	−8.6%	14 727.1	23 113.0	−6 979.4	−1 406.5	−9.6%	2 299.4	4 060.0	−1 588.5	−172.1	−7.5%	18 204.9	29 203.0	−10 998.1	−9 318.3	−1 679.8	−9.2%
2000	1 229.3	2 359.0	−1 010.2	−119.5	−9.7%	12 164.1	26 858.9	−14 000.8	−694.0	−5.7%	2 232.5	4 718.0	−2 588.4	102.9	4.6%	15 625.9	33 935.9	−18 310.0	−17 599.3	−710.7	−4.5%
2001	1 373.8	2 030.0	−624.9	−31.3	−2.3%	18 599.0	23 113.0	−2 693.0	−1 821.0	−9.8%	2 420.2	4 060.0	−1 881.8	242.0	10.0%	22 393.0	29 203.0	−6 810.0	−5 199.8	−1 610.2	−7.2%
2002	1 041.1	1 890.0	−899.3	50.4	4.8%	11 768.1	21 519.0	−9 329.0	−422.0	−3.6%	1 568.3	3 780.0	−2 100.4	−111.3	−7.1%	14 377.4	27 189.0	−12 811.6	−12 328.7	−482.9	−3.4%
2003	1 302.7	1 939.5	−518.3	−118.5	−9.1%	22 710.9	22 082.5	2 656.1	−2 027.7	−8.9%	2 616.2	3 879.0	−1 010.2	−252.6	−9.7%	26 629.8	27 900.9	−1 271.1	1 127.6	−2 398.7	−9.0%
2004	1 528.5	1 271.5	145.6	111.4	7.3%	26 911.2	14 476.7	9 768.0	2 666.5	9.9%	2 674.2	2 543.0	105.0	26.2	1.0%	31 113.8	18 291.1	12 822.7	10 018.5	2 804.2	9.0%
2005	1 433.1	1 644.4	−286.6	75.4	5.3%	23 763.9	18 722.3	3 212.9	1 828.6	7.7%	2 490.9	3 288.7	−638.3	−159.6	−6.4%	27 687.9	23 655.4	4 032.4	2 288.0	1 744.4	6.3%
2006	882.0	1 929.2	−1 069.3	22.1	2.5%	15 426.7	21 965.3	−7 060.4	521.7	3.4%	1 492.7	3 858.4	−2 280.6	−85.1	−5.7%	17 801.4	27 752.9	−9 951.5	−10 410.2	458.7	2.6%
2007	1 196.7	1 447.6	−266.1	15.2	1.3%	16 500.3	16 482.0	1 299.9	−1 281.6	−7.8%	2 423.5	2 895.2	−377.4	−94.3	−3.9%	20 120.5	20 824.8	−704.3	656.5	−1 360.8	−6.8%
2008	1 253.1	1 407.7	−255.0	100.3	8.0%	21 588.4	16 027.7	4 004.1	1 556.6	7.2%	2 374.2	2 815.4	−353.0	−88.2	−3.7%	25 215.6	20 250.8	4 964.8	3 396.1	1 568.7	6.2%
2009	1 007.1	1 470.0	−500.5	37.6	3.7%	17 043.0	16 737.0	−1 014.3	1 320.3	7.7%	1 930.7	2 940.0	−907.4	−101.9	−5.3%	19 980.9	21 147.0	−1 166.1	−2 422.1	1 256.0	6.3%
2010	790.2	1 481.2	−654.9	−36.1	−4.6%	16 065.7	16 864.5	−1 929.3	1 130.5	7.0%	1 621.3	2 962.4	−1 192.9	−148.2	−9.1%	18 477.2	21 308.1	−2 830.9	−3 777.1	946.2	5.1%
2011	1 177.5	1 247.4	−180.6	110.7	9.4%	23 689.2	14 202.5	7 816.1	1 670.5	7.1%	2 311.9	2 494.8	−146.3	−36.6	−1.6%	27 178.6	17 944.7	9 233.8	7 489.2	1 744.6	6.4%
多年平均	1 134.6	1 706.5	−572.4	0.6	0.2%	16 696.4	19 429.2	−1 289.3	−1 443.5	−8.6%	2 381.9	3 412.9	−824.8	−206.2	−8.7%	20 212.9	24 548.5	−4 335.6	−2 686.5	−1 649.1	−8.2%

第六节　地下水可开采量

由于受自然因素和地下水开采条件的限制，地下水的补给量是不可能全部被开发利用的。因此，需要评价确定可合理开采利用的地下水资源量，即地下水可开采量。

地下水可开采量是指在可预见的时期内，通过经济合理、技术可行的措施，在不引起环境恶化的条件下，从含水层中获取的最大水量。地下水可开采量的评价范围为目前已经开采和有开采前景的地区。多年平均地下水总补给量是多年平均地下水可开采量的上限值。地下水可开采量采用实际开采量调查法、可开采系数法等计算方法分析确定。

一、可开采量的计算方法

1. 实际开采量调查法

对于平原区中浅层地下水开发利用程度较高、实际开采量统计资料较准确完整、潜水蒸发量不大、地下水位动态相对稳定的地区，若该地区在1993～2012年期间，1993年年初、2012年年末的地下水位基本相等，则可用该期间多年平均浅层地下水实际开采量近似确定为该地区多年平均浅层地下水可开采量。

2. 可开采系数法

适用于对含水层水文地质条件研究比较深入、比较丰富的浅层地下水含水层的岩性组成、厚度、渗透性能及单井涌水量、单井影响半径并积累了较长系列开采量统计与地下水位动态资料的地区。

地下水可开采量计算公式：

$$Q_{可采}=\rho \cdot Q_{总补}$$

式中：$Q_{可采}$为浅层地下水可开采量（万m^3/a）；

ρ为可开采系数（无因次）；

$Q_{总补}$为浅层地下水总补给量（万m^3/a）。

可开采系数ρ根据地下水动态资料、含水层类型和开采条件、地下水富水程度、调蓄能力、实际开采状况及已出现的生态环境问题等综合分析确定。山东省一般黄泛平原区取0.55～0.75，山前平原区取0.75～0.85，岩溶山丘区取0.75～0.85，一般山丘区取0.60～0.70。

二、地下水可开采量

寿光市浅层地下水可开采量计算，以现状条件下浅层地下水资源量、经济实力、技术水平和环境条件为基础，根据评价类型区地下水含水层的开采条件综合分析，合理确定现状条件下浅层地下水的可开采量。

寿光市对平原区水文地质研究有一定深度，开采地下水历史悠久，开发利用地下水程度较高，并且积累了较长系列的地下水动态监测资料和开采量资料。本次评价地下水可开采量根据现有的资料，采用可开采系数法计算。

为了合理确定可开采系数，本次评价根据寿光市已有的浅层地下水含水层岩性、厚度、埋藏条件及富水性等特征已有的研究成果，同时考虑限制地下水超采区进一步恶化，合理拟定可开采系数值。根据寿光市的实际情况，可开采系数的取值范围定为0.75～0.90。寿光市地下水可开采量计算结果见表6-15。

计算结果显示，寿光市多年平均地下水可开采量为18 199.8万m^3/a，多年平均可开采系数为0.87，可开采模数为17.1万m^3/km^2·a。其中，Ⅲ—2计算区中，多年平均地下水可开采量为917.6万m^3/a，多年平均可开采系数为0.81，可开采模数为11.9万m^3/km^2·a；Ⅲ—3计算区中，多年平均地下水可开采量为14 900.3万m^3/a，多年平均可开采系数为0.85，可开采模数为20.3万m^3/km^2·a；Ⅲ—4计算区中，多年平均地下水可开采量为2 381.9万m^3/a，多年平均可开采系数为0.79，可开采模数为9.5万m^3/km^2·a。

表 6-15 寿光市地下水开采量计算成果表

（单位：万 m^3）

参数 年份	Ⅲ－2				Ⅲ－3				Ⅲ－4				合计			
	总补给量	开采系数	可开采量	开采模数	总补给量	开采系数	可开采量	开采模数	总补给量	开采系数	可开采量	开采模数	总补给量	开采系数	可开采量	开采模数
1980	1 159.4	0.85	985.5	12.8	19 118.5	0.88	16 824.3	22.9	2 898.7	0.82	2 898.7	11.6	23 176.5	0.85	19 700.1	18.5
1981	726.5	0.85	617.5	8.0	10 681.6	0.88	9 399.8	12.8	2 006.5	0.82	2 006.5	8.0	13 414.6	0.85	11 402.4	10.7
1982	1 025.7	0.85	871.9	11.3	14 521.0	0.88	12 778.5	17.4	3 090.6	0.82	3 090.6	12.4	18 637.4	0.85	15 841.7	14.9
1983	849.6	0.85	722.2	9.4	11 160.9	0.88	9 821.6	13.4	2 079.1	0.82	2 079.1	8.3	14 089.6	0.85	11 976.2	11.3
1984	938.2	0.85	797.4	10.4	9 790.3	0.88	8 615.5	11.7	2 340.2	0.82	2 340.2	9.4	13 068.7	0.85	11 108.4	10.5
1985	1014.9	0.85	862.7	11.2	14 882.1	0.88	13 096.3	17.8	2 793.0	0.82	2 793.0	11.2	18 690.1	0.85	15 886.6	15.0
1986	957.2	0.83	794.5	10.3	12 415.9	0.86	10 677.7	14.5	2 354.9	0.82	2 354.9	9.4	15 728.1	0.84	13 159.2	12.4
1987	1 216.0	0.83	1 009.3	13.1	13 707.1	0.86	11 788.1	16.0	2 723.6	0.82	2 723.6	10.9	17 646.7	0.84	14 764.4	13.9
1988	1 097.0	0.83	910.5	11.8	10 793.2	0.86	9 282.1	12.6	2 293.1	0.8	2 293.1	9.2	14 183.2	0.83	11 772.0	11.1
1989	1 045.0	0.83	867.4	11.3	9 136.9	0.86	7 857.7	10.7	1 974.1	0.8	1 974.1	7.9	12 156.0	0.83	10 089.5	9.5
1990	1 595.7	0.83	1 324.4	17.2	24 090.3	0.86	20 717.7	28.2	3 376.4	0.8	3 376.4	13.5	29 062.4	0.83	24 121.8	22.7
1991	1 017.9	0.82	834.7	10.8	15 488.3	0.86	13 319.9	18.1	2 404.7	0.8	2 404.7	9.6	18 910.8	0.83	15 633.0	14.7
1992	895.4	0.82	734.3	9.5	11 449.1	0.86	9 846.3	13.4	2 328.3	0.8	2 328.3	9.3	14 672.9	0.83	12 129.6	11.4
1993	1 244.1	0.82	1 020.2	13.2	13 636.2	0.85	11 590.8	15.8	2 535.5	0.8	2 535.5	10.2	17 415.8	0.82	14 339.0	13.5
1994	1 196.1	0.82	980.8	12.7	21 485.5	0.85	18 262.7	24.8	2 241.7	0.8	2 241.7	9.0	24 923.3	0.82	20 520.2	19.3
1995	1 252.2	0.82	1 026.8	13.3	24 756.2	0.85	21 042.8	28.6	2 712.5	0.8	2 712.5	10.9	28 720.9	0.82	23 646.9	22.3

（续表）

参数 年份	Ⅲ－2				Ⅲ－3				Ⅲ－4				合计			
	总补给量	开采系数	可开采量	开采模数	总补给量	开采系数	可开采量	开采模数	总补给量	开采系数	可开采量	开采模数	总补给量	开采系数	可开采量	开采模数
1996	1 166.3	0.82	956.3	12.4	17 953.4	0.85	15 260.4	20.7	2 759.7	0.8	2 759.7	11.0	21 879.4	0.82	18 014.0	17.0
1997	1 162.4	0.82	953.2	12.4	17 449.7	0.85	14 832.3	20.2	2 335.6	0.8	2 335.6	9.3	20 947.7	0.82	17 247.0	16.2
1998	1 354.4	0.82	1 110.6	14.4	20 810.9	0.85	17 689.2	24.1	2 516.9	0.8	2 516.9	10.1	24 682.2	0.82	20 321.7	19.1
1999	1 178.4	0.82	966.3	12.5	14 727.1	0.85	12 518.0	17.0	2 299.4	0.8	2 299.4	9.2	18 204.9	0.82	14 988.7	14.1
2000	1 229.3	0.8	983.4	12.8	12 164.1	0.83	10 096.2	13.7	2 232.5	0.75	2 232.5	8.9	15 625.9	0.79	12 396.6	11.7
2001	1 373.8	0.8	1 099.0	14.3	18 599.0	0.83	15 437.2	21.0	2 420.2	0.75	2 420.2	9.7	22 393.0	0.79	17 765.1	16.7
2002	1 041.1	0.8	832.8	10.8	11 768.1	0.83	9 767.5	13.3	1 568.3	0.75	1 568.3	6.3	14 377.4	0.79	11 406.1	10.7
2003	1 302.7	0.8	1 042.2	13.5	22 710.9	0.83	18 850.0	25.6	2 616.2	0.75	2 616.2	10.5	26 629.8	0.79	21 126.3	19.9
2004	1 528.5	0.8	1 222.8	15.9	26 911.2	0.83	22 336.3	30.4	2 674.2	0.75	2 674.2	10.7	31 113.8	0.79	24 683.7	23.2
2005	1 433.1	0.75	1 074.8	14.0	23 763.9	0.83	19 724.0	26.8	2 490.9	0.75	2 490.9	10.0	27 687.9	0.78	21 504.2	20.2
2006	882.0	0.75	661.5	8.6	15 426.7	0.83	12 804.2	17.4	1 492.7	0.75	1 492.7	6.0	17 801.4	0.78	13 825.7	13.0
2007	1 196.7	0.75	897.5	11.7	16 500.3	0.83	13 695.2	18.6	2 423.5	0.75	2 423.5	9.7	20 120.5	0.78	15 626.9	14.7
2008	1 253.1	0.75	939.8	12.2	21 588.4	0.83	17 918.4	24.4	2 374.2	0.75	2 374.2	9.5	25 215.6	0.78	19 584.1	18.4
2009	1 007.1	0.75	755.4	9.8	17 043.0	0.83	14 145.7	19.2	1 930.7	0.75	1 930.7	7.7	19 980.9	0.78	15 518.5	14.6
2010	790.2	0.75	592.7	7.7	16 065.7	0.83	13 334.6	18.1	1 621.3	0.75	1 621.3	6.5	18 477.2	0.78	14 350.7	13.5
2011	1 177.5	0.75	883.1	11.5	23 689.2	0.83	19 662.0	26.7	2 311.9	0.75	2 311.9	9.3	27 178.6	0.78	21 108.7	19.9
多年平均	1 134.605	0.81	917.6	11.9	17 523.3	0.85	14 900.3	20.3	2 381.9	0.79	2 381.9	9.5	21 039.8	0.87	18 199.8	17.1

第七节　水资源分区地下水资源量

为便于评价成果的实际应用，根据计算分区的计算结果，将地下水资源计算成果仅按照水资源分区进行汇总，汇总结果见表 6-16 所示。

从表中可以看出，寿光市多年平均地下水资源量为 18 633.6 万 m^3/a，可开采量为 18 199.8 万 m^3/a，可开采系数为 0.87，开采模数为 17.1 万 $m^3/km^2 \cdot a$。其中，小清河区多年平均地下水资源量为 2 825.3 万 m^3/a，可开采量为 2 954.6 万 m^3/a，可开采系数为 0.85，开采模数为 15.3 万 $m^3/km^2 \cdot a$；弥河多年平均地下水资源量为 13 501.3 万 m^3/a，可开采量为 12 987.1 万 m^3/a，可开采系数为 0.88，开采模数为 18.1 万 $m^3/km^2 \cdot a$；白浪河区多年平均地下水资源量为 2 307.0 万 m^3/a，可开采量为 2 258.1 万 m^3/a，可开采系数为 0.87，开采模数为 14.9 万 $m^3/km^2 \cdot a$；

表 6-16　寿光市多年平均地下水资源量计算成果表　（单位：万 m^3）

水资源三级区	水资源四级区	计算面积（km^2）	补给项					排泄项（总排泄量）	总补给量（万 m^3）	补给模数	地下水资源量（万 m^3）	地下水资源模数	可开采量（万 m^3）	可开采系数	可开采模数（万 $m^3/km^2 \cdot a$）
			降雨入渗（万 m^3）	侧向径流（万 m^3）	渠灌回归（万 m^3）	井灌回归（万 m^3）	河道渗漏（万 m^3）	地下水开采量（万 m^3）							
小清河区	小清河区	192.8	1 501.5	190.3	136.60	650.7	996.9	3 865.8	3 476.0	18.0	2 825.3	14.7	2 954.6	0.85	15.3
潍弥白浪区	弥河区	718.2	6 500.2	603.5	510.80	1 256.8	5 886.8	18 642.8	14 758.1	20.5	13 501.3	18.8	12 987.1	0.88	18.1
	白浪河区	151.3	1 479.3	172.7	152.80	498.7	502.2	2 039.9	2 805.7	18.5	2 307.0	15.2	2 258.1	0.80	14.9
寿光市合计		1 062.3	9 481.0	966.5	800.2	2 406.2	7 385.9	24 548.5	21 039.8	19.8	18 633.6	17.5	18 199.8	0.87	17.1

第七章　水资源总量

第一节　水资源总量

一、水资源总量的含义

一定区域内的水资源总量是指当地降雨形成的地表和地下产水量，即地表径流量与降雨入渗补给量之和。一般包括地表水、土壤水、浅层地下水三部分。

江河与湖泊（水库）等地表水体中的水为地表水，地表水的补给形式主要有降雨、冰雪融水和地下水，排泄形式为河川径流、水面蒸发和土壤入渗等。

土壤中包气带所含水量称为土壤水。包气带水量得到大气降雨、地表水与地下水的补给时增长，因土壤蒸发和植物蒸散发消退。储存在地下浅层含水层中的水量称为浅层地下水，其主要受降雨、地表水的下渗补给，以河川基流、潜水蒸发及地下水流形式排泄。

地表水、土壤水、浅层地下水可相互转换，当土壤中包气带的含水量超过田间持水量时，仍继续下渗的水量补充地下水或形成壤中流汇入河川径流，土壤水供给植物水分，使地表水与地下水连通。

根据评价细则要求，本次评价计算近期条件下各计算分区 1956～2011 年系列的水资源总量。

二、水资源总量的计算方法

河川径流量、降雨入渗补给量在地表水资源量、地下水资源量评价时已分别计算确定。

由于地表水资源量、地下水资源量之间存在着重复计算量，所以在计算水资源量时，应扣除二者之间的重复计算量。

根据补、排水量平衡原理，在近期下垫面条件下，各计算分区的水资源总量系列可采用下式计算：

$$W=R_s+P_r=R+P_r-R_g$$

式中：W 为水资源总量；

R_s 为地表径流量（河川径流量与河川基流量之差）；

P_r 为降雨入渗补给量；

R 为河川径流量，即地表水资源量；

R_g 为平原区降水形成的河川基流量。

平原区降水形成的河川基流量与潜水位的埋深和降水入渗补给量有关，当潜水位高于河水位时，则一部分降水入渗补给量排入河道。对于寿光市而言，地下水位埋深较大，远低于河水位，因此降水入渗基本形不成河川基流量。因此，可以认为寿光市无降水形成的河川基流量，即 $R_g \approx 0$，故上述水资源总量的计算公式简化为：

$$W=R_s+P_r=R+P_r$$

即寿光市的水资源总量由河川径流量和降雨入渗补给量两部分组成。

第二节　水资源总量计算成果

根据水资源总量计算方法，按照近期下垫面条件和水资源开发利用情况，采用上述公式计算全市各分区水资源总量，公式中各分量可直接采用地表水和地下水资源量评价的系列成果。

经计算，寿光市多年平均水资源总量为 28 392.0 万 m^3，20%频率下水资源总量为 37 522.0 万 m^3，50%频率下水资源总量为 25 563.0 万 m^3，75%频率下水资源总量为 19 005.0 万 m^3，95%频率下水资源总量为 13 346.0 万 m^3。

其中，小清河区多年平均水资源总量为 5 193.5 万 m^3，20%频率下水资源总量为 7 002.5 万 m^3，50%频率下水资源总量为 4 633.5 万 m^3，75%频率下水资源总量为 3 333.5 万 m^3，95%频率下水资源总量为 2 213.5 万 m^3。

弥河区多年平均水资源总量为 20 425.2 万 m^3，20%频率下水资源总量为 27 346.2 万 m^3，50%频率下水资源总量为 18 281.2 万 m^3，75%频率下水资源总量为 13 309.2 万 m^3，95%频率下水资源总量为 9 020.2 万 m^3。

白浪河区多年平均水资源总量为 2 772.3 万 m^3，20%频率下水资源总量为 3 397.3 万 m^3，50%频率下水资源总量为 2 579.3 万 m^3，75%频率下水资源总量为 2 130.3 万 m^3，95%频率下水资源总量为 1 743.3 万 m^3。

计算结果详见表 7-1。

第三节　合理性检查

影响水资源总量的主要因素有降雨与下垫面条件，为了更好地反映水资源总量及各项分量的地带性分布规律，分别计算了各水资源四级区的地表产流系数、降雨入渗补给系数、产水系数和产水模数（详见表7-2）。由表中数据可以看出，全市的产流系数为0.13～0.17，弥河区为0.17，小清河区为0.13，白浪河区为0.15。根据本区的气候和地形条件分析，各系数的地域分布是合理的。

表7-1　寿光市水资源总量计算成果表

水资源分区				统计参数				不同频率			
一级区	二级区	三级区	四级区	面积（km^2）	多年平均（万 m^3）	Cv	Cs	20%	50%	75%	95%
淮河区	山东半岛沿海诸河	小清河区	小清河区	482.1	5 193.5	0.69	2	7 002.5	4 633.5	3 333.5	2 213.5
		潍弥白浪河区	弥河区	1 358.2	20 425.2	0.7	2	27 346.2	18 281.2	13 309.2	9 020.2
			白浪河区	149.8	2 772.3	0.68	2	3 397.3	2 579.3	2 130.3	1 743.3
寿光市				1 990.1	28 392.0	0.68	2	37 522.0	25 563.0	19 005.0	13 346.0

表7-2　寿光市水资源四级区多年平均水资源总量特征值表

四级区	面积（km^2）	降雨量（mm）	地表径流量（万 m^3）	降雨入渗（万 m^3）	水资源总量（万 m^3）	地表产流系数	降雨入渗补给系数	产水系数	产水模数（万 $m^3/km^2 \cdot a$）
小清河区	482.1	568.4	3 692	1 501.5	5 193.5	0.13	0.05	0.19	10.8
弥河区	1 358.2	599.2	13 925	6 500.2	20 425.2	0.17	0.08	0.25	15.0
白浪河区	149.8	590.4	1 293	1 479.3	2 772.3	0.15	0.17	0.31	18.5
寿光市	1 990.1	591.1	18 911	9 481.0	28 392.0	0.16	0.08	0.24	14.3

第八章　水质评价

第一节　评价的思路及内容

一、地表水评价的思路及内容

根据《水资源评价导则》的要求，确定评价的基本单元和评价代表断面。对选用的代表断面进行水化学类型的分类和现状水质评价。根据地表水水化学类型分类评价和单站水质现状评价成果，评价寿光市地表水天然水化学状况和水污染现状。根据多年水质监测成果确定地表水污染趋势。在单站评价成果的基础上，结合山东省水功能区划划定的功能区水质目标，对水功能区进行达标分析。通过对评价代表断面所代表的水域进行调查分析，最终将单站水质评价成果合理地分配到水资源四级区。

地表水水质评价的内容包括地表水水化学类型分析、地表水现状水质分析、水质趋势分析、水功能区达标分析、水资源分区水质评价、供水水源地水质评价。

二、地下水评价的思路及内容

根据《水资源评价导则》的要求，确定计算分区，在相应的计算分区中选用有代表性的地下水监测井，对各选用监测井进行水化学类型分类和现状水质评价，根据评价结果确定地下水化学类型分布，地球化学异常区、各类水质的地下水的分布、地下水污染区分布等。

地下水水质评价的主要内容包括地下水化学分类、地下水水质现状评价、地下水污染分析、大型及特大型地下水水源地水质评价。

本次水质评价的基准年为2011年。

第二节　地表水水资源质量评价

一、地表水现状水质评价

地表水水质现状评价的基准年数据采用 2011 年监测数据，按单站及河长或断面水质类别统计地表水水质现状评价成果，分别对水功能区、河流进行评价。

1. 水功能区水质评价

为反映寿光市水功能区的水质状况，根据已有的水质监测站设置情况及水质资料情况，对 5 个水功能区进行水质评价，评价河长 184.5 km。5 个水功能区包括小清河山东开发利用区 1 个，三级区属于小清河区，起始断面博兴西营，终止断面羊口镇，控制断面侯辛庄，控制长度 71.2 km，水质控制目标Ⅳ类。弥河潍坊开发利用区 2 个，属于水资源三级区，冶源水库至寒桥段，控制断面谭家坊，控制长度 65.5 km，水质控制目标Ⅴ类；寒桥至入海口段，控制断面寒桥，控制长度 45 km，水质控制目标Ⅴ类。丹河潍坊开发利用区 1 个，属于水资源三级区，起始断面丹河源头，终止断面入弥河口，控制断面稻田，控制长度 85 km，水质控制目标Ⅴ类。桂河潍坊开发利用区 1 个，起始断面桂河源头，终止断面入弥河口，控制断面冯家花园，控制长度 40 km，水质控制目标Ⅴ类。水质监测站基本情况详见表 8-1，具体监测指标见表 8-2。

表 8-1　地表水资源质量评价水质监测站基本情况表

水功能一级区	水功能二级区	水资源三级区	河流	起始断面	终止断面	控制断面	东经	北纬	水质目标	长度(km)
小清河山东开发利用区	小清河东营农业用水区	小清河区	小清河	博兴西营	羊口镇	侯辛庄	118.7	37.24	Ⅳ	71.2
弥河潍坊开发利用区	弥河潍坊农业用水区	潍弥白浪河区	弥河	冶源水库下	寒桥	谭家坊	118.65	36.7	Ⅴ	65.5
弥河潍坊开发利用区	弥河潍坊农业用水区	潍弥白浪河区	弥河	寒桥	入海口	寒桥	118.835 5	36.89	Ⅴ	45
丹河潍坊开发利用区	丹河潍坊农业用水区	潍弥白浪河区	丹河	丹河源头	入弥河口	稻田	118.88	36.843	Ⅴ	85
桂河潍坊开发利用区	桂河潍坊农业用水区	潍弥白浪河区	桂河	桂河源头	入白浪河口	冯家花园	119.012	36.865	Ⅴ	40

表 8-2 各监测断面水质指标评价表

监测断面	采样月份	气温	水温	pH 值	氯化物	硫酸盐	溶解氧	氨氮	硝酸盐氮	化学需氧量	高锰酸盐指数	五日生化需氧量	氰化物	砷	挥发酚	评价结果	达标情况
侯辛庄	1	−4.8	2	8.2	855	500	4	5.12	10.4	61.9	13.4	9.5	<0.004	<0.000 2	0.012	劣 V	不达标
	2	1.5	1.5	7.9	778	476	3.9	4.68	7.2	78.2	14.9	12.1	<0.004	<0.000 2	0.01	劣 V	不达标
	3	8.5	9.8	7.8	911	497	3.7	4.53	6.82	82	16.8	12.8	<0.004	<0.000 2	0.014	劣 V	不达标
	4	12.5	10.8	7.9	1 040	454	3.8	5.55	7.98	57.5	13.3	12.4	<0.004	<0.000 2	0.011	劣 V	不达标
	5	30.5	22	7.7	980	426	3.4	5.14	8.46	64.1	11.9	12	<0.004	<0.000 2	0.014	劣 V	不达标
	6	24	23.5	7.9	900	484	3.6	5.73	6.58	81.6	14	13.1	<0.004	<0.000 2	0.016	劣 V	不达标
	7	32.2	30.5	8.1	630	363	2.2	4.25	5.28	49.4	9.5	8.3	<0.004	<0.000 2	0.013	劣 V	不达标
	8	32.2	29	8.2	442	419	2.5	4.11	7.56	33.1	6.2	5.1	<0.004	<0.000 2	0.01	劣 V	不达标
	9	26.8	24	8.5	566	437	2.7	5.71	8.23	52.3	6.2	5.5	<0.004	<0.000 2	0.008	劣 V	不达标
	10	27.2	24.5	8.1	879	709	3	5.3	6.79	51.7	9.7	6.9	<0.004	<0.000 2	0.011	劣 V	不达标
	11	13	15.2	8.2	778	418	3.7	3.76	9.31	55.9	9	7.4	<0.004	<0.000 2	0.009	劣 V	不达标
	12	9.5	8.7	8.1	731	472	4.2	6.49	10.5	40	8	6.5	<0.004	<0.000 2	0.007	劣 V	不达标
谭家坊	1	−4	2.4	8.2	151	208	6.8	3.34	11.2	25.2	7.2	6.6	<0.004	<0.000 2	0.005	劣 V	不达标
	2	1.7	1	8.1	136	178	7.1	3.79	12.1	23	5.9	5.7	<0.004	<0.000 2	0.005	劣 V	不达标
	3	8.7	9.5	8	154	214	6.5	3.21	11.6	29.7	8.8	7.9	<0.004	<0.000 2	0.005	劣 V	不达标
	4	11	9.5	8	140	198	6.8	1.83	10.7	27.7	8.3	6.8	<0.004	<0.000 2	0.006	劣 V	不达标
	5	27.8	21.2	7.7	179	254	6.2	1.96	13.6	28.9	9.6	8.1	<0.004	<0.000 2	0.005	劣 V	不达标
	6	21.5	23	8.1	218	286	5.9	2.73	12.5	36.1	9.9	8.2	<0.004	<0.000 2	0.006	劣 V	不达标
	7	28.5	29.3	7.7	154	211	5.3	1.86	14.1	29.7	6.2	5.1	<0.004	<0.000 2	0.008	劣 V	不达标
	8	31.4	26.8	7.9	108	178	6.2	1.77	13.3	23.1	5	4.4	<0.004	<0.000 2	0.006	劣 V	不达标

（续表）

监测断面	采样月份	气温	水温	pH值	氯化物	硫酸盐	溶解氧	氨氮	硝酸盐氮	化学需氧量	高锰酸盐指数	五日生化需氧量	氰化物	砷	挥发酚	评价结果	达标情况
谭家坊	9	24.5	24.2	8	123	311	6.1	2.69	12.9	24.3	5.7	7.5	<0.004	<0.000 2	0.005	劣V	不达标
	10	24.2	22.3	8	162	269	5.7	2.23	13.8	22.2	5.1	5.4	<0.004	<0.000 2	0.006	劣V	不达标
	11	13.5	15.5	8.2	167	245	6.5	1.82	11.4	27.3	4.7	4.6	<0.004	<0.000 2	0.007	劣V	不达标
	12	10	8.5	7.9	192	302	6.7	3.61	12.8	32.3	5.8	4.1	<0.004	<0.000 2	0.005	劣V	不达标
寒桥闸	1	−5	2.1	8.2	197	154	8.1	0.81	11.1	25.8	7.6	5.4	<0.004	<0.000 2	0.002	Ⅳ	达标
	2	0	1.2	8	179	175	7.7	0.87	13.7	29.6	9.6	6	<0.004	<0.000 2	0.003	Ⅳ	达标
	3	10	9.2	8.2	123	138	8	0.78	11.8	24.6	6.3	5.1	<0.004	<0.000 2	0.005	Ⅳ	达标
	4	12	10.5	8.1	135	205	7.9	0.75	10.4	29.5	7.3	5.6	<0.004	<0.000 2	0.004	Ⅳ	达标
	5	30.2	20.8	7.9	155	219	7.2	0.81	12.1	23.1	6.8	5.2	<0.004	<0.000 2	0.005	Ⅳ	达标
	6	22.5	23.2	8.2	135	229	7	0.92	9.34	22.8	7.3	5.9	<0.004	<0.000 2	0.005	Ⅳ	达标
	7	29.5	29.4	8.2	155	232	6.8	0.83	8.94	29.7	6.6	5.7	<0.004	<0.000 2	0.004	Ⅳ	达标
	8	32.5	28.2	8.2	116	168	6.2	0.74	9.74	22.7	4.9	4.3	<0.004	<0.000 2	0.003	Ⅳ	达标
	9	25.9	24.5	8.2	101	144	6.7	0.71	8.65	33	5.2	4.7	<0.004	<0.000 2	0.005	Ⅴ	达标
	10	25.8	22.8	8.2	131	173	5.8	0.65	7.12	33.3	5.4	5.1	<0.004	<0.000 2	0.006	Ⅴ	达标
	11	14	15.8	8.2	141	217	5.3	0.72	7.56	35.5	5.4	5.2	<0.004	<0.000 2	0.005	Ⅴ	达标
	12	11.5	9	8.2	124	190	6	0.58	7.28	29.3	5.9	4.8	<0.004	<0.000 2	0.005	Ⅳ	达标
稻田	1	−6.3	3	8.2	194	248	3.9	4.7	13.9	51.9	13.3	11.3	<0.004	<0.000 2	0.005	劣V	不达标
	2	−0.5	1.7	7.9	174	218	4.7	5.14	15.9	45.9	9.2	8.7	<0.004	<0.000 2	0.006	劣V	不达标
	3	11	12.5	8	190	217	3.5	5.47	13.5	52	14.6	9.8	<0.004	<0.000 2	0.008	劣V	不达标
	4	15	13	8.3	252	344	4.1	2.6	16.5	73.1	12.5	9.2	<0.004	<0.000 2	0.009	劣V	不达标

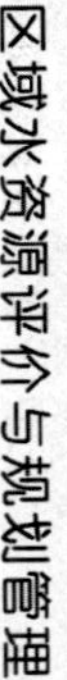

（续表）

监测断面	采样月份	气温	水温	pH 值	氯化物	硫酸盐	溶解氧	氨氮	硝酸盐氮	化学需氧量	高锰酸盐指数	五日生化需氧量	氰化物	砷	挥发酚	评价结果	达标情况
稻田	5	32.2	23.5	8.3	325	308	4.2	4.38	14.7	72.1	17	13.8	0.014	<0.000 2	0.011	劣 V	不达标
	6	25.2	24	8.3	328	335	4.7	5.85	13.2	81.6	26	17	0.015	<0.000 2	0.013	劣 V	不达标
	7	32.5	30.5	8.2	238	220	3.3	4.71	14.6	52	14.4	11.6	0.012	<0.000 2	0.01	劣 V	不达标
	8	34.8	29.2	8.3	176	172	3.5	4.11	14.9	33.3	8.7	6.8	0.007	<0.000 2	0.008	劣 V	不达标
	9	28.2	24.5	8.3	183	241	3.9	4.37	13.1	53.1	9.8	10.2	0.006	<0.000 2	0.007	劣 V	不达标
	10	28.5	24.8	8.3	237	360	3.2	4.6	18.1	45.1	13.8	10.6	<0.004	<0.000 2	0.01	劣 V	不达标
	11	13	15	8.3	308	280	4.2	4.89	20.8	52.7	14.8	11.7	<0.004	<0.000 2	0.012	劣 V	不达标
	12	9	8	8.3	336	424	4	6.82	21.6	48.1	14.9	10.7	<0.004	<0.000 2	0.015	劣 V	不达标
冯家花园	1	−7.2	2.8	7.6	692	1 710	3.9	15.8	21.1	141.7	33.8	26.1	<0.004	<0.000 2	0.011	劣 V	不达标
	2	−1	1.2	7.8	538	987	3.3	16.2	22.3	122.2	26.1	20.7	<0.004	<0.000 2	0.009	劣 V	不达标
	3	12.8	14	8.4	672	1020	3.5	11.9	26.8	99.6	21.3	17.3	<0.004	<0.000 2	0.011	劣 V	不达标
	4	13.6	12	8.2	678	813	3.4	16.3	30	84.3	25.3	18.8	<0.004	<0.000 2	0.015	劣 V	不达标
	5	27.5	21.5	8.5	687	973	3.3	17.1	21.6	86.2	24.2	19.7	<0.004	<0.000 2	0.012	劣 V	不达标
	6	22	22.8	8.4	577	881	3.8	14.3	22.9	91.6	18.1	17.3	<0.004	<0.000 2	0.01	劣 V	不达标
	7	28.1	29.5	8.4	496	1 020	4	9.79	27.1	86	18.8	16.7	<0.004	<0.000 2	0.013	劣 V	不达标
	8	29.5	26.2	8.1	445	884	4.3	11.9	24.5	46.9	13.6	11.5	<0.004	<0.000 2	0.011	劣 V	不达标
	9	23.8	23.9	8.2	524	1110	4	12.6	25.1	55.9	12.2	15.5	<0.004	<0.000 2	0.012	劣 V	不达标
	10	22.8	21.5	8.1	977	1 330	3.2	12.1	26.8	84.6	15.7	15.3	<0.004	<0.000 2	0.014	劣 V	不达标
	11	13.2	14.8	8.1	884	921	3	16.9	18.2	106.2	20.4	17.7	<0.004	<0.000 2	0.017	劣 V	不达标
	12	9.2	8.2	8.2	630	1 100	3.8	15.1	23.4	88	15.6	16.6	<0.004	<0.000 2	0.014	劣 V	不达标

分别对5个断面溶解氧、氨氮、化学需氧量和生化需氧量等4个指标全面的变化趋势进行分析，并与《地表水环境质量标准》（GB 3838－2002）V类水标准限值进行对比评价，2011年各断面指标年内变化趋势如图8-1至图8-4所示。

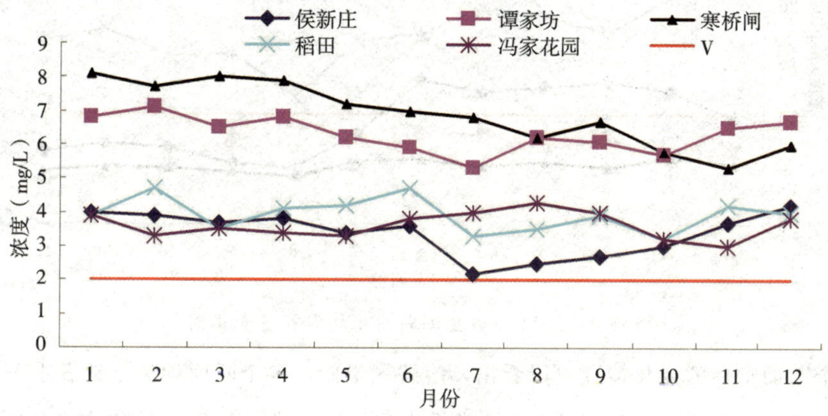

图8-1　2011年各监测断面溶解氧变化图

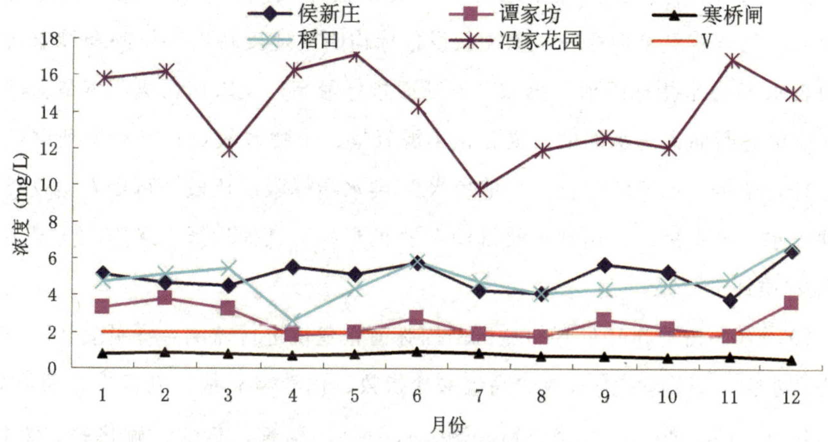

图8-2　2011年各监测断面氨氮变化图

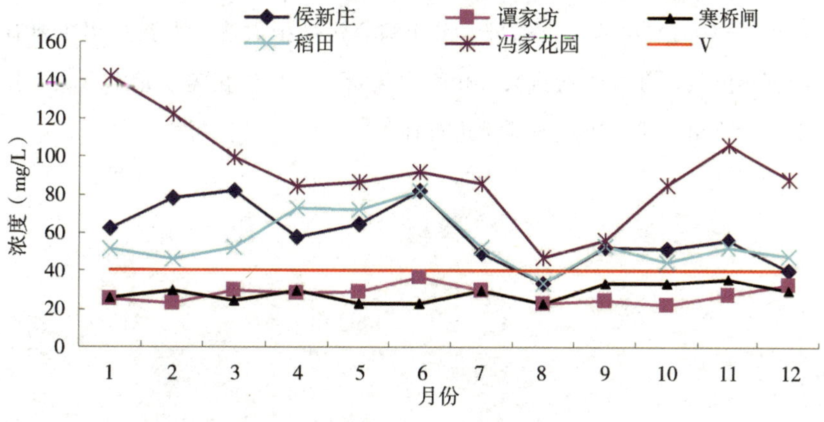

图8-3　2011年各监测断面化学需氧量变化图

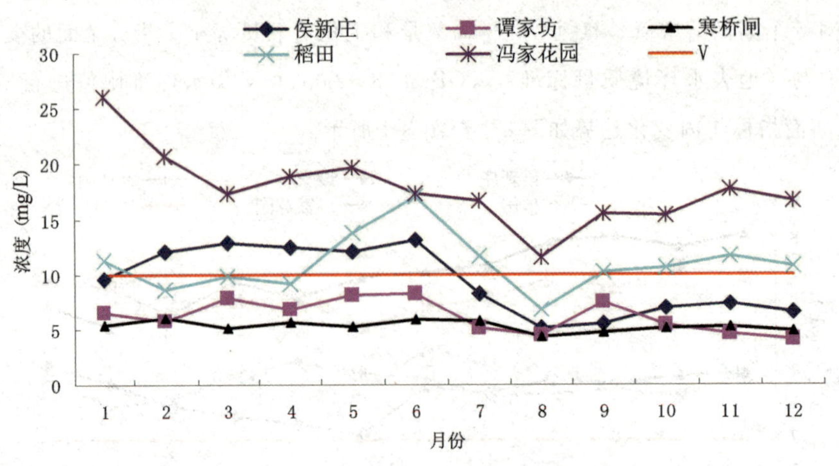

图 8-4　2011 年各监测断面生物需氧量变化图

从 5 个断面指标的变化情况可以看出，溶解氧指标，各个断面均高于地表水 V 类水指标限值，弥河寒桥闸和谭家坊甚至达到了 I 类水限值 6 的标准。氨氮指标年内变化趋势呈现波动变化，幅度不大，只有寒桥闸低于地表水 V 类水指标限值，其他断面氨氮浓度均高于 V 类水水质限值。化学需氧量指标和生物需氧量指标均明显地反映出寒桥闸和谭家坊的指标较好，低于地表水 V 类水指标限值，冯家花园断面指标最高，反映出污染程度最为严重。综合来看，水功能区各断面在丰水期的氨氮、化学需氧量、生物需氧量指标均有所降低，枯水期水质有所上升，全年呈现波动变化。与地表水 V 类水指标限值比较，可以看出仅有寒桥闸指标达到了地表水Ⅳ类水标准，达到水质目标 V 类的目标，其他均属于劣 V 类，未达标。

2. 河流水质评价

2010～2012 年，寿光市环保局对城区断面弥河张建桥进行监测，详见表 8-3、8-4 和 8-5。监测项目为：水温、pH 值、溶解氧、高锰酸盐指数、化学需氧量、五日生化需氧量、氨氮、挥发酚、氰化物、砷、汞、六价铬、铅、镉、石油类、总氮、总磷、硫化物、氟化物、铜、锌、阴离子表面活性剂、电导率、氯化物、硒、粪大肠菌群共 26 项。按照《地表水环境质量标准》(GB 3838－2002) 中的Ⅳ类标准，采用综合污染指数法，参数选用主要有机污染物和毒理学指标：溶解氧、高锰酸盐指数、化学需氧量、五日生化需氧量、氨氮、挥发酚、氰化物、砷、汞、六价铬、铅、镉、石油类进行评价。

表 8-3　寿光市地表水水质(河流)监测结果表(2010 年)

河流名称:弥河　断面名称:张建桥　　　　单位:mg/L(标明者除外,pH 值除外)

断面名称	监测日期	水温(℃)	流量(m^3/s)	pH 值	溶解氧	高锰酸盐指数	化学需氧量	五日生化需氧量	氨氮	挥发酚	氰化物	砷	汞	六价铬
弥河张建桥	2010.5.5	11.0		7.55	7.56	8.0	28	5.6	1.27	0.002	−1	−1	−1	−1
	2010.6.2	15.0		7.31	5.54	8.1	26	5.5	1.24	0.002	−1	−1	−1	−1
	2010.7.2	25.2		7.46	7.06	8.4	25	5.1	1.36	0.002	−1	−1	−1	−1
	2010.8.3	25.4		7.62	7.89	8.3	28	5.8	0.36	0.002	−1	−1	−1	−1
	2010.9.3	24.1		7.40	7.14	6.9	24	4.9	0.44	0.002	−1	−1	−1	−1
	2010.9.28	22.0		7.50	7.54	8.5	24	5.2	0.22	0.002	−1	−1	−1	−1
	2010.11.1	13.4		7.78	7.49	8.5	27	5.7	0.18	0.002	−1	−1	−1	−1
	2010.12.2	7.0		7.54	7.84	7.9	24	5.3	0.45	0.001	−1	−1	−1	−1
	铅	镉	石油类	总氮	总磷	硫化物	氟化物	铜	锌	阴离子表面活性剂	电导率($\mu S/cm$)	氯化物	硒	粪大肠菌群(个/升)
	−1	−1	0.2	1.44	0.072	−1	0.96	−1	−1	−1	1.47×10^3		−1	2.0×10^3
	−1	−1	0.2	1.40	0.098	−1	0.66	−1	−1	−1	1.72×10^3		−1	2.0×10^3
	−1	−1	0.2	1.38	0.102×10^2	−1	0.56	−1	−1	−1	1.47×10^3		−1	2.0×10^3
	−1	−1	0.2	1.44	0.104	−1	0.66	−1	−1	−1	2.0×10^3		−1	2.0×10^3
	−1	−1	0.2	1.40	0.104	−1	0.66	−1	−1	−1	1.568×10^3		−1	2.0×10^3
	−1	−1	0.2	1.42	0.131	−1	0.63	−1	−1	−1	1.523×10^3		−1	2.0×10^3
	−1	−1	0.2	1.38	0.110	−1	0.68	−1	−1	−1	1.33×10^3		−1	2.0×10^3
	−1	−1	0.2	1.32	0.120	−1	0.60	−1	−1	−1	1.596×10^3		−1	2.0×10^3
备注	“−1”表示未检出													

表 8-4　寿光市地表水水质(河流)监测结果表(2011 年)

名称:弥河　断面名称:张建桥　　　　单位:mg/L(标明者除外,pH 值除外)

断面名称	监测日期	水温(℃)	流量(m^3/s)	pH 值	溶解氧	高锰酸盐指数	化学需氧量	五日生化需氧量	氨氮	挥发酚	氰化物	砷	汞	六价铬
弥河张建桥	2011.1.4	5.1		7.51	7.90	8.85	23	5.76	1.04	0.001	−1	−1	−1	−1
	2011.1.25	5.5		7.56	7.09	9.65	30	11.9	1.27	0.001	−1	−1	−1	−1
	2011.3.7	8.5		7.49	7.84	9.09	30	15.9	1.22	0.001	−1	−1	−1	−1
	2011.4.7	8.0		7.52	7.68	10.0	30	5.47	1.02	0.002	−1	−1	−1	−1
	2011.5.8	17.0		7.10	6.19	9.78	29	5.63	1.18	0.002	−1	−1	−1	−1
	2011.8.1	27.0		7.54	6.57	9.8	27	5.91	0.68	0.002	−1	−1	−1	−1
	2011.9.1	22.0		7.48	5.70	9.5	26	5.88	0.222	0.002	−1	−1	−1	−1
	2011.9.28	13.0		7.58	5.74	9.5	27	5.60	1.16	0.002	−1	−1	−1	−1
	2011.11.1	9.0		7.51	6.06	9.5	25	5.68	0.34	0.002	−1	−1	−1	−1
	2011.12.2	3.0		7.56	6.71	8.20	23	5.84	1.36	0.002	−1	−1	−1	−1
	铅	镉	石油类	总氮	总磷	硫化物	氟化物	铜	锌	阴离子表面活性剂	电导率(μS/cm)	氯化物	硒	粪大肠菌群(个/升)
	−1	−1	0.2	1.46	0.10	−1	0.59	−1	−1	−1	1.43×10^3		−1	2.0×10^3
	−1	−1	0.1	1.48	0.11	−1	0.67	−1	−1	0.16	1.63×10^3		−1	2.0×10^3
	−1	−1	0.1	1.47	0.12	−1	0.66	−1	−1	−1	1.25×10^3		−1	8.0×10^2
	−1	−1	0.2	1.48	0.12	−1	0.58	−1	−1	−1	1.59×10^3		−1	4.0×10^2
	−1	−1	0.3	1.48	0.100	−1	0.63	−1	−1	−1	1.42×10^3		−1	2.0×10^2
	−1	−1	0.3	0.89	0.12	−1	0.60	−1	−1	−1	1.725×10^3		−1	9.0×10^2
	−1	−1	0.2	0.57	0.12	−1	0.56	−1	−1	−1	1.3×10^3		−1	9.0×10^2
	−1	−1	0.2	1.35	0.12	−1	0.64	−1	−1	−1	1.425×10^3		−1	2.7×10^2
	−1	−1	0.3	0.76	0.12	−1	0.58	−1	−1	−1	1.28×10^3		−1	2.1×10^2
	−1	−1	0.2	1.42	0.12	−1	0.69	−1	−1	−1	1.824×10^3		−1	1.7×10^2
备注	“−1”表示未检出													

表 8—5　寿光市地表水水质(河流)监测结果表(2012 年)

河流名称:弥河　断面名称:张建桥　　　　单位:mg/L(标明者除外,pH 值除外)

断面名称	监测日期	水温(℃)	流量(m^3/s)	pH 值	溶解氧	高锰酸盐指数	化学需氧量	五日生化需氧量	氨氮	挥发酚	氰化物	砷	汞	六价铬
弥河张建桥	2012.1.4	2		7.49	7.01	7.40	19	5.58	0.91	0.002	0.009	—1	—1	—1
	2012.2.6	1		7.59	7.23	7.10	19	5.79	1.33	0.002	0.005	—1	—1	—1
	2012.3.1	3		7.54	7.05	7.60	20	5.44	1.42	0.002	—1	—1	—1	—1
	2012.4.5	10		7.49	6.10	9.5	28	5.76	1.33	0.002	—1	—1	—1	—1
	2012.5.2	16		7.65	6.71	10.0	29	5.69	1.32	0.002	0.004	—1	—1	—1
	2012.6.4	25		7.42	6.96	3.8	24	5.47	0.507	0.002	—1	—1	—1	—1
	2012.7.3	23		7.61	7.16	3.1	23	5.54	1.10	0.002	0.005	—1	—1	—1
	2012.8.1	29		7.47	6.44	10.2	28	5.72	1.06	0.002	0.004	—1	—1	—1
	2012.9.3	23		7.59	7.17	9.8	26	5.81	1.08	0.002	—1	—1	—1	—1
	2012.10.8	16		7.53	7.09	9.68	25	5.77	1.22	0.002	—1	—1	—1	—1
	2012.11.2	12		7.74	6.92	9.52	27	5.79	1.29	0.002	—1	—1	—1	—1
	2012.12.3	1		7.44	6.86	10.4	28	5.68	1.28	0.002	—1	—1	—1	—1
	铅	镉	石油类	总氮	总磷	硫化物	氟化物	铜	锌	阴离子表面活性剂	电导率(μS/cm)	氯化物	硒	粪大肠菌群(个/升)
	—1	—1	0.2	3.70	0.13	—1	0.68	—1	—1	—1	1.673×10^3		—1	1.4×10^2
	—1	—1	0.2	4.80	0.15	—1	0.76	—1	—1	—1	0.936×10^3		—1	1.1×10^2
	—1	—1	0.2	9.6	0.17	—1	0.73	—1	—1	—1	1.213×10^3		—1	1.3×10^2
	—1	—1	0.2	3.62	0.12	—1	0.72	—1	—1	—1	1.024×10^3		—1	1.7×10^2
	—1	—1	0.2		0.32	—1	0.68	—1	—1	—1	1.243×10^3		—1	6.0×10^3
	—1	—1	0.2		0.14	—1	0.82	—1	—1	—1	1.243×10^3		—1	1.7×10^2
	—1	—1	0.2		0.15	—1	1.03	—1	—1	—1	1.43×10^3		—1	7.0×10^2
	—1	—1	0.2		0.16	—1	1.05	—1	—1	—1	1.727×10^3		—1	1.1×10^2
	—1	—1	0.2		0.18	—1	0.93	—1	—1	—1	1.62×10^3		—1	4.0×10^2
	—1	—1	0.32		0.19	—1	1.19	—1	—1	—1	1.76×10^3		—1	1.1×10^2
	—1	—1	0.34		0.21	—1	0.97	—1	—1	—1	1.75×10^3		—1	1.1×10^2
	—1	—1	0.36		0.20	—1	1.25	—1	—1	—1	1.527×10^3		—1	1.4×10^2
备注	"—1"表示未检出													

表 8-6　2010～2012 年寿光市弥河地表水张建桥断面监测评价结果表

指标	2010 年		2011 年		2012 年	
	年平均	Pi	年平均	Pi	年平均	Pi
溶解氧	7.26		6.75		6.89	
高锰酸盐指数	8.08	0.8	9.39	0.94	9	0.9
化学需氧量	25.75	0.86	27	0.9	24.67	0.82
五日生化需氧量	5.39	0.9	7.36	1.23	5.75	0.86
氨氮	0.69	0.46	0.95	0.63	1.15	0.77
氰化物	未检出		未检出		未检出	
挥发酚	0.002	0.2	0.001 7	0.17	0.002	0.2
砷	未检出		未检出		未检出	
汞	未检出		未检出		未检出	
六价铬	未检出		未检出		未检出	
铅	未检出		未检出		未检出	
镉	未检出		未检出		未检出	
石油类	0.2	0.4	0.21	0.42	0.24	0.48

注：单位：mg/L

经检测，寿光市地表水弥河水环境质量符合《地表水环境质量标准》中的Ⅳ类标准。

第三节　地下水水资源质量评价

寿光市地下水水质长系列动态变化资料选择稻田水利站 126＃和王高镇西兴王村 162＃水化学监测点的资料。

现状年地下水水质评价采用山东省水环境监测中心潍坊分中心于 2012 年 4 月对寿光市 84 处水源，包括 36 处深层水源、45 处浅层水源和 3 处地表水源，进行了水质检测并形成报告。

126＃水化学监测井点位于稻田水利站，东经 118°54′，北纬 36°50′，观测系列为 1980 年至今。在人类活动影响下，地下水化学类型逐渐发生了变化，其中 Ca^{2+}、mg^{2+}、K^{+}—Na^{+}、Cl^{-}、SO_4^{2-}、HCO_3^{-}浓度变化趋势如图 8-5 所示。

250
200
150
100
50
0
浓度（mg/L）
1982年2月
1987年8月
1993年1月
1998年7月
2004年1月
2009年7月
2014年12月

Ca^{2+}

200
180
160
140
120
100
80
60
40
20
0
浓度（mg/L）
1982年2月
1987年8月
1993年1月
1998年7月
2004年1月
2009年7月
2014年12月

mg^{2+}

8
7
6
5
4
3
2
1
0
浓度（mg/L）
1982年2月
1987年8月
1993年1月
1998年7月
2004年1月
2009年7月
2014年12月

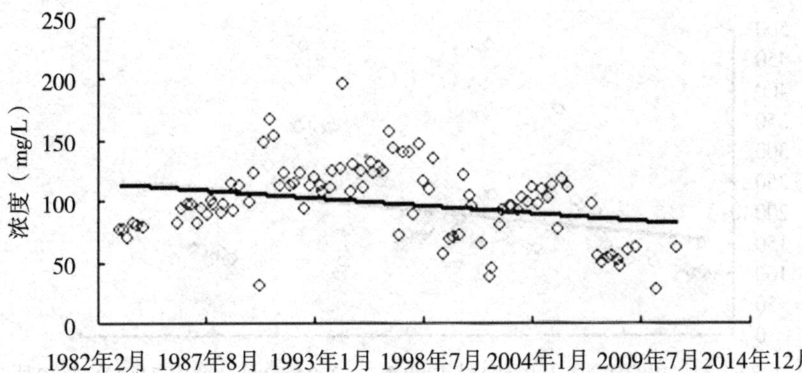

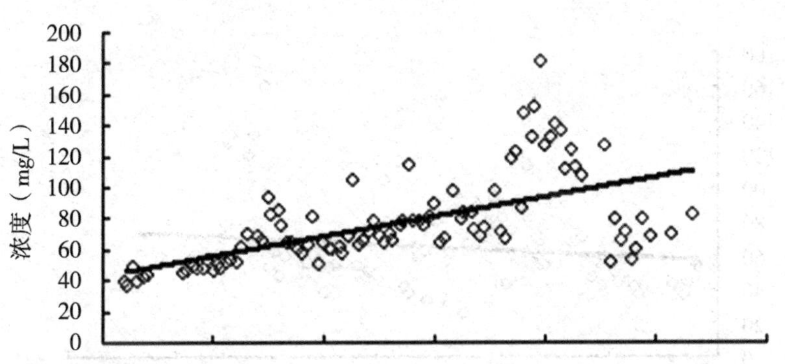

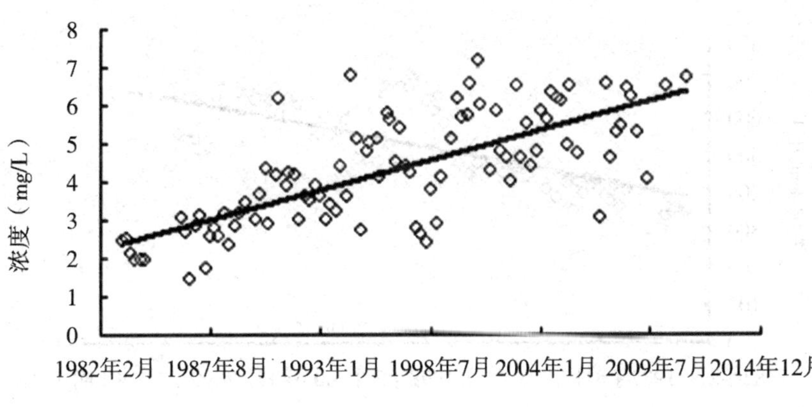

$K^{+}-Na^{+}$

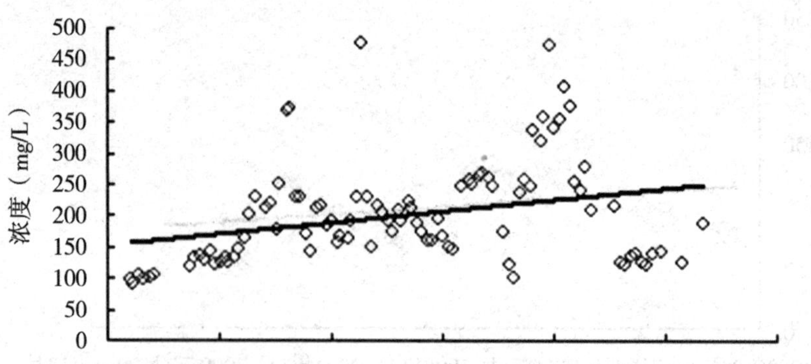

Cl^-

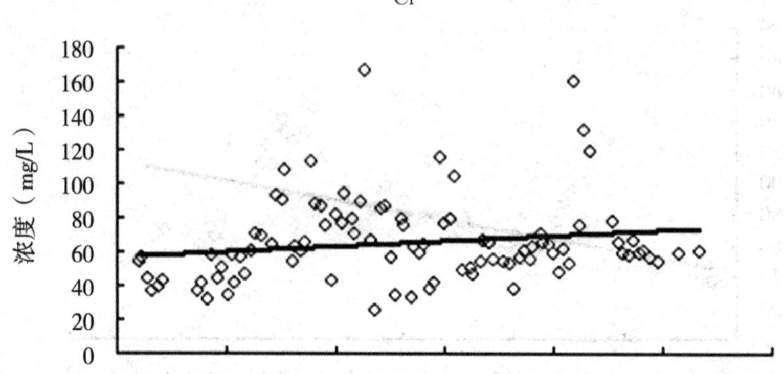

SO_4^{2-}

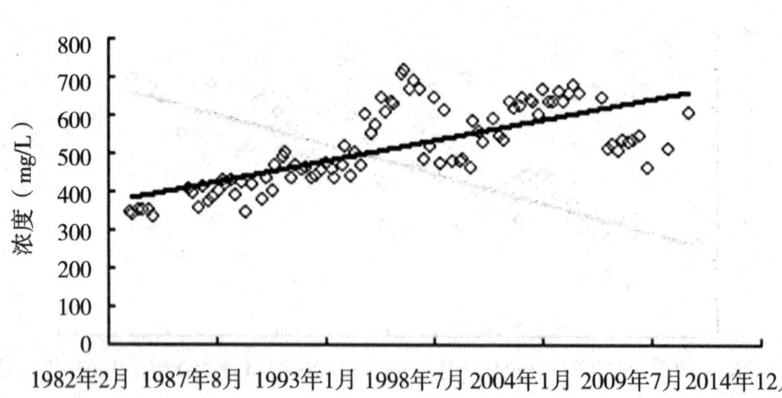

HCO_3^-

图 8-5　126＃观测井水化学指标动态变化曲线图

根据水化学指标变化情况，稻田水利站监测井点的地下水化学类型也发生了变化，Ca^{2+}浓度呈现明显的下降趋势，SO_4^{2-}浓度变化趋势基本持平，其他离子浓度均呈现上升的趋势。其中Cl^-浓度于2000年以后有明显的上升趋势，浓度超过250 mg/L线。该点位于寿光南部，远离寿光北部咸水区，盐度升高的现象是当地面源污染或者工业排污的原因造成的。

162＃水化学监测井点位于王高镇西兴王村，东经118°45′，北纬37°00′，观测系列为1987年至今。该监测井点位于寿光北部咸淡水界面线附近，在地下水开采量不断增大的情况下，该井点的水化学类型也发生较大变化，Ca^{2+}、mg^{2+}、$K^+—Na^+$、Cl^-、SO_4^{2-}、HCO_3^-浓度变化趋势如图8-6所示。

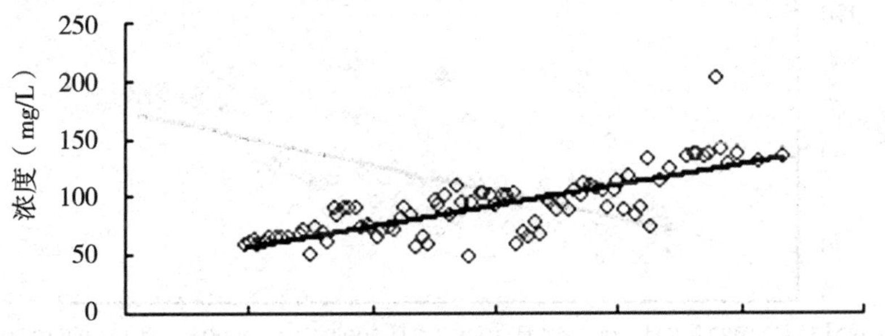

Ca^{2+}

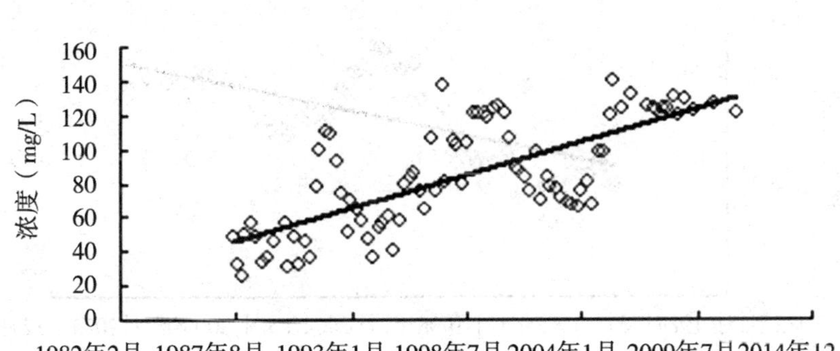

mg^{2+}

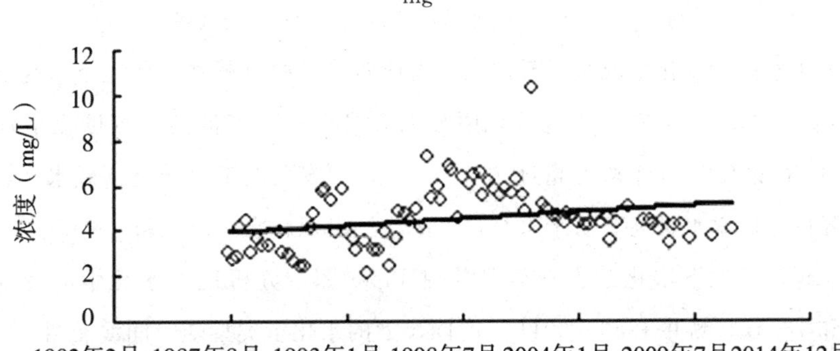

$K^+—Na^+$

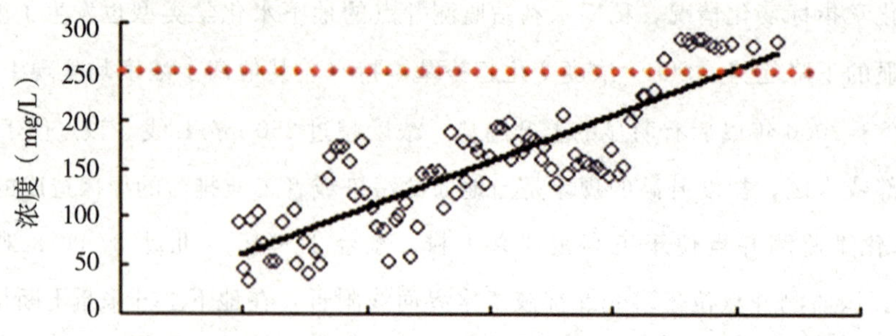

Cl^-

SO_4^{2-}

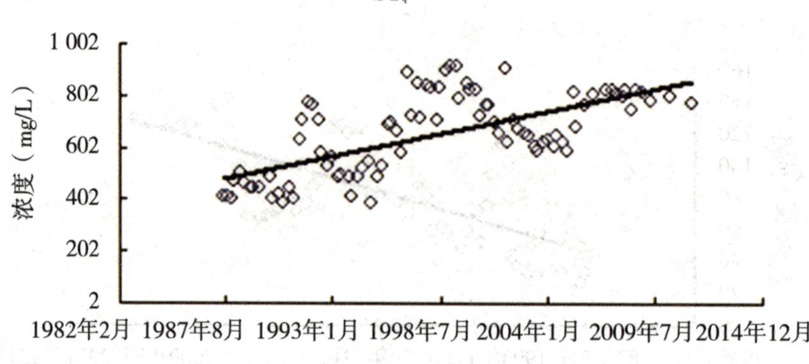

HCO_3^-

图 8-6　162＃观测井水化学指标动态变化曲线图

从上图水化学指标变化情况可以看出，王高镇西兴王村监测井点的地下水化学类型变化较为明显，mg^{2+}、Cl^-、HCO_3^- 浓度呈现明显的升高趋势，其他离子浓度也呈现上升的趋势。其中，Cl^- 浓度于 2009 年浓度超过 250 mg/L 线。该点位于寿光北部咸水区，随着南部地下水位的降低，咸水水头高于淡水水头，该区已经出现咸水入侵现象。

利用 AquaChem 地下水化学专业软件绘制 Piper 图，分析地下水化学的特征。图 8-7、8-8为 126＃和 162＃监测井 1983～2011 年时间尺度的水化学类型随时间演变图。

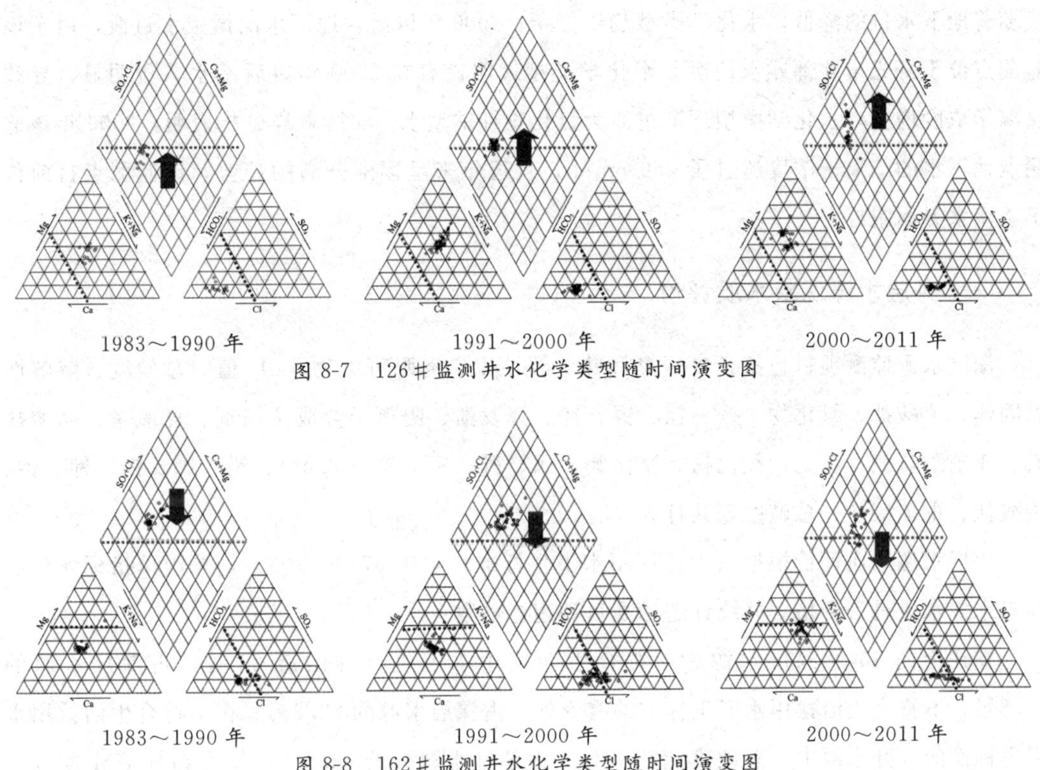

图 8-7 126＃监测井水化学类型随时间演变图

图 8-8 162＃监测井水化学类型随时间演变图

126＃监测井的样品采自寿光市稻田水利站，井深 26.5 m，含水层层位是地下 21～26.5 m的第四系孔隙水。从图 8-7 可以看出，地下水化学类型在时间尺度上的演变为：Ca—HCO_3→ Mg—HCO_3→K—Na—HCO_3型水演化。20 世纪 80 年代，该区地下水以碳酸盐型水为主，90 年代碳酸盐浓度逐渐增大，阳离子逐渐由钙离子向镁离子过渡；2000 年以后转变为碳酸盐钾钠型水，随着时间的推移，碳酸盐浓度逐渐升高，阳离子由钙镁型向钾钠型过渡，且碳酸根离子浓度呈现增高的趋势。总体水化学类型的变化表明：在时间尺度上，该监测点 20 世纪 80 年代为水质较好的陆地淡水；90 年代碳酸根浓度增大，主要是因为地下水大量开采，地下水位降低；2000 年以后，阳离子变为以钾钠为主，是由于该段时间寿光市蔬菜大棚的集约化与规模化发展大量使用化肥农药等，导致钾钠等离子在土壤内积聚，在降雨条件下随着土壤水淋滤到地下水中，导致地下水中钾钠离子浓度增大。

162＃监测井的样品采自王高镇西兴王村，井深 60 m，含水层层位是地下 30～35 m 的第四系孔隙水。从图 8-8 可以看出，地下水化学类型在时间尺度上的演变为：Ca—Mg—HCO_3 → Mg—HCO_3→K—Na—HCO_3—Cl 型水演化，20 世纪 80 年代，该区地下水以碳酸盐型水为主；90 年代碳酸盐浓度逐渐增大，阳离子逐渐由钙离子向镁离子过渡；2000 年以后转变为氯化物钾钠型水。随着时间的推移，逐渐由水质较好的陆地淡水向微咸水过渡，且碳酸根离子浓度呈现增高的趋势，这是由该段时间地下水开采量较大，水位下降导致的。总体水化学类型的变化表明：在时间尺度上，该监测点 20 世纪 80 年代为水质较好的陆地淡水；90 年代随着地下水位的降低，水化学类型趋于复杂；2000 年以后，地下水向微咸水过渡，由于该监测点位于寿光市北部咸水地区，水化学类型表明该点在 2000 年以后咸水入侵明显，导致氯离子浓度增高，水化学类型逐渐过渡为氯化物钾钠型水。实际取样分析表明，2009 年该监测点地下水的氯离子浓度超过了 250 mg/L，且近年来呈逐渐升高的趋势，该监测点目前位于咸淡水界面附近。

一、深层水源现状水质评价

深层水源监测项目包括色度、臭和味、浑浊度、肉眼可见物、pH 值、总硬度、溶解性总固体、硫酸盐、氯化物、铁、锰、铜、锌、挥发酚、阴离子合成洗涤剂、耗氧量、硝酸盐氮、亚硝酸盐氮、氨氮、氟化物、氰化物、汞、砷、镉、铬（六价）、铅、钙、镁、钾、钠、碳酸盐、重碳酸盐、总碱度等共计 33 项。

深层水源水质评价根据《生活饮用水卫生标准》(GB 5749－2006)，采用单指标评价法确定水源水质是否合格，并统计超标项目和超标倍数。

在评价的 36 处深层水源中，符合生活饮用水卫生标准的有 28 处，占深层水源的 77.8%；不符合生活饮用水卫生标准的有 8 处，占深层水源的 22.2%。在不符合生活饮用水卫生标准的 8 处水源中，总硬度超标 5 处，占超标水源数的 62.5%，最大超标倍数为 1.47（寿光市洛城街道查芦村南 200 m）；溶解性总固体超标 1 处，占超标水源数的 12.5%，最大超标倍数为 0.54（寿光市洛城街道查芦村南 200 m）；氯化物超标 1 处，占超标水源数的 12.5%，最大超标倍数为 0.22（寿光市洛城街办查芦村南 200 m）；耗氧量超标 1 处，占超标水源数的 12.5%，超标倍数为 0.39（寿光市台头镇纪家桥子村西南 400 m）；硝酸盐氮超标 7 处，占超标水源数的 87.5%，最大超标倍数为 1.91（寿光市洛城街道查芦村南 200 m 和寿光市孙家集街道贾家庄）。

各水源具体评价结果见表 8-7，深层地下水水质分析成果见图 8-9。

表 8-7　深层水源评价结果

测井编号	测井位置	东经	北纬	评价结果	超标项目及倍数
1	寿光市化龙镇裴家岭村西 200 m	118.56	37.00	合格	
2	寿光市化龙镇鲍家庄村北 500 m	118.59	36.99	不合格	总硬度超标 0.03 倍，硝酸盐氮超标 0.10 倍
3	寿光市台头镇禹王沟村北 100 m	118.60	37.02	合格	
4	寿光市台头镇北孙家庄子村南 25 m	118.66	37.00	合格	
5	寿光市台头镇纪家桥子村西南 400 m	118.70	37.02	不合格	总硬度超标 0.12 倍，耗氧量超标 0.39 倍，硝酸盐氮超标 1.16 倍

（续表）

测井编号	测井位置	东经	北纬	评价结果	超标项目及倍数
6	寿光市台头镇陈家马庄村北 200 m	118.74	37.02	不合格	总硬度超标 0.04 倍
13	寿光市化龙镇镇政府对面顺福橡胶厂	118.59	36.94	合格	
14	寿光市化龙镇辛店村西南 700 m	118.63	36.97	合格	
19	寿光市上口镇后牟邵村西北角 100 m	118.88	36.94	合格	
23	寿光市文家街道北付家庄村东北 400 m	118.73	36.93	合格	
26	寿光市化龙镇中李村东北 100 m	118.61	36.92	合格	
35	寿光市洛城街道查芦村南 200 m	118.83	36.82	不合格	总硬度超标 1.47 倍，溶解性总固体超标 0.54 倍，氯化物超标 0.22 倍，硝酸盐氮超标 1.91 倍
39	寿光市文家街道岳家铺村南 100 m	118.68	36.87	合格	
40	寿光市文家街道八里村南 200 m	118.69	36.89	合格	
45	寿光市孙家集街道泽科村东 100 m	118.64	36.83	合格	
57	寿光市孙家集街道三元朱村南 120 m	118.67	36.78	不合格	硝酸盐氮超标 0.52 倍
59	寿光市纪台镇吕家二村村委院内	118.71	36.76	合格	
60	寿光市纪台镇张家庙子村南 20 m	118.81	36.77	合格	
101	寿光市孙家集街道前杨村	118.69	36.82	合格	
201	寿光市文家街道布政庄	118.64	36.89	合格	
202	寿光市孙家集街道营子社区	118.67	36.85	合格	
203	寿光市孙家集街道贾家庄	118.66	36.83	不合格	总硬度超标 0.33 倍，硝酸盐氮超标 1.91 倍
205	寿光市孙家集街道二甲村	118.69	36.80	不合格	硝酸盐氮超标 0.83 倍
210	寿光市孙家集街道岳寺李村	118.71	36.78	合格	
212	寿光市圣城街道西玉兔村	118.70	36.84	不合格	硝酸盐氮超标 0.86 倍
213	寿光市文家街道王东村	118.64	36.87	合格	
215	寿光市孙家集街道胡营二村	118.72	36.82	合格	
221	寿光市文家街道南马店村	118.64	36.91	合格	
223	寿光市文家街道刘桥村	118.65	36.89	合格	
224	寿光市文家街道西文村	118.65	36.89	合格	
225	寿光市文家街道刘家庄村	118.64	36.88	合格	
226	青州市何官镇北张楼村	118.62	36.88	合格	

（续表）

测井编号	测井位置	东经	北纬	评价结果	超标项目及倍数
227	寿光市文家街道二黄村	118.65	36.88	合格	
228	寿光市文家街道高家官庄村	118.65	36.86	合格	
229	寿光市文家街道业家官庄村	118.64	36.86	合格	
230	寿光市文家街道西蔡家营村	118.64	36.88	合格	

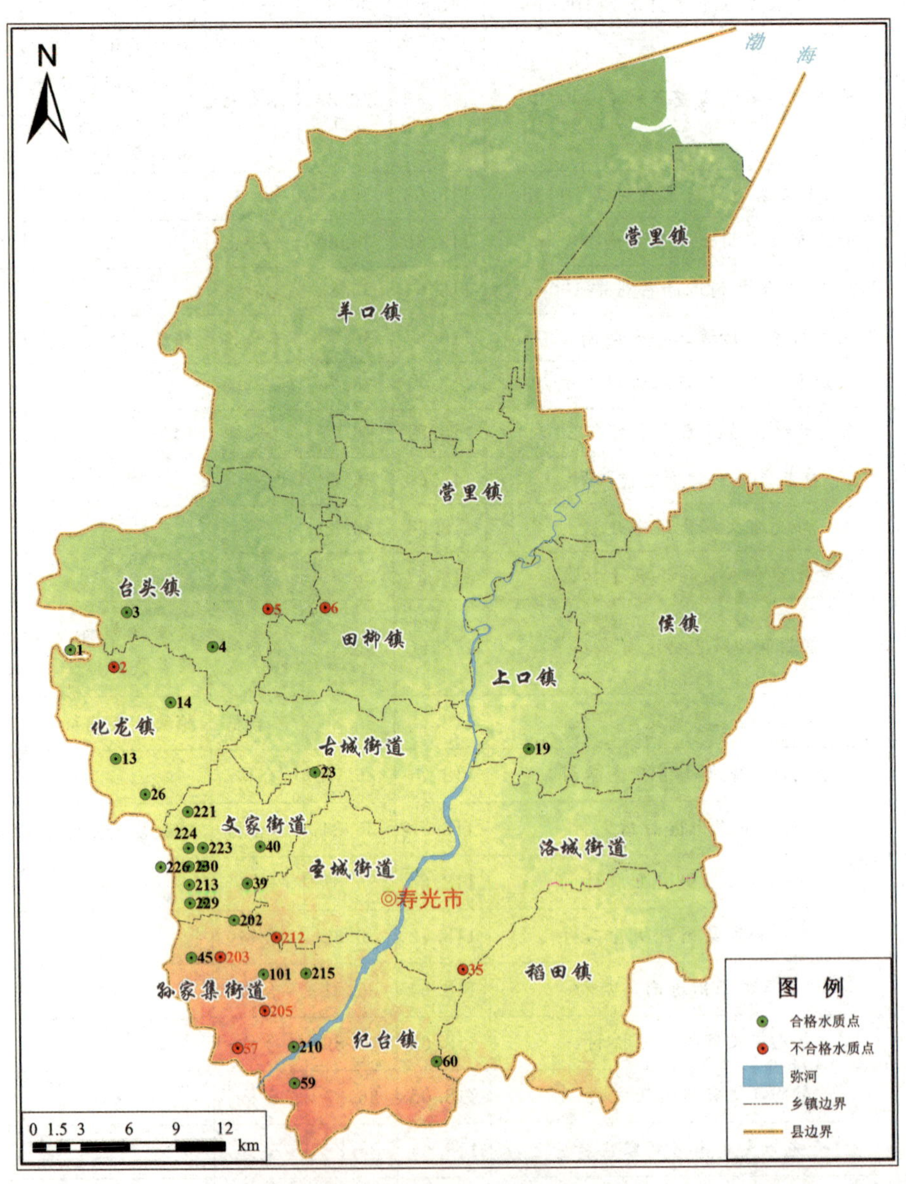

图 8-9 寿光市深层地下水水质分析成果图

二、浅层水源现状水质评价

浅层水源监测项目及相关检测依据和方法与深层水源相同。

浅层水源水质评价根据《地下水质量标准》(GB/T 14848—1993)，采用单指标评价法确定水源地水质类别，并对照Ⅲ类标准统计超标项目和超标倍数。

根据《地下水质量标准》，在评价的45处浅层水源中，达到水质Ⅲ类标准的有19处，占浅层水源的42.2%。其中，水质为Ⅱ类的有5处，占浅层水源的11.1%；水质为Ⅲ类的有14处，占浅层水源的31.1%。超出水质Ⅲ类标准的有26处，占浅层水源的57.8%。其中，水质为Ⅳ类的有10处，占浅层水源的22.2%；水质为Ⅴ类的有15处，占浅层水源的33.3%；水质为劣Ⅴ类的有1处，占浅层水源的2.2%。

在超标的26处水源中，pH值超标1处，占超标水源数的3.8%；总硬度超标24处，占超标水源数的92.3%，最大超标倍数为1.44(寿光市洛城街道黄家尧水村东南700 m)；溶解性总固体超标5处，占超标水源数的19.2%，最大超标倍数为0.52(寿光市洛城街道黄家尧水村东南700 m)；氯化物超标1处，占超标水源数的3.8%，最大超标倍数为0.14(寿光市洛城街道黄家尧水村东南700 m)；硝酸盐氮超标19处，占超标水源数的73.1%，最大超标倍数为1.75(寿光市纪台镇东方东村东南180 m)。

各水源具体评价结果见表8-8。

表8-8　浅层水源评价结果

测井编号	测井位置	东经	北纬	评价结果	超Ⅲ类项目及倍数
7	寿光市田柳镇东庄子东50 m	118.78	37.02	Ⅲ	
8	寿光市上口镇张屯村南300 m	118.86	37.00	Ⅱ	
9	寿光市上口镇东景明村村委院内	118.87	36.99	Ⅲ	
10	寿光市田柳镇东马庄村东头	118.83	36.99	Ⅳ	总硬度超标0.06倍
11	寿光市田柳镇田柳村东100 m	118.80	37.00	Ⅱ	
12	寿光市台头镇夏家茅坨村南300 m	118.68	36.98	Ⅴ	总硬度超标0.34倍，硝酸盐氮超标1.42倍
15	寿光市古城街道莱梧村东头	118.75	36.96	Ⅳ	总硬度超标0.01倍
16	寿光市古城街道临泽村南100 m	118.80	36.95	Ⅱ	
17	寿光市古城街道垒村东1 500 m	118.84	36.95	Ⅲ	
18	寿光市洛城街道贤东村内预件厂院内	118.84	36.92	Ⅲ	
20	寿光市洛城街道寨里村东南350 m连忠蔬菜公司对面	118.87	36.90	Ⅳ	总硬度超标0.11倍

（续表）

测井编号	测井位置	东经	北纬	评价结果	超Ⅲ类项目及倍数
21	寿光市古城街道周家庄东南 500 m	118.80	36.90	Ⅳ	硝酸盐氮超标 0.45 倍
22	寿光市古城街道西范村北 200 m	118.78	36.92	Ⅳ	总硬度超标 0.15 倍，硝酸盐氮超标 0.37 倍
24	寿光市古城街道久安三村委西 3 m	118.69	36.95	Ⅲ	
25	寿光市化龙镇埠西一村南 800 m 鸭棚北	118.62	36.92	Ⅱ	
27	寿光市文家街道邱家庄村西 150 m	118.66	36.92	Ⅴ	总硬度超标 0.08 倍，硝酸盐氮超标 0.99 倍
28	寿光市文家街道桑家庄西北 1 000 m	118.70	36.91	Ⅲ	
29	寿光市文家街道北后三里村北 200 m	118.73	36.91	Ⅱ	
30	寿光市圣城街道巨能公寓北部	118.75	36.87	Ⅳ	总硬度超标 0.02 倍，硝酸盐氮超标 0.14 倍
31	寿光市圣城街道李家仕庄村东南 150 m	118.79	36.89	Ⅴ	总硬度超标 0.02 倍，硝酸盐氮超标 0.93 倍
32	寿光市洛城街道南齐疃村北 5 m	118.82	36.87	Ⅴ	总硬度超标 0.87 倍，溶解性总固体超标 0.35 倍，硝酸盐氮超标 1.38 倍
33	寿光市洛城街道黄家尧水村东南 700 m	118.87	36.86	Ⅴ	总硬度超标 1.44 倍，氯化物超标 0.14 倍，溶解性总固体超标 0.52 倍，硝酸盐氮超标 1.46 倍
34	寿光市洛城街道阎家庄村东南 240 m	118.87	36.85	Ⅴ	总硬度超标 0.15 倍，硝酸盐氮超标 1.41 倍
36	寿光市洛城街道屯田村北 10 m	118.80	36.85	Ⅳ	总硬度超标 0.11 倍
37	寿光市圣城街道金马寨村东北 250 m	118.76	36.85	Ⅴ	总硬度超标 0.50 倍，硝酸盐氮超标 0.09 倍
41	寿光市文家街道布政庄村北 100 m	118.65	36.89	Ⅳ	总硬度超标 0.09 倍
42	寿光市文家街道王东村东 150 m	118.64	36.87	Ⅲ	
43	寿光市孙家集镇营子村东 80 m	118.67	36.85	Ⅴ	硝酸盐氮超标 0.69 倍
44	寿光市圣城街道西玉兔村北路边	118.71	36.85	Ⅴ	总硬度超标 0.17 倍，硝酸盐氮超标 1.50 倍
46	寿光市孙家集镇小学西南 30 m	118.67	36.82	Ⅲ	
47	寿光市圣城街办石门董村南 500 m 柳树下	118.69	36.83	Ⅲ	

（续表）

测井编号	测井位置	东经	北纬	评价结果	超Ⅲ类项目及倍数
48	寿光市圣城街道南胡家庄村西 300 m	118.72	36.84	Ⅲ	
49	寿光市孙家集街道淄河店村中偏北	118.72	36.83	Ⅴ	总硬度超标 0.15 倍，硝酸盐氮超标 1.47 倍
50	寿光市孙家集街道东东张家庄村西 300 m	118.75	36.82	Ⅳ	总硬度超标 0.19 倍
51	寿光市纪台镇东方东村东南 180 m	118.78	36.82	Ⅴ	总硬度超标 0.92 倍，溶解性总固体超标 0.32 倍，硝酸盐氮超标 1.75 倍
52	寿光市纪台镇堠子坡村西 80 m	118.75	36.79	Ⅴ	总硬度超标 0.72 倍，溶解性总固体超标 0.14 倍，硝酸盐氮超标 1.69 倍
53	寿光市孙家集街道河涯王村西南 100 m	118.72	36.80	Ⅴ	总硬度超标 0.25 倍，硝酸盐氮超标 1.60 倍
54	寿光市孙家集街道楼子李村西北 200 m	118.71	36.81	Ⅴ	总硬度超标 0.56 倍，溶解性总固体超标 0.08 倍，硝酸盐氮超标 1.58 倍
55	寿光市孙家集街道潘家村村东 150 m	118.68	36.81	Ⅴ	总硬度超标 0.35 倍，硝酸盐氮超标 1.70 倍
56	寿光市孙家集镇小杨家庄村南 400 m	118.65	36.79	Ⅲ	
58	寿光市孙家集街道岳寺高村北 200 m	118.70	36.78	Ⅳ	pH 值超标，总硬度超标 0.08 倍
206	寿光市三水厂（全马寨村）	118.75	36.85	Ⅲ	
207	寿光市海化水厂 9 号供水站（大马疃）	118.75	36.83	劣Ⅴ	总硬度超标 0.23 倍，硝酸盐氮超标 1.23 倍
214	寿光市孙家集街道王裴村	118.65	36.81	Ⅲ	
222	寿光市文家街道安乐屯村	118.63	36.89	Ⅲ	

第九章　水资源综合评价

第一节　水资源开发利用现状

一、供水基础设施状况

1. 地表水开发利用工程

（1）弥河拦蓄工程

2002 年以来，全市累计投资约 2.40 亿元，在弥河主河道及其分洪河道上先后建设或改造了王口橡胶坝、寒桥拦河闸、张建桥溢流坝、钓鱼台溢流坝、纪台橡胶坝、吕家橡胶坝、杨庄橡胶坝、半截河橡胶坝、鹿家橡胶坝、郝柳橡胶坝、弥河分流挡潮闸等 11 座拦河闸坝工程，工程建设情况见表 9-1。

表 9-1　弥河拦河闸坝工程情况统计表

闸坝名称	投资（万元）	闸坝长度（m）	拦水高度（m）	年调蓄水量（万 m^3）	备注
1. 王口橡胶坝	5 500	244	4.5	800	2010 年改建
2. 寒桥拦河闸	2 760	230	4	1 270	
3. 张建桥溢流坝	500	240	3.5	100	2009 年改建
4. 钓鱼台溢流坝	150	150	2.5	80	
5. 纪台橡胶坝	1 580	274	4	850	
6. 吕家橡胶坝	410	140	3	500	
7. 杨庄橡胶坝	1 300	230	4	800	
8. 半截河橡胶坝	1 905	160	3.5	600	
9. 鹿家橡胶坝	680	80	3	100	
10. 郝柳橡胶坝	2 100	210	3	300	
11. 弥河分流挡潮闸	7 100	152	5	320	挡潮兼拦蓄
合计	23 985			5 720	

（2）平原水库供水工程

①清水湖水库。位于寿光市渤海工业园内（羊口镇西南部市清水泊农场东南 1.5 km 处），由青岛银河水务股份有限公司出资建设和运营，水库设计总库容 860 万 m^3，死库容 100 万 m^3，为小（一）型平原水库，年供水量近期为 730 万 m^3，中远期（2020 年后）为 1 460万 m^3。目前，水库主体工程已全部建成。

②龙泽水库。位于寿光市侯镇东北部（侯镇化工园区西南），南临荣乌高速公路，西距丹河分洪河道 150 m，由寿光龙泽水库供水有限公司出资建设并运营。龙泽水库利用荣乌高速路取土场建成，总库容 500 万 m^3，死库容 50 万 m^3，为小（一）型平原水库，设计年供水量 2 000 万 m^3（约 5.5 万 m^3/d）。目前，水库主体工程、引水工程和供水管道已全部建成，并开始向侯镇化工园区企业供水。

（3）引水工程

①引黄用水工程。引黄济青输水河位于寿光市中北部，自双王城生态经济园区李家坞村西南 1.5 km 处入境，经过清水泊农场一分场、田柳镇宋庄、营里镇中营、侯镇黄桥和温家等村庄，于侯镇的赵家辛章村东 1 km 出境，境内长度 40 km，有分水闸 8 座、涵管 18 个，引水能力 35 m^3/s，既可以为农业供水，又可以向清水湖水库、龙泽水库等供水工程供水。

②双王城水库。位于寿光市羊口镇寇家坞村北 1.5 km，为中型平原水库，最大库容 6 150 万 m^3，死库容 830 万 m^3，水库调节库容为 5 320 万 m^3，年设计入库水量 7 486 万 m^3，出库水量 6 357 万 m^3，设计向胶东地区年供水 4 357 万 m^3，向寿光市年供水 2 000 万 m^3，2013 年下半年开始供水，近期年供水 2 000 万 m^3 以上，2020 年后远期年供水量达到 4 000 万 m^3。

③“南一横”引水工程。“南一横”引水工程是从弥河半截河橡胶坝南侧顺引黄济青干渠至丹河分洪，顺丹河分洪至新海路，利用新海路南侧取土沟新开挖干渠至丹河，至 2011 年底已完成了干渠和桥涵配套工程。

（4）管道调水供水工程

①晨鸣集团弥河水供水工程。该工程建成于 2007 年 11 月，总投资 7 600 万元，建成了日处理能力 15 万 m^3 的水处理厂一座，配套了日供水 15 万 m^3 的供水泵站一座和 12 km 的 DN1 400 mm 的螺旋钢管输水管道。目前，该供水工程由于受水源、水质等条件等限制，日取水量为 4 万～5 万 m^3。

②联盟化工集团供水工程。2012 年，山东联盟化工集团投资 5 000 万元，建成了 40/60 等量搬迁项目日供水能力为 4 万 m^3 的供水工程，建设弥河和官庄沟 2 个供水泵站，PE 型供水管道直径 Φ710 mm，长度 30 km，可以供弥河水、黄河水、长江水。

③科技工业园弥河供水工程。该工程建成于 2010 年 11 月，总投资 2 500 万元，建成了 3 200 m^2 渗水廊道、日供水 6 万 m^3 的加压泵站一座，铺设预应力水泥供水管道 9.2 km（其

中 DN1 000 mm、800 mm、600 mm 管道各 1.2 km、6.8 km、1.2 km)。供水管网覆盖科技工业园东南部，可以向巨能电厂、巨能特钢、联盟化肥北厂、新丰淀粉、宝隆石油器材、光耀玻璃等企业供水。2011 年底，鲁丽集团投资 1 600 万元，铺设了日供水能力 3 万 m^3 的供水管道，也由该加压泵站供水。

2. 地下水开发利用工程

近二十多年来，由于地表水利用受水量和水质的双重制约，寿光市工农业生产和生活用水主要依靠开采地下淡水，导致地下水位大幅度下降。目前，寿光市现有机井 28 159 眼，配套机井 27 959 眼，配套功率 31 万 kW，井灌区控制面积 113.2 万亩。

二、历年供用水量统计分析

1. 历年供水量分析

根据寿光市供水量统计资料，寿光市 2003～2012 年多年平均供水量 29 794 万 m^3，其中地下水供水量 23 770 万 m^3、当地地表水供水量 4 443 万 m^3、黄河水供水量 550 万 m^3、其他水源（包括污水处理回用水、微咸水等）1 030 万 m^3，分别占总供水量的 80%、15%、2%、3%（详见表 9-2、图 9-1、图 9-2）。

表 9-2 寿光市历年供水量统计表 （单位：万 m^3）

水源年份	当地地表水	黄河水	当地地下水	其他水源	总供水量
2003	5 000	0	27 707	0	32 707
2004	4 800	1000	18 164	1200	25 164
2005	5 000	0	23 491	1 200	29 691
2006	6 200	0	27 560	1 000	34 760
2007	4 000	1 000	20 680	1 200	26 880
2008	5 000	1 000	20 110	1 200	27 310
2009	2 000	1 000	28 000	1 200	32 200
2010	5 500	500	25 460	0	31 460
2011	4 014	500	21 020	1 200	26 734
2012	2 918	500	25 511	2 100	31 029
平均	4 443	550	23 770	1 030	29 794

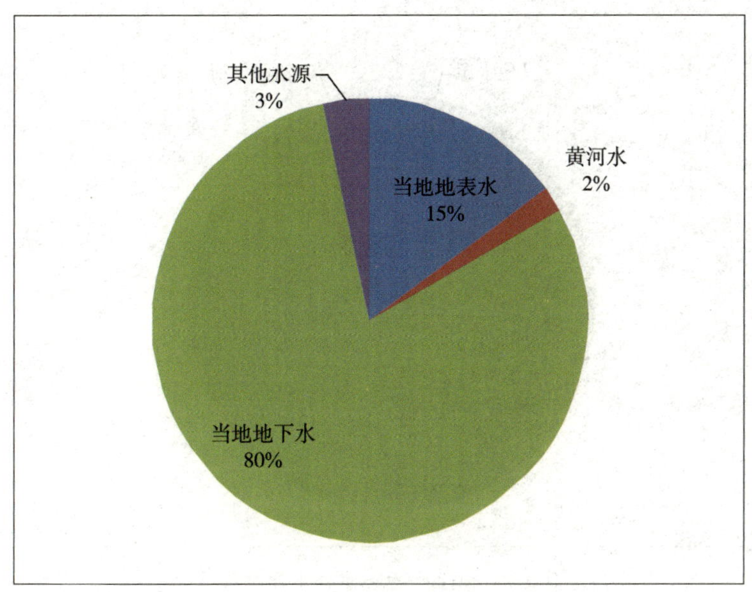

图 9-1　寿光市 2003～2012 年多年平均供水源结构图

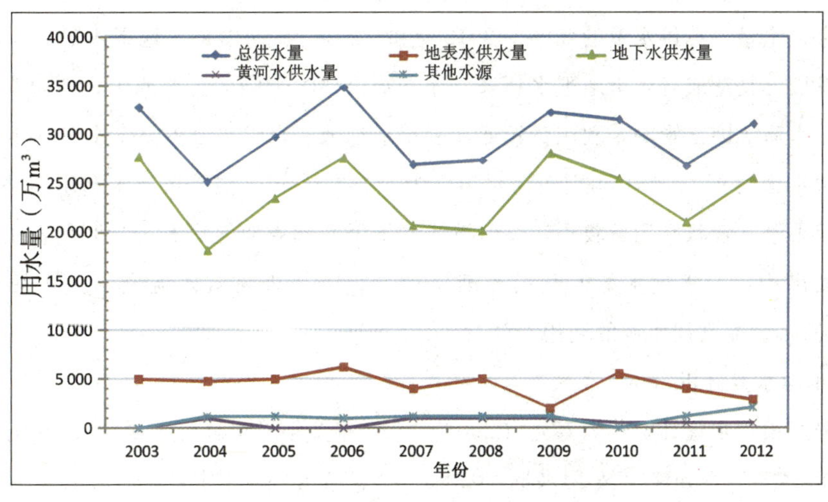

图 9-2　寿光市 2003～2012 年供水量变化趋势图

2012 年寿光市总供水量 31 029 万 m^3，其中地下水供水量 25 511 万 m^3、当地地表水供水量 2 918 万 m^3、黄河水供水量 500 万 m^3、其他水源 2 100 万 m^3，分别占总供水量的 82%、9%、2%、7%（见图 9-3）。

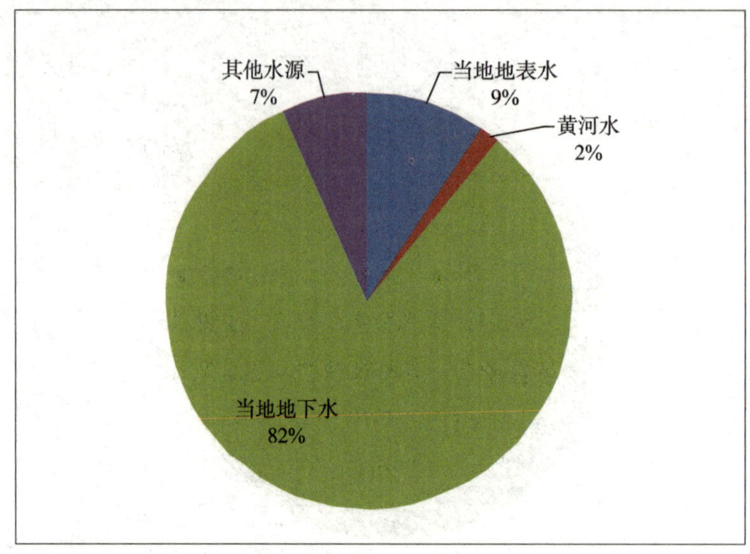

图 9-3 2012 年寿光市供水源结构图

由寿光市供水结构分析可以看出，目前寿光市供水主要依靠地下水，2003～2012 年多年平均地下水供水量占总供水量的 80%，2012 年占 82%，长期以来，地下水的开采要满足经济社会的发展，是造成寿光市地下水超采、地下水位持续下降的主要原因；地表水源受丰枯变化剧烈、水质等因素影响，利用量较低，多年平均地表水供水量占总供水量的 15%，2012 年仅占总供水量的 9%；寿光市引黄河水指标为 4 650 万 m³，但受黄河水利用相关调蓄工程与配套工程限制，现状利用量较小，仅引黄济青干渠两侧农业灌溉有少量利用，引黄供水未来仍有较大潜力；非常规水源的利用逐渐发展，2012 年非常规水源利用量占总供水量的 7%，但仍需加大非常规水源的利用力度。

2. 历年用水量分析

根据寿光市用水统计资料，寿光市 2003～2012 年多年平均总用水量 29 794 万 m³，其中农业用水量 24 357 万 m³、工业用水量 3 421 万 m³、城镇公共用水量 230 万 m³、生活用水量 1 786 万 m³，分别占总用水量的 82%、11%、1%、6%（详见表 9-3、9-4 和 9-5）。

表 9-3 寿光市 2003～2012 年用水量统计表 （单位：万 m³）

年份	农业	工业	城镇公共	生活			合计
				城镇	农村	小计	
2003	28 017	2 832	173	779	906	1 685	32 707
2004	20 527	2 785	193	774	885	1 659	25 164
2005	24 675	2 960	219	1 168	669	1 837	29 691
2006	29 860	2 880	220	1 000	800	1 800	34 760
2007	21 980	2 900	200	1 000	800	1 800	26 880

（续表）

年份	农业	工业	城镇公共	生活			合计
				城镇	农村	小计	
2008	22 150	3 080	260	960	860	1 820	27 310
2009	26 060	3 990	290	1 000	860	1 860	32 200
2010	25 360	4 040	250	960	550	1 810	31 460
2011	20 434	4 280	240	1 020	760	1 780	26 734
2012	24 509	4 460	250	1 040	770	1 810	31 029
均值	24 357	3 421	230	970	786	1 786	29 794

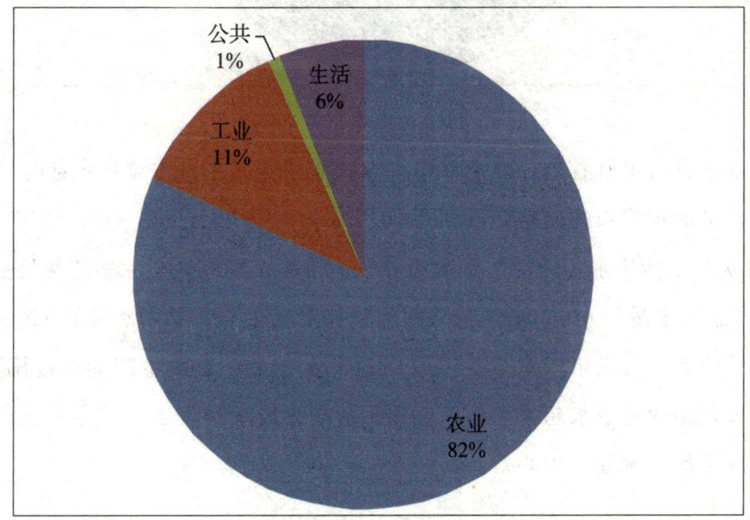

图 9-4 寿光市多年平均用水结构图

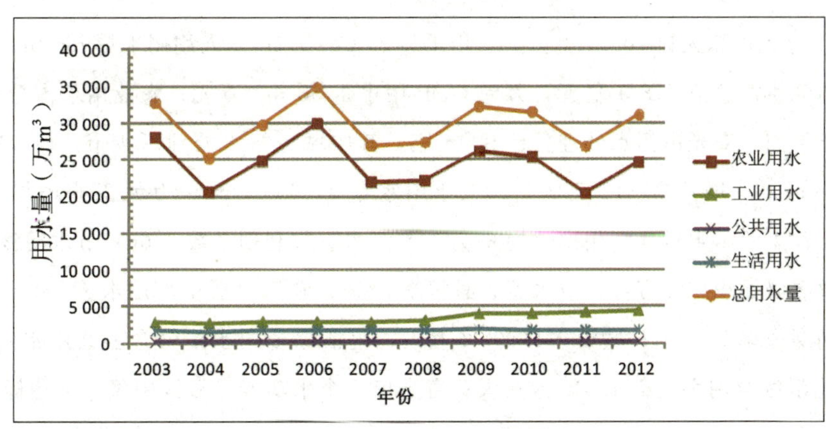

图 9-5 寿光市 2003～2012 年用水量变化趋势图

寿光市 2012 年总用水量 31 029 万 m^3，其中农业用水量 24 509 万 m^3、工业用水量 4 460 万 m^3、城镇公共用水量 250 万 m^3、生活用水量 1 810 万 m^3，分别占总用水量的 79%、14%、1%、6%（见图 9-6）。

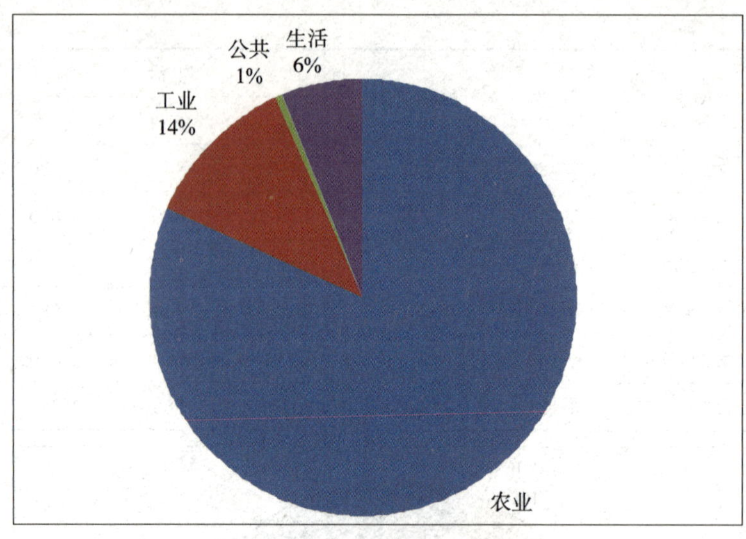

图 9-6 2012 年寿光市用水结构图

由以上用水量分析可以看出，寿光市用水以农业用水为主，占总用水量的 80%左右；其次是工业用水，呈逐年增长的趋势，多年平均用水量占总用水量的 11%，2012 年占总用水量的 14%；再次为生活用水，相对用水量趋势较为平稳，稍有变化，多年平均占总用水量的 6%，2012 年占总用水量的 6%；城镇公共用水量相对较少，占总用水量的 1%左右。从寿光市目前供水源结构看，寿光市用水量中以取用地下水为主，农业生产的大范围取用地下水，造成寿光境内大范围的地下水超采，而工业和生活集中取用地下水造成了寿光市局部地下水超采严重，形成了地下水漏斗中心。

三、现状用水水平分析

2012 年寿光市总人口 105.1 万人，总用水量 31 029 万 m^3，人均用水量 295 m^3/年；2012 年寿光市地区生产总值 618.1 亿元，万元 GDP 用水量 50 m^3/万元；农业用水占总用水量的 79%；截至目前，寿光市污水处理厂已建 14 座，其中城市污水处理厂 4 个，城市污水集中处理率 96%；工业增加值 312.7 亿元，工业用水量 4 460 万 m^3，万元工业增加值用水量 14 m^3/万元；工业用水重复利用率达到 87%；灌溉水有效利用系数 0.66；节水灌溉面积 107 万亩，有效灌溉面积 121 万亩，节水灌溉面积率 88%；农田灌溉亩均用水量 186 m^3/亩；城市供水管网漏失率 7.18%；城镇人口 28.2 万人，生活综合用水量（含公共用水）1 290 万 m^3，城市生活综合用水定额 125L/人・天；寿光市 5 个水功能二级区中仅 1 个达标，达标率 20%。详见表 9-4。

表 9-4　寿光市用水水平评价结果表

<table>
<tr><th colspan="2">类别</th><th>用水指标</th><th>单位</th><th>寿光市</th><th>山东省节水型社会</th></tr>
<tr><td rowspan="6">综合指标</td><td rowspan="2">综合用水指标</td><td>万元 GDP 用水量</td><td>m³/万元</td><td>50</td><td>40</td></tr>
<tr><td>人均用水量</td><td>m³/人·年</td><td>295</td><td>—</td></tr>
<tr><td rowspan="4">水资源开发利用</td><td>水资源开发利用率</td><td>%</td><td>104.9</td><td></td></tr>
<tr><td>供水结构</td><td>地表：地下</td><td>15.7：84.3</td><td>—</td></tr>
<tr><td>农业用水占总用水量比例</td><td>%</td><td>82</td><td>60</td></tr>
<tr><td>城市污水集中处理率</td><td>%</td><td>96</td><td>80</td></tr>
<tr><td rowspan="2">工业用水</td><td rowspan="2">一般工业</td><td>万元工业增加值取水量</td><td>m³/万元</td><td>14</td><td>10</td></tr>
<tr><td>重复利用率</td><td>%</td><td>87</td><td>85</td></tr>
<tr><td colspan="2" rowspan="3">农业用水</td><td>灌溉水利用系数</td><td>—</td><td>0.66</td><td>0.73</td></tr>
<tr><td>节水灌溉面积率</td><td>%</td><td>88</td><td>80</td></tr>
<tr><td>亩均用水量</td><td>m³/亩</td><td>186</td><td>160</td></tr>
<tr><td colspan="2" rowspan="2">生活用水</td><td>供水管网漏失率</td><td>%</td><td>7.18</td><td>8</td></tr>
<tr><td>城市生活综合用水定额</td><td>L/人·天</td><td>125</td><td>120</td></tr>
<tr><td colspan="2">水功能区</td><td>水功能区达标率</td><td>%</td><td>20</td><td>—</td></tr>
</table>

四、水资源开发利用程度

以 2003～2012 年为计算时段，对地表水资源开发率、浅层地下水开采率、水资源开发利用率等指标进行分析计算，以反映近期条件下当地水资源开发利用程度。

地表水资源开发率指地表水源供水量占地表水资源量的百分比，为了真实反映评价流域内自产地表水的控制利用情况，在供水量计算中扣除跨流域调入水量。浅层地下水开采率指浅层地下水开采量占地下水资源量的百分比。水资源开发利用率指总供水量占水资源总量的百分比。

经计算，寿光市现状地表水资源开发率、浅层地下水开采率、水资源开发利用率分别为 23.5%、130.6%、104.9%。

由计算结果可知，现状寿光市水资源综合开发利用程度已相对较高，尤其是地下水资源开发利用程度已达到 125%，已造成部分地区超采，故在规划水平年，地下水资源开发利用潜力已不大。而当地地表水开发利用率为 23.5%，相对较低，但因寿光地处弥河、丹河最下游，不具备建设控制性水库的条件，仅能建设拦河闸、坝利用地表水，因闸、坝跨年度调节能力较弱，故寿光市地表水资源加大利用难度较大。

五、水资源开发利用中存在的问题

1. 地表水开发利用不足

全市可利用地表水主要是弥河径流及其上游水库调水、引黄济青工程黄河水。目前，寿光市咸淡水分界线南部已建成弥河拦蓄工程10座，拦蓄能力已达到4 000多万 m^3，并建成了年调水能力3 000万 m^3 的弥河管道调水工程，但由于供水工程建设滞后，除年利用弥河水2 000万 m^3（晨鸣集团、联盟化工集团、鲁丽集团年利用弥河水量分别约为1 200万 m^3、380万 m^3、420万 m^3）左右外，其余弥河水和4 650万 m^3 黄河水（上级分配水量指标）都没有得到充分利用。

2. 地下水超采严重

从水资源开发利用来看，寿光是一个用水量较大的县级市，无论是农业用水，尤其是60万亩蔬菜年可开采地下水15 000～18 000万 m^3；还是工业用水，特别是造纸、化工企业多，用水定额高，年取水3 000万 m^3 以上。最新监测数据表明，寿光市目前在化龙镇、圣城街道和洛城街道三个区域，分别存在严重的地下水漏斗。其中，化龙镇区域漏斗中心地下水位埋深约56 m，地下水位标高－41 m；圣城街道区域漏斗中心地下水位埋深约58 m，地下水位标高－31 m；洛城街道区域漏斗中心地下水位埋深约53 m，地下水位标高－44 m。选用地下水位埋深6 m为临界值判定漏斗区，寿光市1981年咸淡水分界线以南淡水区地下水漏斗区面积约占整个淡水区面积的94％。

3. 咸水入侵没有得到有效遏制

近几十年来，由于寿光市用水结构的不合理，尤其是机井的无序建设和地下水资源过渡开发利用，及当地水资源情势的演变，致使破坏了原有咸、淡之间已建的平衡关系，从而造成境内局部区域地下水产生咸水区向淡水区运移的现象，形成新的咸水入侵区，使得寿光市境内的咸水区面积增加。调查结果表明，以1981年咸淡水界面为背景界面，目前咸水入侵面积为141.16 km^2，年平均入侵速率约为4.28 km^2/a。行政区上涉及台头镇、上口镇、田柳镇、侯镇和洛城街道5个街镇。其中，侯镇咸水入侵面积最大，约为47.89 km^2；田柳镇次之，咸水入侵面积约为31.95 km^2，其次为台头镇，咸水入侵面积约30.18 km^2；再次为上口镇，咸水入侵面积约29.10 km^2；最小为洛城街道，咸水入侵面积2.04 km^2。至2014年，寿光市境内整个咸水区域总面积约为1 164.25 km^2，占总面积的58.5％。

4. 水质污染严重

寿光市境内有大、小河流16条，分为5个水功能区，主要水系由弥河水系、小清河的支流塌河水系、丹河水系、东南部的崔家河水系及桂河水系组成，共有入河排污口8处。寿光市各水功能区控制断面监测数据表明，寿光市5个水功能区仅有潍弥白浪河区寒桥至入河口段达标，水质指标达到了地表水Ⅳ类水标准，其他4个水功能区数值均属于劣Ⅴ类，未达标，水质污染严重。

第二节　区域水资源与经济社会协调程度分析

一、区域水资源与社会经济协调度评价指标体系

为充分反映水资源对社会经济可持续发展的影响程度、水资源问题的类型及解决水资源问题的难易，将区域水资源与社会经济协调程度评价指标体系分成 3 个层次，分别为目标层、准则层和指标层。目标层为单一目标，有 6 个准则，具体指标有 25 个，其构成见图 9-7。

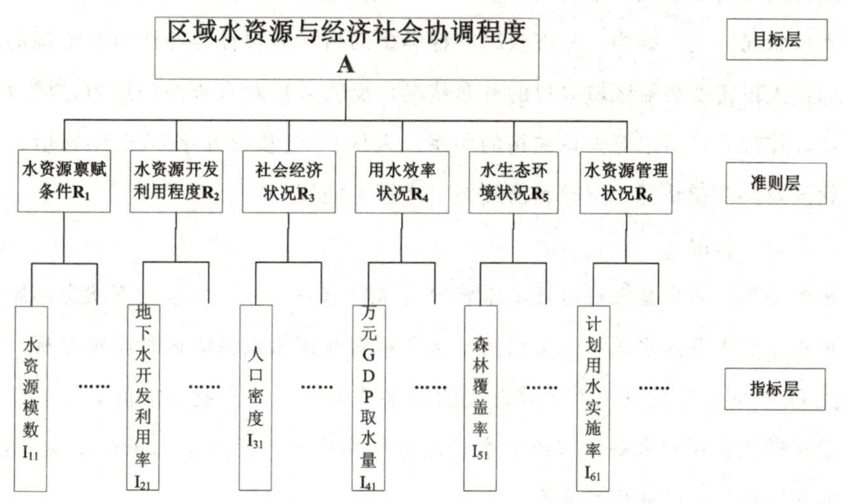

图 9-7　区域水资源与经济社会协调程度评价层次结构图

1. 目标层

水资源开发利用评价的目标在于综合评价区域水资源与经济社会发展的协调度。

2. 准则层

水资源与经济社会发展的协调度的影响因素，主要表现为 6 个方面：水资源禀赋条件、水资源开发利用程度、社会经济状况、用水效率状况、水生态环境状况及水资源管理状况。

3. 指标层

反映分区水资源对经济社会可持续发展的影响程度、水资源问题的类型及解决水资源问题的难易。

(1) 水资源禀赋条件

水资源禀赋条件是支撑水资源可持续利用的重要因素，是衡量一个地区水资源与社会经济协调程度的重要指标。为综合反映区域的水资源禀赋条件，主要选用水资源数量、水资源的变化情况、区域气候状况等三种类型的指标。具体选用指标：反映区域水资源数量的人均水资源量和水资源模数，反映水资源年内变化情况的汛期平均降雨量占多年平均降雨量的比

率，反映气候湿润和干旱程度的干旱指数。

（2）水资源开发利用状况

水资源合理开发利用是可持续发展不可替代的根本方式，对于支撑区域社会经济的发展、缓解水资源供需矛盾具有重要的现实意义。主要选用水资源开发利用程度、非常规水资源利用情况、用水结构三类指标来表征水资源开发利用状况。具体选用指标：反映区域水资源开发利用程度的水资源开发利用率；反映非常规水资源利用情况的非常规水源供水比率；反映用水结构情况的农田灌溉用水量占总用水量比率。

（3）社会经济状况

社会经济发展需要消耗一定量的水资源，直接影响水资源与社会经济发展的协调程度。主要选用人口状况、人口结构、经济状况三种类型的指标体现社会经济对水资源的压力。具体选用指标：人口密度表征区域人口的分布状况，反映人口对水资源的压力；城镇化率表征人口的结构，体现人口需水与人口结构的关系；人均 GDP 和近五年 GDP 年均增长率表征区域的经济状况及其变化情况，反映经济发展对水资源的压力状况。

（4）用水效率状况

提高水资源利用效率是缓解区域缺水状况的重要措施之一。用水效率状况准则层选用区域总体用水水平、工业用水水平、生活用水水平和农业用水水平等四种类型指标。具体选用指标：万元 GDP 取水量反映一个区域发展的用水情况；万元工业增加值取水量、工业用水重复利用率反映工业用水水平；城镇供水管网漏失率反映生活用水水平；灌溉水利用系数、节水灌溉面积比例反映农业用水水平。

（5）水生态环境状况

生态环境是人类生存和发展的支撑条件，对水资源进行合理的开发利用的同时要保护好生态环境，促进经济社会的发展和繁荣。生态环境主要选用生态环境影响指标和保护指标。具体选用指标：森林覆盖率反映水资源与生态环境耦合的正面效应程度；水土流失治理率、污水处理率反映经济社会发展对区域生态环境的控制能力；水功能区水质达标率反映水资源的质量状况。

（6）水资源管理状况

水资源管理状况是指运用行政、法律、经济、技术和教育等手段，组织各种社会力量开发水利和防治水害，协调社会经济发展与水资源开发利用之间的关系，处理各地区、各部门之间的用水矛盾，监督、限制不合理开发水资源和危害水源的行为，制订供水系统和水库工程的优化调度方案的主观条件。这个准则层选用工程运行和水资源配置管理两类指标来衡量。具体选用指标：地方政府水利投资占 GDP 的比率、计划用水实施率分别反映地方政府对水利建设的投入以及水资源配置管理情况。

二、区域水资源与经济社会协调度评价指标分级标准

为了定量反映出寿光市水资源与经济社会协调发展情况，将水资源与经济社会协调度由高到低按照Ⅰ级协调、Ⅱ级基本协调、Ⅲ级不协调、Ⅳ级严重不协调四个级别进行划分。参照目前国内外相关指标等级划分的成果及《山东省加快实施最严格水资源管理制度试点方案》，结合寿光市多年来区域水资源开发利用各个指标状况的变化，建立评价指标的等级标准，见表9-5。

表9-5　寿光市水资源与经济社会协调度评价指标及分级标准

准则	指标	现状年指标值（全市）	协调程度分级标准			
			协调（Ⅰ级）	基本协调（Ⅱ级）	不协调（Ⅲ级）	严重不协调（Ⅳ级）
水资源禀赋条件	水资源模数（万 m^3/km^2）	10.8	>30	[20，30]	[10，20)	<10
	汛期降雨量占全年总量（%）	72.5	<60	[60，70]	(70，80]	>80
	干旱指数	1.8～2.2	<1	[1，3]	(3，7]	>7
	人均水资源量（m^3/人）	270.1	>500	[400，500]	[300，400)	<300
水资源开发利用程度	当地地表水开发利用率（%）	23.5	(50，70]	[40，50]	[30，40)	>70或<30
	地下水开发利用率（%）	130.6	<50	[50，60]	(60，70]	>70或<30
	客水利用率（%）	11.8	>70	[40，70]	[10，40)	<10
	非常规水源供水比率（%）	3.5	>5	[3，5]	[1，3)	<1
	农业用水量占总用水量的比率（%）	82	<60	[60，70]	(70，80]	>80
社会经济状况	人口密度（人/km^2）	528.1	<500	[500，600]	(600，700]	>700
	城镇化率（%）	46.5	<55	[55，60]	(60，65]	>65
	人均GDP（万元/人）	4.5	[3，6)	[6，8]	(8，14]	>14
	GDP年均增长率（%）	14.0	<10	[10，13]	(13，15]	>15
用水效率状况	万元GDP取水量（m^3/万元）	50.0	<40	[40，50]	(50，60]	>60
	万元工业增加值取水量（m^3/万元）	14.0	<10	[10，15]	(15，20]	>20
	工业用水重复利用率（%）	87.0	>95	[85，95]	[75，85)	<75
	城镇供水管网漏失率（%）	7.2	<10	[10，14]	(14，18]	>18
	灌溉水利用系数（%）	0.66	>0.65	[0.60，0.65]	[0.55，0.60)	<0.55
	节水灌溉面积比例（%）	88.0	>70	[50，70]	[30，50)	<30

（续表）

准则	指标	现状年指标值（全市）	协调程度分级标准			
			协调（Ⅰ级）	基本协调（Ⅱ级）	不协调（Ⅲ级）	严重不协调（Ⅳ级）
水生态环境状况	森林覆盖率（%）	20.1	＞40	[30，40]	[20，30)	＜20
	水土流失治理率（%）	55.4	＞70	[60，70]	[50，60)	＜50
	城市污水集中处理率（%）	96.0	＞95	[90，95]	[85，90)	＜85
	水功能区水质达标率（%）	20.0	＞80	[50，80]	[20，50)	＜20
水资源管理状况	地方政府水利投资占 GDP 的比率（%）	0.13	＞0.5	[0.3，0.5]	[0.1，0.3)	＜0.1
计划用水实施率（%）	90.0	＞80	[70，80]	[60，70)	＜60	

三、评价指标权重计算

本次评价在确定各评价指标的权重时采用主观赋权法与客观赋权法相结合的方法，基于最小相对信息熵原理，建立层次分析法（AHP）和熵值法（Entropy Method，简称 EM）耦合指标权重评价模型。

1. 层次分析法

层次分析法（AHP）是定量和定性分析相结合的多目标决策方法，能够有效分析目标准则体系层次间的非序列关系，有效地综合测度决策者的判断和比较。该方法由于系统简洁、实用，在社会、经济、管理等许多方面得到越来越广泛的应用。

层次分析法的基本步骤：

（1）构建判断矩阵

①选定专家组

请专家组对影响因素的相对重要性进行评估。专家打分表格式见表 9-6。

表 9-6　专家打分表

标度值	μ_1	μ_2	…	μ_m
μ_1	μ_{11}	μ_{12}	…	μ_{1m}
μ_2	μ_{21}	μ_{22}	…	μ_{2m}
⋮	⋮	⋮	⋮	⋮
μ_m	μ_{m1}	μ_{m2}	…	μ_{mm}

注：μ_{ij} 表示 μ_i 与 μ_j 相比的重要性程度，由不同的专家给出。

②构造判断矩阵

以 A 表示目标，$U=\{\mu_1, \mu_2, \cdots, \mu_m\}$ 为评价因素集，表 9-7 列出了判断矩阵标度及其含义。

表 9-7　判断矩阵标度及其含义

标度值	含　义
1	表示因素 μ_i 与 μ_j 比较，具有同等的重要性。
3	表示因素 μ_i 与 μ_j 比较，μ_i 比 μ_j 稍微重要。
5	表示因素 μ_i 与 μ_j 比较，μ_i 比 μ_j 明显重要。
7	表示因素 μ_i 与 μ_j 比较，μ_i 比 μ_j 强烈重要。
9	表示因素 μ_i 与 μ_j 比较，μ_i 比 μ_j 极端重要。
2，4，6，8	2，4，6，8 分别表示相邻判断 1—3，3—5，5—7，7—9 的中值。
倒数	表示因素 μ_i 与 μ_j 比较得判断 μ_{ij}，则 μ_i 与 μ_j 比较得判断 $\mu_{ji}=1/\mu_{ij}$。

根据表 9-7 得到判断矩阵 T：

$$T=\begin{bmatrix} \mu_{11} & \mu_{12} & \cdots & \mu_{1m} \\ \mu_{21} & \mu_{22} & \cdots & \mu_{2m} \\ \vdots & \vdots & \ddots & \vdots \\ \mu_{m1} & \mu_{m2} & \cdots & \mu_{mm} \end{bmatrix} \tag{9—1}$$

③计算重要性排序

根据判断矩阵，利用线性代数知识，精确地求出 T 的最大特征根所对应的特征向量。所求特征向量即为各评价因素的重要性排序，归一化后，也就是权数分配。

④检验

由于客观事物的复杂性或对事物认识的片面性，通过所构造的判断矩阵求出的特征向量（权值）是否合理，需要对判断矩阵进行一致性和随机性检验，检验公式为：

$$CR=\frac{CI}{RI} \tag{9—2}$$

式中，CR 为判断矩阵的随机一致性比率，CI 为判断矩阵一致性指标，它由下式计算：

$$CI=\frac{1}{m+1}(\lambda_{\max}-m) \tag{9—3}$$

式中，$\lambda_{\max}$ 为最大特征根，m 为判断矩阵阶数。

RI 为判断矩阵的平均随机一致性指标，RI 由大量试验给出，对于低阶判断矩阵，RI 取值列于表 9-8。

表 9-8　层次分析法的平均随机一致性指标值

M	1	2	3	4	5	6	7	8	9	10	11
RI	0.00	0.00	0.58	0.90	1.12	1.24	1.32	1.41	1.45	1.49	1.51

对于高于 12 阶的判断矩阵，需要进一步查资料或采用近似方法。

当 $CR<0.1$ 时，即认为判断矩阵具有满意的一致性，说明权数分配是合理的；否则，就需要调整判断矩阵，直到取得满意的一致性为止。

2. 改进的熵值法

熵是信息论中最重要的基本概念，信息熵是信息无序度的度量，信息熵越大，信息的无序度越高，信息熵越小，信息的无序度越小，故可用信息熵评价所获信息的有序度及其效用，即用评价指标值构成的判断矩阵来确定指标权重。其计算步骤如下：

（1）构建 m 个指标 n 个事物的判断矩阵：$R=(x_{ij})_{mn}$（$i=1, 2, \cdots, m$；$j=1, 2, \cdots, n$）。

（2）将判断矩阵归一化处理，得到归一化判断矩阵：

$$b_{ij}=\frac{x_{ij}-x_{min}}{x_{max}-x_{min}} \tag{9-4}$$

式中，x_{max}、x_{min} 分别为指标下不同事物中最满意者或最不满意者（越小越满意或越大越满意）。

（3）根据熵的定义，n 个评价事物 m 个评价指标，可以确定评价指标的熵为：

$$H_i=-\frac{1}{\ln m}\left(\sum_{i=1}^{m}f_{ij}\ln f_{ij}\right) \tag{9-5}$$

$$f_{ij}=\frac{1+b_{ij}}{\sum_{i=1}^{m}(1+b_{ij})} \tag{9-6}$$

（4）改进的熵权法计算各个评价指标的权重

当不同指标的熵值差异不大时，则相应指标权重区分不开，为此，本次采用改进的熵权法计算评价指标的权重：

$$w=(w_i)_{1\times m}$$

$$\text{式中，}w_i=\begin{cases}\dfrac{\sum_{i=1}^{m}H_i+1-2H_i}{\sum_{i=1}^{m}\left(\sum_{i=1}^{m}H_i+1-2H_i\right)} & \text{当全部 } H_i\neq 1,\ i=1, 2, \cdots, m \text{ 时}\\ \dfrac{1-H_i}{m-\sum_{i=1}^{m}H_i} & \text{当任意 } H_i=1,\ i=1, 2, \cdots, m \text{ 时}\end{cases} \tag{9-7}$$

利用熵值法计算各指标的权重，考虑了指标值的差异性程度不同对指标之间权重分配的影响，减弱指标权重的人为干扰，使评价结果更符合实际。

3. $AHP-EM$ 耦合方法

将层次分析法权重 θ_i 和熵权法权重 ω_i 组合，得到综合权重：

$$\omega_i^* = (\theta_i \cdot \omega_i)/\sum_{i=1}^{m}(\theta_i \cdot \omega_i) \qquad (9-8)$$

式中，$\sum_{i=1}^{m}\omega_i=1$，$0\leqslant\omega_i\leqslant1$，$i=1$，2，…，$m$。

4. 指标权重的确定

（1）利用层次分析法确定主观权重

首先对准则层构造判断矩阵，采用三标度法，A-B 判断矩阵即为目标层与准则层的判断矩阵（见表 9-9）。建立好 A-B 矩阵后，利用层次分析法（AHP）确定权重 W_{A-R}，用 $MATLAB$ 编程可计算出 A-B 的特征值，归一化后的特征值向量即为 A-B 权重。

$$\omega_{A-B}=(0.2296 \quad 0.2296 \quad 0.1206 \quad 0.2296 \quad 0.1206 \quad 0.0699)$$

对其进行一致性检验，$CR=0.0022$，满足一致性要求，权重分配合理。

表 9-9　A-B 判断矩阵

A-B	水资源禀赋条件	水资源开发利用程度	社会经济状况	用水效率状况	水生态环境状况	水资源管理状况
水资源禀赋条件	1	1	2	1	2	3
水资源开发利用程度	1	1	2	1	2	3
社会经济状况	1/2	1/2	1	1/2	1	2
用水效率状况	1	1	2	1	2	3
水生态环境状况	1/2	1/2	1	1/2	1	2
水资源管理状况	1/3	1/3	1/2	1/3	1/2	1

对于目标层各指标的权重求解过程与此类似。利用层次分析法计算主观权重的结果见表 9-10。

表 9-10　AHP 法指标权重计算表

层次	R_1	R_2	R_3	R_4	R_5	R_6	θ_i
I_{11}	0.350 9						0.080 6
I_{12}	0.189 1						0.043 4
I_{13}	0.109 1						0.025 1
I_{14}	0.350 9						0.080 6
I_{21}		0.257 3					0.059 1
I_{22}		0.414 7					0.095 2
I_{23}		0.152 9					0.035 1
I_{24}		0.087 6					0.020 1

（续表）

层次	R_1	R_2	R_3	R_4	R_5	R_6	θ_i
I_{25}		0.087 6					0.020 1
I_{31}			0.350 9				0.042 3
I_{32}			0.109 1				0.013 2
I_{33}			0.350 9				0.042 3
I_{34}			0.189 1				0.022 8
I_{41}				0.327 4			0.075 2
I_{42}				0.188 3			0.043 2
I_{43}				0.098 7			0.022 7
I_{44}				0.098 7			0.022 7
I_{45}				0.188 3			0.043 2
I_{46}				0.098 7			0.022 7
I_{51}					0.122 3		0.014 8
I_{52}					0.227 0		0.027 4
I_{53}					0.227 0		0.027 4
I_{54}					0.423 6		0.051 1
I_{61}						0.666 7	0.046 6
I_{62}						0.333 3	0.023 3

（2）利用熵值法确定客观权重

根据寿光市小清河区、弥河区、白浪河区及全市的评价指标值，利用公式 9-4～9-7 求得各指标的客观权重，见表 9-11。

表 9-11　熵值法权重计算表

层次	客观权重
$R-I_1$	0.049 6　0.037 3　0.036 3　0.034 8
$R-I_2$	0.033 4　0.033 8　0.028 0　0.055 7　0.034 5
$R-I_3$	0.027 2　0.034 8　0.044 1　0.035 5
$R-I_4$	0.054 9　0.028 9　0.057 3　0.061 9　0.034 7　0.035 0
$R-I_5$	0.025 3　0.037 6　0.035 3　0.047 5
$R-I_6$	0.050 4　0.046 0

（3）综合权重

利用公式 9－8 求得各指标的综合权重，见表 9-12。

表 9-12　综合权重计算表

准则	指标	权重	准则	指标	权重
水资源禀赋条件	水资源模数（万 m^3/km^2）	0.065 9	用水效率状况	万元 GDP 取水量（m^3/万元）	0.067 0
	汛期降雨量占全年总量（%）	0.042 0		万元工业增加值取水量（m^3/万元）	0.036 8
	干旱指数	0.031 5		工业用水重复利用率（%）	0.037 6
	人均水资源量（m^3/人）	0.055 2		城镇供水管网漏失率（%）	0.039 1
水资源开发利用程度	当地地表水开发利用率（%）	0.046 3		灌溉水利用系数（%）	0.040 4
	地下水开发利用率（%）	0.059 2		节水灌溉面积比例（%）	0.029 4
	客水利用率（%）	0.032 7	水生态环境状况	森林覆盖率（%）	0.020 2
	非常规水源供水比率（%）	0.034 9		水土流失治理率（%）	0.033 5
	农业用水量占总用水量的比率（%）	0.027 5		城市污水集中处理率（%）	0.032 4
社会经济状况	人口密度（人/km^2）	0.035 4		水功能区水质达标率（%）	0.051 4
	城镇化率（%）	0.022 3	水资源管理状况	地方政府水利投资占 GDP 的比率（%）	0.050 5
	人均 GDP（万元/人）	0.045 1			
	GDP 年均增长率（%）	0.029 7		计划用水实施率（%）	0.034 1

四、区域水资源与经济社会协调度等级评价

1. 多元联系数等级评价模型

联系数源自集对分析中的联系度，联系度公式由赵克勤在 1989 年提出集对分析理论时创建。根据同异反三元联系数表达式 $\mu=a+bi+cj$，将 bi 展开得到一种具有层次结构的函数（N^* 为正整数）：

$$\mu=a+b_1i_1+b_2i_2+\cdots+b_ni_n+cj \quad (n\in N^*) \qquad (9-9)$$

当 $n\geqslant2$ 时，式（9－9）为多元联系数表达式。一般地，称多元联系数中的 a，b_1，b_2，…，b_n，c 为样本值与评价标准等级之间的联系分量，均为非负值且满足 $a+b_1+b_2+\cdots+b_n+c=1$，其中 a 为同一度分量，b_1，b_2，…，b_n 为差异度分量，c 为对立度分量；i_1，i_2，…，i_n 为样本值与评价标准等级的差异度系数，j 为对立度系数，这些系数可按“均分原则”在［－1，1］取值。

当 $n=3$ 时，得到五元联系数表达式：

$$\mu=a+b_1i_1+b_2i_2+cj \qquad (9-10)$$

式中，i_1，i_2，…，i_n，$j\in[-1,1]$；a、b_1、b_2、$c\in[0,1]$；$a+b_1+b_2+c=1$。

记 A、B_1、B_2、B_3、C 为 N 个评价指标的各联系分量，且满足 $A+B_1+B_2+C=N$，若考虑各特性的权重，并将原来的 N 个特性按 A、B_1、B_2、C 的顺序重新排序并连续编号，假设各特性在重新编号后对应的权重为 w_k，$k=1,2,3,\cdots,n$，则式（9－9）变为

$$\mu=\sum_{k=1}^{A} w_k+\sum_{k=A+1}^{A+B_1} w_k i_1+\sum_{k=A+B_1+1}^{A+B_1+B_2} w_k i_2+\sum_{k=A+B_1+B_2+1}^{A+B_1+B_2+C} w_k j \tag{9-11}$$

式中，$\sum_{k=1}^{A} w_k+\sum_{k=A+1}^{A+B_1} w_k+\sum_{k=A+B_1+1}^{A+B_1+B_2} w_k+\sum_{k=A+B_1+B_2+1}^{A+B_1+B_2+C} w_k=1$。

为了简便，约定：Ⅰ级为“协调”、Ⅱ级为“基本协调”、Ⅲ级为“不协调”、Ⅳ级为“严重不协调”。

由于联系数在区间［－1，1］取值，因此可根据“均分原则”，先对区间［－1，1］进行三等分，把从左至右的3个分点值分别作为j、i_2、i_1的取值，把这些取值分别代入式（9－10），可得到评价区协调度的联系数值；再根据“均分原则”，将区间［－1，1］进行四等分，得到从左到右的4个子区间［－1，－0.5）、［－0.5，0）、［0，0.5）、［0.5，1），分别对应Ⅳ级～Ⅰ级的评价标准。将求得的评价区协调度联系数值与上述子区间进行比较，即可得到评价区协调度等级值。

2. 评价结果

利用基于多元联系数的等级评价模型，求得寿光市水资源与经济社会协调度评价等级的联系数分量为［0.242 8，0.172 9，0.396 2，0.188 2］，相应的联系数表达式为$\mu=0.242\,8+0.172\,9i_1+0.396\,2i_2+0.188\,2j$，联系度$\mu=-0.0198\,3\in[-0.5,0)$，说明现状寿光市水资源与经济社会协调度评价等级为Ⅲ级“不协调”，且由联系数分量的计算结果也可以看出寿光市水资源系统与经济社会发展偏向于“不协调”等级。

五、评价结果分析

寿光市现状水资源与经济社会发展不协调，主要归因于区域水资源禀赋条件差、水资源开发利用不合理。从寿光市水资源禀赋条件来看，寿光市属半湿润区，汛期降雨量占全年总量的72.5%，水资源年内分布不均匀，水资源模数为17.7万m^3/km^2，人均水资源量仅为334.3 m^3，属于资源性缺水地区。从水资源开发利用情况来看，地表水供水工程建设滞后，地表水开发利用率和客水利用率偏低；供用水结构不合理，导致地下水采补失衡。因此，要全面实施最严格水资源管理制度，严守“三条红线”，尽快落实“四项制度”，使每一项水资源的开发利用、节约保护的行为都有章可循，实现水资源可持续利用支撑和保障经济社会可持续发展。

第三节　水资源演变情势分析

水资源演变情势是指由于人类活动改变了地表与地下产水的下垫面条件，造成水资源量时空变化的态势。人类活动对水资源演变的影响是多方面的，主要有：（1）气候变化影响；（2）城市化对水资源演变情势的影响；（3）蓄水工程（水库群及塘坝）的影响；（4）引水、用水对河川径流的影响；（5）地下水开发利用的影响；（6）水土保持的影响。本次评价从以上六个方面阐述了人类活动对水资源演变情势的影响，同时对未来变化趋势进行初步预测。

一、气候变化的影响

根据寿光市气象站资料，寿光市年平均气温 12.9 ℃，年最高气温 14.5 ℃（2006、2007 年），年最低气温 11.4 ℃（1969 年）。月平均气温 7 月最高，为 26.6 ℃；1 月最低，为 −2.8 ℃，月平均气温年较差 29.4 ℃。极端最高气温 42.5 ℃（2009 年 6 月 25 日），极端最低气温 −22.3 ℃（1972 年 1 月 27 日）。年平均日照总时数 2 510.5 h，年平均蒸发量 1 834.0 mm，无霜期平均 202 d。

据分析，50 年来，寿光市平均气温总体呈上升趋势，倾向率为 0.41 ℃/10 年，比山东省气温倾向率（0.24 ℃/10 年）高 0.17 ℃/10 年。各季的平均气温均呈上升趋势，但各季变化趋势表现出明显的非对称性：冬季气温升高趋势最为明显，倾向率为 0.62 ℃/10 年，其他依次为：春季（0.45 ℃/10 年）、秋季（0.38 ℃/10 年）、夏季（0.19 ℃/10 年）。最低、最高气温亦呈上升趋势，而平均最低倾向率（0.59 ℃/10 年）远高于平均最高倾向率（0.24 ℃/10 年）。且季节性差异明显，升温最显著的是冬季（最低 0.76 ℃/10 年、最高 0.40 ℃/10 年），其他依次是春季（最低 0.71 ℃/10 年、最高 0.25 ℃/10 年）、秋季（最低 0.54 ℃/10 年、最高 0.24 ℃/10 年）、夏季（最低 0.35 ℃/10 年、最高 0.11 ℃/10 年），平均最低、最高的变化趋势与寿光市年、季平均气温的变化趋势一致，同时表明，寿光市的增温得益于最低气温的升高，这与全球变暖的总趋势一致。

根据寿光市 1956～2011 年全市平均降水量，寿光市 1956～2006 年年平均降水量 590.7 mm，年最多降水量 1 239.2 mm（1964 年），年最少 318.2 mm（1981 年）。降水量变化趋势见图 9-8。

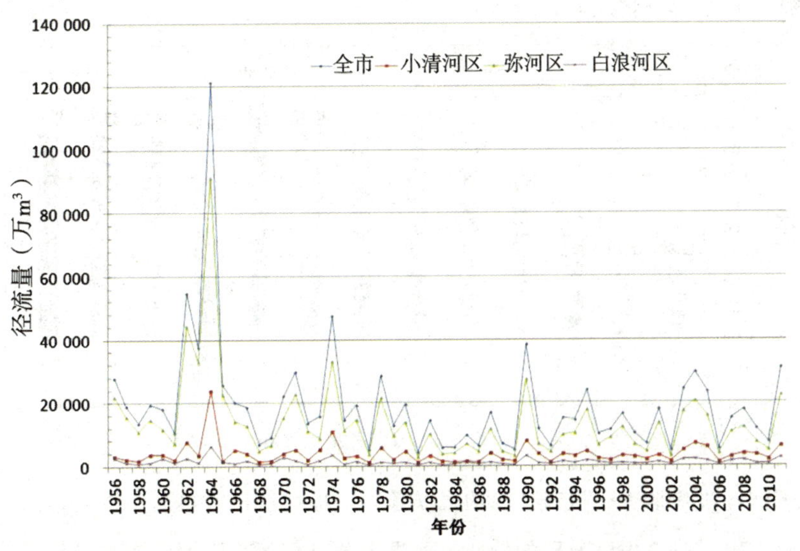

图 9-8　1956～2011 年寿光市平均降水量变化趋势图

由图 9-8 可以看出，寿光市降水量呈下降趋势，年降水量呈明显下降趋势，倾向率为 12.4 mm/10 年；汛期降水量和非汛期降水量均呈下降趋势，倾向率分别为 11.1 mm/10 年、1.3 mm/10 年，汛期倾向率明显大于非汛期倾向率，说明降水量的减少主要是汛期降水量减少所致。

可见，50 多年来寿光市各季节平均气温、降水的变化趋势有着明显的非对称性。就气温而言，冬季增温趋势最为显著，夏季增幅最小；就降水而言，汛期降水量下降趋势最明显，非汛期降水量略有下降。这表明，寿光市增温得益于冬季气温的升高，降水量的总体下降趋势主要是夏季降水的显著减少造成的，而降水是寿光市水资源的主要补给来源，对全市水资源量的影响至关重大。受降水量下降趋势影响，寿光市水资源量也将呈下降趋势。

另外，寿光市降水量时空分布不均，年内年际变化较大。最大年降水量是最小年降水量的 3.89 倍，多年平均汛期降水量占全年降水量的 72.5%，连丰连枯现象明显。降水量的时空分布直接影响了寿光市的地表径流量和地下水补给量，汛期洪水无法利用，非汛期干旱少雨，地表径流、地下水补给量较少，造成寿光市水资源可利用量较少。

二、城市化的影响

近些年来，随着经济社会的快速发展，寿光市城市化水平不断提高，建设用地面积逐年增加，建成区面积日益扩大。2005 年寿光市城乡建设用地面积为 217.22 km²，2010 年增长至 354.60 km²，比 2005 年增加 63.2%，根据《寿光市土地利用总体规划》（2006～2020），至 2020 年，寿光市建设用地达 389.43 km²。寿光市建成区面积由 2000 年的 12.8 km² 扩大到 2012 年的 38.7 km²，建成区面积扩大了 3 倍，其中，2005 年和 2009 年由于寿光市行政区划调整，受建成区面积统计范围影响，面积有所波动，但总体上寿光市建成区面积呈快速增长的趋势。建成区面积增长情况详见图 9-9。

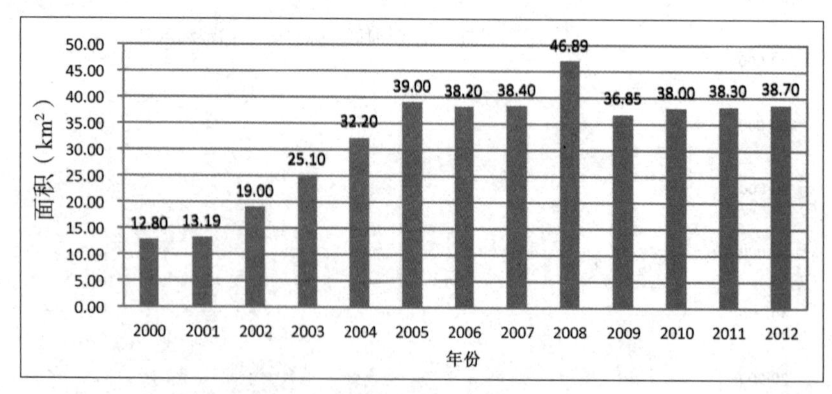

图 9-9　寿光市 2000～2012 年建成区面积柱状图

城市化的快速发展改变了城市上空的气候条件，形成城市“热岛”效应，同时也改变了城市降雨特性，尤其是突发性暴雨的特性，促成了城市局部强降雨的频繁发生。城市化程度的剧增，直接改变了城市的降雨径流形成条件，使其水资源情势发生明显改变。一方面，城市化水平的提高，使得城市成为人口聚集区，人口密度增大，经济发展迅速，需水量增加，由于地下水较容易开采、成本较低，开采量增加，造成地下水位下降，另外还使得排污量增加，加剧了水环境污染；另一方面，城市化水平的提高，使得建筑密度增大，造成不透水面积逐渐增加，减少了地下水的降水入渗补给量，同时由于排水系统的改变、硬化面积的增加，地表水汇流速度加快，径流量、洪峰流量增加，增大了城市雨洪量，城市发生洪水的风险提高（见图 9-10）。

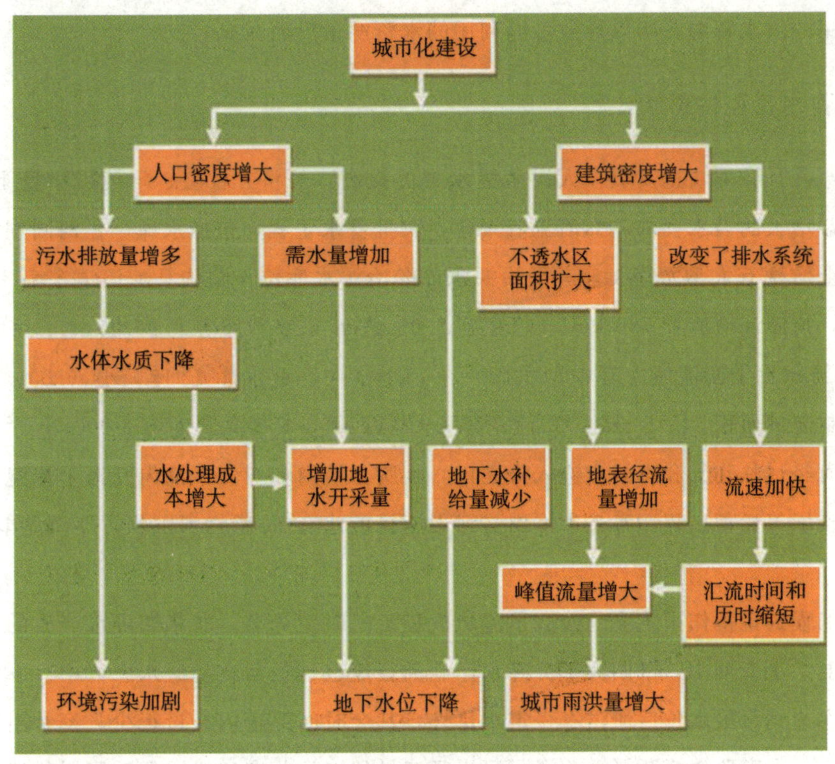

图 9-10 城市化水文效应示意图

首先，城市内每天有大量的烟尘排入大气中，这些微粒有的作为凝结核吸附空气中的水分，致使城市上空云量增加；城市中人为热的大量释放，使市区局地升温，有上升气流，因此导致降雨量增加。降雨是径流的主要决定因素，降雨量增加，必然导致径流量加大。近几年寿光城区暴雨频发，造成城区严重积水、交通瘫痪等诸多问题，如 2010 年 8 月 4 日大暴雨和 2011 年 8 月 7 日大暴雨，城区多处地段积水。

其次，随着城市的增加和扩大，不透水面积也在增大。城市内不透水面积的比例一般可达 80%，甚至更高，引起径流增大。在这种下垫面上，径流系数可高达 0.7 以上，特别是地面硬化区域，径流系数可达 0.9 以上。

再次，不透水面积的增加减少降雨对地下水的入渗补给，导致地下水补给量明显减少。

最后，随着经济的发展、城市规模的扩大，城市需水量日益增加。供水量增加一方面使流域上游蓄水工程拦蓄的水量通过专用渠道被直接利用，只有少数回归河道，造成下游河道径流量骤减，断流时间延长。另一方面为了满足用水需求，地下水开采量不断增大，导致地下水大量超采，不仅袭夺了河川基流，还造成河川径流反向补给地下水，这是导致河道断流的一个最主要因素，也是造成地表水资源量大幅度减少的一个重要原因。

总的来说，随着城市的增加和扩大，城市化地区地表水资源量比城市化前有明显的增大，地下水资源量则明显减少，水资源总量也有增大趋势；但由于很大一部分地表径流变成了不可利用的洪水资源，所以导致可以利用的水资源量反而减少。

三、蓄水工程的影响

随着经济社会的快速发展，人民生活水平的提高，经济、社会、环境需水量不断增加，为满足日益增长的需水要求，弥河流域兴建了大批蓄水工程，包括水库、拦河闸坝等。弥河流域寿光上游建有大型水库1座，即冶源水库。冶源水库位于临朐县冶源镇东南3 km处的弥河上游，控制流域面积786 km^2，总库容2.03亿m^3，兴利库容0.96亿m^3，死库容0.12亿m^3。冶源水库上游流域内有中型水库一座，小（一）型水库12座，小（二）型水库48座，共控制流域面积345.5 km^2，总计库容4 910万m^3，其中兴利库容3 000万m^3。冶源水库下游弥河经过临朐县和青州市进入寿光市，临朐县境内和青州市境内弥河干流建有多座拦河闸、橡胶坝等拦蓄工程。寿光市境内弥河干流目前建有11座拦河闸坝，年调蓄能力5 720万m^3。

蓄水工程的拦蓄作用主要是改变了流域内径流的时空分布，非汛期降水产生的径流全都被拦蓄在上游水库群中，汛期大部分降水产生的径流也被拦蓄在上游水库群中。下游河道除了汛期水库达到汛限水位后泄洪有一定水量外，其余时间河道内水量很少，经常出现干河的局面。因此，水库群的拦蓄严重改变了河川径流量的空间分布和流域下游河川径流量的年内分配。

同时，由于大中型水库多为多年调节水库，当发生超标洪水时，水库为保坝安全，进行敞泄，因有上一年度甚至再上一年度的洪水叠加在一起，从而造成人造洪峰，使下游形成比天然情况更大的洪水。因此，水库群的拦蓄在一定程度上改变了河川径流量的年际分配。

总之，蓄水工程对天然径流进行再调节，改变了下游河道来水量年内年际分配，增加了区域蒸发，同时减少了下游河道渗漏补给，使地下水补给量大为减少。

四、地下水开发利用的影响

20世纪80年代以来，随着用水量的增加，地下水开采量逐年加大。部分地区地下水开采量大于降水入渗补给量，形成了多处地下水降落漏斗区。过量开采，地下水，造成径流条件发生了深刻变化。地下水位下降幅度加大，往往改变地下水的径流条件和流向。

过量开采地下水，造成大气降水、地表水、岩溶地下水的“三水”转化条件发生改变。首先，地下水开采后，地下水位下降，包气带增厚，增加了相应降水转化为地下水的量，减少了地表水资源量。其次，沿河两岸大量开采地下水，当地下水位低于河面水位时，必然发生河川径流量补给地下水资源量，从而导致地表水资源量减少。

寿光市存在咸水入侵问题，根据本次咸水入侵和地下水位调查成果，咸淡水分界线两侧，北侧咸水区地下水位埋深 10 m 左右，南侧淡水区域由于地下水的开采，地下水位埋深最深达到 50 多米。由于地下水的开采，淡水区地下水位远低于咸水区地下水位，引起北部咸水的不断南侵，使得南侧淡水区地下水逐渐咸化，失去利用价值，导致局部地下水资源量减少。

五、未来水资源演变趋势预测

随着经济社会快速发展，城市化程度加快和人民生活水平提高，未来总需水量仍将呈上升趋势。新时期的用水方略将在一定程度上对未来水资源演变情势产生影响。

首先，黄河水和长江水的有效利用可大大缓解寿光市水资源供需矛盾，有效替代地下水，减少地下水的开采量，使地下水位逐渐回升，改善地下水补给条件，增加地下水的补给量；其次，随着节水型社会的建设，水资源利用率将得到全面提高，可以减少一定的用水量；再次，随着污水资源化利用，将减少地下水供水压力，逐渐改善和修复部分地区的地下水超采状态；最后，水土流失治理和生态环境保护力度加大，将进一步改善区域下垫面条件，减少河川径流量及其时空变化的不均匀性，又可有效增加地下水资源量。

综上所述，随着城市化建设的进一步发展、大量引进客水、节水型社会建设、污水再生利用和水资源优化配置等措施的实施，特别是随着流域综合治理、水土保持、生态环境建设等人类活动的影响，未来一段时期内，寿光市地下水资源可得到有效保护，地下水位会逐渐抬升，地下水能得到有效补给。但气候变暖、降水量减少趋势的影响，寿光市水资源量将仍呈减少趋势。

第十章　结论与建议

第一节　结　论

一、降水量

寿光市1956～2011年平均年降水量为591.1 mm，折合水量11.76亿m^3。各水资源四级区中，弥河区多年平均降水量最大，为599.2 mm；其次为白浪河区，多年平均降水量为590.4 mm；小清河区最小，为568.4 mm。年降水量均值都介于560～600 mm之间。

寿光市多年平均降水量变幅一般为520～650 mm，总体趋势是由南向西北和东部递减。南部孙家集街道和纪台镇多年平均降水量一般大于600 mm，西北部台头镇、双王城经济开发区部分地区多年平均降水量小于540 mm，东部洛城街道和侯镇部分地区多年平均降水量小于560 mm。降水量年内分配不均，年降水量主要集中在汛期6～9月份，各雨量站多年平均连续最大4个月降水量在386.1～434.6 mm之间，占全年降水量的70.5%～74.3%；降水量年际变化大，寿光市各雨量站最大与最小年降水量的比值在2.5～4.6之间，Cv值在0.24～0.32之间，且降水连丰连枯现象明显。

二、蒸发能力与干旱指数

寿光市1980～2011年平均年蒸发量在1 000～1 200 mm之间，总体变化趋势为由东南往西北递减。寿光市南部缓岗区年蒸发量最小，一般在1 000～1 100 mm之间；向北年蒸发量逐渐递增，中部微斜平原区年蒸发量在1 100～1 170 mm之间；北部滨海浅平洼地年蒸发量最大，大部分地区的年蒸发量在1 150～1 200 mm之间。蒸发量的季节变化较大，夏季蒸发量最多，其次是春季和秋季，冬季蒸发量最少，分别占多年平均蒸发量的36.6%、33.6%、21.1%、8.6%。

寿光市1980～2011年平均年干旱指数一般在1.8～2.2之间，总体趋势是由东南向西北递增，等值线呈西南—东北走向。全市干旱指数的最低值出现在纪台镇和稻田镇，最高值出现在羊口镇。根据我国气候干湿分带与干旱指数的关系，寿光市属于半湿润气候带。

三、地表水资源评价

1. 地表水资源量

寿光市 1956～2011 年系列多年平均地表水资源量 18 911 万 m^3，其中小清河区 3 692 万 m^3、弥河区 13 925 万 m^3、白浪河区 1 293 万 m^3。

寿光市 1956～2011 年平均年径流深 95.0 mm，各分区年径流量差别较大。平均年径流深最小为小清河区，同步期平均年径流深为 76.6 mm；平均年径流深最大为弥河区，平均年径流深达 102.5 mm，为小清河区的 1.34 倍；白浪河区平均年径流深居中，为 86.4 mm。寿光市多年平均 6～9 月天然径流量占全年的 75%左右，而枯季 8 个月的天然径流量仅占全年径流量的 25%左右。年径流变差系数 0.68，最大年径流量为最小年径流量的 28.3 倍，且连丰连枯现象明显。径流量的时空分布不均，常造成丰水年水多为患，枯水年缺水干旱，致使水旱灾害频发，水资源开发利用难度加大，严重制约了寿光市社会经济的快速健康发展。

2. 地表水可利用量

寿光市 1956～2011 年多年平均地表水资源可利用量 12 449 万 m^3，可利用率为 65.8%。其中小清河区、弥河区多年平均地表水可利用量 2 610 万 m^3、9 839 万 m^3，可利用率均为 70.7%，白浪河区本次评价地表水可利用量不考虑。

四、地下水资源评价

1. 浅层地下水资源量

寿光市多年平均地下水资源量为 18 633.6 万 m^3/a，可开采量为 18 199.8 万 m^3/a，可开采系数为 0.87，开采模数为 17.1 万 m^3/ km^2 · a。其中，小清河区多年平均地下水资源量为 2 825.3 万 m^3/a，可开采量为 2 954.6 万 m^3/a，可开采系数为 0.85，开采模数为 15.3 万 m^3/ km^2 · a；弥河多年平均地下水资源量为 13 501.3 万 m^3/a，可开采量为 12 987.1 万 m^3/a，可开采系数为 0.88，开采模数为 18.1 万 m^3/ km^2 · a，白浪河区多年平均地下水资源量为 2 307.0 万 m^3/a，可开采量为 2 258.1 万 m^3/a，可开采系数为 0.87，开采模数为 14.9 万 m^3/ km^2 · a。

2. 地下水可开采量

寿光市多年平均地下水可开采量为 18 199.8 万 m^3/a，多年平均可开采系数为 0.87，可开采模数为 17.1 万 m^3/ km^2 · a。其中，Ⅲ—2 计算区中，多年平均地下水可开采量为 917.6 万 m^3/a，多年平均可开采系数为 0.81，可开采模数为 11.9 万 m^3/ km^2 · a；Ⅲ—3 计算区中，多年平均地下水可开采量为 14 900.3 万 m^3/a，多年平均可开采系数为 0.85，可开采模数为 20.3 万 m^3/ km^2 · a；Ⅲ－4 计算区中，多年平均地下水可开采量为 2 381.9 万 m^3/a，多年平均可开采系数为 0.79，可开采模数为 9.5 万 m^3/ km^2 · a。

咸淡水分界线两侧现状咸水区面积 141.16 km^2，水资源量 2 476.6 万 m^3。

五、水资源总量评价

寿光市多年平均水资源总量为 28 392.0 万 m^3，水资源模数为 10.8 万 m^3/ km^2 · a。其中，小清河区多年平均水资源总量为 5 193.5 万 m^3，弥河区多年平均水资源总量为 20 425.2 万 m^3，白浪河区多年平均水资源总量为 2 772.3 万 m^3，水资源模数分别为 15.0 m^3/ km^2 · a、18.5 m^3/ km^2 · a、14.3 m^3/ km^2 · a。

六、水资源质量评价

1. 地表水水质

目前，寿光市 5 个水功能区中仅有潍坊弥河农业用水区中的寒桥至入海口 1 个水功能区达标，水功能区达标率仅为 20%，大部分地表水水质均为劣Ⅴ类，超标因子主要有溶解氧、氨氮、化学需氧量和生化需氧量等指标，地表水水质较差，水环境污染严重。

2. 地下水水质

在评价的 45 处浅层水源中，达到水质Ⅲ类标准的有 19 处，占浅层水源的 42.2%。水质为Ⅴ类的有 15 处，占浅层水源的 33.3%。在评价的 36 处深层水源中，符合生活饮用水卫生标准的有 28 处，占深层水源的 77.8%；不符合生活饮用水卫生标准的有 8 处，占深层水源的 22.2%。

七、水资源综合评价

1. 水资源开发利用现状

寿光市 2003～2012 年多年平均供用水量 29 794 万 m^3，其中地下水、当地地表水、黄河水、其他水源供水量分别占总供水量的 80%、15%、2%、3%，农业用水量、工业用水量、城镇公共用水量、生活用水量分别占总用水量的 82%、11%、1%、6%。寿光市目前供水主要依靠地下水，用水以农业用为主。

2. 水资源开发利用程度

现状寿光市水资源综合开发利用程度已相对较高，尤其是地下水资源开发利用程度已达到 130.6%，已造成大范围地下水的超采。而当地地表水开发利用率为 23.5%，相对较低，但因寿光地处弥河、丹河最下游，不具备建设控制性水库的条件，仅能建设拦河闸、坝利用地表水，因闸、坝跨年度调节能力较弱，故寿光市地表水资源开发利用难度较大。

3. 水资源开发利用存在的问题

受供用水结构、产业结构等综合因素影响，寿光市面临地表水资源开发利用不足、地下水超采严重、咸水入侵未得到有效遏制、水质污染严重等一系列问题。

4. 水资源与经济社会协调度分析

本次评价建立了寿光市水资源与经济社会协调度评价指标体系，对现状指标值进行了评价，制定了指标分级标准，采用层次分析法和熵值法相结合的方法确定了指标权重，建立了多元联系数等级评价模型，对寿光市现状水资源与经济社会协调度进行了评价。评价结果显示，受水资源禀赋条件差、经济社会发展、产业结构布局、水资源开发利用不合理等综合因素影响，现状情况下寿光市水资源与经济社会协调度较差，属于“不协调”级别。

第二节　建　议

1. 开展多水源联合调度，实现区内水资源优化配置

目前，寿光市具备当地地表水、地下水、长江水、黄河水及非常规水等多种水源联合供水的条件，同时又面临地下水超采严重、多种地表水源利用不足、咸水入侵等一系列问题，因此，建议对多种水源进行联合调度，压采地下水，充分利用地表水，按照优水优用的原则，实现水资源的优化配置，在缓解水资源供需矛盾的同时，有效保护地下水，恢复地下水位，对寿光市水资源的可持续利用，保障经济社会可持续发展具有重要意义。

2. 尽快开展南水北调工程配套建设，积极引用长江水

南水北调东线一期工程已具备通水条件，建议加快南水北调配套工程的建设，一旦南水北调东线工程通水，即可引取长江水，实现长江水、黄河水和弥河水三种地表水源的联合调度，提高地表水源的可靠程度，有效替代工业企业取用的地下水，减少地下水开采量。

3. 加大黄河水的利用力度，充分利用黄河水

受引黄济青引水时间和区域内调蓄工程限制，目前寿光市虽然有4 650万m^3的黄河水指标，但利用量很少，建议从引黄济青工程两侧农业用水以及现有调蓄工程工业供水的角度，综合考虑黄河水利用方案，结合南水北调配套工程建设，充分利用引黄指标，加大黄河水的利用量。

4. 加大雨洪水利用力度，实施地下水回灌补源

弥河地表径流水年内、年际变化较大，增加了弥河水的开发利用难度，同时也使得弥河具有较大雨洪水利用潜力，建议在现状弥河引水渠道的基础上，通过兴建弥河拦蓄工程，加大弥河雨洪水的拦蓄力度，在水质有保障的情况下，通过引水工程，将弥河水引至地下水漏斗区，并通过渗井、渗渠等促渗工程，实施漏斗区地下水回灌补源，使地下水位得以逐渐恢复。

5. 限制企业排污，加大水环境治理力度

目前，寿光市境内地表水污染严重，致使部分当地地表水无法利用。建议建立更为严格的限制高耗水、高污染企业排污的管理措施，加大污水处理力度，减少污染物入河量，同时对污染河流开展环境综合整治，改善地表水环境，增加地表水可利用量。

6. 积极发展高效节水灌溉，减少农业生产的地下水开采量

虽然寿光市漏斗中心的形成主要是由工业企业的持续、高强度开采地下水造成的，但是寿光市大面积种植高耗水的蔬菜，需水量较大，大部分区域为井灌区，农业用水对地下水的大量开采，是造成大范围的地下水超采的主要原因。建议寿光市大力发展高效节水灌溉，开展农业灌溉水资源费的征收，通过工程措施和水价杠杆，减少农业灌溉对地下水的开采量，同时积极推广水肥一体化灌溉模式，减少面源污染。

7. 加强地下水及咸水入侵监测，建立长效监测机制

目前，寿光市域内地下水位自动监测井较少，特别是咸淡水分界线附近无自动监测井，地下水位与咸水入侵调查仍以人工调查为主。建议增加寿光市地下水特别是咸淡水分界限附近的地下水自动监测站点，并建立地下水监测长效机制，定期调查寿光市地下水超采与咸水入侵状况，及时掌握寿光市地下水与咸水入侵动态。

8. 制定多水源综合水价，建立多水源市场调节机制

南水北调通水后，因长江水较高的工程投资和运行成本，调水的水价会高于当地水源的水价。在这种情况下，终端供水公司就会从自身利益出发，多用当地水源的水，继续超采地下水。这不仅不利于改善生态环境、实现可持续发展的目标，而且还会造成南水北调工程投资的浪费，使水资源优化配置的目标不能全面实现。因此，建议制定长江水、黄河水、弥河地表水的综合水价，调整当地水源价格，并建立综合水价长效管理机制，引导人们调整用水行为，实现南水北调工程的良性运行和寿光市水资源的优化配置，逐步恢复地下水漏斗，有效遏制咸水入侵。

第十一章　咸水入侵调查专题报告

一、海（咸）水入侵的水化学监测

1. 监测指标

海（咸）水入侵从发生到发展，地下水中的化学成分存在一定程度的改变。化学离子存在着迁移、吸附和汇集的过程，并在空间分布上呈现出一定的规律性。根据不同的目的和精度，选择不同的水文地球化学指标进行海咸水的监测。根据选用指标的多少，可以分为单一指标法和多指标法。

（1）单一指标法

最常用的指标是 Cl^- 浓度，它是海水中最主要的稳定常量元素，而且测定方便。其量值是根据生活饮用水的允许值或容忍值以及农业灌溉用水的标准确定，多数学者参考农灌用水水质标准的水质指标，将 Cl^- 浓度为 250 mg/L 作为判断海水入侵最直接的单一指标。

另一常用指标是矿化度（TDS），矿化度是指水中可溶性固体总量，常以每升地下水中的含盐量来表示。传统水文地质学根据矿化度的不同，把地下水分为淡水（<1 g/L）、微咸水（1～3 g/L）、咸水（3～10 g/L）、盐水（10～50 g/L）、卤水（>50 g/L）等五类。1971年，世界卫生组织（WHO）将饮用水的可接受值和最大允许值分别定为0.5 g/L 和1.5 g/L。

（2）多指标法

可选择几种有代表性的化学离子以及特征离子比值作为监测指标，以此对海水入侵程度进行等级划分。多指标综合评判法是目前海水入侵评价中最有效同时又最常用且相对经济的方法。选择的代表性指标有：Cl^-、矿化度（TDS）、Br^-、钠吸附比（SAR）、咸化系数（A）。Br^- 是海水中稳定的常量元素之一，含量一般为大于 55 mg/L。陆地淡水 Br^- 则属于微量元素，受到海水侵染后，此含量值将升高。因此，它是反映海水入侵的一个较敏感指标。咸化系数（A）定义为地下水中特征离子比值：$\gamma Cl/(\gamma HCO_3+\gamma CO_3)$。钠吸附比（SAR）是美国咸水实验机构用来表示农业灌溉适宜性的一个参数。不同化学性质的水中特征离子不同，其特征离子含量的比值可清楚地反映并放大不同类型水的差异性，因此它是十分有效的一种指标。SAR 指标可以反映海水入侵过程中咸淡水混合作用下水一岩（土）之间的阳离子交换作用。

2. 监测指标的选取

结合寿光市实际情况，根据以往的海（咸）水已有研究成果，本次海（咸）水入侵的调查，监测指标选取 Cl^- 作为参考指标的单一指标法来进行调查分析。

Cl^- 浓度是最为常用的海（咸）水入侵监测手段，研究结果证明，地下水中 Cl^- 浓度过高会对人体和农作物产生不良影响。各国对水中的 Cl^- 浓度上限均有规定，对于农业灌溉用水，美国定为 142～355 mg/L，日本定为 250 mg/L，联合国定为 46.5～381.6 mg/L，世界卫生组织定为350 mg/L。我国根据实际情况，拟定灌溉水中氯化物的浓度在连续灌溉条件下不应超过200 mg/L，间歇灌溉条件下不应超过 200～300 mg/L。对于生活饮用水，主要从味觉考虑，如果水中氯化物的浓度过高，会产生使人嫌恶的味道，并对配水系统造成腐蚀。我国饮用水标准规定 Cl^- 浓度不超过 250 mg/L。因此，此次海（咸）水入侵的调查监测，把 Cl^- 浓度 250 mg/L 作为监测主要参考指标。

二、调查监测区域范围及方法

1. 调查监测区域范围

根据已有的研究成果，结合海（咸）水入侵运动规律，本次海（咸）水调查在 1981 年调查获得的咸淡水分界面基础上进行，如图 11-1 所示。调查的区域范围为该分界线南北两侧的潜在发生海（咸）水入侵的区域，重点是咸淡水分界线以南的区域，涉及的行政区域主要有台头镇、田柳镇、上口镇以及侯镇等 4 个乡镇行政单位。

2. 调查监测方法

根据调查区域地下水的总体运移方向，结合区域内地下水井的空间分布特征，本次海（咸）水入侵调查沿着地下水流动方向共布设 16 个剖面，分析测定了 79 眼水井的 79 个水样的 Cl^- 浓度。其中，侯镇 3 个（剖面编号 13—15），分析测定了 13 个水样点；上口镇 4 个剖面（剖面编号 9—12），分析测定 19 个水样点；田柳镇 3 个剖面（剖面编号 1、2、8），分析测定 20 个水样点；台头镇 6 个剖面（剖面编号 3—7、16），分析测定 28 个水样点。剖面及水样测试分析点空间的分布情况如图 11-1 所示。

三、监测数据及分析

1. 监测数据

对 16 个测量剖面中 79 眼水井的水样进行 Cl^- 浓度测定，表 11-1～表 11-4 按照调查的行政区域给出了 Cl^- 浓度测定结果及其相关数据。

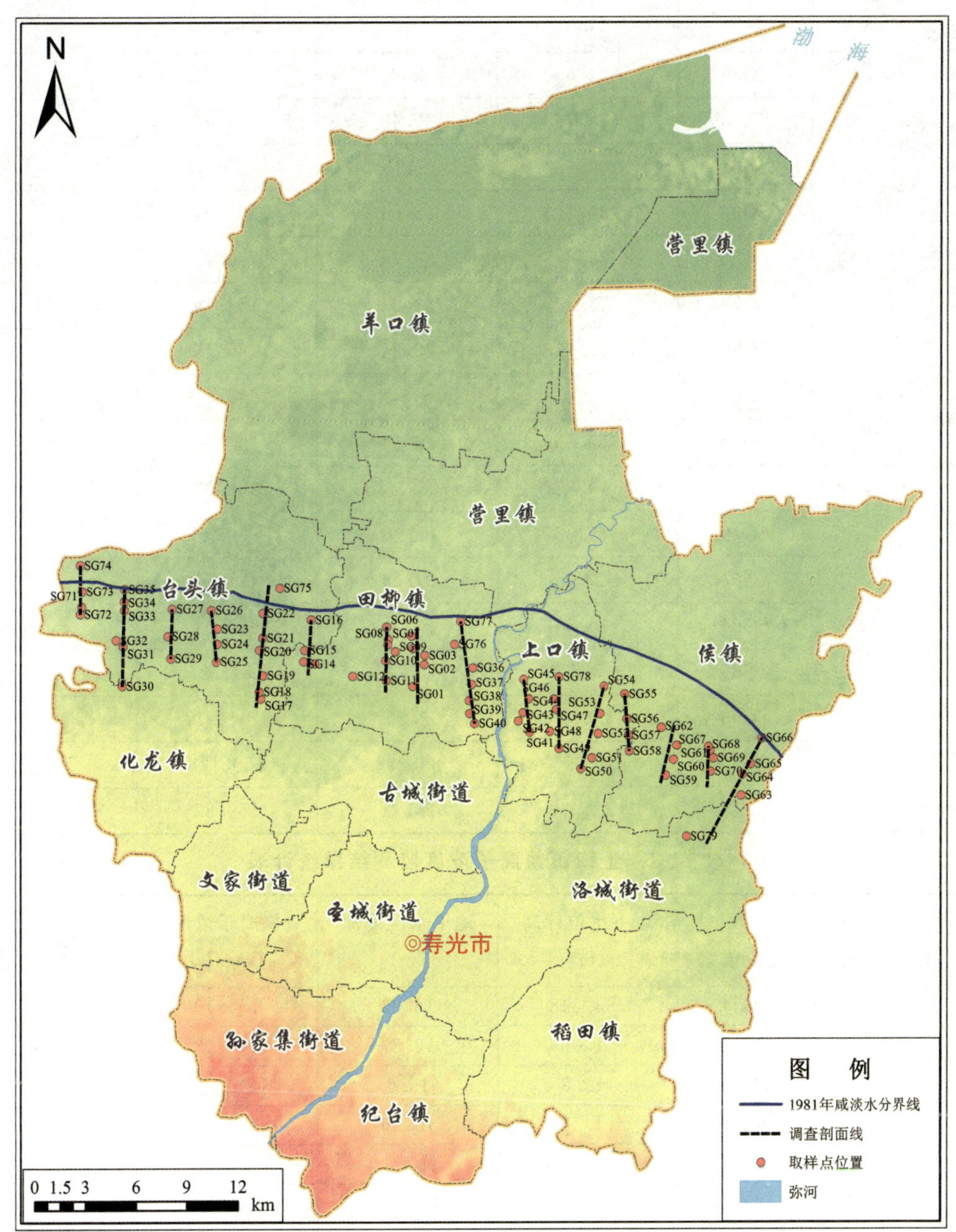

图 11-1　1981 年咸淡水分界线与调查剖面及井位分布图

表 11-1 侯镇镇氯离子浓度监测结果统计表

行政区域	剖面编号	取样点编号	地下水位标高（m）	地下水位埋深（m）	氯离子浓度（mg/L）	备注
侯镇镇	13	SG59	−24.532	33.7	116.32	
		SG60	−18.799	27.48	243.46	
		SG61			2 310.16	
		SG62	−34.294	43.04	394.94	
	平均	/	−25.875	34.74	766.22	
	14	SG70	−23.439	31.23	154.19	
		SG69	−17.773	25.24	289.45	
		SG67			340.84	
		SG68	−17.969	26.31	267.8	
	平均	/	−19.727	27.593 333	263.07	
	15	SG79	−45.735	54.7	80.5	
		SG63	−24.04	31.54	427.41	
		SG64	−16.542	22.98	957.61	
		SG65	−7.522	14.4	741.2	
		SG66	3.871	2.86	1 044.17	
	平均	/	−17.993 6	25.296	650.178	
合计平均	/	/	−21.20	29.21	559.82	

表 11-2 上口镇氯离子浓度监测结果统计表

行政区域	剖面编号	取样点编号	地下水位标高（m）	地下水位埋深（m）	氯离子浓度（mg/L）	备注
上口镇	9	SG41	−4.148	18.06	154.19	
		SG42	−1.069	13.87	146.08	
		SG43	−2.8	15.6	440.93	
		SG44	−1.582	13.56	256.69	
		SG45	1.032	10.7	116.32	
	平均	/	−1.713 4	14.358	222.842	
	10	SG49			78.45	
		SG48			59.51	
		SG47	−25.653	37.23	113.61	
		SG46	−6.685	17.6	189.36	
		SG78	−1.968	11.17	577.93	
	平均	/	−11.435 33	22	203.772	

（续表）

行政区域	剖面编号	取样点编号	地下水位标高（m）	地下水位埋深（m）	氯离子浓度（mg/L）	备注
上口镇	11	SG50	−12.45	25	78.45	
		SG51	−21.762	33.5	183.95	
		SG52	−13.149	26.75	275.92	
		SG53			121.73	
		SG54	−5.45	15.54	624.88	
	平均	/	−13.202 75	25.197 5	256.986	
	12	SG58	−22.025	32.73	405.77	
		SG57	−19.929	30.69	432.82	
		SG56	−16.804	27.75	319.2	
		SG55	−4.07	15.7	216.41	
	平均	/	−15.707	26.7175	343.55	
合计平均	/	/	−10.514 6	22.068 25	256.787 5	

表 11-3　田柳镇氯离子浓度监测结果统计表

行政区域	剖面编号	取样点编号	地下水位标高（m）	地下水位埋深（m）	氯离子浓度（mg/L）	备注
田柳镇	1	SG1	−9.70	19.57	173.13	
		SG2	−4.48	14.45	261.85	
		SG3	−9.33	17.62	699.00	
		SG4	−2.22	11.47	412.26	
		SG5	−1.25	9.93	934.88	
	平均	/	−5.40	14.61	496.22	
	2	SG12			259.69	
		SG11	−9.28	17.19	238.05	
		SG10	−8.35	15.32	319.20	
		SG09	−6.15	14.72	481.51	
		SG08	−5.74	13.17	557.25	
		SG07	−4.96	12.42	922.44	
		SG06	−2.58	9.42	1 090.16	
	平均	/	−6.18	13.71	463.02	

（续表）

行政区域	剖面编号	取样点编号	地下水位标高（m）	地下水位埋深（m）	氯离子浓度（mg/L）	备注
田柳镇	8	SG40	－4.52	16.20	159.60	
		SG39	－8.05	19.90	124.43	
		SG38	8.00	8.00	183.95	
		SG37	－1.79	12.25	127.14	
		SG36	－0.94	10.54	189.36	
		SG76	－3.18	11.65	387.24	
		SG77	0.02	9.58	1 235.85	
	平均	/	－1.49	12.59	343.94	
合计平均	/	/	－4.35	13.63	434.40	

表 11-4　台头镇氯离子浓度监测结果统计表

行政区域	剖面编号	取样点编号	地下水位标高（m）	地下水位埋深（m）	氯离子浓度（mg/L）	备注
台头镇	3	SG13	－14.33	19.28	129.84	
		SG14	－15.15	20.25	75.74	
		SG15	－15.19	19.50	156.90	
		SG16	0.50	3.00	438.23	
	平均	/	－11.04	15.51	200.18	
	4	SG17	－29.61	37.40	75.74	
		SG18	－21.62	28.59	59.51	
		SG19	－17.66	23.61	97.38	
		SG20	－17.85	22.31	124.43	
		SG21	－16.75	20.60	219.11	
		SG22	－14.83	17.37	62.22	
		SG75	－14.16	16.45	2 737.30	
	平均	/	－18.93	23.76	482.24	
	5	SG25			75.74	
		SG24			83.86	
		SG23	－9.98	13.50	305.68	
		SG26	－28.54	29.60	116.32	
	平均	/	－19.26	21.55	145.40	

（续表）

<table>
<tr><th>行政区域</th><th>剖面编号</th><th>取样点编号</th><th>地下水位标高（m）</th><th>地下水位埋深（m）</th><th>氯离子浓度（mg/L）</th><th>备注</th></tr>
<tr><td rowspan="16">台头镇</td><td rowspan="3">6</td><td>SG29</td><td>−20.03</td><td>25.80</td><td>81.15</td><td></td></tr>
<tr><td>SG28</td><td>−31.43</td><td>35.50</td><td>129.84</td><td></td></tr>
<tr><td>SG27</td><td>−11.63</td><td>14.57</td><td>259.69</td><td></td></tr>
<tr><td>平均</td><td>/</td><td>−21.03</td><td>25.29</td><td>156.89</td><td></td></tr>
<tr><td rowspan="6">7</td><td>SG30</td><td>−27.39</td><td>34.46</td><td>100.09</td><td></td></tr>
<tr><td>SG31</td><td></td><td></td><td>34.08</td><td></td></tr>
<tr><td>SG32</td><td></td><td></td><td>159.60</td><td></td></tr>
<tr><td>SG33</td><td></td><td></td><td>294.86</td><td></td></tr>
<tr><td>SG34</td><td></td><td></td><td>59.51</td><td></td></tr>
<tr><td>SG35</td><td>−3.48</td><td>6.46</td><td>1 412.06</td><td></td></tr>
<tr><td>平均</td><td>/</td><td>−15.44</td><td>20.46</td><td>343.37</td><td></td></tr>
<tr><td rowspan="4">16</td><td>SG72</td><td>−14.21</td><td>19.23</td><td>450.01</td><td></td></tr>
<tr><td>SG71</td><td>−12.44</td><td>16.60</td><td>523.68</td><td></td></tr>
<tr><td>SG73</td><td></td><td></td><td>524.78</td><td></td></tr>
<tr><td>SG74</td><td>1.06</td><td>2.47</td><td>935.63</td><td></td></tr>
<tr><td>平均</td><td>/</td><td>−10.26</td><td>14.69</td><td>608.53</td><td></td></tr>
<tr><td>合计平均</td><td>/</td><td>/</td><td>−15.99</td><td>20.21</td><td>322.77</td><td></td></tr>
</table>

2. 数据分析

从表 11-1～表 11-4 可以看出，在监测的 79 个水样点中，Cl^- 浓度大于 250 mg/L 的水样点数总计有 39 个，约占监测总水样点的 49.4%，小于 250 gm/L 的水样点数有 40 个，占监测总水样点的 50.6%。

其中，在 Cl^- 浓度大于 250 mg/L 的 39 个水样点中，侯镇有 9 个，约占 23.1%；上口镇有 8 个，约占 20.5%；田柳镇有 12 个，约占 30.8%；台头镇有 10 个，约占 25.6%。如图 11-2 所示。从空间分布上来看，Cl^- 浓度超标（大于 250 mg/L）的水样点，在 4 个行政调查监测区内都有出现，且在区域分布较均匀，详见图 11-3。这表明，此次调查获得的监测数据具有较好的代表性，能够很好地反映出调查区内海（咸）水的空间分布特征。

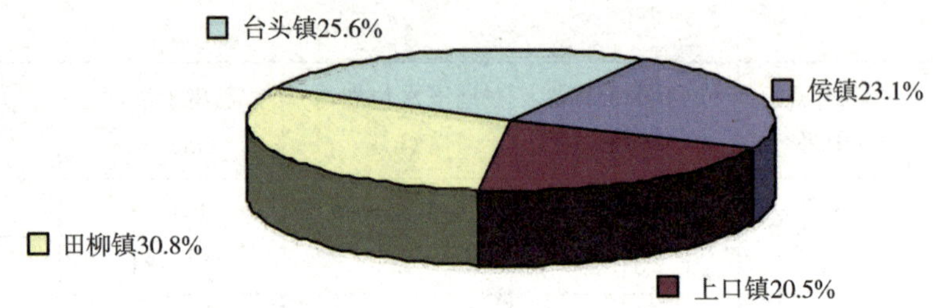

图 11-2 各行政调查区氯离子浓度超标统计分布图（大于 250 mg/L）

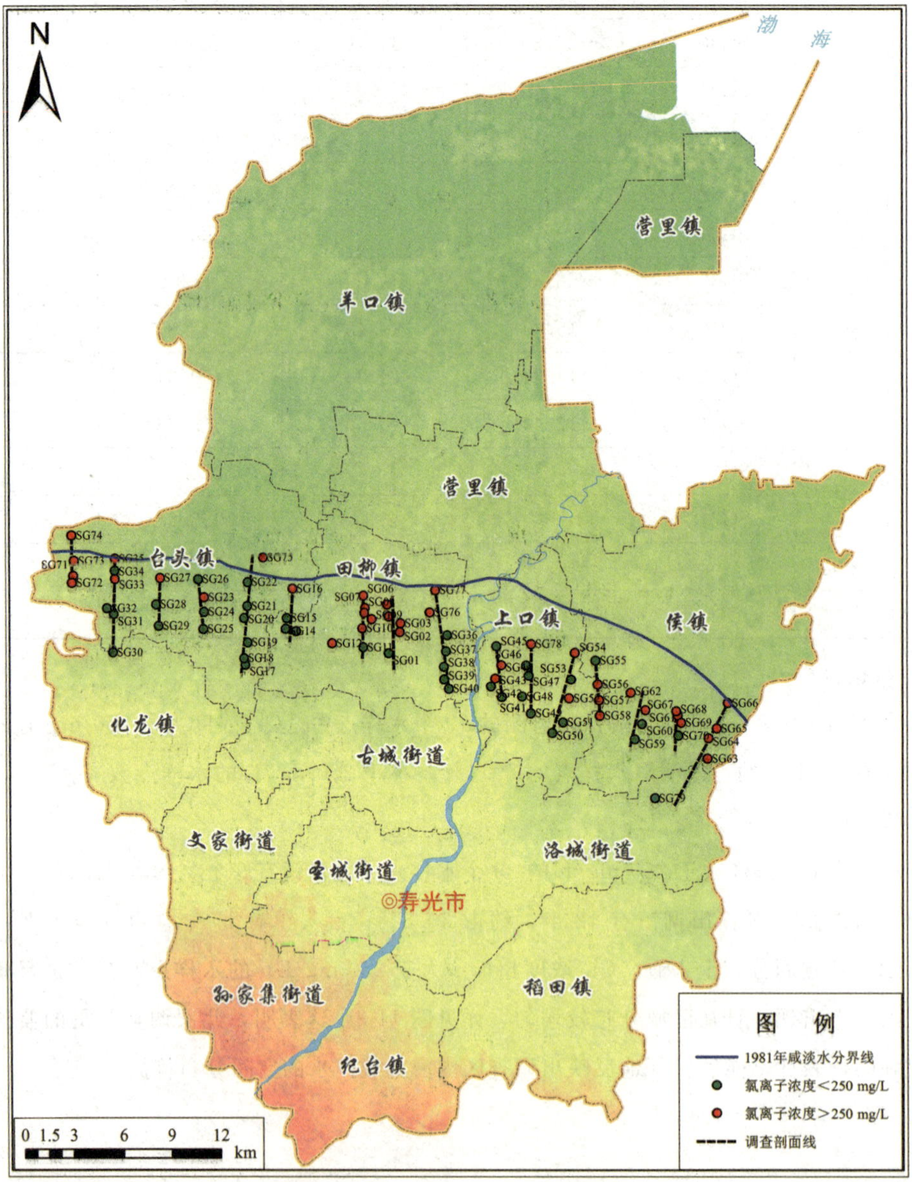

图 11-3 监测点氯离子浓度空间分布图

从图 11-3 的监测结果还可以清晰地看出，沿着布设的每一条监测断面，氯离子浓度大小的变化规律呈现出一致性。整体上，沿着监测剖面从西南向东北方向氯离子的浓度是逐渐增加的，这与该区域地下水总体的运动方向相吻合，也进一步说明了此次调查数据的合理与正确性。

图 11-4～图 11-15 分别给出了位于侯镇剖面 13 和剖面 15、上口镇剖面 9 和剖面 11、田柳镇剖面 2 和剖面 8、台头镇剖面 4 和剖面 7 上的监测点氯离子浓度监测结果。每一监测断面上，位于南部区域监测水样点的氯离子浓度整体小于北部区域监测水样点的氯离子浓度值。

如图 11-5 侯镇剖面 13 氯离子浓度监测结果所示，在监测断面 13 上，自北向南（SG62～SG59）氯离子浓度呈下降趋势，其中氯离子浓度最低点位于最南部的监测水样点 SG59，浓度为 116.32 mg/L，氯离子浓度最高点位于北部监测水样点 SG61，浓度为2 310.16 mg/L，该值超标约 9.2 倍；在断面 15 上，如图 11-6 所示，也可以明显地看出自北向南氯离子浓度下降的变化趋势，最南端监测水样点 SG79，氯离子浓度为 80.5 mg/L，而最北端监测水样点 SG66 的氯离子浓度却高达 1 044.17 mg/L，超标约 4.2 倍。该处断面自北向南地势变化平缓，相对应的地下水位却呈现下降趋势，与氯离子浓度变化趋势呈正相关变化，北部咸水区地下水位高于南部区地下水位，南北存在水头差，造成了北部咸水向南部淡水区入侵的现象，从地下水位与氯离子浓度相关变化趋势上也可以看出这一点。

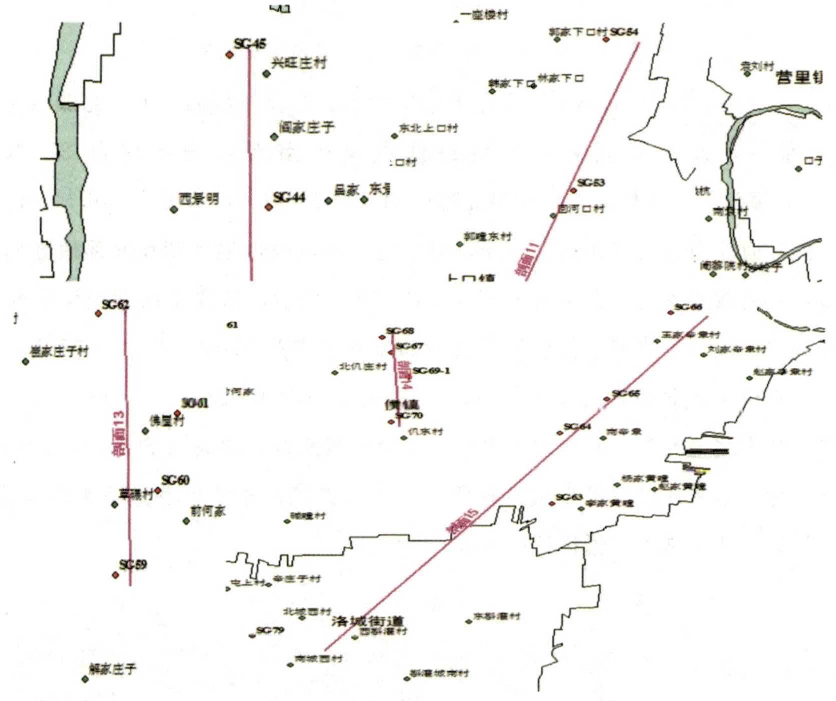

图 11-4　侯镇剖面 13 和剖面 15 位置图

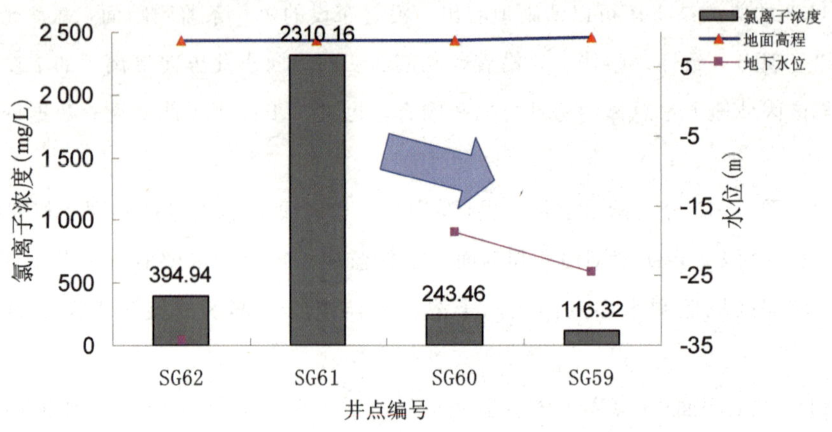

图 11-5 侯镇剖面 13 氯离子浓度监测结果图

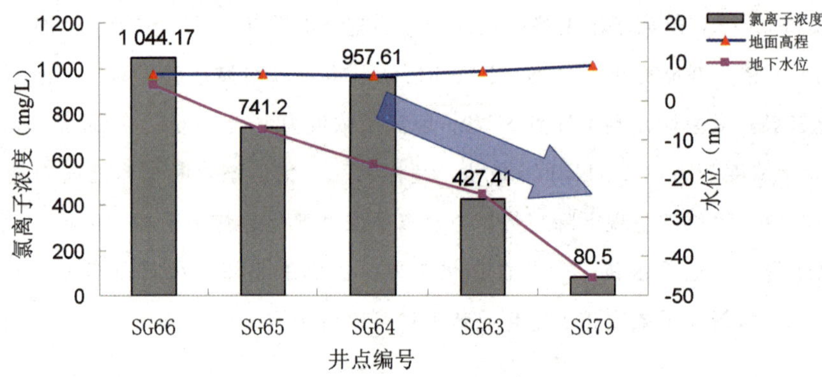

图 11-6 侯镇剖面 15 氯离子浓度监测结果图

如图 11-8 上口镇剖面 9 氯离子浓度监测结果所示，在监测剖面 9 上，北部地区氯离子浓度高于南部地区，该剖面氯离子浓度最低点位于南部监测水样点 SG42，浓度为 146.08 mg/L，氯离子浓度最高点位于最北部监测水样点 SG45，浓度为 516.32 mg/L，超标约 2.1 倍；该断面处南部地势比北部偏高，但是地下水位南部地区却比北部地区偏低，南北存在水头差，致使咸水南侵。在剖面 11 上，如图 11-9 所示，氯离子浓度变化情况仍是自北向南呈下降趋势，氯离子浓度最低点位于最南部监测水样点 SG50，浓度为 78.45 mg/L，氯离子浓度最高点位于最北部监测水样点 SG54，氯离子浓度为 624.88 mg/L，超标约 2.5 倍；该剖面地势变化平缓，北部咸水区地下水位高于南部淡水区，单看点 SG52 和点 SG51，前者氯离子浓度超标，后者还没有发生咸侵现象，并且前者氯离子浓度和地下水位均高于后者，随着时间的推移，北部咸水会慢慢侵染 SG51 号井。

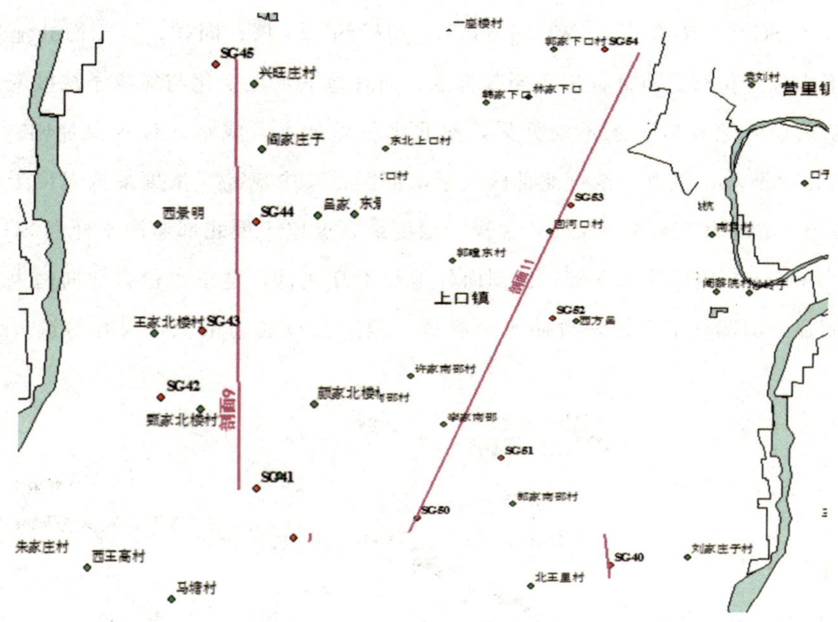

图 11-7　上口镇剖面 9 和剖面 11 位置图

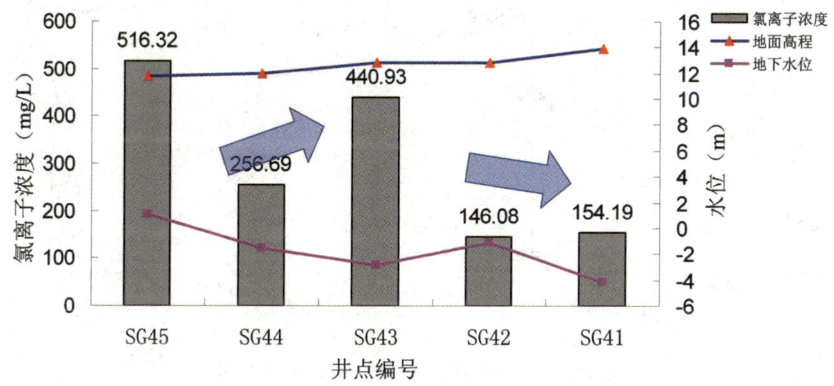

图 11-8　上口镇剖面 9 氯离子浓度监测结果图

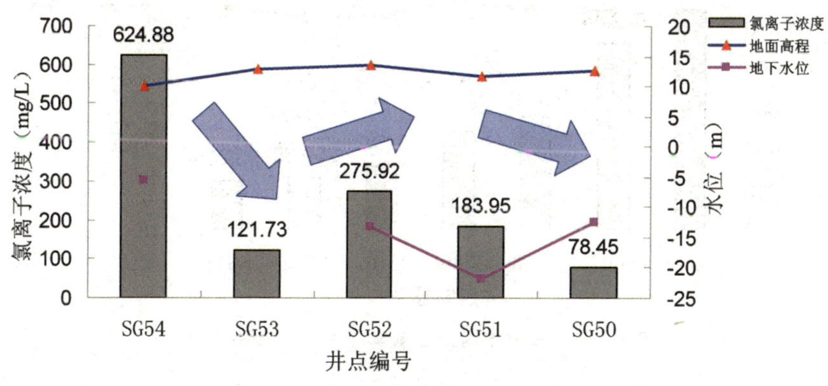

图 11-9　上口镇剖面 11 氯离子浓度监测结果图

如图 11-11 所示，在监测剖面 2 上，自北向南氯离子浓度变化呈下降趋势，其中氯离子浓度最低点位于最南部监测水样点 SG11，浓度为 238.05 mg/L，氯离子浓度最高点位于最北部监测水样点 SG06，浓度为 1 090.16 mg/L，超标约 4.4 倍；同样，该剖面处地势变化平缓，而地下水位变化却是自北向南不断降低的，而且地下水位变化与氯离子浓度变化呈正相关关系，这就说明随着地下水不断开采，南北水位差加大，咸水入侵现象加剧。在剖面 8 上，如图 11-12 所示，氯离子浓度北部区高于南部区，其中氯离子浓度最低点位于南部监测水样点 SG39，浓度为 124.43 mg/L，氯离子浓度最高点位于最北部监测水样点 SG77，浓度为 1 235.85 mg/L，超标约 4.9 倍；该剖面处地势南高北低，地下水位自北向南大体呈下降趋势，很明显，南部地下水开采致使水位降低，地下水位北高南低，很容易造成咸水入侵现象。

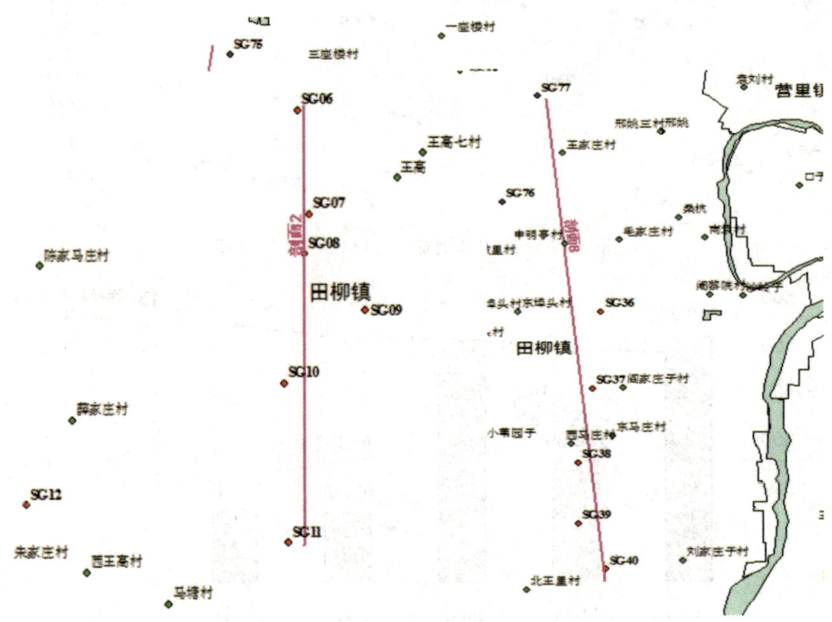

图 11-10　田柳镇剖面 2 和剖面 8 位置图

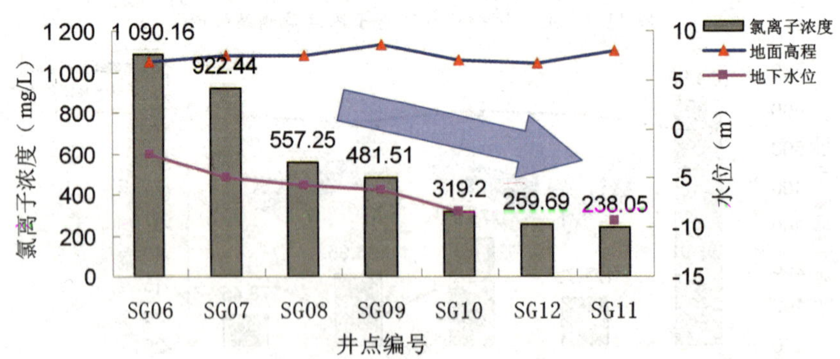

图 11-11　田柳镇剖面 2 氯离子浓度监测结果图

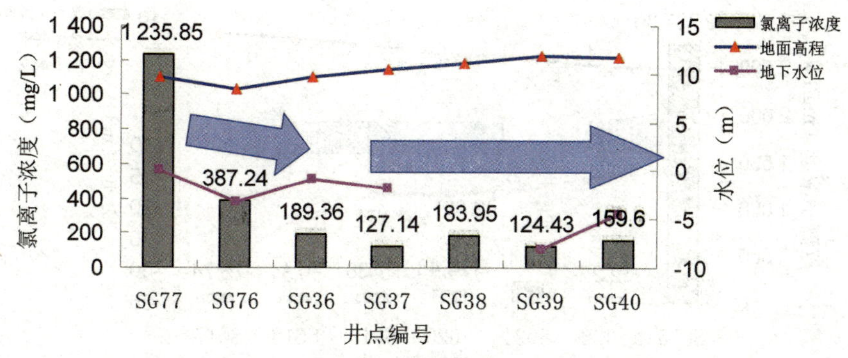

图 11-12　田柳镇剖面 8 氯离子浓度监测结果图

如图 11-14，在监测剖面 4 上，氯离子浓度北高南低，其中氯离子浓度最低点位于南部监测水样点 SG18，浓度为 59.51 mg/L，氯离子浓度最高点位于最北部监测水样点 SG75，浓度高达 2 737.3 mg/L，超标约 10.9 倍。在剖面 7 上，如图 11-15 所示，氯离子浓度自北向南呈下降趋势，其中氯离子浓度最低点位于南部监测水样点 SG31，浓度为 34.08 mg/L，氯离子浓度最高点位于最北部监测水样点 SG35，浓度为 1 412.06 mg/L，超标约为 5.6 倍。这两处剖面，地势均是南高北低，而地下水位却是北高南低，尤其是剖面 4（如图 11-14）能够明显看出。如今，虽然南部各井点的氯离子浓度还没有超标，但是如果继续维持这种现状，那么随着时间的推移，南部各井均会一一遭到侵染。

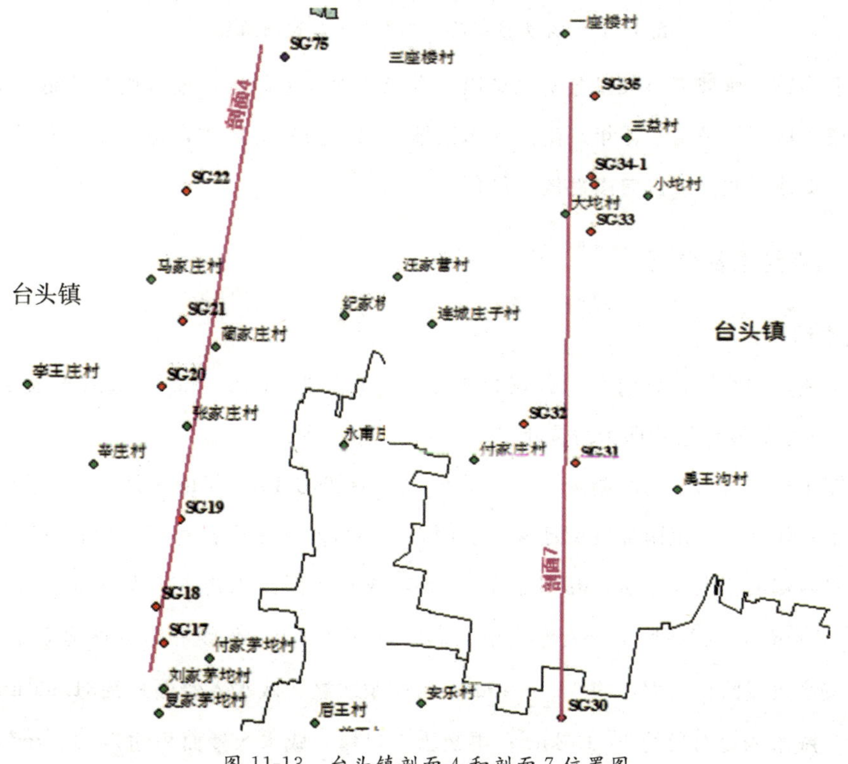

图 11-13　台头镇剖面 4 和剖面 7 位置图

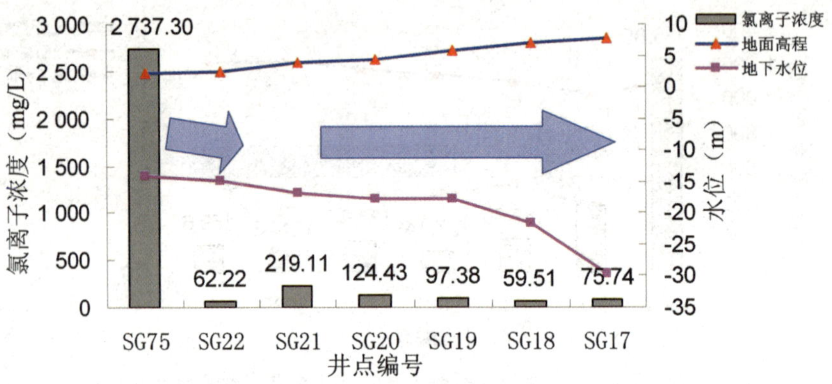

图 11-14　台头镇剖面 4 氯离子浓度监测结果图

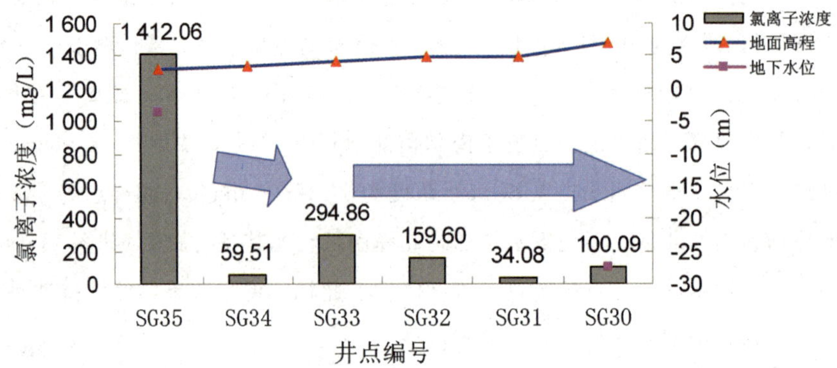

图 11-15　台头镇剖面 7 氯离子浓度监测结果图

从以上各镇各典型剖面可以分析总结出，寿光市地处平原区，地势南高北低，北部自古以来属于咸水区，但是由于近年来南部淡水区地下水开采较为严重，地下水位降低，南北存在水头差，造成了北部咸水向南部淡水区侵染的现象。

四、调查结果及分析

1. 调查结果

利用上述监测数据，采用空间区域化技术，勾勒绘制出 250 mg/L 氯离子浓度等值线，如图 11-16 所示，该等值线即为寿光市 2014 年咸淡水分界线。

从该图中可以看出，此次调查获得的咸淡水分界线与 1981 年的咸淡水分界线相比，在空间位置上整体向寿光市南部区域迁移，表明寿光市咸水入侵面积和程度均有所增加。

从咸水入侵面积上来分析，相对于 1981 年，咸水入侵面积约 141.16 km^2，年平均入侵速率约 4.28 km^2/a。行政区上涉及台头镇、上口镇、田柳镇、侯镇和洛城街道 5 个街镇。其中，侯镇咸水入侵面积最大，约 47.89 km^2；田柳镇次之，咸水入侵面积约31.95 km^2，其次为台头镇，咸水入侵面积约 30.18 km^2；再次为上口镇，咸水入侵面积约 29.10 km^2，最小为洛城街道，咸水入侵面积约 2.04 km^2。至 2014 年，寿光市境内整个咸水区域总面积约为

1 164.25 km²，占总面积的 58.5%。

从咸水入侵距离来分析，咸水入侵距离侯镇东南端最大，入侵距离约为 7.48 km，见图 11-16①处；次之，是侯镇与上口镇的分界处，入侵距离约为 6.90 km，见图 11-16②处；再次，是台头镇的西端，入侵距离约为 4.06 km，见图 11-16④处；最后是田柳镇内，入侵距离为 3.48 km，图 11-16③处。

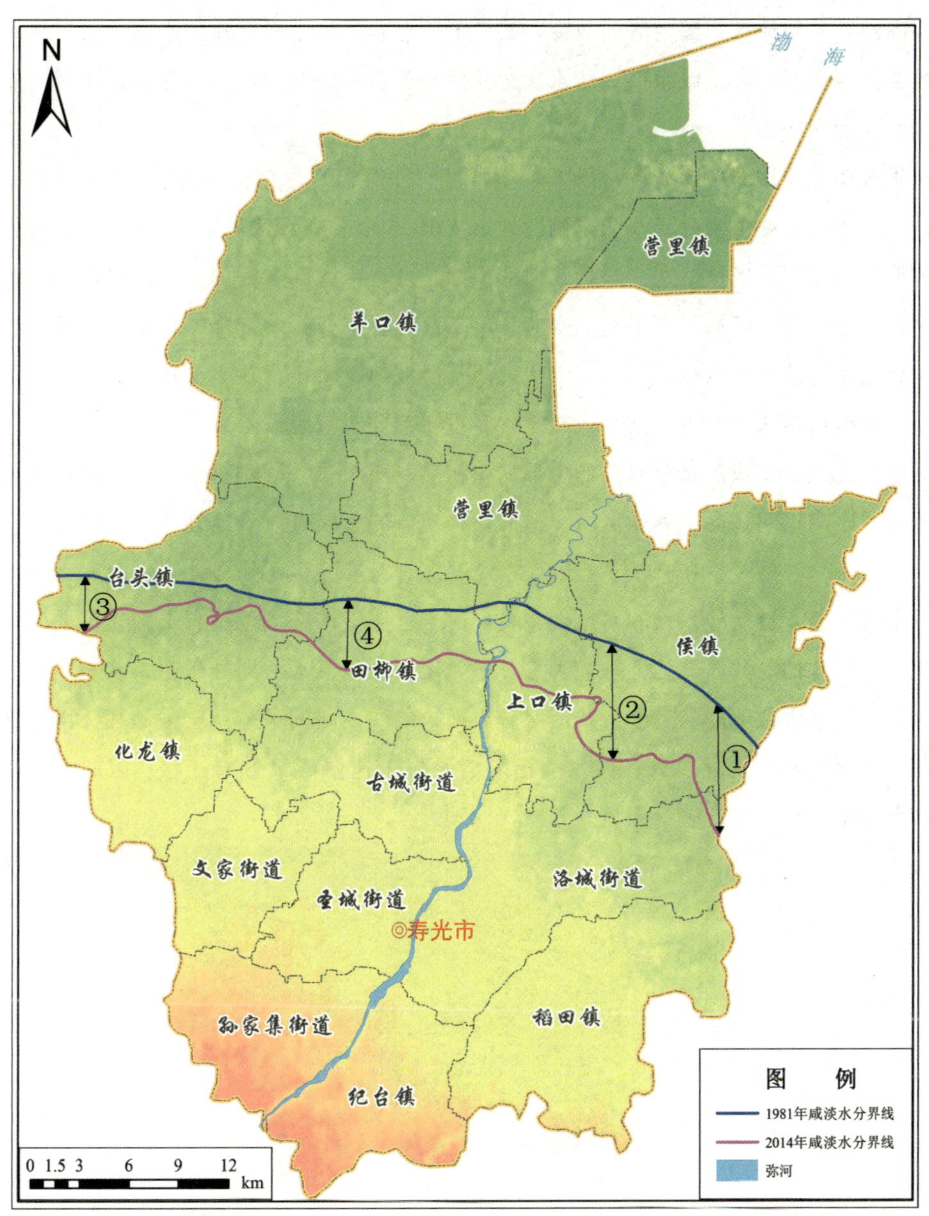

图 11-16　寿光市 2014 年咸淡水分界线

2. 成因分析

综上所述，寿光市境内地下水分成了两种性质不同的类型，即南部淡水区和北部咸水区。在地形和水文地质构造的控制下，地下水总体由西南方向东北方运移，由淡水区向咸水区运动。

但近几十年来，由于寿光市用水结构的不合理，尤其是机井的无序建设和地下水资源过度开发利用，及当地水资源情势的演变，破坏了原有咸、淡之间已建的平衡关系，从而造成境内局部区域地下水产生咸水区向淡水区运移的现象，形成新的咸水入侵区，使得寿光市境内的咸水区面积增加。

从本次调查获得的咸水入侵结果来看（如图 11-16 所示），存在着两处非常明显的咸水入侵区。一处是位于咸淡水分界线的东侧的侯镇（图 16 中①和②区域），咸水入侵的面积和入侵距离明显高于周边区域。造成这种现象的原因是寿光市南部东侧的含水层厚度小、富水性差，为地下水的贫水区域。开采地下水时，地下水位会迅速持续下降，很快会波及咸淡水分界处，致使北部咸水区域地下水位高于南部淡水区域地下水位。在水头压力差的作用下，北区咸水会持续向南部淡水方向迁移，直至二者重新建立起新的平衡为止。

另外一处是位于咸淡水分界线的中部的田柳镇（图 11-16 中④区域），该区域咸水入侵的面积和入侵距离也明显高于其他区域。造成这种现象的原因是该区地处弥河冲洪积上及古河道上，如图 11-17 所示。由于历史上弥河冲洪积物的大量沉积，其岩性多为砂和砾石，在该区域处形成了透水性、导水性和富水性都良好的含水层，该区域也是整个寿光市地下水的主要富集区和机井的易井区。地下水的大量开采，使该区地下水长期处于超采状态，地下水位持续下降。地下水位下降一旦波及咸淡水分界面，咸淡之间的平衡就会被破坏。由于该区域含水层的透水性和导水性良好，咸水会沿着含水层迅速向淡水方向迁移。因此，同样条件下，该区咸水入侵程度就较为明显。

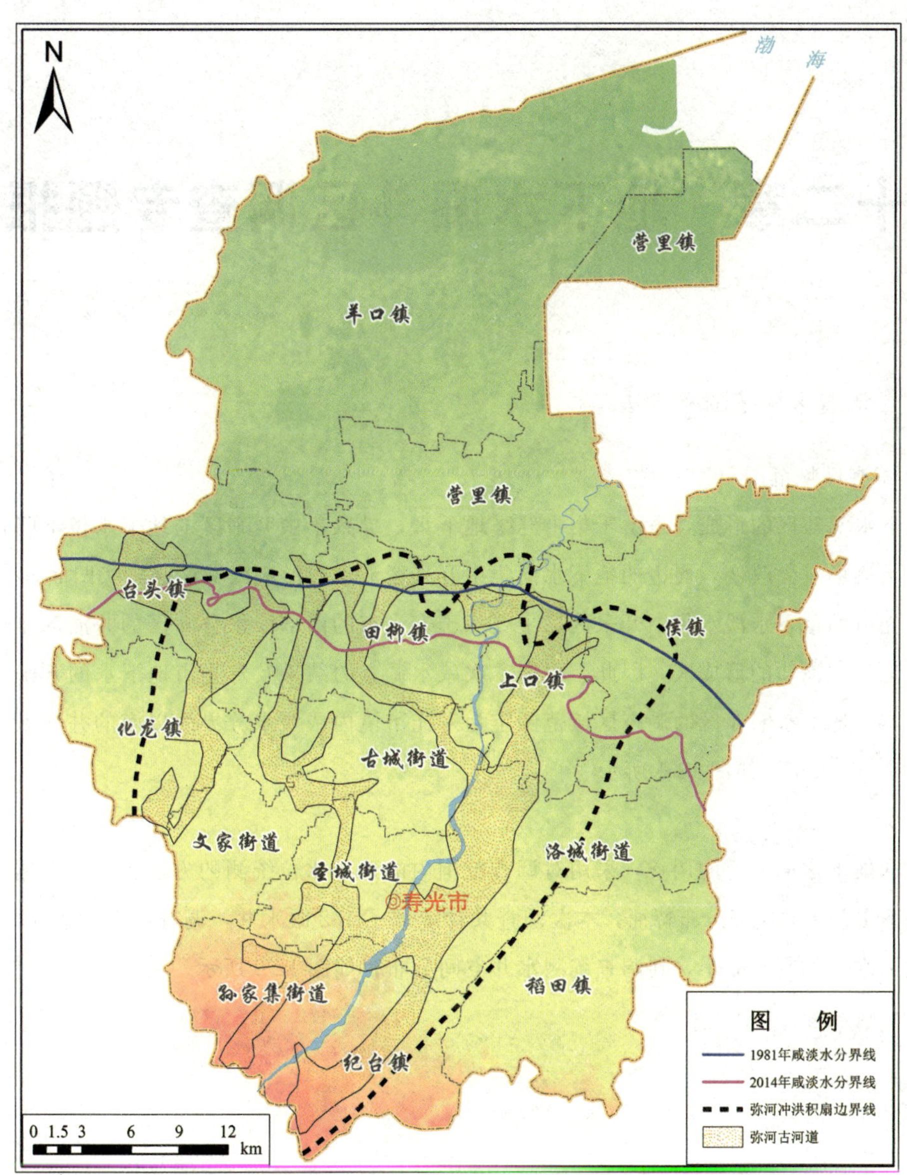

图 11-17　弥河冲洪积扇及古河道分布图

第十二章　地下水漏斗区调查专题报告

一、调查区域范围及方法

1. 调查区域范围

地下水漏斗区的形成，是由于集中开采地下水，导致集中开采区的地下水位下降，使周边地下水流场发生改变，周边的地下水向集中开采区流动，形成区域性漏斗状凹面。

寿光市的地下水淡水集中开采区，主要位于寿光市的南部淡水分布区的井灌区，这里也是潜在地下水漏斗的形成区。因此，根据本次咸水调查的结果及寿光市地下水的开采井分布状况，本次地下水漏斗区的调查区域范围定为寿光市境内咸淡水分界线以南的井灌区，调查面积约 1 062 km^2，如图 12-1 所示。

2. 调查方法

本次地下水漏斗区的调查，采用对调查范围内的地下水位统测的方法进行。根据调查范围内地下水开采井空间分布特征，本次调查共计统测了 182 眼水井，调查密度为 0.3 个/km^2，测到地下水位的有 166 个，其调查统测水井空间分布，如图 12-2 所示。

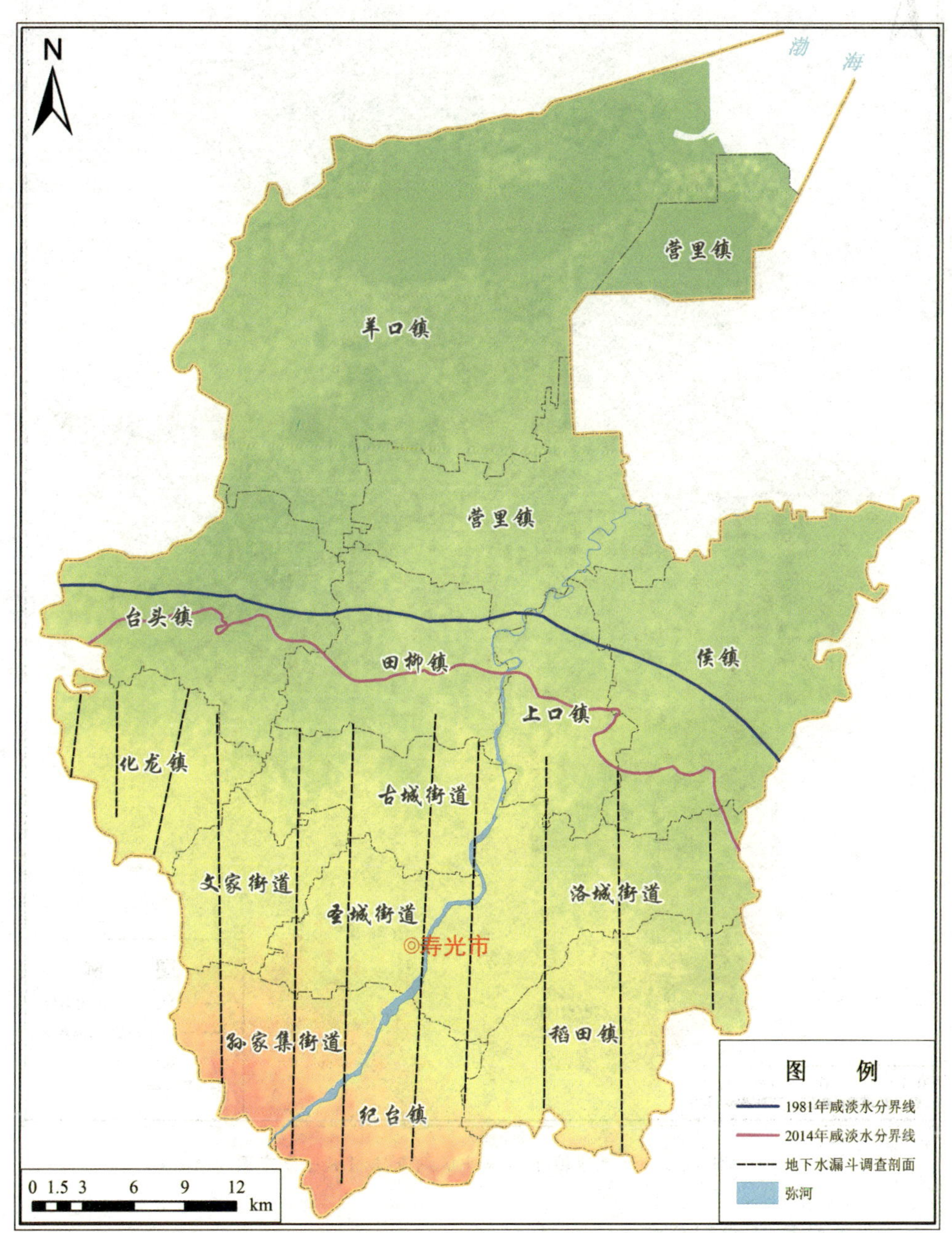

图 12-1　寿光市地下水漏斗区调查范围分布图

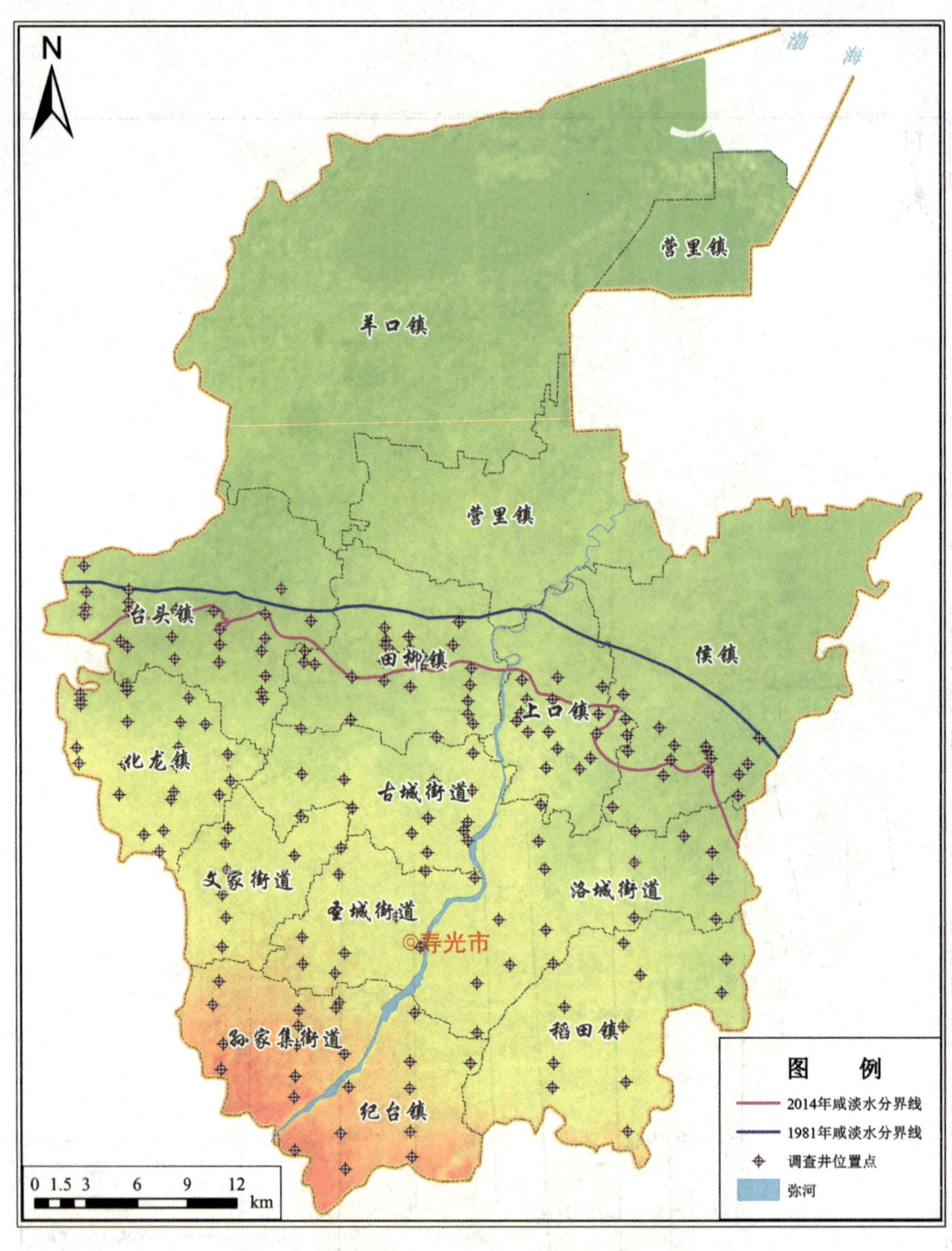

图 12-2 寿光市地下水漏斗区调查统测水井分布图

二、调查结果及成因分析

1. 调查结果

经统计分析，在调查统测到的 166 个地下水位中，地下水位最大埋深为 61.00 m，最小埋深 2.47 m，平均埋深为 23.480 m。

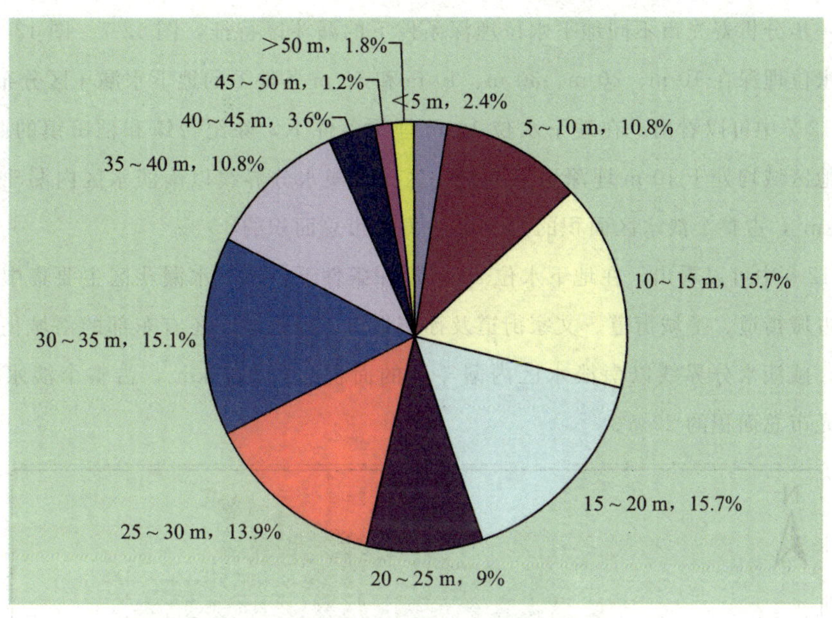

图 12-3　地下水位埋深统计结果

其中，地下水位埋深小于5 m的有4个，占总测点数的2.4%；地下水位埋深在5～10 m之间的有18个，占总测点数的10.8%；地下水位埋深在10～15 m之间的有26个，占总测点数的15.7%；地下水位埋深在15～20 m之间的有26个，占总测点数的15.7%；地下水位埋深在20～25 m之间的有15个，占总测点数的9.0%；地下水位埋深在25～30 m之间的有23个，占总测点数的13.9%；地下水位埋深在30～35 m之间的有25个，占总测点数的15.1%；地下水位埋深在35～40 m之间的有18个，占总测点数的10.8%；地下水位埋深在40～45 m之间的有6个，占总测点数的3.6%；地下水位埋深在45～50 m之间的有2个，占总测点数的1.2%；地下水位埋深大于50 m的有3个，占总测点数的1.8%。其统计结果见图12-3。各监测点的地下水位埋深，详见图12-4。利用上述监测数据，结合地形等高线分别绘制寿光市淡水区地下水位埋深等值线图和地下水位等值线图，分别如图12-5和图12-6所示。

从图中可以明显看出，寿光市地下水位埋深仅在南部的纪台镇存在小于5 m的区域，其他区域地下水位埋深均在5 m以上。而且在化龙镇、圣城街道和洛城街道三个区域，分别存在一个水力梯度非常大的地下水位等值线密集区，即产生了严重的地下水漏斗区。其中，化龙镇区域漏斗中心地下水位埋深约56 m，地下水位标高－41 m；圣城街道区域漏斗中心地下水位埋深约58 m，地下水位标高－31 m；洛城街道区域漏斗中心地下水位埋深约53 m，地下水位标高－44 m。

如果选用地下水位埋深6 m为临界值判定漏斗区（见图12-4中6 m埋深等值线），那么寿光市1981年咸淡水分界线以南基本都属于漏斗区，漏斗区面积为1 008 km^2，约占整个淡水区面积的95%，占寿光市总面积的61%。

为进一步分析寿光市不同地下水位埋深条件下的漏斗区特征，图 12-7～图 12-11 分别给出了地下水位埋深在 10 m、20 m、30 m、40 m 和 50 m 条件下的地下水漏斗区分布图。

从图 12-7 中可以看出，在地下水位 10 m 埋深条件下，除纪台镇和稻田镇的西南部外，寿光市其他区域均处于 10 m 埋深地下水漏斗区。咸淡水分界线以南淡水区内漏斗区的面积约为 898 km^2，占整个淡水区面积的 85%，占寿光市总面积的 45%。

从图 12-8 中可以看出，在地下水位 20 m 埋深条件下，地下水漏斗区主要集中在西部的化龙镇、古城街道、圣城街道、文家街道及孙家集街道等区域，还有东部的洛城街道、侯镇和上口镇。咸淡水分界线以南淡水区内漏斗区的面积约为 577 km^2，占整个淡水区面积的 54%占寿光市总面积的 29%。

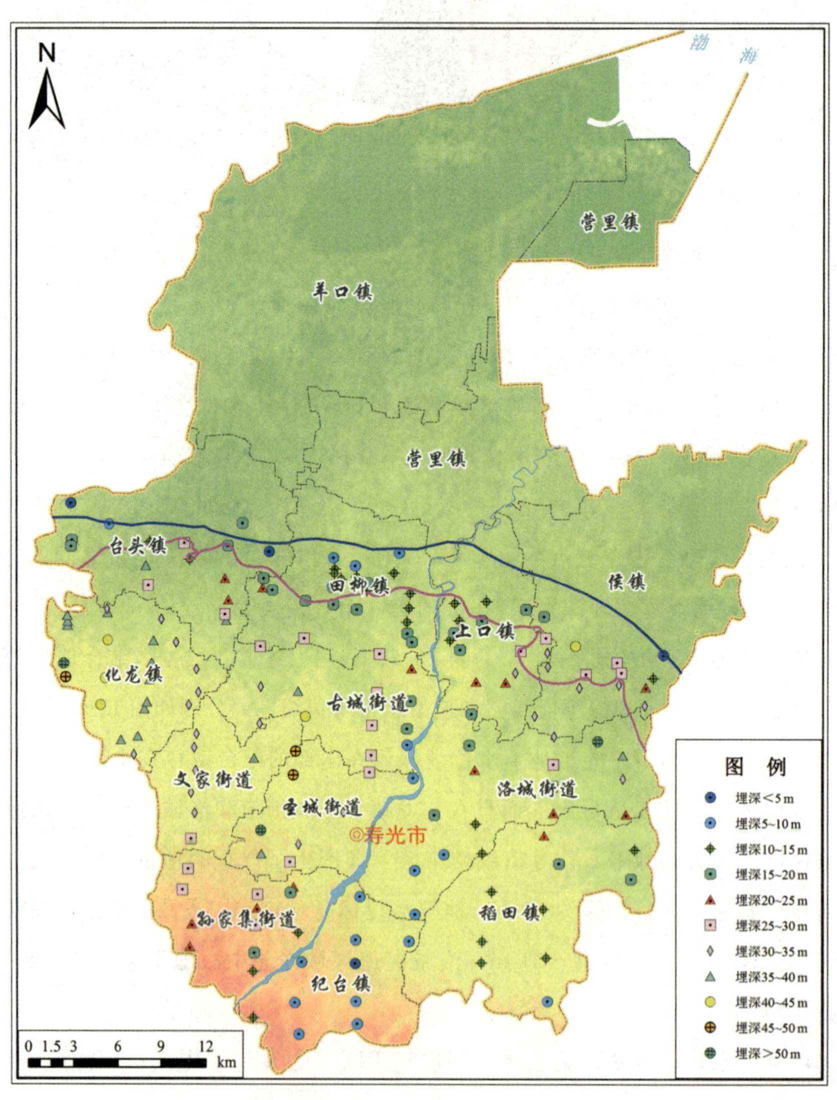

图 12-4 各监测点地下水位埋深分布图

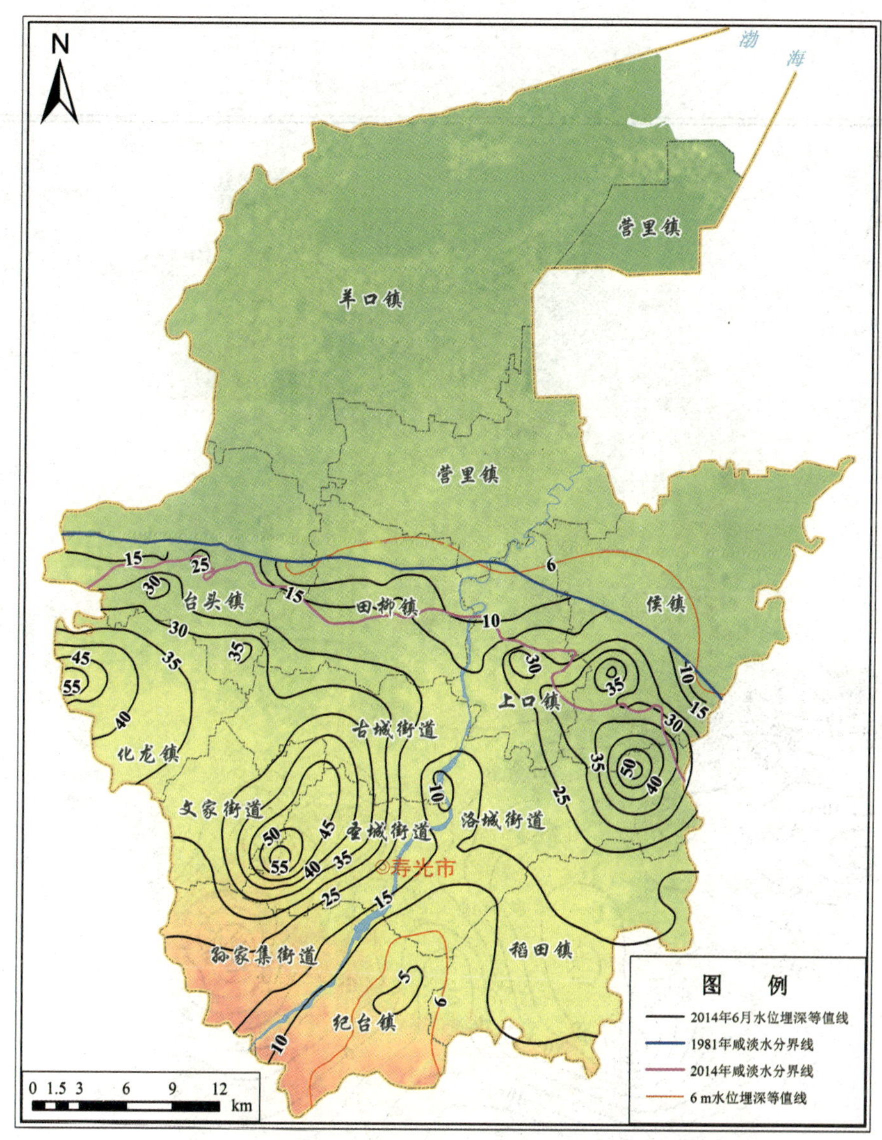

图 12-5 寿光市地下水位埋深等值线图

从图 12-9 中可以看出，在地下水位 30 m 埋深条件下，地下水漏斗区主要集中在西部的化龙镇、古城街道、圣城街道、文家街道等区域，还有东部的洛城街道、侯镇。咸淡水分界线以南淡水区内漏斗区的面积约为 299 km^2，占整个淡水区面积的 28%，占整个寿光市面积的 15%。

从图 12-10 中可以看出，在地下水位 40 m 埋深条件下，地下水漏斗区主要集中在西部的化龙镇、圣城街道和东部的洛城街道三个区域。区内漏斗区的面积约为 78 km^2，约占整个淡水区面积的 7%，占整个寿光市总面积的 4%。

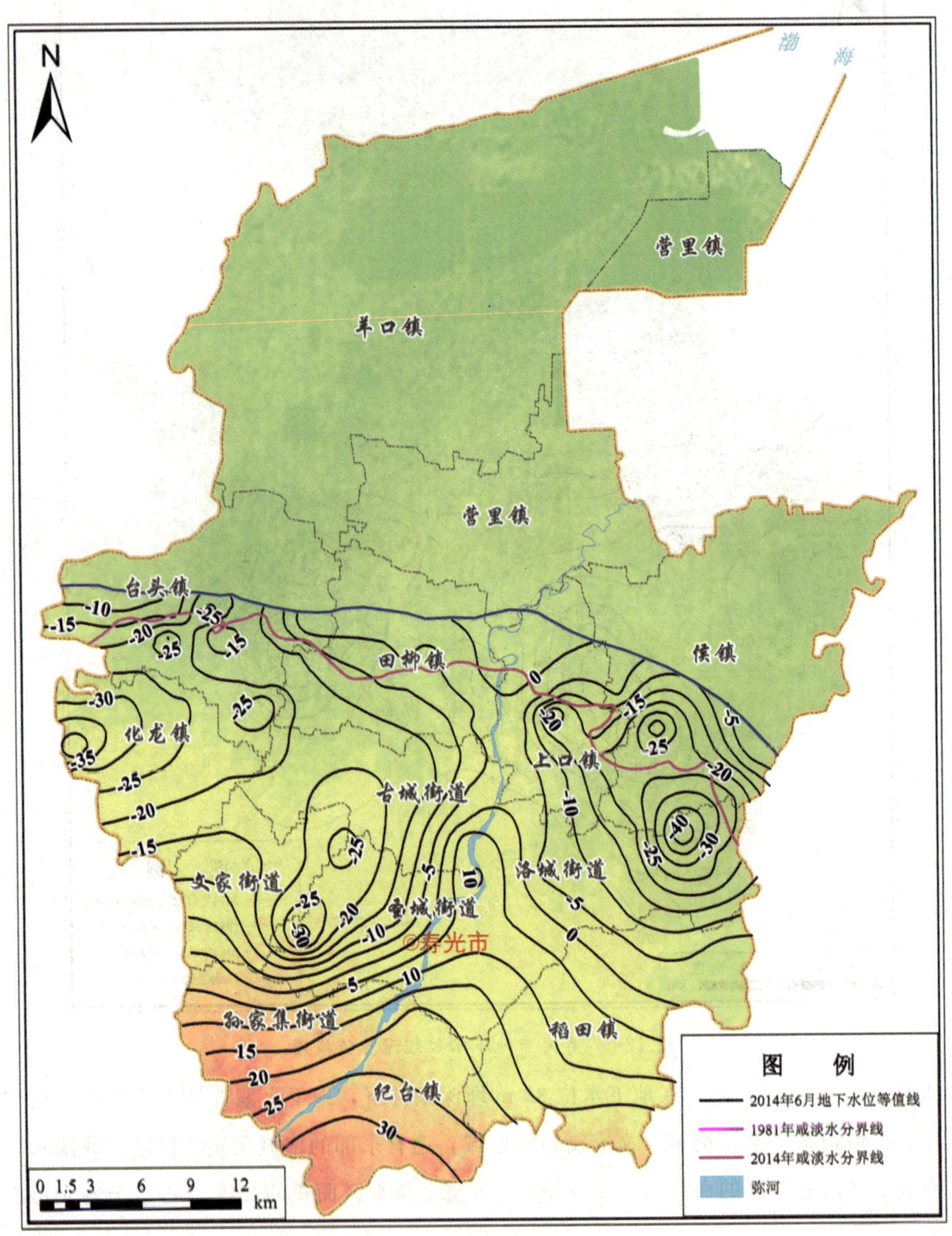

图 12-6 寿光市地下水位等值线图

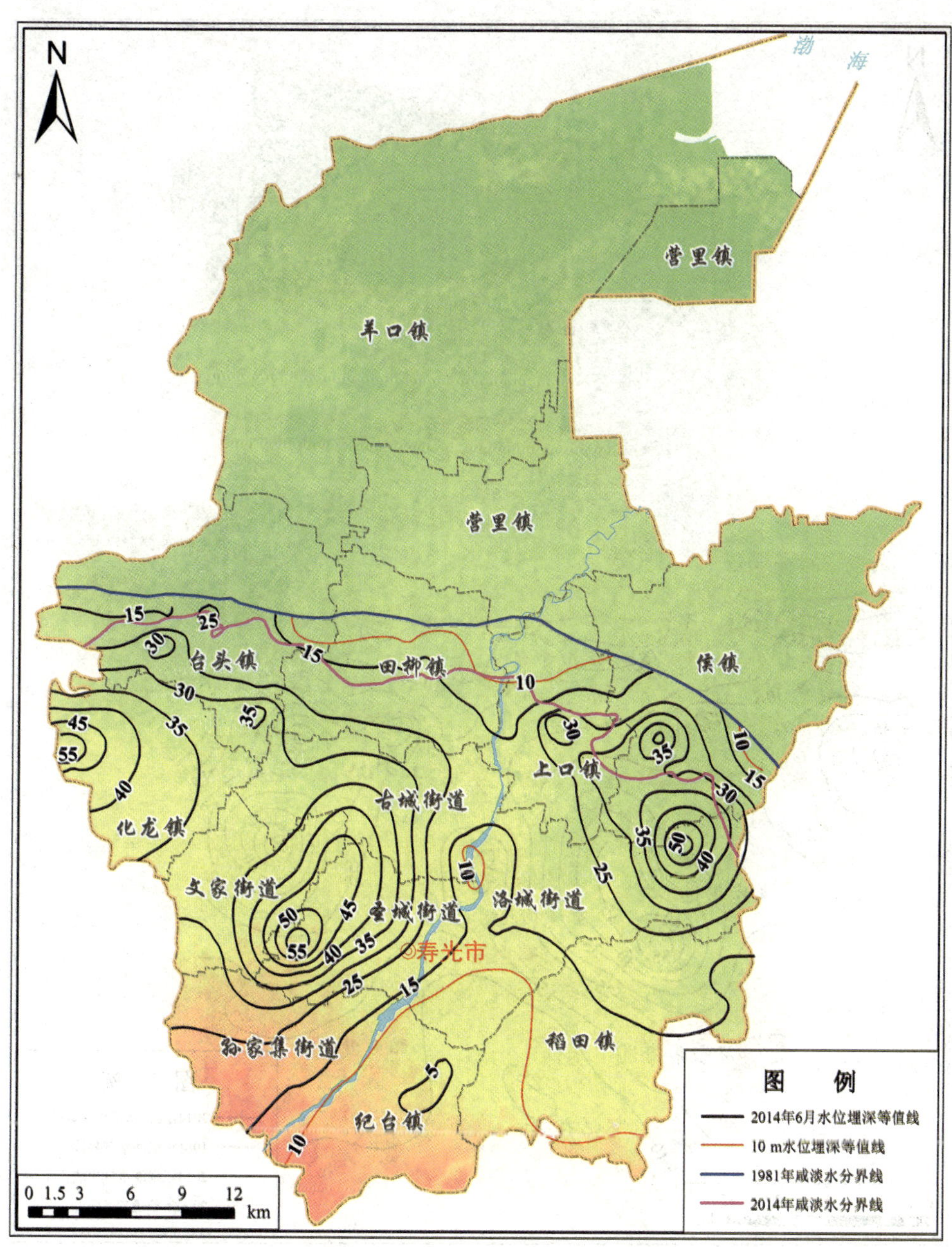

图 12-7　寿光市 10 m 埋深漏斗区分布图

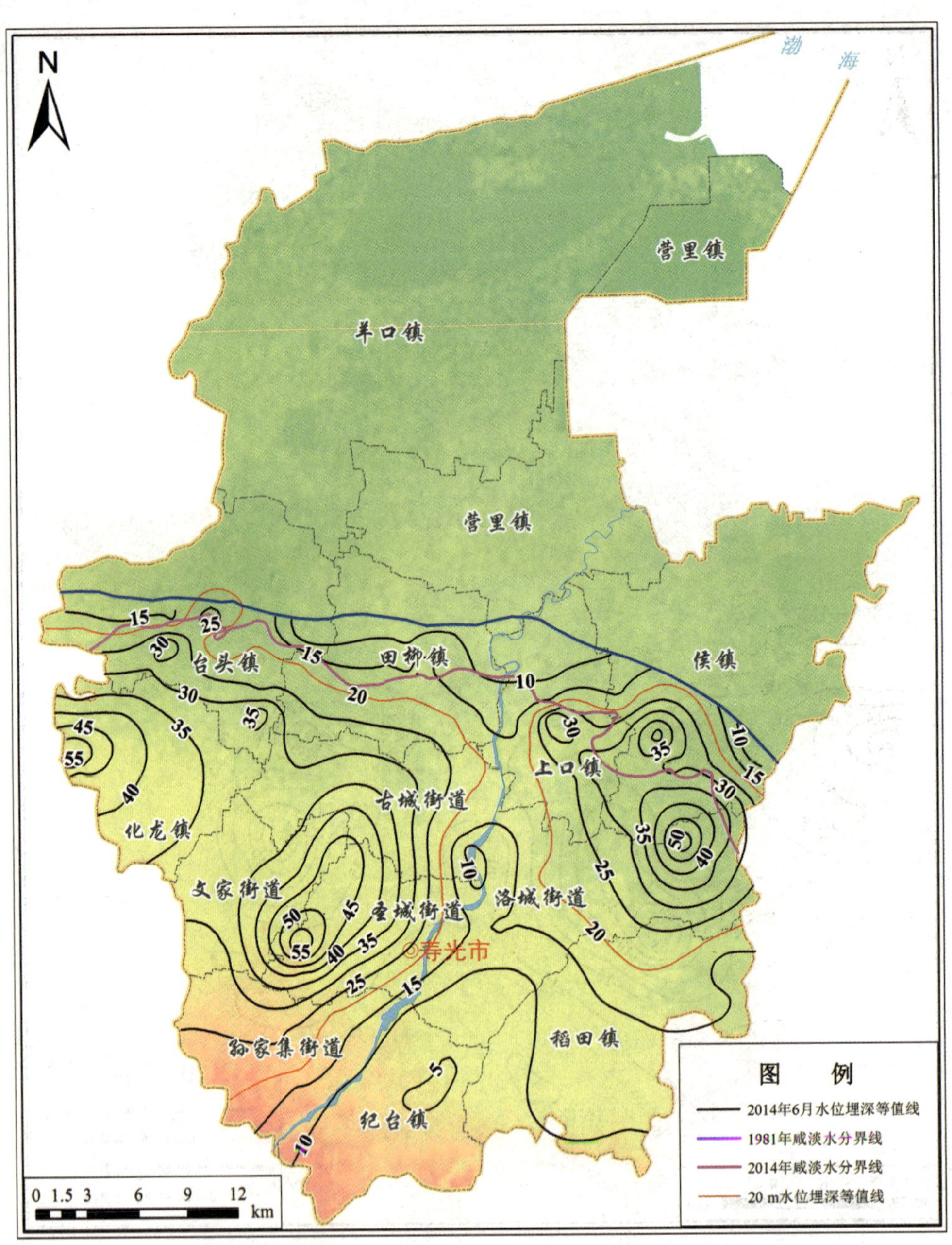

图 12-8　寿光市 20 m 埋深漏斗区分布图

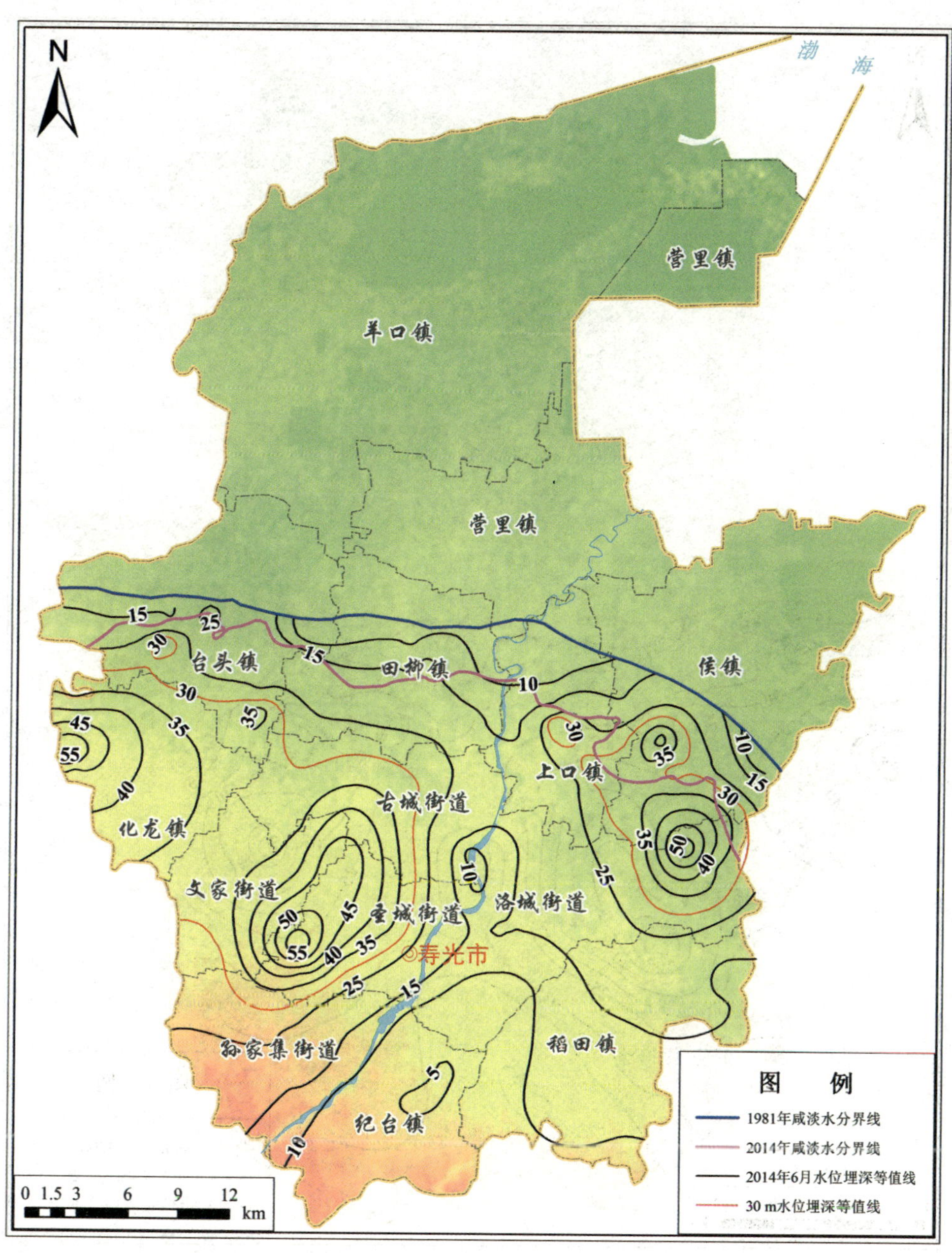

图 12-9 寿光市 30 m 埋深漏斗区分布图

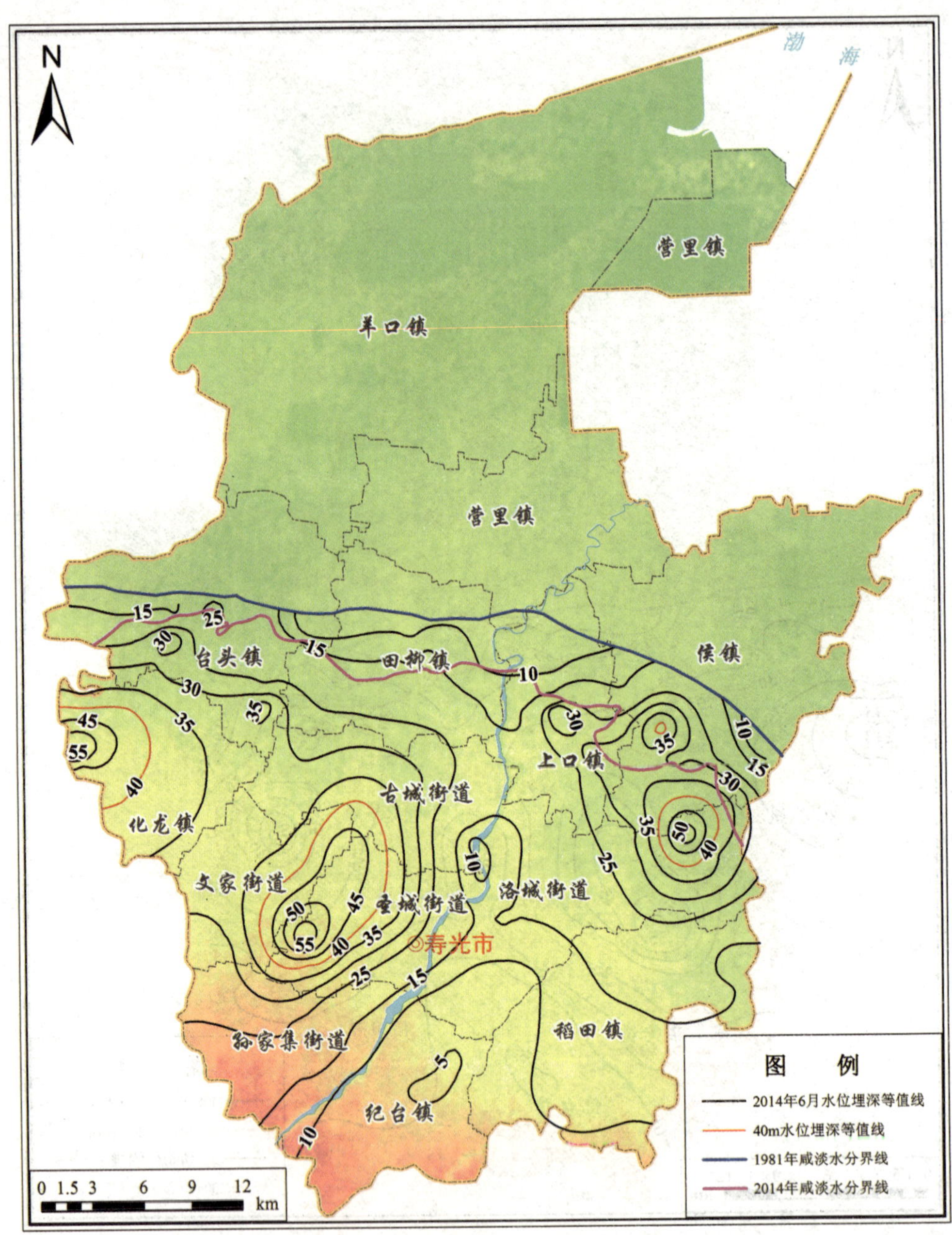

图 12-10 寿光市 40 m 埋深漏斗区分布图

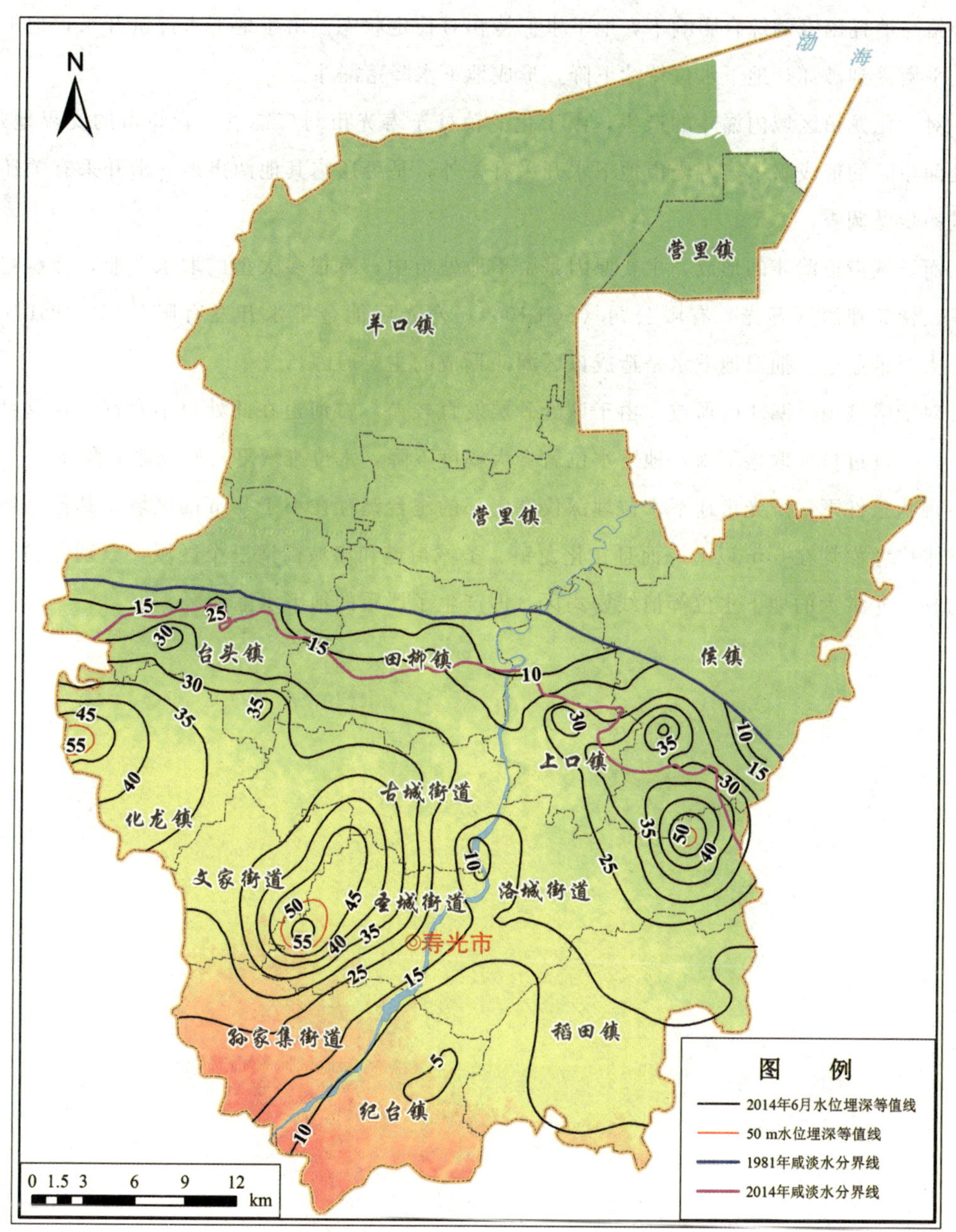

图 12-11　寿光市 50 m 埋深漏斗区分布图

从图 12-11 中可以看出，在地下水位 50 m 埋深条件下，地下水漏斗区主要集中了西部的化龙镇、圣城街道和东部的洛城街道三个区域。区内漏斗区的面积约为 9 km²，约占整个淡水区面积的 0.9%，占整个寿光市总面积的 0.8%。

2. 成因分析

寿光市地下水漏斗的形成，无疑是地下水超采造成的。地下水资源为可更新资源，可开采利用的水量主要是当年或一定水文周期内地下水的补给量。一个地区或一个流域在各种天然补给与消耗因素的综合影响下，地下水保持相对稳定状态。由于地下水过量开采，地下水收支平衡遭到破坏，地下水位持续下降，形成地下水降落漏斗。

对于化龙镇区域内漏斗的产生，由于化龙镇处于寿光市与广饶县、青州市的交界地带，该处漏斗区的形成除了与寿光市地下水开采有关外，是否还与其他两市地下水开采有关还需要进一步做调查。

而圣城街道漏斗的形成，主要原因是由于地处市中，有很多大型的取水企业，像晨鸣热电厂、青岛啤酒（寿光）有限公司（SGL100）、寿光巨能金玉米开发有限公司（SGL102）等，大型企业过量抽取地下水是造成该区漏斗形成的主要原因。

对于洛城街道漏斗的形成，由于该处砂层发育较差，古河道在此处也不发育，在这种情况下，一旦过量抽取地下水，地下水位就会大幅度下降，水位难恢复，形成地下漏斗。

现状条件下，寿光市地下水位埋深仅在南部的纪台镇存在小于 5 m 的区域，其他区域的地下水位埋深均在 5 m 以上。而且在化龙镇、圣城街道和洛城街道三个区域，分别存在一个水力梯度非常大的地下水位等值线密集区，即产生了严重的地下水漏斗区。

下篇

寿光市水资源综合管理

第一章　寿光市需水预测分析

对需水状况进行分析，生活需水量和生产需水量分别根据相关国民经济发展指标和用水定额推求；河道外生态需水量包括绿地建设需水、环境卫生需水和河湖水体景观需水，其中绿地建设和环境卫生需水量主要根据用地类型、比例、面积、人口规模等基础数据，采用面积定额法进行预测，河湖水体景观需水量采用水量平衡法进行预测。

第一节　社会经济发展指标

预测 2020 年全市总人口将达到 107.99 万人（不含流动人口），其中城镇人口将达到 50.12 万人，城镇化率为 46％。

寿光市工业企业主要集中在晨鸣工业园、东城工业园、科技工业园、鲁丽集团、王高工业园、台头工业园、双王城生态经济园区 7 个工业园区，第三产业主要集中在圣城街道、文家街道、洛城街道、孙家集街道、古城街道、侯镇、稻田镇。

参考《潍坊市国民经济和社会发展第十二个五年规划纲要》（2011～2015 年），寿光市 2013～2020 年地区生产总值年均增长 10.0％，工业增加值年均增长 8.0％，到 2020 年，三次产业比例调整为 8.9：51.0：40.2。预测到 2020 年，寿光市将实现国内生产总值 1 324.9 亿元，其中，第一产业增加值为 117.6 亿元，第二产业增加值为 675.1 亿元，第三产业增加值为 532.2 亿元。

参考《山东省水资源综合规划》中淮河流域及山东半岛农业发展与土地利用指标预测成果，采用回归分析曲线估计的方法，预测 2020 年寿光市总灌溉面积达到 112.3 万亩，其中农田有效灌溉面积 109.37 万亩，林果地灌溉面积 2.91 万亩；大、小牲畜数量分别为 0.45 万头和 53.24 万头。

寿光市 2013 年基准年社会经济发展指标统计结果以及 2015 年、2020 水平年社会经济发展指标预测成果详见表 1-1。

第二节　用水定额及用水效率

各部门用水定额及用水效率指标主要参照《山东省水资源综合规划》《潍坊市水资源公报》（2011 年）确定用水效率参考《山东省 2011～2015 年用水效率控制指标（暂行）》确定，寿光市区基准年、2015 年、2020 年水平年用水定额推求及预测成果分别见表 1-2。

第三节　需水量预测分析

根据上述预测分析，寿光市在现状水平年，50％、75％（95％）保证率下需水总量分别为 2.85 亿 m^3、2.92 亿 m^3；2015 水平年，50％、75％（95％）保证率下需水总量将分别达到 3.07 亿 m^3、3.19 亿 m^3；2020 水平年，50％、75％（95％）保证率下需水总量将分别达到 2.94 亿 m^3、3.04 亿 m^3，详见表 1-3。

表 1-1　寿光市 2013 年基准年及 2015 年、2020 水平年社会经济发展指标预测成果

水平年	园区	片区	人口(万人)			农田有效灌溉面积		林牧渔畜			第三产业增加值(万元)	生态环境	
			农村	城镇	小计	水浇地	菜田	灌溉林果地(万亩)	大牲畜(万头)	小牲畜(万头)		城镇绿地面积(km^2)	城镇道路面积(km^2)
现状	晨鸣工业园	圣城街道		16.44	16.44	0.48	1.99			1.66	136.14	4.04	5.00
		文家街道		5.55	5.55	1.32	5.56			5.11	27.23	1.36	1.69
		小计		21.98	21.98	1.80	7.55			6.76	163.37	5.41	6.69
	东城工业园	洛城街道		10.23	10.23	4.88	6.20	0.03	0.14	10.00	29.50	2.52	3.12
		孙家集街道		6.02	6.02	2.72	6.46			5.50	11.35	1.48	1.83
	科技工业园	古城街道		5.88	5.88	3.28	5.62	0.14		2.70	22.69	1.45	1.79
	鲁丽集团	侯镇	9.16	0.66	9.82	8.60	2.68	0.12	0.02	2.56		0.16	0.20
		稻田镇	9.06	0.53	9.58	4.94	9.97	0.03	0.06	3.34		0.13	0.16
		上口镇	6.55	0.28	6.82	5.26	0.84	0.84		4.04		0.07	0.08
	王高工业园	田柳镇	6.28	0.46	6.74	6.26	1.83	0.17		11.17		0.11	0.14
	台头工业园	台头镇	5.79	0.44	6.23	6.78	3.01	0.02	0.02	2.28		0.11	0.13
	双王城生态经济园区	双王城生态经济园区	4.01	1.80	5.82	1.24	0.01	1.66		0.74		0.44	0.55
		营里镇	5.39	0.34	5.73	7.38	0.19	0.04	0.08	3.67		0.08	0.10
		纪台镇	5.34	0.17	5.51	1.54	8.34	0.03	0.03	3.81		0.04	0.05
		化龙镇	5.03	0.28	5.37	4.03	9.59	0.14	0.13	2.34		0.07	0.09
		合计	56.67	49.08	105.75	58.70	62.30	3.22	0.49	58.90	226.90	12.08	14.94

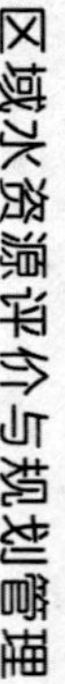

（续表）

水平年	园区	片区	人口（万人）			农田有效灌溉面积		林牧渔畜			第三产业增加值（万元）	生态环境	
			农村	城镇	小计	水浇地	菜田	灌溉林果地（万亩）	大牲畜（万头）	小牲畜（万头）		城镇绿地面积（km^2）	城镇道路面积（km^2）
2015年	晨鸣工业园	圣城街道		16.54	16.54	0.48	1.99			1.66	181.20	4.07	5.03
		文家街道		5.58	5.58	1.32	5.56			5.11	36.24	1.37	1.70
		小计		22.11	22.11	1.80	7.55			6.76	217.44	5.44	6.73
	东城工业园	洛城街道		10.29	10.29	4.88	6.20	0.03	0.14	10.00	39.26	2.53	3.13
		孙家集街道		6.06	6.06	2.72	6.46			5.50	15.10	1.49	1.84
	科技工业园	古城街道		5.92	5.92	3.28	5.62	0.14		2.70	30.20	1.46	1.80
	鲁丽集团	侯镇	9.22	0.66	9.88	8.60	2.68	0.12	0.02	2.56		0.16	0.20
		稻田镇	9.11	0.53	9.64	4.94	9.97	0.03	0.06	3.34		0.13	0.16
		上口镇	6.59	0.28	6.87	5.26	0.84	0.84		4.04		0.07	0.09
	王高工业园	田柳镇	6.32	0.46	6.78	6.26	1.83	0.17		11.17		0.11	0.14
	台头工业园	台头镇	5.82	0.44	6.27	6.78	3.01	0.02	0.02	2.28		0.11	0.14
	双王城生态经济园区	双王城生态经济园区	4.04	1.81	5.85	1.24	0.01	1.66		0.74		0.45	0.55
		营里镇	5.43	0.34	5.77	7.38	0.19	0.04	0.08	3.67		0.08	0.10
		纪台镇	5.37	0.17	5.54	1.54	8.34	0.03	0.03	3.81		0.04	0.05
		化龙镇	5.11	0.28	5.40	4.03	9.59	0.14	0.13	2.34		0.07	0.09
		合计	57.01	49.37	106.39	58.70	62.30	3.22	0.49	58.90	302.00	12.15	15.03

（续表）

水平年	园区	片区	人口(万人)			农田有效灌溉面积		林牧渔畜			第三产业增加值（万元）	生态环境	
			农村	城镇	小计	水浇地	菜田	灌溉林果地（万亩）	大牲畜（万头）	小牲畜（万头）		城镇绿地面积（km^2）	城镇道路面积（km^2）
2020年	晨鸣工业园	圣城街道		16.78	16.78	0.44	1.80			1.50	319.34	4.49	5.56
		文家街道		5.66	5.66	1.19	5.02			4.62	63.87	1.52	1.88
		小计		22.45	22.45	1.63	6.83			6.11	383.21	6.01	7.43
	东城工业园	洛城街道		10.45	10.45	4.41	5.61	0.02	0.13	9.04	69.19	2.80	3.46
		孙家集街道		6.15	6.15	2.46	5.84			4.97	26.61	1.65	2.04
	科技工业园	古城街道		6.01	6.01	2.96	5.08	0.13		2.44	53.22	1.61	1.99
	鲁丽集团	侯镇	9.36	0.67	10.03	7.77	2.42	0.11	0.02	2.31		0.18	0.22
		稻田镇	9.25	0.54	9.79	4.47	9.01	0.03	0.05	3.01		0.14	0.18
		上口镇	6.69	0.28	6.97	4.76	0.76	0.76		3.65		0.08	0.09
	王高工业园	田柳镇	6.42	0.47	6.89	5.66	1.66	0.15		10.10		0.13	0.16
	台头工业园	台头镇	5.91	0.45	6.36	6.13	2.72	0.02	0.01	2.06		0.12	0.15
	双王城生态经济园区	双王城生态经济园区	4.10	1.84	5.94	1.12	0.01	1.50		0.67		0.49	0.61
		营里镇	5.51	0.35	5.85	6.67	0.18	0.04	0.07	3.32		0.09	0.11
		纪台镇	5.45	0.17	5.63	1.39	7.54	0.03	0.03	3.45		0.05	0.06
		化龙镇	5.19	0.29	5.48	3.64	8.66	0.13	0.12	2.12		0.08	0.10
		合计	57.87	50.12	107.99	53.06	56.31	2.91	0.45	53.24	532.23	13.42	16.59

表 1-2　寿光市各水平年用水定额一览表

水平年	园区	片区	生活用水定额（L/p·d）		农田灌溉定额（m³/亩）		林牧渔畜用水定额			第三产业用水定额（m³/万元）	生态环境用水定额（万 m³/km²·d）	
			农业	城镇	水浇地	菜田	林果地（m³/亩）	大牲畜（L/p.d）	小牲畜（L/p.d）		城镇绿地	城镇道路
现状	晨鸣工业园	圣城街道		73	110	180		40	20	3	0.1	0.1
		文家街道		73	110	180		40	20	3	0.15	0.1
	东城工业园	洛城街道		73	110	180	120	40	20	3	0.15	0.1
		孙家集街道		73	110	180			20	3	0.15	0.1
	科技工业园	古城街道		73	110	180	120		20	3	0.15	0.1
	鲁丽集团	侯镇	27	58	115	190	120	40	20		0.15	0.1
		稻田镇	27	58	115	190	120	40	20		0.15	0.1
		上口镇	27	58	115	190	120		20		0.15	0.1
	王高工业园	田柳镇	27	58	115	190	120		20		0.15	0.1
	台头工业园	台头镇	27	58	115	190	120	40	20		0.15	0.1
	双王城生态经济园区	双王城生态经济园区	27	58	115	190	120		20		0.15	0.1
		营里镇	27	58	115	190	120	40	20		0.15	0.1
		纪台镇	27	58	115	190	120	40	20		0.15	0.1
		化龙镇	27	58	115	190	120	40	20		0.15	0.1
2015 年	晨鸣工业园	圣城街道		88	107	176		40	20	2.7	0.15	0.1
		文家街道		88	107	176		40	20	2.7	0.15	0.1
	东城工业园	洛城街道		88	107	176	117	40	20	2.7	0.15	0.1
		孙家集街道		88	107	176			20	2.7	0.15	0.1
	科技工业园	古城街道		88	107	176	117		20	2.7	0.15	0.1

（续表）

水平年	园区	片区	生活用水定额（L/p·d）		农田灌溉定额（m³/亩）		林牧渔畜用水定额			第三产业用水定额（m³/万元）	生态环境用水定额（万 m³/km²·d）	
			农业	城镇	水浇地	菜田	林果地（m³/亩）	大牲畜（L/p.d）	小牲畜（L/p.d）		城镇绿地	城镇道路
2015 年	鲁丽集团	侯镇	36	73	112	185	117	40	20		0.15	0.1
		稻田镇	36	73	112	185	117	40	20		0.15	0.1
		上口镇	36	73	112	185	117		20		0.15	0.1
	王高工业园	田柳镇	36	73	112	185	117		20		0.15	0.1
	台头工业园	台头镇	36	73	112	185	117	40	20		0.15	0.1
	双王城生态经济园区	双三城生态经济园区	36	73	112	185	117		20		0.15	0.1
2020 年	晨鸣工业园	圣城街道		98	105	171		40	20	2.2	0.15	0.1
	科技工业园	文家街道		98	105	171		40	20	2.2	0.15	0.1
	东城工业园	洛城街道		98	105	171	114	40	20	2.2	0.15	0.1
		孙家集街道		98	105	171			20	2.2	0.15	0.1
	科技工业园	古城街道		98	105	171	114		20	2.2	0.15	0.1
	鲁丽集团	侯镇	58	80	110	181	114	40	20		0.15	0.1
		稻田镇	58	80	110	181	114	40	20		0.15	0.1
		上口镇	58	80	110	181	114		20		0.15	0.1
	王高工业园	田柳镇	58	80	110	181	114		20		0.15	0.1
	台头工业园	台头镇	58	80	110	181	114	40	20		0.15	0.1
	双王城生态经济园区	双王城生态经济园区	58	80	110	181	114		20		0.15	0.1
		营里镇	58	80	110	181	114	40	20		0.15	0.1
		纪台镇	58	80	110	181	114	40	20		0.15	0.1
		化龙镇	58	80	110	181	114	40	20		0.15	0.1

表 1-3 寿光市各水平年需水总量预测成果表

（单位：万 m^3）

水平年	园区	片区	生活	工业	农业		第三产业	生态环境	合计	
					50%保证率	75%(95%)保证率			50%保证率	75%(95%)保证率
现状	晨鸣工业园	圣城、文家街道	586	2 138	1 607	1 701	408	467	5 206	5 381
	东城工业园	洛城街道	273	118	1 732	1 842	82	252	2 456	2 573
		孙家集街道	160		1 502	1 594	490	148	2 301	1 937
	科技工业园	古城街道	125	674	1 409	1 498	88	145	2 441	2 509
	鲁丽集团	侯镇	104	1 410	1531	1 644	34	16	3 096	3 174
		稻田镇	100		2 492	2 641	68	13	2 673	2 754
		上口镇	70		895	956		7	972	1 033
	王高工业园	田柳镇	72	321	1 170	1 251		11	1 574	1 655
	台头工业园	台头镇	66	85	1 371	1 469		11	1 533	1 631
	双王城生态经济园区	双王城生态经济园区	78	553	349	361		44	1 024	1 036
		营里镇	60		918	994		8	987	1 063
		纪台镇	56		1 793	1 891		4	1 853	1 952
		化龙镇	59		2 320	2 456		7	2 386	2 522
		合计	1 810	5 299	19 089	20 299	1 171	1 133	28 501	29 714
2015 年	晨鸣工业园	圣城、文家街道	713	3 096	1 618	1 710	587	544	6 558	6 649
	东城工业园	洛城街道	332	152	1 764	1 872	106	253	2 607	2 715
		孙家集街道	195		1 507	1 597	41	149	1 892	1 982
	科技工业园	古城街道	157	1 065	1 395	1 482	82	145	2 844	2 931
	鲁丽集团	侯镇	138	1 779	1 513	1 623		16	3 446	3 556
		稻田镇	133		2 456	2 602		13	2 602	2 747

（续表）

水平年	园区	片区	生活	工业	农业		第三产业	生态环境	合计	
					50%保证率	75%(95%)保证率			50%保证率	75%(95%)保证率
2015		上口镇	93		903	963		7	1 003	1 063
	王高工业园	田柳镇	95	394	1 225	1 304		11	1 725	1 804
	台头工业园	台头镇	88	232	1 355	1 450		11	1 685	1 781
	双王城生态经济园区	双王城生态经济园区	101	662	346	358		45	1 153	1 165
		营里镇	80		923	997		8	1 011	1 085
		纪台镇	75		1 777	1 874		4	1 856	1 952
		化龙镇	77		2 281	2 414		7	2 365	2 498
		合计	2 275	7 380	19 064	20 244	815	1 214	30 749	31 929
2020 年	晨鸣工业园	圣城、文家街道	799	3 715	1 386	1 466	828	600	7 328	7 408
	东城工业园	洛城街道	372	142	1 494	1 589	149	279	2 436	2 532
		孙家集街道	219		1 295	1 374	57	164	1 736	1 815
	科技工业园	古城街道	176	809	1 214	1 291	115	161	2 474	2 551
	鲁丽集团	侯镇	216	1 692	1 319	1 416		18	3 245	3 342
		稻田镇	210		2 146	2 275		14	2 371	2 499
		上口镇	149		772	824		8	928	980
	王高工业园	田柳镇	148	385	1 011	1 080		13	1 557	1 626
	台头工业园	台头镇	137	102	1 181	1 265		12	1 432	1 517
	双王城生态经济园区	双王城生态经济园区	140	664	301	311		49	1 153	1 164
		营里镇	126		792	857		9	927	992
		纪台镇	120		1 544	1 629		5	1 669	1 754
		化龙镇	109		1 998	2 115		8	2 115	2 232
		合计	2 921	7 508	16 452	17 494	1 150	1 340	29 371	30 413

第二章 寿光市水源条件及可利用量分析

第一节 弥河水源条件分析

弥河，曾被称为“巨洋水”“具水”“洱河”“朐弥”等，是一条天然山洪河道，发源于沂蒙山北麓的临朐县九山，全长 216 km，流域面积 3 863 km^2，在市南部的纪台镇入境，境内全长 70 km，境内流域面积 1 600 km^2，在营里镇中营村北分流，分流口以上流经纪台、孙家集、洛城、圣城、古城、上口、田柳、营里等 8 个镇（街道）。分流口以下分为两支泄洪，老河道由上口镇南半截河村穿营里、双王城生态经济园区、侯镇等镇向东入海，下游有丹河、崔家河汇入。弥河分流自营里镇中营村北经营里、双王城生态经济园区等镇至双王城生态经济园区东入海，下游有张僧河东支、营子沟汇入。夏秋之际，山洪下泻，水流湍急，上游往往冲决堤岸，河道亦是来回不定，素有“弥河串”之说。

一、弥河现状水平年供水能力分析

根据山东省水利科学研究院和寿光市水利局编制的《寿光市水资源调查评价》，现状水平年弥河共有 11 座拦河闸坝工程和管道调水供水工程为寿光市调水。11 座拦河闸坝工程年调蓄能力 5 720 万 m^3、管道调水工程泵站供水能力 28 万 m^3/d。首先根据管道提水泵站月提水能力与谭家坊实测月径流量进行比较，取两者较小值，作为提水泵站供水能力，经分析计算，管道工程泵站多年平均供水能力为 7 315 万 m^3；然后，采用谭家坊实测径流量资料减去管道工程提水泵站供水能力，用剩余径流量与调蓄工程调蓄能力进行比较，取两者较小者作为调蓄工程供水能力，经分析计算，调蓄工程多年平均供水能力为 4 125 万 m^3。由以上分析得出该区最大供水能力为 11 441 万 m^3，计算结果见表 2-1。采用《山东省水资源综合调查与评价》中潍弥白浪河区的耗水系数 0.86，计算出现状工程条件下弥河区的地表水可利用量为 9 839 万 m^3。

表 2-1　弥河供水工程供水能力分析计算成果表　（单位：万 m^3）

年份	实测径流量	泵站供水能力	调蓄工程供水能力	最大供水能力	年份	实测径流量	泵站供水能力	调蓄工程供水能力	最大供水能力
1956	51 816	9 842	5 720	15 562	1985	8 580	4 374	4 219	8 593
1957	61 224	10 019	5 720	15 739	1986	4 550	4 209	342	4 552
1958	20 942	9 236	5 720	14 956	1987	2 630	2 632	0	2 632
1959	11 681	7 881	3 799	11 680	1988	1 490	1 491	0	1 491
1960	21 769	6 101	5 720	11 821	1989	852	849	0	849
1961	15 924	8 897	5 720	14 617	1993	28 800	5 152	5 720	10 872
1962	92 336	9 866	5 720	15 586	1991	10 600	7 658	2 925	10 583
1963	87 159	10 220	5 720	15 940	1992	2 120	2 106	0	2 106
1964	154 767	10 220	5 720	15 940	1993	2 630	2 625	0	2 625
1965	54 711	10 220	5 720	15 940	1994	31 500	7 246	5 720	12 966
1966	25 898	9 920	5 720	15 640	1995	42 100	8 512	5 720	14 232
1967	21 323	9 237	5 720	14 957	1996	18 570	9 292	5 720	15 012
1968	12 011	9 613	2 346	11 959	1997	13 300	7 519	5 720	13 239
1969	15 306	9 869	5 437	15 306	1998	24 400	9 848	5 720	15 568
1970	30 427	7 512	5 720	13 232	1999	6 658	5 357	1 301	6 658
1971	47 880	10 220	5 720	15 940	2000	2 045	1 930	99	2 029
1972	19 684	9 313	5 720	15 033	2001	12 790	4 565	5 720	10 285
1973	18 148	9 328	5 720	15 048	2002	4 092	3 402	691	4 093
1974	42 769	8 385	5 720	14 105	2003	29 590	6 359	5 720	12 079
1975	24 201	9 911	5 720	15 631	2004	53 200	10 012	5 720	15 732
1976	25 630	9 880	5 720	15 600	2005	36 730	10 016	5 720	15 736
1977	11 300	8 732	2 591	11 323	2006	12 570	9 464	3 101	12 565
1978	18 200	7 113	5 720	12 833	2007	9 413	6 473	2 944	9 417
1979	18 100	10 161	5 720	15 881	2008	29 030	9 761	5 720	15 481
1980	15 300	9 036	5 720	14 756	2009	18 700	9 611	5 720	15 331
1981	4 040	3 712	328	4 040	2010	2 035	9 483	5 720	15 203
1982	4 970	4 285	689	4 974	2011	43 080	7 542	5 720	13 262
1983	2 830	2 833	0	2 833	平均	24 697	7 315	4 125	11 441
1984	624	612	0	612					

二、弥河规划水平年供水能力分析

根据前面分析，弥河多年平均实测径流量为 24 697 万 m^3，现状工程条件下的最大供水能力为 11 441 万 m^3，在保证下游 10%的生态用水前提下（2 469.7 万 m^3），弥河尚有 10 786.3 万 m^3的水量可供拦蓄。

根据寿光市的统一规划，拟在弥河下游的北外环路弥河桥杨庄橡胶坝—半截河拦河闸段新建北孙云子村、张家北楼村、兴旺庄三处拦河闸。其中，自弥河寿光界起始，北外环路弥河桥杨庄橡胶坝断面桩号 23＋400，北孙云子村断面桩号 25＋732，张家北楼村断面桩号 28＋962，兴旺庄桩号 31＋543。各断面位置如图 2-1 所示。

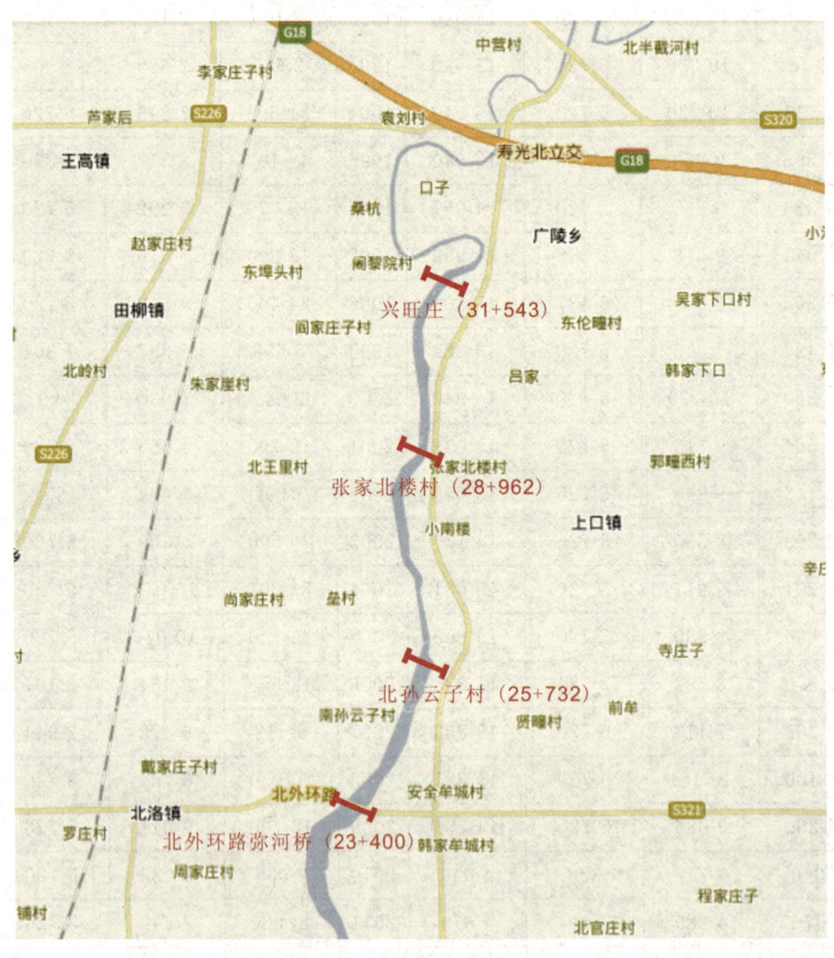

图 2-1 拦河闸断面位置图

1. 断面形状尺寸

根据潍坊水文水资源勘测局编制的《弥河（寿光段）治理规划断面测量成果资料》（2007 年 12 月），绘制了 4 个断面的尺寸。根据绘图的方便，断面尺寸并没有严格按照比例尺。

(1) 北外环路弥河桥杨庄橡胶坝断面（23＋400）

自左岸起，断面宽度 550.3 m，河底高程 13.13 m，左岸高程 20.36 m，右岸高程 20.41 m（如图 2-2 所示）。根据实际情况，对断面尺寸进行规则化近似处理，处理结果如图 2-3 所示。

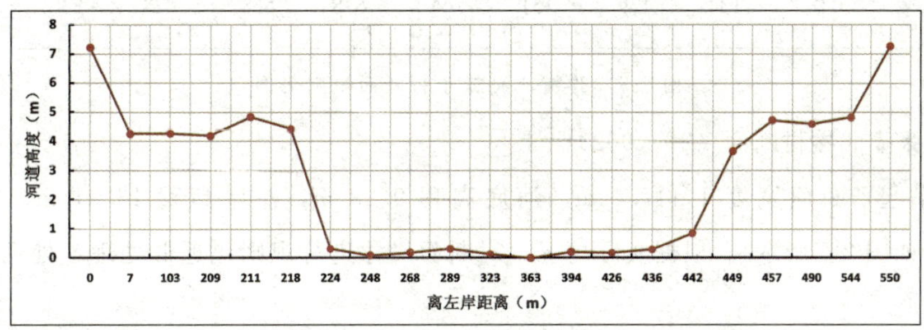

图 2-2　弥河北外环路弥河桥杨庄橡胶坝断面图

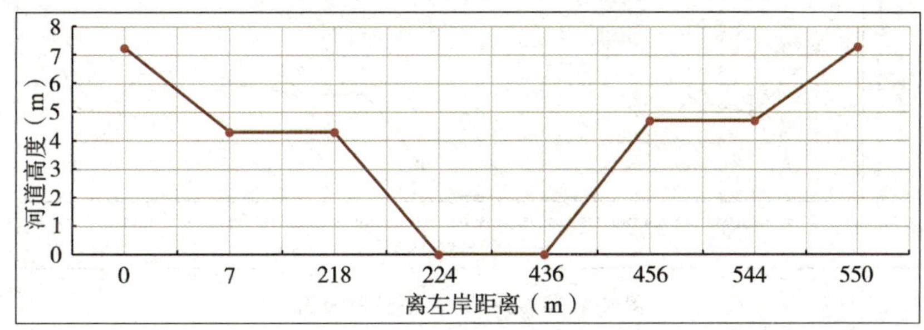

图 2-3　弥河北外环路弥河桥杨庄橡胶坝断面规则化图

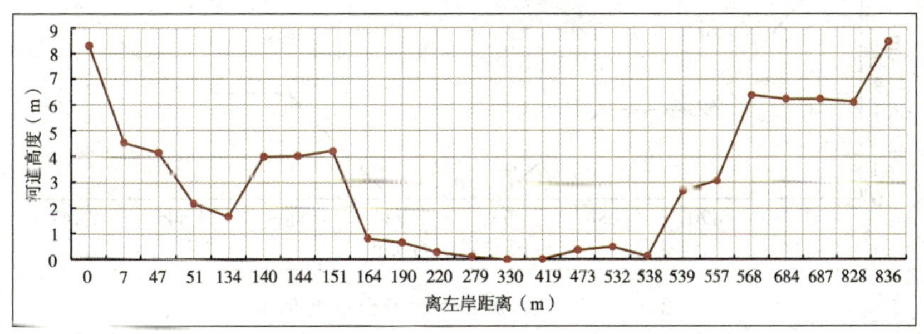

图 2-4　弥河北孙云子村断面图

(2) 北孙云子村断面（25＋732）

自左岸起，断面宽度 836.2 m，河底高程 10.19 m，左岸高程 18.52 m，右岸高程 18.68 m（如图 2-4 所示）。根据实际情况，对断面尺寸进行规则化近似处理，处理结果如图 2-5 所示。

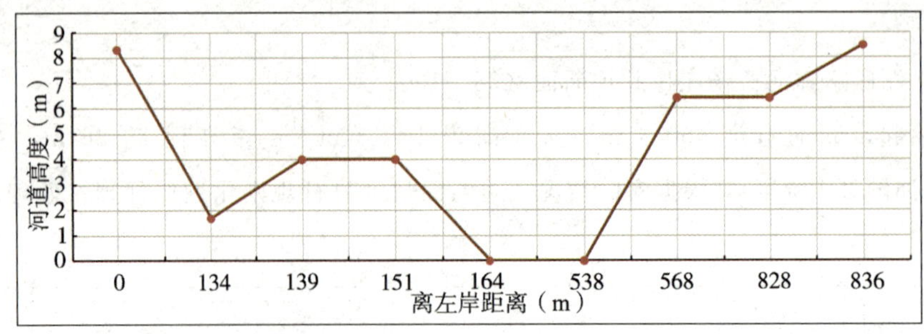

图 2-5　弥河北孙云子村断面规则化图

（3）张家北楼村断面（28+962）

自左岸起，断面宽度 1 447.4 m，河底高程 9.28 m，左岸高程 16.91 m，右岸高程 16.06 m（如图 2-6 所示）。根据实际情况，对断面尺寸进行规则化近似处理，处理结果如图 2-7 所示。

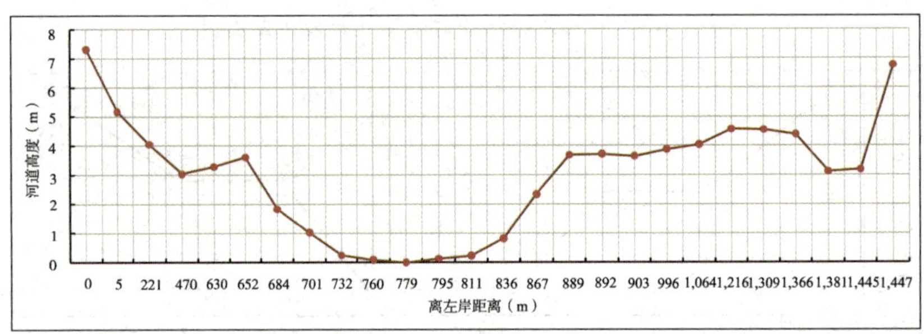

图 2-6　弥河张家北楼村断面图

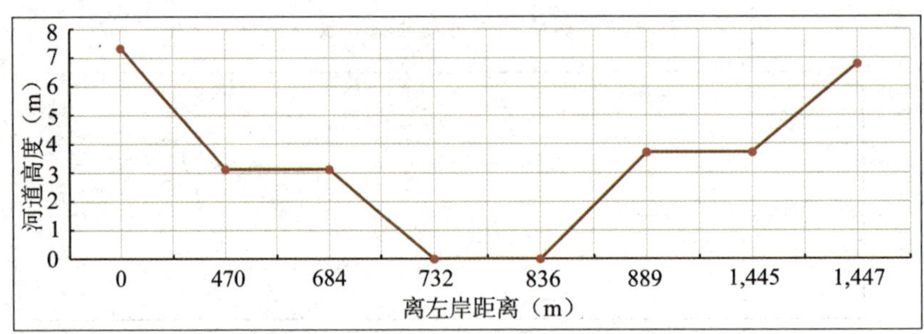

图 2-7　弥河张家北楼村断面规则化图

（4）兴旺庄断面（31+543）

自左岸起，断面宽度 916.0 m，河底高程 8.92 m，左岸高程 15.81 m，右岸高程 15.23 m（如图 2-8 所示）。根据实际情况，对断面尺寸进行规则化近似处理，处理结果如图 2-9 所示。

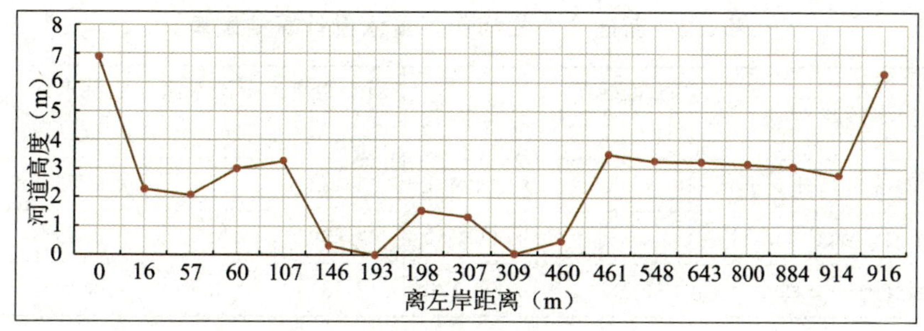

图 2-8 弥河兴旺庄断面图

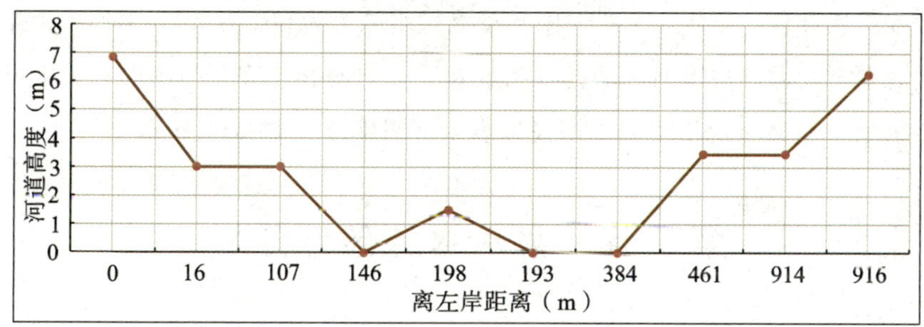

图 2-9 弥河兴旺庄断面规则化图

2. 拦河闸蓄水量计算

河道拦河闸蓄水水体形状可近似看作梯形斜柱体，根据梯形斜柱体体积的解析公式，可分别计算不同拦河闸（橡胶坝）区间内的拦蓄水量。

(1) 北孙云子村拦河闸蓄水量

北外环弥河桥—北孙云子村拦河闸河道长 2 332 m，平均坡降 0.001 261。下游北孙云子村拦河闸蓄深度 3.5 m，上游北外环路弥河桥杨庄橡胶坝下水深 0.56 m，共拦蓄水量 172.2 万 m^3。

(2) 张家北楼村拦河闸蓄水量

北孙云子村—张家北楼村河道长 3 230 m，平均坡降 0.000 282。下游张家北楼村拦河闸蓄深度 3.5 m，上游北孙云子村拦河闸下水深 2.59 m，共拦蓄水量 223.0 万 m^3。

(3) 兴旺庄拦河闸蓄水量

张家北楼村—兴旺庄河道长 2 581 m，平均坡降 0.000 120。下游兴旺庄拦河闸蓄深度 3.5 m，上游张家北楼村拦河闸下水深 3.19 m，共拦蓄水量 205.5 万 m^3。

新建 3 个拦河闸拦蓄水量计算结果见表 2-2。

表 2-2　新建 3 个拦河闸拦蓄水量计算结果表

拦水区间	区间距离（m）	河道坡降	回水距离（m）	下游水深（m）	上游水深（m）	蓄水量（万 m^3）
北外环弥河桥—北孙云子村	2 332	0.001 261	2 332	3.5	0.56	172.2
北孙云子村—张家北楼村	3 230	0.000 282	3 230	3.5	2.59	223.0
张家北楼村—兴旺庄	2 581	0.000 120	2 581	3.5	3.19	205.5

根据寿光市弥河各闸坝运行调度经验，闸坝多年平均复蓄次数为 1～3 次。本次分析复蓄系数按照 1.5 次计算，新建 3 个拦河闸年最大供水能力为 901 万 m^3。采用《山东省水资源综合调查与评价》中潍弥白浪河区的耗水系数 0.86，计算出三个拦河闸的地表水可利用量为 775 万 m^3。因此，规划情况下寿光弥河段地表水可利用量为 10 614 万 m^3。

第二节　客水水源条件分析

寿光市客水资源主要包括引黄河水和引长江水，其中引黄指标为 4 650 万 m^3，引长江水指标为 5 000 万 m^3（包括从双王城水库全年均匀取水的 2 000 万 m^3 和寿光市自蓄的 3 000 万 m^3）。

引黄济青干渠为引黄济青工程和胶东调水工程的共用输水工程，寿光市的黄河水和长江水均由引黄济青干渠输水。在南水北调东线山东段通水前，渠道主要输送的是黄河水，在南水北调东线山东段通水后，输送的为黄河水和长江水。2013 年 6 月 28 日，南水北调东线一期山东段工程全线试通水成功，具备了同时蓄存黄河水和长江水的条件。

目前，寿光市蓄存黄河水和长江水的水利工程主要包括双王城水库、清水湖水库和龙泽水库。寿光市对于客水蓄存利用的思路是：①清水湖水库和龙泽水库优先蓄存黄河水和长江水；②双王城水库在满足水库本身存蓄长江水任务的前提下，可以错时调蓄寿光的黄河水；③三个水库不能调蓄的客水，通过泵站直接从引黄济青干渠引水。

一、客水引水时间分析

1. 黄河水引水时间

引黄济青工程自打渔张引黄闸引水，因此，根据距打渔张引黄闸较近的利津水文站 1980～2005 年实测水文资料，对引黄济青工程黄河水可引水天数进行分析。

（1）引黄控制条件

①含沙量控制：为减轻沉沙池清淤负担，延长使用寿命，黄河大河日均含沙量大于 30 kg/m^3 时不引水。

②流量控制：为保证黄河大坝安全，黄河大河流量大于 5 000 m^3/s 时不引水；考虑保留一定数量的黄河生态基流和打渔张引黄闸设计最小引水流量，利津站大河流量小于 60 m^3/s

时不引水。

③根据引黄济青工程实际运行情况，大河冰凌对引水影响不大，故不考虑冰凌对引水的影响。

（2）可引水天数分析

根据以上控制条件，采用利津站 1980～2005 年实测流量和含沙量资料，对引黄济青工程可引水天数进行统计分析，统计结果见表 2-3。

表 2-3　1980～2005 年引黄济青工程可引水天数统计分析结果表（天）

年份	1月	2月	3月	4月	5月	6月	7月	8月	9月	10月	11月	12月	全年
1980	31	29	31	30	14	24	29	28	30	31	30	31	338
1981	31	28	31	13	12	2	22	20	30	23	30	31	273
1982	31	28	31	29	19	14	31	22	30	31	30	31	327
1983	31	28	31	19	31	23	31	29	30	23	30	31	337
1984	31	29	31	30	31	30	31	28	26	28	30	31	356
1985	31	28	31	28	31	30	27	31	26	31	30	31	355
1986	31	28	31	30	18	6	29	31	30	30	30	31	325
1987	31	25	12	16	6	29	31	23	25	13	30	31	272
1988	31	28	10	12	15	9	14	11	30	31	30	31	252
1989	31	28	31	11	30	15	11	23	30	31	30	31	302
1990	31	28	29	26	31	30	29	31	30	31	30	31	357
1991	31	28	28	23	15	23	14	30	30	27	23	14	286
1992	31	13	11	11	3	0	5	10	22	31	30	31	198
1993	31	17	11	15	28	1	29	26	30	25	30	31	274
1994	31	28	31	17	12	0	26	16	25	14	30	31	261
1995	31	18	0	10	1	0	3	7	16	29	30	31	176
1996	28	2	0	3	0	0	5	22	30	31	30	26	177
1997	31	2	9	18	13	0	0	8	2	0	5	12	100
1998	6	0	7	13	3	20	10	30	18	13	25	21	166
1999	28	0	18	24	13	24	22	19	27	31	30	26	262
2000	31	29	29	18	10	4	19	26	17	27	30	31	271
2001	31	28	29	23	19	8	27	28	17	19	30	6	265
2002	20	2	1	12	19	17	29	19	7	2	3	5	136
2003	0	0	6	0	1	23	31	31	19	29	30	31	201
2004	31	29	31	30	31	30	31	26	27	31	30	31	358
2005	31	28	31	30	31	30	28	31	30	31	30	31	362
平均	28	20	21	19	17	15	22	23	24	25	28	27	269

（3）可引水天数频率分析

根据表 2-3 中统计分析结果，对引黄济青工程可引水天数进行频率分析。由于可引水天数最大为365天，有上限限制，进行频率分析时，根据经验点距分布情况采用多项式趋势线的方法，频率分析结果见图2-10。

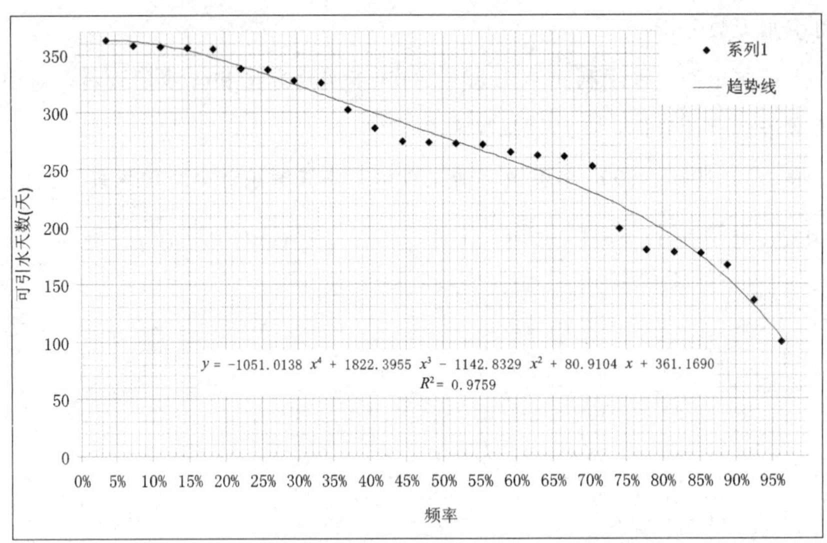

图2-10 引黄济青工程可引水天数频率分析曲线图

根据频率分析曲线，对不同频率可引水天数进行分析计算，结果见表2-4。

表2-4 打渔张引黄闸可引水天数频率分析计算成果表

频率	平均	50%	75%	95%
可引水天数	269	278	215	113

（4）不同频率可引水天数年内分配

为反映小浪底水库运行后黄河下游统一调度的影响，采用2000～2005年各月平均可引水天数对不同频率黄河可引水天数进行月分配，分配结果见表2-5。

表2-5 不同频率可引水天数月分配结果表（天）

频率	1月	2月	3月	4月	5月	6月	7月	8月	9月	10月	11月	12月	全年
平均	24	19	21	19	18	16	27	27	20	23	26	23	263
50%	25	21	22	20	19	17	29	28	21	25	27	24	278
75%	20	16	17	15	15	13	23	22	16	19	21	18	215
95%	10	8	9	8	8	7	12	12	8	10	11	10	113

南水北调东线胶东输水干线通水后，为便于管理并避开汛期，南水北调东线胶东输水干线工程设计供水时段为10月至次年5月，其中包括引黄济青向青岛供黄河水的71天引水时间。在胶东输水干线通水后，当年10月至次年5月时间段中仅当年11月中旬至次年1月中旬引黄济青渠道引取黄河水，但仅向青岛市供水。

由于50%保证率下，引黄济青工程除满足向青岛、烟台、威海输水外，另有富余水量可供寿光取水，因此，50%保证率下，寿光市全年可取用黄河水；75%和95%保证率下，寿光市想取用黄河水须避开胶东输水干线输水时间和引黄济青输水时间，仅可在6月至9月时间段内引取黄河水。取用黄河水的可引水时间见表2-6。

表2-6　取用黄河水可引水时间表

保证率	1月	2月	3月	4月	5月	6月	7月	8月	9月	10月	11月	12月	合计
50%	25	21	22	20	19	17	29	28	21	25	27	24	278
75%	0	0	0	0	0	13	23	22	16	0	0	0	74
95%	0	0	0	0	0	7	12	12	8	0	0	0	39

2. 长江水引水时间

根据《南水北调东线一期工程山东省续建配套工程规划》，潍坊市在胶东输水干线工程共有4个分水口：双王城水库，分水量2 000万m^3（寿光）；西分干（左），分水量2 000万m^3；峡山水库，分水量5 000万m^3；潍河东滩地（右），分水量1 000万m^3。

根据《关于同意调整南水北调东线一期工程寿光市等续建配套工程分水量的复函》（鲁调水办字［2013］25号），取消峡山水库供水单元5 000万m^3，将分水指标分配给寿光（3 000万m^3）和双王城生态经济园区（2 000万m^3）。

双王城水库分水口净分水流量8.61 m^3/s，分水天数151天，净分配水量7 486万m^3（年净供寿光市2 000万m^3，净供水流量为0.64 m^3/s）。双王城水库分水口引水时间为10月份31天、11月份10天、1月份11天、2月份28天、3月份10天、4月份30天、5月份31天。清水湖水库和龙泽水库可在该时间段直接引长江水入库，引水流量2 m^3/s。水库取用长江水的可引水时间见表2-7。

表2-7　取用长江水可引水时间表

月份	1月	2月	3月	4月	5月	6月	7月	8月	9月	10月	11月	12月	合计
天数	11	28	10	30	31	0	0	0	0	31	10	0	151

二、客水水源调蓄计算

1. 水库概况

(1) 双王城水库

双王城水库位于寿光市以北引黄济青输水河左岸，为南水北调东线一期工程胶东输水干线工程的引长江水调蓄水库。水库围坝坝轴线总长9.636 km，水库占地总面积7.42 km^2，水库总库容6 150万m^3，双王城水库分水口设计引水151天，最大入库流量8.61 m^3/s，入库水量7 486万m^3。2009年12月30日开工建设，工期30个月。该水库的供水对象主要为青岛市、潍坊市及寿光市的城市生活和工业用水，另外还包括寿光市水库周边地区的高效农业用水。根据南水北调干线各分水口的用水过程分配原则，调蓄后向寿光市全年供水 2 000 万 m^3，供水时间 365 天，设计出库流量分别为 0.64 m^3/s、2.0 m^3/s。向潍坊市潍北平原水库供水 1 140 万 m^3，设计供水流量 8.8 m^3/s，供水时间 15 天。

（2）清水湖水库

清水湖水库位于寿光市双王城生态经济园区，渤海化工园西侧。水库占地 2 249 亩，坝高 7.5 m，坝轴线总长 4 349 m。水库总库容 860 万 m^3，兴利库容 678 万 m^3，死库容 182 万 m^3，为小（一）型平原水库。由于清水湖水库目前蓄水工程配套不完善，按照水库工程现状和寿光市利用思路，清水湖最大能调蓄 1 000 万 m^3 的客水，在研究过程中按照调蓄 500 万 m^3 黄河水和 500 万 m^3 长江水来计算。

（3）龙泽水库

龙泽水库位于寿光侯镇东北部，潍坊龙泽生态园的西南部，南邻荣乌高速公路，向西距新丹河约 150 m，水库占地约 1 000 亩，是侯镇项目区 10 万吨供水厂及园艺林场项目中的一座调蓄水库。其由围坝工程、入库泵站工程、出库涵洞工程、截渗沟工程等部分组成。水库总库容 500 万 m^3，死库容 39.9 万 m^3，兴利库容 474.9 万 m^3。

2. 水库兴利调节计算

根据水库调蓄利用思路，分别对 50%、75%和 95%保证率下的客水蓄存和利用进行调节计算。

（1）50%保证率

经调节计算，50%保证率情况下，清水湖水库共引水 58 天，引水流量 2 m^3/s，总引水量 1 000 万 m^3。其中，引黄 29 天（5～9 月），引黄水量 500 万 m^3；引江 29 天（1～5 月、11～12 月），引江水量 500 万 m^3。水库日供水能力 2.4 万 m^3，年总供水量 876 万 m^3。

龙泽水库共引水 184.4 天，引水流量 2 m^3/s，总引水量 3 186 万 m^3。其中引黄 50 天（5～9 月），引黄水量 864 万 m^3；引江 134.4 天（1～5 月、11～12 月），引江水量 2 322 万 m^3，其中包括调蓄双王城生态经济园区的引江指标 1 095 万 m^3。水库日供水能力 8.5 万 m^3，年总供水量 3 103 万 m^3，包括向寿光市日供水 5.5 万 m^3，向双王城生态经济园区日供水 3 万 m^3。

清水湖水库和龙泽水库共引水 4 189 万 m^3，其中引黄 1 365 万 m^3，引江 2 824 万 m^3。两个水库并不能完全调蓄寿光市的客水指标，需要利用双王城水库错时调蓄。经过调算，双王城水库除去统一充库时间外，仍可在其他时间引水 61.2 天，总引水量 4 553 万 m^3。其中，引黄 44.1 天（5～9 月），引黄水量 3 281 万 m^3；引江 17.1 天（4～5 月），引江水量 1 272 万 m^3。包括双王城水库平均向寿光市供出的 2 000 万 m^3，水库日供水能力 18.00 万 m^3，年总供水量 6 563 万 m^3。在这种方案下，寿光市的客水指标能够全部调蓄完成。

50%保证率下，清水湖水库、龙泽水库和双王城水库的调算过程见表 2-8、2-9 和 2-10。

表 2-8 50%保证率下清水湖水库调算过程

月份	可引黄天数	可引江天数	实际引黄天数	实际引江天数	入库流量（m^3/s）	入库水量（万 m^3）	月初库容（万 m^3）	渗漏损失（万 m^3）	蒸发损失量（万 m^3）	需水量（万 m^3）	供水量（万 m^3）	水量盈余（万 m^3）	月末库容（万 m^3）
6	17	0	6	0	2	104	359	6	7	72	72	0	378
7	29	0	6	0	2	104	378	6	0	74	74	0	401
8	28	0	5	0	2	104	401	6	0	74	74	0	424
9	21	0	5	0	2	86	424	6	5	72	72	0	427
10	25	31	0	4	2	69	427	6	5	74	74	0	411
11	27	10	0	4	2	69	411	5	3	72	72	0	399
12	24	0	0	0	2	0	399	5	4	74	74	0	317
1	25	11	0	4	2	69	317	4	3	74	74	0	304
2	21	28	0	4	2	69	304	4	6	67	67	0	295
3	22	10	0	4	2	69	295	4	8	74	74	0	279
4	20	30	0	4	2	69	279	5	12	72	72	0	259
5	19	31	6	5	2	190	259	6	10	74	74	0	359
合计	278	151	29	29	/	1 002	/	64	62	876	876	0	458

表 2-9　50%保证率下龙泽水库调算过程

月份	可引黄天数	可引江天数	实际引黄天数	实际引江天数	入库流量（m^3/s）	入库水量（万 m^3）	月初库容（万 m^3）	渗漏损失（万 m^3）	蒸发损失量（万 m^3）	需水量（万 m^3）	供水量（万 m^3）	水量盈余（万 m^3）	月末库容（万 m^3）
6	17	0	10	0.0	2.0	173	471	6	3	255	255	0	380
7	29	0	20	0.0	2.0	346	380	7	0	264	264	0	455
8	28	0	16	0.0	2.0	276	455	5	0	264	264	0	463
9	21	0	4	0.0	2.0	69	463	6	2	255	255	0	269
10	25	31	0	27.4	2.0	473	269	6	2	264	264	0	471
11	27	10	0	10.0	2.0	173	471	4	1	255	255	0	384
12	24	0	0	0.0	2.0	C	384	1	1	264	264	0	118
1	25	11	0	11.0	2.0	190	118	2	1	264	264	0	41
2	21	28	0	28.0	2.0	484	41	3	2	238	238	0	281
3	22	10	0	10.0	2.0	173	281	5	3	264	264	0	183
4	20	30	0	30.0	2.0	518	183	7	5	255	255	0	434
5	19	31	0	18.0	2.0	311	434	6	4	264	264	0	471
合计	278	151	50	134.4	/	3 186	/	59	25	3 103	3 103	0	508

表 2-10　50%下保证率双王城水库调算过程

月份	长江水冲库天数	长江充库流量 (m^3/s)	充库水量 (万 m^3)	实际引江天数	实际引黄天数	入库流量 (m^3/s)	长江入库水量 (万 m^3)	黄河入库水量 (万 m^3)	入库水量 (万 m^3)	月初库容 (万 m^3)	渗漏损失 (万 m^3)	蒸发损失量 (万 m^3)	供水量(万 m^3)				需水量 (万 m^3)	供水量 (万 m^3)
													青岛	潍北平原	寿光	小计		
6	0.0	0.0	0.0	0.0	9.0	8.6	0	670	670	5 042	28	55	3 217	380	164	3761	375	375
7	0.0	0.0	0.0	0.0	9.0	8.6	0	670	670	1 490	26	0	0	0	170	170	388	388
8	0.0	0.0	0.0	0.0	9.0	8.6	0	670	670	1 577	20	0	0	380	170	550	388	388
9	0.0	0.0	0.0	0.0	9.0	8.6	0	670	670	1 288	32	43	0	380	164	544	375	375
10	31.0	8.6	2 306.1	0.0	0.0	8.6	0	0	2 306	962	48	38	0	0	170	170	388	388
11	10.0	8.6	743.9	0.0	0.0	8.6	0	0	744	2 622	44	23	0	0	164	164	375	375
12	0.0	0.0	0.0	0.0	0.0	8.6	0	0	0	2 758	40	29	0	0	170	170	388	388
1	11.0	8.6	818.3	0.0	0.0	8.6	0	0	818	2 130	55	29	0	0	170	170	388	388
2	28.0	8.6	2 082.9	0.0	0.0	8.6	0	0	2 083	2 306	68	48	0	0	153	153	350	350
3	10.0	8.6	743.9	0.0	0.0	8.6	0	0	744	3 767	76	63	0	0	171	171	388	388
4	5.2	8.6	387.6	15.0	0.0	8.6	1 116	0	1 503	3 812	87	100	0	0	164	164	375	375
5	5.4	8.6	403.2	2.1	8.1	8.6	156	603	1 162	4 586	59	85	0	0	170	170	388	388
合计	100.6	/	7 485.9	17.1	44.1	/	1 272	3 281	12 039		582	514	3 217	1 140	2 000	6 357	4 563	4 563

(2) 75%保证率

经调节计算，75%保证率情况下，清水湖水库共引水 58 天，引水流量 2 m^3/s，总引水量 1 000 万 m^3。其中，引黄 29 天（5～8 月），引黄水量 500 万 m^3；引江 29 天（1～5 月、11～12 月），引江水量 500 万 m^3。水库日供水能力 2.4 万 m^3，年总供水量 876 万 m^3。

龙泽水库共引水 182.3 天，引水流量 2 m^3/s，总引水量 3 150 万 m^3。其中，引黄 51.3 天（5～8 月），引黄水量 886 万 m^3；引江 131.0 天（1～5 月、11～12 月），引江水量 2 264 万 m^3，其中包括调蓄双王城生态经济园区的引江指标 1 095 万 m^3。水库日供水能力 8.4 万 m^3，年总供水量 3 066 万 m^3，包括向寿光市日供水 5.4 万 m^3，向双王城生态经济园区日供水 3 万 m^3。

清水湖水库和龙泽水库共引水 4 152 万 m^3，其中，引黄 1 388 万 m^3，引江 2 765 万 m^3。两个水库并不能完全调蓄寿光市的客水指标，需要利用双王城水库错时调蓄。经过调算，双王城水库除去统一充库时间外，仍可在其他时间引水 105.9 天，总引水量 4597 万 m^3。其中引黄 88 天（6～8 月），引黄水量 3 266 万 m^3，引江 17.9 天（4 月），引江水量 1 332 万 m^3。包括双王城水库平均向寿光市供出的 2 000 万 m^3，水库日供水能力 18.1 万 m^3，年总供水量 6 599 万 m^3。在这种方案下，寿光市的客水指标能够全部调蓄完成。

75%保证率下，清水湖水库、龙泽水库和双王城水库的调算过程见表 2-11、2-12 和 2-13。

表 2-11 75%保证率下清水湖水库调算过程

月份	可引黄天数	可引江天数	实际引黄天数	实际引江天数	入库流量（m^3/s）	入库水量（万 m^3）	月初库容（万 m^3）	渗漏损失（万 m^3）	蒸发损失量（万 m^3）	需水量（万 m^3）	供水量（万 m^3）	水量盈余（万 m^3）	月末库容（万 m^3）
6	13	0	8	0	2	138	358	6	7	72	72	0	411
7	23	0	7	0	2	121	411	7	0	74	74	0	451
8	22	0	7	0	2	121	451	7	0	74	74	0	491
9	0	0	0	0	2	0	491	6	5	72	72	0	407
10	0	31	0	4	2	69	407	6	5	74	74	0	392
11	0	10	0	4	2	69	392	5	3	72	72	0	381
12	0	0	0	0	2	0	381	4	4	74	74	0	298
1	0	11	0	4	2	69	298	4	3	74	74	0	285
2	0	28	0	4	2	69	285	4	6	67	67	0	278
3	0	10	0	4	2	69	278	4	7	74	74	0	261
4	15	30	0	4	2	69	261	4	12	72	72	0	242
5	15	31	7	5	2	207	242	6	10	74	74	0	358
合计	88	151	29	29	/	1 002	/	64	62	876	876	0	475

表 2-12　75%保证率下龙泽水库调算过程

月份	可引黄天数	可引江天数	实际引黄天数	实际引江天数	入库流量（m^3/s）	入库水量（万 m^3）	月初库容（万 m^3）	渗漏损失（万 m^3）	蒸发损失量（万 m^3）	需水量（万 m^3）	供水量（万 m^3）	水量盈余（万 m^3）	月末库容（万 m^3）
6	13	0	13.0	0	2	225	471	7	3	252	252	0	434
7	23	0	17.0	0	2	294	434	7	0	260	260	0	460
8	22	0	16.0	0	2	276	460	5	0	260	260	0	471
9	0	0	0.0	0	2	0	471	5	2	252	252	0	212
10	0	31	0.0	30	2	518	212	6	2	260	260	0	462
11	0	10	0.0	10	2	173	462	4	1	252	252	0	378
12	0	0	0.0	0	2	0	378	1	1	260	260	0	115
1	0	11	0.0	11	2	190	115	2	1	260	260	0	41
2	0	28	0.0	28	2	484	41	4	2	235	235	0	284
3	0	10	0.0	10	2	173	284	5	3	260	260	0	189
4	15	30	0.0	30	2	518	189	7	5	252	252	0	443
5	15	31	5.3	12	2	299	443	7	4	260	260	0	471
合计	88	151	51.3	131	/	3 150	/	59	25	3 066	3 066	0	498

表 2-13　75%保证率下双王城水库调算过程

月份	长江水冲库天数	长江充库流量(m^3/s)	充库水量(万 m^3)	实际引江天数	实际引黄天数	入库流量(m^3/s)	长江入库水量(万 m^3)	黄河入库水量(万 m^3)	入库水量(万 m^3)	月初库容(万 m^3)	渗漏损失(万 m^3)	蒸发损失量(万 m^3)	供水量(万 m^3)				需水量(万 m^3)	供水量(万 m^3)
													青岛	潍北平原	寿光	小计		
6	0.0	0.0	0	0.0	13.0	8.6	0	967	967	4 507	27	57	3 217.0	380.0	164.0	3 761.0	378	378
7	0.0	0.0	0	0.0	15.0	8.6	0	1 116	1 116	1 250	34	0	0.0	0.0	170.0	170.0	391	391
8	0.0	0.0	0	0.0	15.9	8.6	0	1 183	1 183	1 771	27	0	0.0	380.0	170.0	550.0	391	391
9	0.0	0.0	0	0.0	0.0	8.6	0	0	0	1 987	33	45	0.0	380.0	164.0	544.0	378	378
10	31.0	8.6	2 306	0.0	0.0	8.6	0	0	2 306	987	49	40	0.0	0.0	170.0	170.0	391	391
11	10.0	8.6	744	0.0	0.0	8.6	0	0	744	2 644	44	25	0.0	0.0	164.0	164.0	378	378
12	0.0	0.0	0	0.0	0.0	8.6	0	0	0	2 777	40	31	0.0	0.0	170.0	170.0	391	391
1	11.0	8.6	818	0.0	0.0	8.6	0	0	818	2 145	55	30	0.0	0.0	170.0	170.0	391	391
2	28.0	8.6	2 083	0.0	0.0	8.6	0	0	2 083	2 318	68	51	0.0	0.0	153.0	153.0	353	353
3	10.0	8.6	744	0.0	0.0	8.6	0	0	744	3 776	78	65	0.0	0.0	171.0	171.0	391	391
4	5.2	8.6	388	17.9	0.0	8.6	1 332	0	1 719	3 816	84	103	0.0	0.0	164.0	164.0	378	378
5	5.4	8.6	403	0.0	0.0	8.6	0	0	403	4 806	52	90	0.0	0.0	170.0	170.0	391	391
合计	100.6	0.0	7 486	17.9	43.9	/	1 332	3 266	12 083	/	590	537	3 217.0	1 140.0	2 000.0	6 357.0	4 599	4 599

(3) 95%保证率

经调节计算，95%保证率情况下，清水湖水库共引水 58 天，引水流量 2 m^3/s，总引水量 1 000 万 m^3。其中，引黄 29 天（4～8 月），引黄水量 500 万 m^3；引江 29 天（1～5 月、11～12 月），引江水量 500 万 m^3。水库日供水能力 2.4 万 m^3，年总供水量 876 万 m^3。

龙泽水库共引水 158 天，引水流量 2 m^3/s，总引水量 2 730 万 m^3。其中引黄 47 天（4～8 月），引黄水量 812 万 m^3；引江 111 天（1～5 月、11～12 月），引江水量 1918 万 m^3，其中包括调蓄双王城生态经济园区的引江指标 1 095 万 m^3。水库日供水能力 7.3 万 m^3，年总供水量 2 657 万 m^3，包括向寿光市日供水 4.3 万 m^3，向双王城生态经济园区日供水 3 万 m^3。

清水湖水库和龙泽水库共引水 3 732 万 m^3，其中，引黄 1 313 万 m^3，引江 2 419 万 m^3。两个水库并不能完全调蓄寿光市的客水指标，需要利用双王城水库错时调蓄。经过调算，双王城水库除去统一充库时间外，仍可在其他时间引水 55 天，总引水量 4 121 万 m^3。其中引黄 42 天（4～8 月），引黄水量 3 124 万 m^3，引江 13 天（4～5 月），引江水量 997 万 m^3。包括双王城水库平均向寿光市供出的 2 000 万 m^3，水库日供水能力 16.7 万 m^3，年总供水量 6 099 万 m^3。在这种情况下，寿光市的客水指标仍然不能全部调蓄完成，仍有 891 万 m^3 的水量需要通过胶东调水干渠直接调蓄。891 万 m^3 不能调蓄的水量包括黄河水 212 万 m^3，长江水 679 万 m^3。

95%保证率下，清水湖水库、龙泽水库和双王城水库的调算过程见表 2-14、2-15 和 2-16。

表 2-14 95%保证率下清水湖水库调算过程

月份	可引黄天数	可引江天数	实际引黄天数	实际引江天数	入库流量（m^3/s）	入库水量（万 m^3）	月初库容（万 m^3）	渗漏损失（万 m^3）	蒸发损失量（万 m^2）	需水量（万 m^3）	供水量（万 m^3）	水量盈余（万 m^3）	月末库容（万 m^3）
6	7	0	6	0	2	104	407	7	7	72	72	0	425
7	12	0	6	0	2	104	425	7	0	74	74	0	448
8	12	0	6	0	2	104	448	6	0	74	74	0	470
9	0	0	0	0	2	0	470	6	5	72	72	0	387
10	0	31	0	4	2	69	387	6	5	74	74	0	372
11	0	10	0	4	2	69	372	5	3	72	72	0	361
12	0	0	0	0	2	0	361	4	4	74	74	0	279
1	0	11	0	4	2	69	279	4	3	74	74	0	267
2	0	28	0	4	2	69	267	4	6	67	67	0	259
3	0	10	0	4	2	69	259	4	8	74	74	0	242
4	8	30	6	4	2	173	242	5	12	72	72	0	325
5	8	31	5	5	2	173	325	6	11	74	74	0	407
合计	47	151	29	29	/	1 002	/	64	63	876	876	0	488

表 2-15　95%保证率下龙泽水库调算过程

月份	可引黄天数	可引江天数	实际引黄天数	实际引江天数	入库流量 (m^3/s)	入库水量 (万 m^3)	月初库容 (万 m^3)	渗漏损失 (万 m^3)	蒸发损失量 (万 m^3)	需水量 (万 m^3)	供水量 (万 m^3)	水量盈余 (万 m^3)	月末库容 (万 m^3)
6	7	0	7	0	2	121	433	5	3	218	218	0	328
7	12	0	12	0	2	207	328	4	0	226	226	0	306
8	12	0	12	0	2	207	306	3	0	226	226	0	285
9	0	0	0	0	2	0	285	3	2	218	218	0	61
10	0	31	0	31	2	536	61	5	2	226	226	0	364
11	0	10	0	10	2	173	364	3	1	218	218	0	315
12	0	0	0	0	2	0	315	1	1	226	226	0	87
1	0	11	0	11	2	190	87	3	1	226	226	0	47
2	0	28	0	28	2	484	47	4	2	204	204	0	320
3	0	10	0	10	2	173	320	5	3	226	226	0	259
4	8	30	8	16	2	415	259	7	5	218	218	0	444
5	8	31	8	5	2	225	444	6	4	226	226	0	433
合计	47	151	47	111	/	2 730	/	49	24	2 657	2 657	0	422

表 2-16　95%保证率下双王城水库调算过程

月份	长江水冲库天数	长江充库流量(m^3/s)	充库水量(万 m^3)	实际引江天数	实际引黄天数	入库流量(m^3/s)	长江入库水量(万 m^3)	黄河入库水量(万 m^3)	入库水量(万 m^3)	月初库容(万 m^3)	渗漏损失(万 m^3)	蒸发损失量(万 m^3)	供水量(万 m^3)				需水量(万 m^3)	供水量(万 m^3)
													青岛	潍北平原	寿光	小计		
6	0	0	0	0	7	9	0	521	521	5 307	32	58	3 217	380	164	3 761	347	347
7	0	0	0	0	12	9	0	893	893	1 629	34	0	0	0	170	170	347	347
8	0	0	0	0	10	9	0	744	744	1 971	24	0	0	380	170	550	347	347
9	0	0	0	0	0	0	0	0	0	1 794	30	45	0	380	164	544	336	336
10	31	9	2 306	0	0	0	0	0	2 306	838	47	40	0	0	170	170	347	347
11	10	9	744	0	0	0	0	0	744	2 540	44	25	0	0	164	164	336	336
12	0	0	0	0	0	0	0	0	0	2 716	40	31	0	0	170	170	347	347
1	11	9	818	0	0	0	0	0	818	2 128	56	30	0	0	170	170	347	347
2	28	9	2 083	0	0	0	0	0	2 083	2 343	70	51	0	0	153	153	314	314
3	10	9	744	0	0	0	0	0	744	3 839	81	65	0	0	171	171	347	347
4	5	9	388	12	8	9	915	595	1 898	3 918	94	103	0	0	164	164	336	336
5	5	9	403	1	5	9	82	372	857	5 119	62	90	0	0	170	170	347	347
合计	101	/	7 486	13	42	/	997	3 124	11 607	0	615	536	3 217	1 140	2 000	6 357	4 099	4 099

综上可知，考虑双王城水库每年平均供给寿光市的 2 000 万 m^3 长江水，50%、75%和95%保证率下的 3 座水库总供水量分别为 9 446 万 m^3、9 446 万 m^3 和 8 537 万 m^3。三座水库调蓄客水情况见表 2-17。

表 2-17　3 座水库调蓄客水的情况汇总

保证率	水库	引水天数（天）			引水量（万 m^3）			总供水量（万 m^3）
		引黄	引江	小计	引黄	引江	小计	
50%	清水湖水库	29	29	58	501	501	1 002	876
	龙泽水库	50	134.4	184.4	864	2 322	3 186	2 008
	双王城水库	0	100.63	100.63	0	7 486	7 486	6 563
	小计	/	/	/	1 365	2 824	4 189	9 446
75%	清水湖水库	29	29	58	501	501	1 002	876
	龙泽水库	51.3	131	182.3	886	2 264	3 150	1 971
	双王城水库	43.9	100.63	144.53	3 266	7 486	10 752	6 599
	小计	/	/	/	4 653	2 765	14 904	9 446
95%	清水湖水库	29	29	58	501	501	1 002	876
	龙泽水库	47	111	158	812	1 918	2 730	1 562
	双王城水库	42	100.63	142.63	3 124	7 486	10 610	6 099
	胶东调水干渠	/	/	/	212	679	891	891
	小计	/	/	/	4 438	2 419	14 343	9 428

第三节　冶源水库水源条件分析

一、冶源水库基本情况

冶源水库位于临朐县冶源镇东南 3 km 处的弥河上游，大地坐标为东经 118°30′～118°37.5′、北纬 36°20′～36°25′，控制流域面积 786 km^2；总库容 2.03 亿 m^3，兴利库容 0.96 亿 m^3，死库容 0.12 亿 m^3；是一座以防洪为主，兼顾灌溉、城市供水、发电、养殖、旅游等综合利用的大（二）型水库。

1. 流域自然地理状况

冶源水库所在的弥河流域位于东亚季风区，属于大陆性气候，四季界限分明，温差变化大，年平均气温在 13 ℃左右，最高气温 39.7 ℃，最低气温－19.2 ℃。雨热同期，降雨季风性强。冬季寒冷干燥，多北风，少雨雪；夏季炎热，盛行东南风和西南风，暴雨洪水集中，春秋两季干燥少雨，经常出现春旱和秋旱。水库流域多年平均年降水量 680.6 mm。降水年内分配也很不均匀，枯季少雨，汛期降水集中，6～9 月降水量占年降水量的 72%，形成春旱、夏涝、秋后又旱的局面。冶源水库径流由大气降水补给，径流在时间上的变化特点与降水相似，但年际、年内变化更大，水库多年平均年径流量 1.65 亿 m^3。

冶源水库控制流域面积占弥河流域面积 2 250 km^2 的 34.9%，流域长度 42.0 km，主河道长度 50.76 km，占干流全程 135 km 的 37.6%，干流平均比降 4.2‰。弥河发源于沂山西麓，自南而北流入水库，流域形状成长扇形，山区占 70%，丘陵占 20%，河谷、平原不足 10%，区内水土保持较好。

冶源水库上游流域内有中型水库一座，小（一）型水库 12 座，小（二）型水库 48 座，共控制流域面积 345.5 km^2，总计库容 4 910 万 m^3，其中兴利库容 3 000 万 m^3。冶源水库以上流域水利工程情况见图 2-11 及表 2-18。

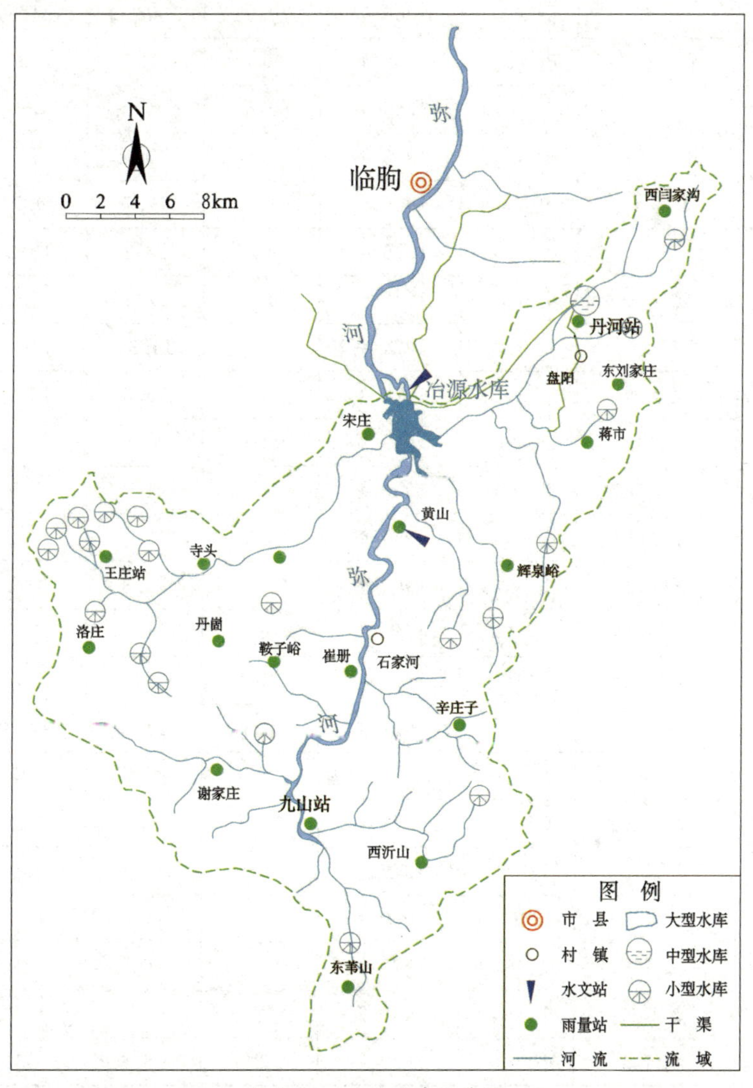

图 2-11　冶源水库流域图

表 2-18　冶源水库以上流域水库工程情况统计表

序号	所在乡镇	水库名称	类型	建库年月	流域面积（km^2）	总库容（万 m^3）	兴利库容（万 m^3）	灌溉面积（万亩）
1	卧龙镇	丹河	中型	1960 年 8 月	37	1 370	684	1.86
2		卢家庄子	小（一）	1972 年 5 月	5.9	203	180	0.5
3		阎家河	小（一）	1966 年 8 月	3.5	143	87	0.4
4		胡家沟	小（一）	1977 年 7 月	3.5	163	94	0.5
5		汪家沟	小（二）	1966 年	0.95	19.5	7	0.04
6		唐泉湖	小（二）	1958 年	2	15.1	96	0.05
7		东刘家庄	小（二）	1965 年	1.1	45.4	10	0.05
8		大沟	小（二）	1966 年	0.9	40	34.9	0.005
9		东下家庄	小（二）	1968 年	2	80.5	72.5	0.06
10		下河	小（二）	1965 年	0.8	19	14	0.005
11		蔡家官庄	小（二）	1967 年	1.4	54	38	0.07
12		郭家沟	小（二）	1966 年	1.1	13.7	9.7	0.03
13	辛寨镇	下峪	小（二）	1976 年	0.8	13.8	10.2	0.04
14		黑山头	小（二）	1976 年	0.7	27.1	21.2	0.02
15		张龙	小（二）	1974 年	0.5	14.33	10	0.005
16		大桥子	小（二）	1973 年	0.6	15.6	12.8	0.005
17		双山前	小（二）	1969 年	0.5	90.5	67	0.02
18		辛家宅子	小（二）	1968 年	0.7	11.3	8.5	0.005
19		康家庄	小（二）	1964 年	0.5	13.2	12.2	0.005
20		张六河	小（二）	1968 年	0.9	14.3	10.3	0.015
21		西刘家沟	小（二）	1965 年	0.6	11	7.4	0.01
22		黄湾	小（二）	1976 年	1.2	84	60	1.025
23		岳庄	小（二）	1967 年	0.8	24.7	14.9	0.02
24	杨家河乡	朱家峪	小（一）	1970 年 12 月	6	154	107	0.6
25		刘家庄	小（一）	1978 年	7	171	100	0.6
26		巨家庄	小（二）	1966 年	0.9	10.2	5.9	0.025
27		梨园沟	小（二）	1960 年	1	11.4	6.2	0.03
28		周家庄	小（二）	1979 年	2.5	9.9	5	0.03
29		曹家庄	小（二）	1979 年	0.7	9.2	5.8	0.035
30		龙门山	小（二）	1979 年	2	48.8	33	0.09

（续表）

序号	所在乡镇	水库名称	类型	建库年月	流域面积（km）	总库容（万 m^3）	兴利库容（万 m^3）	灌溉面积（万亩）
31	寺头镇	杨庄	小（二）	1967年7月	12.1	158	65	0.4
32		石河头	小（二）	1967年8月	12.5	234	108	0.4
33		偏龙头	小（二）	1980年	65.4	160	76	0.59
34		土门	小（二）	1972年	1.2	11	5	0.02
35		铁寨	小（二）	1970年	0.3	13.7	13.4	0.03
36		王庄	小（二）	1966年	1.2	25	15.5	0.07
37		柳枝	小（二）	1979年	1.2	12.1	5.9	0.04
38		栗行	小（二）	1978年	1.3	9	6.5	0.04
39		下土门	小（二）	1972年	1.8	8.6	2.5	0.03
40		车峪	小（二）	1975年	1.2	17.6	12	0.005
41		呈子	小（二）	1977年	1.5	14.3	11.2	0.03
42		柳花泉	小（二）	1966年	1.8	29.3	13.3	0.15
43		两峪	小（二）	1979年	3.5	35.2	25.7	0.08
44	冶源镇	白塔	小（二）	1979年1月	110	1.83	110	1
45	尧山乡	东桃花	小（二）	1974年	0.7	12.1	435	0.015
46	九山镇	大圣地	小（一）	1975年6月	6.3	152	83	0.55

2. 水库工程情况

冶源水库于1958年5月开工兴建，1959年9月建成蓄水。枢纽工程由主坝，副坝，溢洪道（闸），东、西两座放水洞及两座坝后式水电站组成。

水库主坝为黏土心墙砂壳坝，坝顶长650.0 m，宽8.0 m，最大坝高27.3 m。副坝坝型为壤土均质坝，全长2 270 m，顶宽8.0 m，最大坝高17.3 m，坝顶高程144.3 m，防浪墙顶高145.3 m。溢洪闸于1965年建成，堰型为宽顶堰，堰顶高程130.0 m，设10×8.34 m弧形钢闸门10扇，泄流净宽100 m，最大泄洪能力7 240 m^3/s。东西两放水洞结构形式为压力廊道衬管式，各建有楼式启闭机房，安装15t手摇、电动两用启闭机。东放水洞内径2 m，为平板后止水钢闸门，进口底高程126.0 m，设计输水流量30.9 m^3/s；西放水洞内径1.5 m，为平板前止水钢闸门，进口底高程126.0 m，设计输水流量17.5 m^3/s。东西两座电站均为坝后式水电站，设计年发电量139万度。东电站装机3台，设计功率600 kW；西电站装机2台，设计功率250 kW。

水库现状设计防洪标准为百年一遇，校核防洪标准为千年一遇。现状条件下汛期控制运用方案为汛中限制水位136.5 m，允许超蓄水位137.00 m，汛末蓄水位137.50 m，警戒水位

138.77 m，允许最高水位 141.19 m。冶源水库情况见表 2-19，水位、库容、面积关系见表 2-20、图 2-12。

表 2-19　冶源水库工程基本情况表

1. 概况

位置	山东省潍坊市临朐县冶源镇		水准基面：黄海	
所在河流	弥河	流域面积：786 km²	河道干流平均坡度	0.004 2
水文特征	多年平均降水量		680.6 mm	
	多年平均径流量		1.65 亿 m³	
			开工时间	1958 年 5 月
水库调节性能	多年调节		竣工时间	1959 年 9 月

2. 水库特性指标

项目	水位（m）		项目	库容（亿 m³）	
	三查三定	加固后		三查三定	加固后
死水位	128.4	128.4			
兴利水位	137.5	137.5	死库容	0.123 7	0.123 7
设计防洪水位	138.77	138.77	兴利水库	0.960 8	0.960 8
校核防洪水位	143.28	143.28			
			总库容	2.03	2.03

3. 大坝特性指标

项目	主坝	副坝
坝型	砂壳坝	均质坝
坝顶高程（m）	144.3	144.3
最大坝高（m）	27.3	17.3
坝顶宽（m）	8.0	8.0
坝长（m）	650	2 270

4. 溢洪道特征指标

项目	特征
型式	开敞式
堰顶净宽（m）	100
堰顶高程（m）	130.0
闸门型式	弧形钢闸门
闸门尺寸（宽×高）（m）	10 扇 10×8.34 m
最大泄流量（m³/s）	7 240

（续表）

5. 放水洞特征指标				
项目	东放水洞	西放水洞		
型式	压力廊道衬管式	压力廊道衬管式	混凝土涵管	
断面尺寸（m）	内径 2.0	内径 1.5		
进口底高程（m）	126.0	126.0		
最大泄流量（m^3/s）	30.9	17.5		
闸门型式	平板	平板	钢闸门	钢闸门

6. 工程效益		
项目		
防洪	设计洪水（1%）削减洪峰	29.9%
灌溉	设计保证率	50%
	设计灌溉面积（万亩）	24.5
	有效灌溉面积（万亩）	17.5
发电	设计装机容量（kW）	（600+250）kW
	设计年发电量（kW）	139 万 kW·h

表 2-20　冶源水库水位、面积、库容关系表

水位（m）	面积（km^2）	库容（百万 m^3）	备注
121.49	0	0	1. 水准基面：56 黄海基面。 2. 本表摘自“二定二查”成果。
122	0.233	0.04	
123	0.957	0.594	
124	1.536	1.829	
125	1.964	3.575	
126	2.312	5.711	
127	2.663	8.196	
128	3.325	11.184	
129	4.168	14.92	
130	5.408	19.692	
131	6.822	25.793	
132	7.805	33.101	
133	9.058	41.525	
134	10.265	51.18	
135	11.381	61.998	

（续表）

水位（m）	面积（km^2）	库容（百万 m^3）	备注
136	12.33	73.85	1. 水准基面：56 黄海基面。 2. 本表摘自“三定三查”成果。
137	13.389	86.706	
138	14.611	100.702	
139	15.908	115.957	
140	17.15	132.482	
141	18.604	150.354	
142	19.989	169.646	
143	21.334	190.304	
144	22.848	212.391	

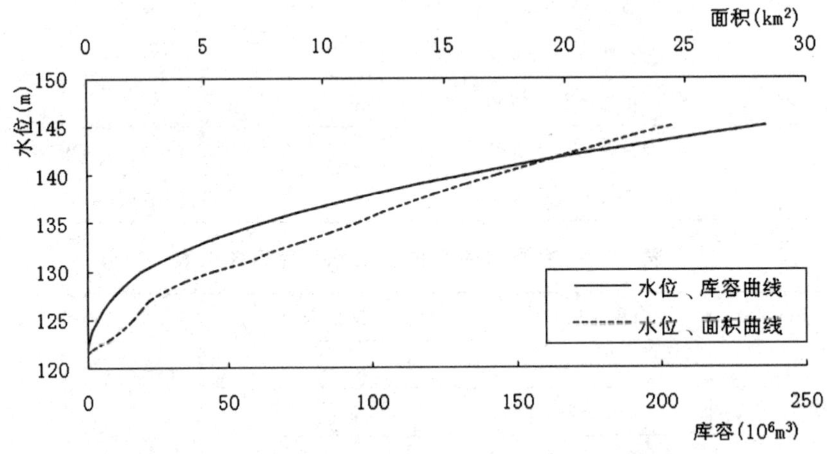

图 2-12　冶源水库水位、库容、面积曲线图

3. 灌区基本情况

冶源水库灌区位于山东省潍坊市弥河流域的中下游，泰沂山脉以北，范围包括临朐、青州、寿光三县（市）19 个乡镇，为多渠首引水灌区，包括东灌区、西灌区。1959 年 11 月，昌潍专区（现潍坊市）水利建设指挥部规划设计冶源水库灌区面积为 24.5 万亩，同年冬天开始进行东、西两条干渠的建设。由于东干渠多系环山渠道，沟壑纵横，工程十分艰巨，受历史原因和投资等条件限制，1963 年 11 月，昌潍专区水利建设指挥部变更原干渠设计：原规划灌溉青州、寿光两县的土地不再通过东干渠输水，改由在弥河修建拦河大坝，通过水库放水和拦截区间径流，发展弥河以西的自流灌区。

冶源水库设计灌溉面积原计划为 24.5 万亩，经核实为 19.2 万亩，有效灌溉面积为 17.5 万亩，设计灌溉保证率为 50%。

4. 水库建成以来运行情况

水库 1959 年 9 月建成蓄水，目前水库主要供给农业供水。从历年运行情况看，水库最高蓄水位 138.86 m，时间为 1963 年 7 月 20 日；历年最低蓄水位 125.34 m，时间为 1990 年 5 月 16 日。多年平均蓄水量为 7 297.24 万 m^3，多年平均库水位为 135.93 m。

5. 水库除险加固情况

根据大坝现场安全检查和各项复核、分析评价成果，水库工程存在的主要问题如下：

（1）按防洪标准，冶源水库的防洪标准应为百年一遇洪水设计，千年一遇洪水校核。水库现状允许汛末最高蓄水位 137.5 m，相应库容 9 300 万 m^3，仅占总库容 2.03 亿 m^3 的 45.8%，显然不能满足兴利除害和抗洪抢险的要求，水库的现状防洪能力明显偏低。

（2）黏土心墙质量差，在高水位运行情况下，极有可能在薄弱区域发生管涌；坝基清基不彻底，截水槽没有达到设计宽度；主坝的西坝肩断层较为发育，易发生绕坝渗漏；主坝背水坡排水不畅。

（3）副坝基变形隐患依然存在；迎水坡护坡石风化、破碎严重；背水坡抗滑稳定系数不足；防浪墙变形严重；坝顶防汛供电设施老化；坝顶公路凹凸不平，给工程管理带来很大不便。

（4）溢洪闸锈蚀、变形，配套设施老化；闸门存在多处制作质量缺陷和安全隐患；溢洪道泄洪能力不足，一旦大流量行洪，必造成漫溢，危及闸室安全。

（5）放水洞涵管老化、炭化，闸门扭曲变形。

1992 年 6 月，水利部以水管字［1992］5 号文将冶源水库列为全国重点危险水库，受投资限制，山东省水利厅以鲁水勘字［1996］41 号文批复加固概算投资 5 331 万元，并于 1997 年 2 月动工，至 2000 年 6 月期间先后完成：溢洪道开挖加宽工程，主坝坝前砂壳翻压、浆砌石护坡、坝脚压重工程，副坝 1＋528～2＋2 36 桩号间砼截渗墙工程等。

二、水库现状来水量

水库现状来水量是指在水库上游现有（2010 年）水利工程条件下的水库来水量。冶源水库来水量受上游水利工程的调蓄影响，由于各年上游水利工程数量不同，故对各年来水量影响也不一致。鉴于兴利调节计算的需要，各年水库来水量需统一换算到现状年水利工程条件下的水库来水量水平。

冶源水库上游有中型水库 1 座，小（一）型水库 12 座，小（二）型水库 48 座。在进行来水量计算时，中型和小型水库的拦截水量未建年份按设计用水量进行扣除，建库后的拦用水量不再重复计算。

1. 冶源水库现状来水量的计算

现状来水量的计算需要在冶源水库实测来水量资料系列中，扣除上游中型和小型水库未建成年份应拦蓄水量，并加入水库蒸发和渗漏损失水量。计算公式为：

$$W_{来}=W_{出}\pm\Delta W+W_{蒸}+W_{渗}-W_{中拦}-W_{小拦} \tag{2-1}$$

式中：$W_{来}$ 为水库现状来水量；

$W_{出}$ 为实测冶源水库出库水量（包括向城市工业的供水量）；

ΔW 为水库蓄水变量；

$W_{蒸}$ 为水库水面蒸发损失水量；

$W_{渗}$ 为水库渗漏损失水量；

$W_{中拦}$ 为区间中型水库未建成年份应扣除的拦蓄利用水量；

$W_{小拦}$ 为区间上游小型水库未建成年份应扣除的拦蓄利用水量；

上式计算时段 Δt 为月。

式中，$W_{出}$ 和 ΔW 由水库实测资料计算而得，其余项目计算方法如下：

（1）水库水面蒸发损失水量 $W_{蒸}$

水库的水面蒸发损失水量是指水库水面蒸发水量与路面蒸发水量的差值，按以下公式计算年水面蒸发损失量：

$$W_{蒸}=0.1f[e-(P-R')] \qquad (2-2)$$

式中：$W_{蒸}$ 为水库水面蒸发损失水量（万 m^3）；

f 为水库水面面积（km^2）；

e 为水库水面蒸发量（mm）；

P 为年降水量（mm）；

R' 为年径流深（mm），以实测出库水量和蓄水变量之代数和计算。

用冶源水库库区内水文站实测水面蒸发资料分析计算蒸发损失水量。年内各月蒸发损失水量的计算，按照冶源水库月水面蒸发量乘以当月平均库面面积求得。

（2）水库渗漏损失水量 $W_{渗}$

经调查，冶源水库渗漏不严重。参考除险加固工程地质勘察报告中的数值，本次分析按年平均库容的1%，即月平均库容的0.08%计算。

（3）中型水库未建年份拦蓄利用水量的估算 $W_{中拦}$

由于冶源水库上游的中型水库控制面积占冶源水库流域面积的比重为44%，本次采用扣除中型水库未建年份拦蓄利用水量的方法。具体计算方法为：先按各中型水库的有效灌溉面积乘以相应年份的毛灌溉定额求得水库未建年份各年的灌溉用水量，再用面积比法计算中型水库的来水量，当算得的年来水量大于用水量和兴利库容时，取最大灌溉用水量和兴利库容两者中的大值作为年拦截利用水量；当算得的年来水量小于最大灌溉用水量时，取年来水量作为年拦蓄利用水量。

（4）小型水库未建年份拦蓄利用水量的估算 $W_{小拦}$

小型水库拦截利用水量与水库年来水量和兴利库容有关。一般小型水库拦蓄利用系数为1.0～1.5，本次最大采用1.3，由小型水库的兴利库容乘以1.3作为小型水库最大可能拦截利用水量。由冶源水库年来水量采用面积比法分别计算各小型水库的年来水量，当算得的年来水量大于最大可能拦蓄利用水量时，取最大可能拦蓄利用水量作为年拦蓄利用水量；当算得的年来水量小于最大可能拦蓄利用水量时，取年来水量作为年拦蓄利用水量。

中型和小型水库年来水量计算公式如下：

$$W_{中、小}=\frac{F_{中、小}}{F_{峡}}W_{峡} \qquad (2-3)$$

式中：$F_{中、小}$、$W_{中、小}$为上游中型和小型水库流域面积、年来水量；

$F_{峡}$、$W_{峡}$为冶源水库流域面积、年来水量。

中型和小型水库拦蓄利用水量的月分配按同年冶源水库各月来水量月分配比计算。

冶源水库历年现状来水量系列，见表2-21。

表2-21　冶源水库历年现状来水量成果表（水文年）

年份	来水量（万 m^3）	年 份	来水量（万 m^3）	年 份	来水量（万 m^3）
1964～1965	49 919	1980～1981	3 494	1996～1997	5 003
1965～1966	27 124	1981～1982	4 115	1997～1998	9 388
1966～1967	9 281	1982～1983	4 514	1998～1999	12 147
1967～1968	8 650	1983～1984	306	1999～2000	2 213
1968～1969	7 536	1984～1985	3 310	2000～2001	990
1969～1970	2 274	1985～1986	11 497	2001～2002	12 344
1970～1971	19 359	1986～1987	2 220	2002～2003	27
1971～1972	21 640	1987～1988	1 848	2003～2004	21 283
1972～1973	10 838	1988～1989	5 161	2004～2005	22 857
1973～1974	4 074	1989～1990	1 624	2005～2006	21 902
1974～1975	21 358	1990～1991	19 663	2006～2007	1 619
1975～1976	8 498	1991～1992	3 384	2007～2008	7 677
1976～1977	9 562	1992～1993	1 415	2008～2009	23 180
1977～1978	4 296	1993～1994	9 077	2009～2010	27 449
1978～1979	8 928	1994～1995	16 808	2010～1964	22 808
1979～1980	10 422	1995～1996	16 160	平均	10 132

2. 水库现状来水量系列的特征和合理性分析

冶源水库1964～2010年（水文年当年7月至次年6月，下同）现状来水量47年系列的特征：一是现状来水量的年际变化大，丰、枯水年明显，最丰的1964年来水量为49.92亿m^3，最枯的2002年为27.3万m^3，极值比为1 828.5；二是丰水年出现次数少，但来水量大，在47年的系列中，丰水年有20年，枯水年有27年，来水量集中于丰水年，丰水年来水量占总来水量的72.68%；三是丰、枯水年连续出现，在47年的来水量系列中，有5个丰水周期，每个周期2～5年不等，如1964～1965年、1970～1974年、1994～1998年、2003～2005年、2008～2010年，有5个枯水期，每个周期3～10年，如1966～1969年、1975～1984年、1986～1989年、1991～1993年、1999～2002年。连续枯水年组，周期长且来水量明显偏少，如1975～1984年10年平均年来水量为多年平均来水量的56.23%，最枯的2002年来水仅为27.3万m^3，为多年平均年来水量的0.27%，对正常供水甚为不利。

对水库现状来水量系列与同期流域平均降雨量（见表2-22）系列进行点绘过程线分析，两系列丰枯变化规律一致，见图2-13。

表2-22　冶源水库流域1964～2010年平均降雨量统计表

年份	降雨量（万m^3）	年份	降雨量（万m^3）	年 份	降雨量（万m^3）
1964～1965	980.2	1980～1981	424.1	1996～1997	489.4
1965～1966	870.9	1981～1982	519.5	1997～1998	671.3
1966～1967	612.1	1982～1983	646.7	1998～1999	727.2
1967～1968	566.1	1983～1984	537.7	1999～2000	446.6
1968～1969	687	1984～1985	484.5	2000～2001	595.7
1969～1970	499.6	1985～1986	776.8	2001～2002	691.5
1970～1971	832	1986～1987	532.2	2002～2003	423.8
1971～1972	724.5	1987～1988	536.1	2003～2004	949.5
1972～1973	842.3	1988～1989	586.1	2004～2005	819.3
1973～1974	546.9	1989～1990	685.4	2005～2006	938.1
1974～1975	717.2	1990～1991	864.1	2006－2007	440.1
1975～1976	629.6	1991～1992	378.4	2007－2008	822.8
1976～1977	622	1992～1993	673.2	2008－2009	735.2
1977～1978	585.2	1993～1994	702.7	2009－2010	861.5
1978～1979	718.1	1994～1995	665.5	2010～1964	698.2
1979～1980	699.6	1995～1996	827.1	平均	665.6

3. 水库现状来水量系列代表性分析

由于水库实测径流资料系列较短，附近也无长系列径流资料，考虑到降雨和径流关系较为密切，因此选用附近雨量站长系列降雨资料进行代表性分析。冶源水库附近无长系列雨量观测资料，在水库东南 185 km 处有青岛雨量站，1899～2010 年共有 112 年降雨量资料，系列较长且丰枯变化规律基本一致，均值、C_v 值相近，两处的降雨量资料具有一致性，故选用青岛雨量站长系列资料作为代表性分析的依据。资料系列代表性一般是指某一具有可靠性和一致性的资料系列样本分布对总体分布的代表性。通常是将较长的资料系列近似地看作总体，用它来衡量各个样本分布的代表性。青岛站长系列（1899～2010 年）112 年的均值为 679.3 mm，C_v＝0.25，系列样本（1964～2010 年）45 年的均值为 661.7 mm，C_v＝0.23，取 C_s＝2.0C_v，求得该站两系列频率 95％的年降雨量，见表 2-23。

表 2-23　青岛站长短系列降水资料代表性分析

项目	1899～2010	1964～2010	相对偏差（％）
多年平均年降水量（mm）	679.3	661.7	－2.7
C_v（C_s＝2.0C_v）	0.27	0.30	7.4
P＝95％年降雨量（mm）	424.8	407.3	－4.3

由上表可知，青岛站短系列均值比长系列均值偏小 2.7％，短系列的离差系数 C_v 值偏大 7.4％，短系列 P＝95％的年降水量偏小 4.3％。两系列的均值、C_v 相近，因此短系列（1964～2007 年）降雨资料在长系列中具有较好的代表性。

冶源水库年降雨量系列的丰、枯变化规律与青岛站相似，连续枯水年组的出现也比较相近，因此 1964～2010 年冶源水库来水量资料系列也具有较好的代表性。冶源水库、青岛站同期年降雨量过程线见图 2-13。

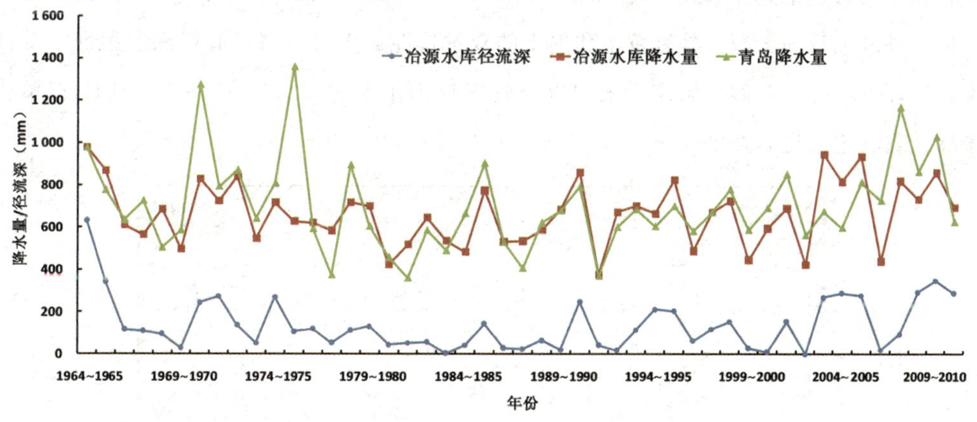

图 2-13　冶源水库流域平均降雨量、径流深与青岛站同期过程线

4. 水库不同保证率现状来水量

对冶源水库 1964～2010 年 47 个水文年现状来水量资料进行频率计算，求得多年平均年现状来水量为 1.11 亿 m^3，经适线分析，采用 C_v＝0.93、C_s＝2C_v，求得保证率 95％时年现状来水量为 0.079 2 亿 m^3。分析计算成果见表 2-24、图 2-14。

表 2-24　冶源水库现状来水量频率计算成果表（水文年）

序号	频率（%）	设计值（万 m^3）
1	50	8 075.13
2	75	3 646.63
3	95	792.98

三、冶源水库供水情况

1. 农业灌溉用水

冶源水库的用水量以灌溉用水为主，灌区设计灌溉面积 24.5 万亩（包括下游拦河坝联合供水的灌溉面积），有效灌溉面积 17.5 万亩。目前，灌区内灌溉水利用系数达 0.62，灌溉用水保证率采用 50%。

农业灌溉定额是通过分析灌区内历年逐月降水量和灌区内农业种植结构组成，同时参考灌区灌溉制度的有关资料，按水量平衡原理逐日分析计算确定，求得各种作物的净灌溉定额，然后按灌区作物组成、复种指数求得灌区历年单位面积净综合灌溉定额。

灌区内主要作物为冬小麦、春玉米、夏玉米和部分经济作物，经济作物的比例较小。作物种植比例为：冬小麦 80%，夏玉米 75%，春玉米（含经济作物）15%，作物复种指数 170%。作物生育需水量由冶源灌区实验资料得到，灌区土壤系南部丘陵的岩石和土壤风化、搬运和沉积而成，基本上属黄土类；在低洼地区，由于长期积水，形成黑土，在黄土和黑土之间形成过渡地带的土壤，具有黄土和黑土的双重特性。土层计划湿润层深度根据本灌区作物实际生育阶段计划湿润层制定。根据以上资料计算出冶源水库灌区 1964～2010 年单位面积净综合灌溉定额见表 2-25。

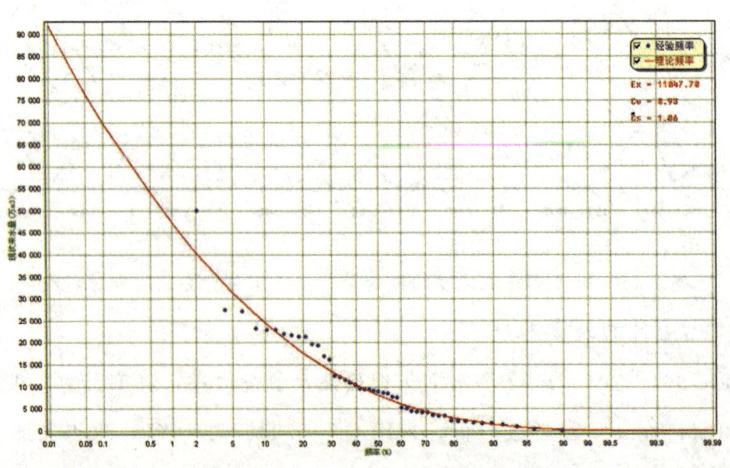

图 2-14　冶源水库历年来水量频率曲线图

表 2-25　冶源水库灌区历年综合净灌溉定额表（水文年）

年份	年净灌溉定额（m^3/亩）	年份	年净灌溉定额（m^3/亩）	年份	年净灌溉定额（m^3/亩）
1964～1965	108.03	1980～1981	198.61	1996～1997	132.34
1965～1966	118.79	1981～1982	210.42	1997～1998	202.07
1666～1967	159.23	1982～1983	166.69	1998～1999	209.98
1967～1968	142.76	1983～1984	161.89	1999～2000	210.55
1968～1969	145.45	1984～1985	209.00	2000～2001	92.33
1969～1970	190.96	1985～1986	156.99	2001～2002	212.42
1970～1971	102.36	1986～1987	227.96	2002～2003	217.26
1971～1972	156.82	1987～1988	145.76	2003～2004	111.70
1972～1973	105.98	1988～1989	177.55	2004～2005	185.93
1973～1974	164.83	1989～1990	159.06	2005～2006	163.91
1974～1975	118.44	1990～1991	171.38	2006～2007	173.51
1975～1976	150.65	1991～1992	161.63	2007～2008	163.81
1976～1977	192.19	1992～1993	215.17	2008～2009	190.96
1977～1978	169.68	1993～1994	199.86	2009～2010	166.69
1978～1979	69.49	1994～1995	93.43	2010～1964	177.55
1979～1980	204.98	1995～1996	133.24	平均	162.84

对上述水文系列年净综合灌溉定额进行频率计算，求得多年平均净综合灌溉定额为162.84 m^3/亩，$C_v=0.24$，$C_s=2C_v$，保证率 $P=50\%$ 的灌溉定额为 159.86 m^3/亩。

2. 临朐县城镇生活及工业用水

除农业灌溉外，临朐县龙泉水厂现状从冶源水库取水，供水设计规模 5 万 m^3/d，供水规模 3 万 m^3/d，取水许可量为 3 万 m^3/d，合计 1 095 万 m^3/a。临朐县冶源水库东水厂申请取水规模 4.35 万 m^3/d，合计 1 588 万 m^3/a，临朐县生物发电有限公司申请取水规模 17.1 万 m^3/a。三家用水户合计用水量 7.40 万 m^3/d，合计 2 700 万 m^3/a，供水保证率均为 95%。

3. 下游河道生态补水

2006 年 1 月，国家环境保护总局发布了《关于印发〈水电水利建设项目河道生态用水、低温水和过鱼设施环境影响评价技术指南（试行）〉的函》（环评函［2006］4 号文），不仅规定了水资源开发利用必须要保证工程下游河道的生态流量，而且介绍了维持水生生态系统稳定所需水量的计算方法。

根据弥河流域的实际情况以及山东省的通常做法，下游河道生态需水量取冶源水库多年平均来水量的10%计。

四、冶源水库兴利调节计算

1. 调节计算方案

本次调节计算在不考虑农业灌溉的前提下，保证临朐县2 700万m^3/a城镇生活及工业用水（供水保证率均为95%），在满足50%保证率生态用水的基础上，调算水库不同保证率下（50%、75%、95%）的最大剩余供水能力。

2. 水位控制方案

水库兴利调节计算需要确定水库的允许最高蓄水位和最低蓄水位及相应库容。根据冶源水库2008年汛期控制运用指标，确定各控制水位及相应库容。水库允许最高兴利水位为137.50 m，相应库容为9 608万m^3；汛中限制水位按136.50 m计，相应库容为8 208万m^3；允许最低蓄水位为死水位128.40 m，相应库容为1 237万m^3；设计洪水位为138.77 m，对应防洪库容为1.12亿m^3。

3. 长系列变动用水时历法兴利调节计算

根据冶源水库现状来水量和用水量系列，采用水量平衡原理，逐年逐月进行连续调算。由于水库现状来水量中包含水面蒸发、渗漏损失水量，故采用“计入水量损失的时历列表法”进行多年兴利调节计算。

水库水面蒸发损失水量的计算方法：年蒸发损失量为库面年水面蒸发量与年陆地蒸发量的差值。采用冶源水库水文站实测蒸发资料换算为水面蒸发量，年陆地蒸发量近似地用年降雨量与年径流深的差值表示。将求得的年蒸发损失量按水面蒸发量月分配系数分配到各月，求得各月蒸发损失量，以此乘以与各月水库平均蓄水位相应的水面面积，求得各月蒸发损失水量。

水库渗漏损失水量的计算：水库除险加固工程对坝基进行灌浆截渗处理，渗漏损失水量减少，根据本水库除险加固工程报告中有关渗漏损失的资料，现状年、规划年确定按水库月平均蓄水量的1%计算。

4. 冶源水库供水能力分析

根据水量平衡原理，考虑蒸发、渗漏损失和各用水户用水情况对冶源水库进行长系列逐月调节计算。调节计算时，采用两个调算方案。

方案1：当冶源水库不考虑农业灌溉，同时也不专门考虑下游河道生态用水，在保证临朐县95%保证率需水的前提下，计算不同保证率下冶源水库可向寿光供出的最大水量；

方案2：当冶源水库不考虑农业灌溉，同时也不专门考虑下游河道生态用水，在保证临朐县90%保证率需水的前提下，计算不同保证率下冶源水库可向寿光供出的最大水量。

不同方案下冶源水库调算过程见表 2-26～2-31。由表中数据可知，当保证临朐县 95%保证率的供水需求时，冶源水库能够最多向临朐县供水 7.14 万 m^3/d，尚不能满足临朐县 7.40 万 m^3/d 的需水，缺水 0.26 万 m^3/d。与此同时，冶源水库在 65%保证率时，能够向寿光市供水 5.8 万 m^3/d；在 75%保证率时，能向寿光市供水 3.0 万 m^3/d；在 79%保证率时，能向寿光市供水 2.6 万 m^3/d。

当临朐县供水保证率为 90%时，冶源水库能够最多满足临朐县 7.40 万 m^3/d 的需水要求。与此同时，冶源水库在 50%保证率时，能够向寿光市供水 10.7 万 m^3/d；在 75%保证率时，能向寿光市供水 4.9 万 m^3/d；在 90%保证率时，能向寿光市供水 2.7 万 m^3/d。

两种方案下，以冶源水库弃水作为下游河道的生态补水，保证率均能达到 54%。两种方案下，冶源水库的供水能力见表 2-32 和 2-33。

表 2-26　冶源水库最大供水能力调算（临朐县 95%保证率＋寿光市 50%保证率）

（单位：万 m^3）

年份	月初库容	来水量	净蒸发深			损失量		临朐用水			寿光用水			弃水量	月末库容
			蒸发深	降水	蒸发＋降水	蒸发量	渗漏量	需水量	供水量	缺水量	需水量	供水量	缺水量		
1964～1965	7 994	49 919	1 311	980	762	982	1 002	2 606	2 606	0.0	2 117	2 117	0	44 529	6 676
1965～1966	6 676	27 124	1 519	871	942	1 048	786	2 606	2 606	0.0	2 117	2 117	0	22 063	5 180
1966～1967	5 180	9 281	1 769	612	1 249	1 294	737	2 606	2 606	0.0	2 117	2 117	0	4 159	3 547
1967～1968	3 547	8 650	1 840	566	1 274	1 321	723	2 606	2 606	0.0	2 117	2 117	0	2 258	3 173
1968～1969	3 173	7 536	1 774	687	1 087	959	482	2 606	2 606	0.0	2 117	2 117	0	0	4 545
1969～1970	4 545	2 274	1 952	500	1 452	1 237	459	2 606	2 606	0.0	2 117	0	−2 117	0	2 517
1970～1971	2 517	19 359	1 656	832	957	1 151	898	2 606	2 606	0.0	2 117	2 117	0	7 837	7 266
1971～1972	7 266	21 640	1 786	725	1 253	1 369	808	2 606	2 606	0.0	2 117	2 117	0	17 891	4 115
1972～1973	4 115	10 838	1 493	842	685	752	711	2 606	2 606	0.0	2 117	2 117	0	3 013	5 754
1973～1974	5 754	4 074	1 639	547	1 108	1 128	693	2 606	2 606	0.0	2 117	2 117	0	0	3 284
1974～1975	3 284	21 358	1 459	717	936	1 058	813	2 606	2 606	0.0	2 117	2 117	0	13 346	4 702
1975～1976	4 702	8 498	1 243	630	683	820	874	2 606	2 606	0.0	2 117	2 117	0	1 139	5 644
1976～1977	5 644	9 562	1 485	622	937	981	757	2 606	2 606	0.0	2 117	2 117	0	5 291	3 455
1977～1978	3 455	4 296	1 648	585	1 063	829	452	2 606	2 606	0.0	2 117	2 117	0	0	1 747
1978～1979	1 747	8 928	1 518	718	804	718	527	2 606	2 606	0.0	2 117	2 117	0	0	4 707
1979～1980	4 707	10 422	1 431	700	785	901	794	2 606	2 606	0.0	2 117	2 117	0	1 391	7 320
1980～1981	7 320	3 494	1 354	424	930	1 087	859	2 606	2 606	0.0	2 117	0	−2 117	1 093	5 169
1981～1982	5 169	4 115	1 621	520	1 101	1 205	712	2 606	2 606	0.0	2 117	0	−2 117	0	4 762
1982～1983	4 762	4 514	1 324	647	693	784	801	2 606	2 606	0.0	2 117	0	−2 117	0	5 086

（续表）

年份	月初库容	来水量	净蒸发深			损失量		临朐用水			寿光用水			弃水量	月末库容
			蒸发深	降水	蒸发＋降水	蒸发量	渗漏量	需水量	供水量	缺水量	需水量	供水量	缺水量		
1983～1984	5 086	306	1 173	538	636	484	425	2 606	2 606	0.0	2 117	0	−2 117	0	1 877
1984～1985	1 877	3 310	1 050	485	597	433	392	2 606	2 606	0.0	2 117	0	−2 117	0	1 756
1985～1986	1 756	11 497	1 099	777	572	645	805	2 606	2 606	0.0	2 117	2 117	0	2 298	4 782
1986～1987	4 782	2 220	1 151	532	668	653	581	2 606	2 606	0.0	2 117	0	−2 117	0	3 162
1987～1988	3 162	1 848	1 093	536	616	406	365	2 606	2 606	0.0	2 117	0	−2 117	0	1 633
1988～1989	1 633	5 161	1 042	586	642	479	437	2 606	2 606	0.0	2 117	1 971	−146	0	1 300
1989～1990	1 300	1 624	960	685	425	175	167	2 606	0	−2 606.1	2 117	0	−2 117	0	2 582
1990～1991	2 582	19 663	396	864	334	389	776	2 606	2 606	0.0	2 117	2 117	0	11 399	4 958
1991～1992	4 958	3 384	1 018	378	660	712	732	2 606	2 606	0.0	2 117	0	−2 117	0	4 292
1992～1993	4 292	1 415	1 002	673	417	334	422	2 606	2 606	0.0	2 117	174	−1 943	0	2 172
1993～1994	2 172	9 077	977	703	494	523	674	2 606	2 606	0.0	2 117	2 117	0	0	5 329
1994～1995	5 329	16 807	993	656	521	622	898	2 606	2 606	0.0	2 117	2 117	0	10 428	5 465
1995～1996	5 465	16 160	1 091	827	520	593	789	2 606	2 606	0.0	2 117	2 117	0	10 342	5 177
1996～1997	5 177	5 003	1 124	489	692	707	704	2 606	2 606	0.0	2 117	2 117	0	687	3 359
1997～1998	3 359	9 388	1 063	671	510	530	674	2 606	2 606	0.0	2 117	2 117	0	1 721	5 099
1998～1999	5 099	12 147	1 146	727	648	770	796	2 606	2 606	0.0	2 117	0	−2 117	7 916	5 158
1999～2000	5 158	2 212	1 064	447	640	614	597	2 606	2 606	0.0	2 117	0	−2 117	0	3 553
2000～2001	3 553	990	1 102	596	570	347	289	2 606	2 606	0.0	2 117	0	−2 117	0	1 301
2001～2002	1 301	12 344	1 069	692	555	609	686	2 606	2 606	0.0	2 117	2 117	0	2 492	5 135

（续表）

年份	月初库容	来水量	净蒸发深			损失量		临朐用水			寿光用水			弃水量	月末库容
			蒸发深	降水	蒸发+降水	蒸发量	渗漏量	需水量	供水量	缺水量	需水量	供水量	缺水量		
2002～2003	5 135	27	1 003	424	579	477	396	2 606	2 606	0.0	2 117	0	−2 117	0	1 683
2003～2004	1 683	21 283	927	950	333	444	916	2 606	2 606	0.0	2 117	2 117	0	10 031	6 851
2004～2005	6 851	22 857	979	819	438	507	832	2 606	2 606	0.0	2 117	2 117	0	19 125	4 522
2005～2006	4 522	21 902	922	938	294	406	1 017	2 606	2 606	0.0	2 117	2 117	0	12 284	7 994
2006～2007	7 994	1 619	962	440	592	611	687	2 606	2 606	0	2 117	2 117	0	0	3 592
2007～2008	3 592	7 677	835	667	349	357	625	2 606	2 606	0	2 117	2 117	0	0	5 564
2008～2009	5 564	23 180	910	765	511	576	799	2 606	2 606	0	2 117	2 117	0	17 238	5 408
2009～2010	5 408	27 449	842	642	364	410	781	2 606	2 606	0	2 117	2 117	0	21 245	5 697
2010～1964	5 697	22 808	1 171	818	602	762	884	2 606	2 606	0	2 117	2 117	0	14 142	7 994
平均	4 384	11 048	1 244	661	712	728	682	2 606	2 551	−55	2 117	1 442	−675	4 835	4 384

表 2-27　冶源水库最大供水能力调算(临朐县 95%保证率+寿光市 75%保证率)

（单位：万 m^3）

年份	月初库容	来水量	净蒸发深			损失量		临朐用水			寿光用水			弃水量	月末库容
			蒸发深	降水	蒸发+降水	蒸发量	渗漏量	需水量	供水量	缺水量	需水量	供水量	缺水量		
1964～1965	7 994	49 919	1 311	980	762	1 004	1 022	2 606	2 606	0.0	1 095	1 095	0	44 957	7 227
1965～1966	7 227	27 124	1 519	871	942	1 084	821	2 606	2 606	0.0	1 095	1 095	0	22 869	5 877
1966～1967	5 877	9 281	1 769	612	1 249	1 363	781	2 606	2 606	0.0	1 095	1 095	0	5 025	4 288
1967～1968	4 288	8 650	1 840	566	1 274	1 383	767	2 606	2 606	0.0	1 095	1 095	0	3 239	3 847
1968～1969	3 847	7 536	1 774	687	1 087	1 114	612	2 606	2 606	0.0	1 095	1 095	0	0	5 956
1969～1970	5 956	2 274	1 952	500	1 452	1 369	545	2 606	2 606	0.0	1 095	1 095	0	0	2 615

（续表）

年份	月初库容	来水量	净蒸发深			损失量		临朐用水			寿光用水			弃水量	月末库容
			蒸发深	降水	蒸发＋降水	蒸发量	渗漏量	需水量	供水量	缺水量	需水量	供水量	缺水量		
1970～1971	2 615	19 359	1 656	832	957	1 192	931	2 606	2 606	0.0	1 095	1 095	0	8 192	7 957
1971～1972	7 957	21 640	1 786	725	1 253	1 427	844	2 606	2 606	0.0	1 095	1 095	0	18 836	4 789
1972～1973	4 789	10 838	1 493	842	685	782	763	2 606	2 606	0.0	1 095	1 095	0	3 916	6 464
1973～1974	6 464	4 074	1 639	547	1 108	1 274	828	2 606	2 606	0.0	1 095	1 095	0	0	4 736
1974～1975	4 736	21 358	1 459	717	936	1 103	864	2 606	2 606	0.0	1 095	1 095	0	15 034	5 393
1975～1976	5 393	8 498	1 243	630	683	851	926	2 606	2 606	0.0	1 095	1 095	0	2 063	6 349
1976～1977	6 349	9 562	1 485	622	937	1 026	798	2 606	2 606	0.0	1 095	1 095	0	6 244	4 142
1977～1978	4 142	4 296	1 648	585	1 063	1 004	582	2 606	2 606	0.0	1 095	1 095	0	0	3 151
1978～1979	3 151	8 928	1 518	718	804	890	738	2 606	2 606	0.0	1 095	1 095	0	0	6 749
1979～1980	6 749	10 422	1 431	700	785	929	837	2 606	2 606	0.0	1 095	1 095	0	3 677	8 028
1980～1981	8 028	3 494	1 354	424	930	1 055	837	2 606	2 606	0.0	1 095	1 095	0	1 421	4 507
1981～1982	4 507	4 115	1 621	520	1 101	1 135	640	2 606	2 606	0.0	1 095	0	－1 095	0	4 240
1982～1983	4 240	4 514	1 324	647	693	751	743	2 606	2 606	0.0	1 095	0	－1 095	0	4 655
1983～1984	4 655	306	1 173	538	636	444	378	2 606	2 606	0.0	1 095	0	－1 095	0	1 533
1984～1985	1 533	3 310	1 050	485	597	402	354	2 606	2 606	0.0	1 095	0	－1 095	0	1 480
1985～1986	1 480	11 497	1 099	777	572	673	833	2 606	2 606	0.0	1 095	1 095	0	2 284	5 485
1986～1987	5 485	2 220	1 151	532	668	655	597	2 606	2 606	0.0	1 095	1 095	0	0	2 753
1987～1988	2 753	1 848	1 093	536	616	365	320	2 606	2 606	0.0	1 095	0	－1 095	0	1 309
1988～1989	1 309	5 161	1 042	586	642	515	459	2 606	2 606	0.0	1 095	1 095	0	0	1 796

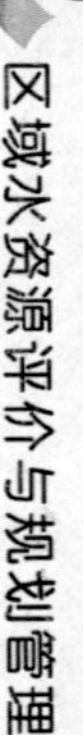

（续表）

年份	月初库容	来水量	净蒸发深			损失量		临朐用水			寿光用水			弃水量	月末库容
			蒸发深	降水	蒸发＋降水	蒸发量	渗漏量	需水量	供水量	缺水量	需水量	供水量	缺水量		
1989～1990	1 796	1 624	960	685	425	217	220	2 606	0	−2 606.1	1 095	0	−1 095	0	2 983
1990～1991	2 983	19 663	896	864	334	399	816	2 606	2 606	0.0	1 095	1 095	0	12 050	5 680
1991～1992	5 680	3 384	1 018	378	660	709	749	2 606	2 606	0.0	1 095	1 095	0	0	3 904
1992～1993	3 904	1 415	1 002	673	417	311	380	2 606	2 606	0.0	1 095	90	−1 005	0	1 932
1993～1994	1 932	9 077	977	703	494	541	706	2 606	2 606	0.0	1 095	1 095	0	0	6 062
1994～1995	6 062	16 807	993	666	521	644	935	2 606	2 606	0.0	1 095	1 095	0	11 414	6 176
1995～1996	6 176	16 160	1 091	827	520	614	833	2 606	2 606	0.0	1 095	1 095	0	11 300	5 888
1996～1997	5 888	5 003	1 124	489	692	745	747	2 606	2 606	0.0	1 095	1 095	0	1 569	4 130
1997～1998	4 130	9 388	1 063	671	510	559	727	2 606	2 606	0.0	1 095	1 095	0	2 640	5 890
1998～1999	5 890	12 147	1 146	727	648	770	804	2 606	2 606	0.0	1 095	0	−1 095	8 699	5 158
1999～2000	5 158	2 212	1 064	447	640	614	597	2 606	2 606	0.0	1 095	0	−1 095	0	3 553
2000～2001	3 553	990	1 102	596	570	347	289	2 606	2 606	0.0	1 095	0	−1 095	0	1 301
2001～2002	1 301	12 344	1 069	692	555	632	727	2 606	2 606	0.0	1 095	1 095	0	2 665	5 920
2002～2003	5 920	27	1 003	424	579	534	481	2 606	2 606	0.0	1 095	0	−1 095	0	2 326
2003～2004	2 326	21 283	927	950	333	450	950	2 606	2 606	0.0	1 095	1 095	0	11 171	7 337
2004～2005	7 337	22 857	979	819	438	523	867	2 606	2 606	0.0	1 095	1 095	0	19 866	5 236
2005～2006	5 236	21 902	922	938	294	408	1 035	2 606	2 606	0.0	1 095	1 095	0	14 001	7 994
2006～2007	7 994	1 619	962	440	592	650	745	2 606	2 606	0	1 095	1 095	0	0	4 518
2007～2008	4 518	7 677	835	667	349	409	786	2 606	2 606	0	1 095	1 095	0	0	7 299

（续表）

年份	月初库容	来水量	净蒸发深			损失量		临朐用水			寿光用水			弃水量	月末库容
			蒸发深	降水	蒸发＋降水	蒸发量	渗漏量	需水量	供水量	缺水量	需水量	供水量	缺水量		
2008～2009	7 299	23 180	910	765	511	588	823	2 606	2 606	0	1 095	1 095	0	19 422	5 945
2009～2010	5 945	27 449	842	642	364	426	825	2 606	2 606	0	1 095	1 095	0	21 953	6 488
2010～1964	6 488	22 808	1 171	818	602	772	909	2 606	2 606	0	1 095	1 095	0	15 921	7 994
平均	4 873	11 048	1 244	661	712	759	719	2 606	2 551	－55	1 095	841	－254	5 299	4 873

表 2-28　冶源水库最大供水能力调算(临朐县 95%保证率＋寿光市 80%保证率)

（单位：万 m^3）

年份	月初库容	来水量	净蒸发深			损失量		临朐用水			寿光用水			弃水量	月末库容
			蒸发深	降水	蒸发＋降水	蒸发量	渗漏量	需水量	供水量	缺水量	需水量	供水量	缺水量		
1964～1965	7 994	49 919	1 311	980	762	1 007	1 025	2 606	2 606	0.0	949	949	0	45 019	7 306
1965～1966	7 306	27 124	1 519	871	942	1 089	826	2 606	2 606	0.0	949	949	0	22 984	5 976
1966～1967	5 976	9 281	1 769	612	1 249	1 372	787	2 606	2 606	0.0	949	949	0	5 149	4 394
1967～1968	4 394	8 650	1 840	566	1 274	1 391	771	2 606	2 606	0.0	949	949	0	3 383	3 944
1968～1969	3 944	7 536	1 774	687	1 087	1 134	631	2 606	2 606	0.0	949	949	0	0	6 160
1969～1970	6 160	2 274	1 952	500	1 452	1 414	574	2 606	2 606	0.0	949	949	0	0	2 891
1970～1971	2 891	19 359	1 656	832	957	1 198	937	2 606	2 606	0.0	949	949	0	8 504	8 055
1971～1972	8 055	21 640	1 786	725	1 253	1 435	849	2 606	2 606	0.0	949	949	0	18 971	4 885
1972～1973	4 885	10 838	1 493	842	685	786	770	2 606	2 606	0.0	949	949	0	4 045	6 566
1973～1974	6 566	4 074	1 639	547	1 108	1 293	847	2 606	2 606	0.0	949	949	0	0	4 945
1974～1975	4 945	21 358	1 459	717	936	1 109	869	2 606	2 606	0.0	949	949	0	15 278	5 492
1975～1976	5 492	8 498	1 243	630	683	855	931	2 606	2 606	0.0	949	949	0	2 199	6 450

（续表）

年份	月初库容	来水量	净蒸发深			损失量		临朐用水			寿光用水			弃水量	月末库容
			蒸发深	降水	蒸发+降水	蒸发量	渗漏量	需水量	供水量	缺水量	需水量	供水量	缺水量		
1976～1977	6 450	9 562	1 485	622	937	1 032	803	2 606	2 606	0.0	949	949	0	6 381	4 240
1977～1978	4 240	4 296	1 648	585	1 063	1 026	601	2 606	2 606	0.0	949	949	0	0	3 354
1978～1979	3 354	8 928	1 518	718	804	912	768	2 606	2 606	0.0	949	949	0	0	7 047
1979～1980	7 047	10 422	1 431	700	785	932	843	2 606	2 606	0.0	949	949	0	4 009	8 129
1980～1981	8 129	3 494	1 354	424	930	1 063	845	2 606	2 606	0.0	949	949	0	1 534	4 626
1981～1982	4 626	4 115	1 621	520	1 101	1 148	653	2 606	2 606	0.0	949	0	−949	0	4 334
1982～1983	4 334	4 514	1 324	647	693	757	753	2 606	2 606	0.0	949	0	−949	0	4 732
1983～1984	4 732	306	1 173	538	636	451	386	2 606	2 606	0.0	949	0	−949	0	1 594
1984～1985	1 594	3 310	1 050	485	597	408	361	2 606	2 606	0.0	949	0	−949	0	1 530
1985～1986	1 530	11 497	1 099	777	572	677	840	2 606	2 606	0.0	949	949	0	2 369	5 586
1986～1987	5 586	2 220	1 151	532	668	669	616	2 606	2 606	0.0	949	949	0	0	2 966
1987～1988	2 966	1 848	1 093	536	616	387	343	2 606	2 606	0.0	949	0	−949	0	1 478
1988～1989	1 478	5 161	1 042	586	642	537	485	2 606	2 606	0.0	949	949	0	0	2 061
1989～1990	2 061	1 624	960	685	425	238	249	2 606	0	−2 606.1	949	0	−949	0	3 198
1990～1991	3 198	19 663	896	864	334	401	824	2 606	2 606	0.0	949	949	0	12 300	5 783
1991～1992	5 783	3 384	1 018	378	660	722	769	2 606	2 606	0.0	949	949	0	0	4 120
1992～1993	4 120	1 415	1 002	673	417	292	350	2 606	2 606	0.0	949	949	0	0	1 339
1993～1994	1 339	9 077	977	703	494	517	648	2 606	2 606	0.0	949	949	0	0	5 696
1994～1995	5 696	16 807	993	666	521	645	938	2 606	2 606	0.0	949	949	0	11 087	6 278

（续表）

年份	月初库容	来水量	净蒸发深			损失量		临朐用水			寿光用水			弃水量	月末库容
			蒸发深	降水	蒸发＋降水	蒸发量	渗漏量	需水量	供水量	缺水量	需水量	供水量	缺水量		
1995～1996	6 278	16 160	1 091	827	520	617	839	2 606	2 606	0.0	949	949	0	11 437	5 990
1996～1997	5 990	5 003	1 124	489	692	750	753	2 606	2 606	0.0	949	949	0	1 695	4 240
1997～1998	4 240	9 388	1 063	671	510	563	734	2 606	2 606	0.0	949	949	0	2 772	6 003
1998～1999	6 003	12 147	1 146	727	648	770	804	2 606	2 606	0.0	949	0	－949	8 812	5 158
1999～2000	5 158	2 212	1 064	447	640	614	597	2 606	2 606	0.0	949	0	－949	0	3 553
2000～2001	3 553	990	1 102	596	570	347	289	2 606	2 606	0.0	949	0	－949	0	1 301
2001～2002	1 301	12 344	1 069	692	555	635	733	2 606	2 606	0.0	949	949	0	2 689	6 032
2002～2003	6 032	27	1 003	424	579	511	439	2 606	2 606	0.0	949	949	0	0	1 555
2003～2004	1 555	21 283	927	950	333	451	933	2 606	2 606	0.0	949	949	0	10 492	7 406
2004～2005	7 406	22 857	979	819	438	525	872	2 606	2 606	0.0	949	949	0	19 972	5 339
2005～2006	5 339	21 902	922	938	294	408	1 037	2 606	2 606	0.0	949	949	0	14 247	7 994
2006～2007	7 994	1 619	962	440	592	655	753	2 606	2 606	0	949	949	0	0	4 650
2007～2008	4 650	7 677	835	667	349	415	810	2 606	2 606	0	949	949	0	0	7 547
2008～2009	7 547	23 180	910	765	511	591	829	2 606	2 606	0	949	949	0	19 706	6 046
2009～2010	6 046	27 449	842	642	364	428	831	2 606	2 606	0	949	949	0	22 079	6 602
2010～1964	6 602	22 808	1 171	818	602	774	913	2 606	2 606	0	949	949	0	16 174	7 994
平均	4 948	11 048	1 244	661	712	765	725	2 606	2 551	－55	949	767	－182	5 348	4 948

表 2-29　冶源水库最大供水能力调算(临朐县 90%保证率＋寿光市 50%保证率)

(单位:万 m^3)

年份	月初库容	来水量	净蒸发深			损失量		临朐用水			寿光用水			弃水量	月末库容
			蒸发深	降水	蒸发＋降水	蒸发量	渗漏量	需水量	供水量	缺水量	需水量	供水量	缺水量		
1964～1965	7 986	49 919	1 311	980	762	944	971	2 701	2 701	0.0	3 906	3 906	0	43 657	5 727
1965～1966	5 727	27 124	1 519	871	942	983	728	2 701	2 701	0.0	3 906	3 906	0	20 557	3 976
1966～1967	3 976	9 281	1 769	612	1 249	1 148	658	2 701	2 701	0.0	3 906	3 906	0	2 649	2 196
1967～1968	2 196	8 650	1 840	566	1 274	1 189	641	2 701	2 701	0.0	3 906	3 906	0	471	1 939
1968～1969	1 939	7 536	1 774	687	1 087	965	463	2 701	2 701	0.0	3 906	0	－3 906	0	5 346
1969～1970	5 346	2 274	1 952	500	1 452	1 361	536	2 701	2 701	0.0	3 906	0	－3 906	0	3 021
1970～1971	3 021	19 359	1 656	832	957	1 068	840	2 701	2 701	0.0	3 906	3 906	0	7 872	5 993
1971～1972	5 993	21 640	1 786	725	1 253	1 247	742	2 701	2 701	0.0	3 906	3 906	0	16 158	2 881
1972～1973	2 881	10 838	1 493	842	685	687	615	2 701	2 701	0.0	3 906	3 906	0	1 367	4 443
1973～1974	4 443	4 074	1 639	547	1 108	1 138	664	2 701	2 701	0.0	3 906	0	－3 906	0	4 014
1974～1975	4 014	21 358	1 459	717	936	977	761	2 701	2 701	0.0	3 906	3 906	0	13 598	3 430
1975～1976	3 430	8 498	1 243	630	683	723	727	2 701	2 701	0.0	3 906	3 906	0	0	3 871
1976～1977	3 871	9 562	1 485	622	937	886	668	2 701	2 701	0.0	3 906	3 906	0	3 078	2 194
1977～1978	2 194	4 296	1 648	585	1 063	839	429	2 701	2 701	0.0	3 906	0	－3 906	0	2 520
1978～1979	2 520	8 928	1 518	718	804	666	506	2 701	2 701	0.0	3 906	3 906	0	0	3 670
1979～1980	3 670	10 422	1 431	700	785	837	709	2 701	2 701	0.0	3 906	3 906	0	0	5 938
1980～1981	5 938	3 494	1 354	424	930	780	595	2 701	2 701	0.0	3 906	3 906	0	0	1 452
1981～1982	1 452	4 115	1 621	520	1 101	714	311	2 701	2 701	0.0	3 906	0	－3 906	0	1 841
1982～1983	1 841	4 514	1 324	647	693	565	473	2 701	2 701	0.0	3 906	0	－3 906	0	2 616

（续表）

年份	月初库容	来水量	净蒸发深			损失量		临朐用水			寿光用水			弃水量	月末库容
			蒸发深	降水	蒸发＋降水	蒸发量	渗漏量	需水量	供水量	缺水量	需水量	供水量	缺水量		
1983～1984	2 616	306	1 173	538	636	261	175	2 701	0	−2 701.0	3 906	1 433	−2 473	0	1 054
1984～1985	1 054	3 310	1 050	485	597	317	255	2 701	0	−2 701.0	3 906	2 600	−1 305	0	1 193
1985～1986	1 193	11 497	1 099	777	572	699	860	2 701	2 701	0.0	3 906	0	−3 906	2 261	6 168
1986～1987	6 168	2 220	1 151	532	668	741	728	2 701	2 701	0.0	3 906	0	−3 906	0	4 218
1987～1988	4 218	1 848	1 093	536	616	493	476	2 701	2 701	0.0	3 906	0	−3 906	0	2 397
1988～1989	2 397	5 161	1 042	586	642	649	635	2 701	2 701	0.0	3 906	0	−3 906	0	3 573
1989～1990	3 573	1 624	960	685	425	241	237	2 701	0	−2 701.0	3 906	2 527	−1 378	0	2 193
1990～1991	2 193	19 663	896	864	334	408	833	2 701	2 701	0.0	3 906	332	−3 574	11 203	6 379
1991～1992	6 379	3 384	1 018	378	660	746	802	2 701	2 701	0.0	3 906	0	−3 906	806	4 707
1992～1993	4 707	1 415	1 002	673	417	354	463	2 701	2 701	0.0	3 906	0	−3 906	0	2 605
1993～1994	2 605	9 077	977	703	494	486	615	2 701	2 701	0.0	3 906	3 906	0	0	3 975
1994～1995	3 975	16 807	993	666	521	580	831	2 701	2 701	0.0	3 906	3 906	0	8 616	4 149
1995～1996	4 149	16 160	1 091	827	520	551	706	2 701	2 701	0.0	3 906	3 906	0	8 581	3 864
1996～1997	3 864	5 003	1 124	489	692	761	740	2 701	2 701	0.0	3 906	0	−3 906	0	4 665
1997～1998	4 665	9 388	1 063	671	510	514	619	2 701	2 701	0.0	3 906	3 574	−332	3 006	3 639
1998～1999	3 639	12 147	1 146	727	648	768	770	2 701	2 701	0.0	3 906	0	−3 906	6 462	5 084
1999～2000	5 084	2 212	1 064	447	640	604	584	2 701	2 701	0.0	3 906	0	−3 906	0	3 408
2000～2001	3 408	990	1 102	596	570	284	223	2 701	0	−2 701.0	3 906	2687	−1 219	0	1 205
2001～2002	1 205	12 344	1 069	692	555	652	765	2 701	2 701	0.0	3 906	0	−3 906	2 747	6 683

（续表）

年份	月初库容	来水量	净蒸发深			损失量		临朐用水			寿光用水			弃水量	月末库容
			蒸发深	降水	蒸发＋降水	蒸发量	渗漏量	需水量	供水量	缺水量	需水量	供水量	缺水量		
2002～2003	6 683	27	1 003	424	579	580	557	2 701	2 701	0.0	3 906	321	−3 585	0	2 552
2003～2004	2 552	21 283	927	950	333	433	905	2 701	2 701	0.0	3 906	3 906	0	9 942	5 948
2004～2005	5 948	22 857	979	819	438	473	765	2 701	2 701	0.0	3 906	3 906	0	17 760	3 200
2005～2006	3 200	21 902	922	938	294	404	975	2 701	2 701	0.0	3 906	3 906	0	9 131	7 986
2006～2007	7 986	1 619	962	440	592	528	580	2 701	2 701	0	3 906	3 906	0	0	1 891
2007～2008	1 891	7 677	835	667	349	226	329	2 701	2 701	0	3 906	3 906	0	0	2 407
2008～2009	2 407	23 180	910	765	511	525	708	2 701	2 701	0	3 906	3 906	0	13 785	3 963
2009～2010	3 963	27 449	842	642	364	376	699	2 701	2 701	0	3 906	3 906	0	19 496	4 234
2010～1964	4 234	22 808	1 171	818	602	724	811	2 701	2 701	0	3 906	3 906	0	10 915	7 986
平均	3 796	11 048	1 244	661	712	683	631	2 701	2 471	−230	3 906	2 281	−1 625	4 316	3 796

表 2-30　冶源水库最大供水能力调算(临朐县 90%保证率＋寿光市 75%保证率)

（单位：万 m^3）

年份	月初库容	来水量	净蒸发深			损失量		临朐用水			寿光用水			弃水量	月末库容
			蒸发深	降水	蒸发＋降水	蒸发量	渗漏量	需水量	供水量	缺水量	需水量	供水量	缺水量		
1964～1965	7 986	49 919	1 311	980	762	987	1 006	2 701	2 701	0.0	1 789	1 789	0	44 627	6 795
1965～1966	6 795	27 124	1 519	871	942	1 056	793	2 701	2 701	0.0	1 789	1 789	0	22 248	5 333
1966～1967	5 333	9 281	1 769	612	1 249	1 310	746	2 701	2 701	0.0	1 789	1 789	0	4 359	3 709
1967～1968	3 709	8 650	1 840	566	1 274	1 335	732	2 701	2 701	0.0	1 789	1 789	0	2 483	3 320
1968～1969	3 320	7 536	1 774	687	1 087	996	511	2 701	2 701	0.0	1 789	1 789	0	0	4 860
1969～1970	4 860	2 274	1 952	500	1 452	1 282	486	2 701	2 701	0.0	1 789	0	−1 789	0	2 664

（续表）

年份	月初库容	来水量	净蒸发深			损失量		临朐用水			寿光用水			弃水量	月末库容
			蒸发深	降水	蒸发＋降水	蒸发量	渗漏量	需水量	供水量	缺水量	需水量	供水量	缺水量		
1970～1971	2 664	19 359	1 656	832	957	1 160	906	2 701	2 701	0.0	1 789	1 789	0	8 051	7 417
1971～1972	7 417	21 640	1 786	725	1 253	1 381	816	2 701	2 701	0.0	1 789	1 789	0	18 108	4 262
1972～1973	4 262	10 838	1 493	842	685	758	722	2 701	2 701	0.0	1 789	1 789	0	3 221	5 910
1973～1974	5 910	4 074	1 639	547	1 108	1 163	723	2 701	2 701	0.0	1 789	1 789	0	0	3 608
1974～1975	3 608	21 358	1 459	717	936	1 068	824	2 701	2 701	0.0	1 789	1 789	0	13 731	4 853
1975～1976	4 853	8 498	1 243	630	683	827	885	2 701	2 701	0.0	1 789	1 789	0	1 351	5 799
1976～1977	5 799	9 562	1 485	622	937	991	766	2 701	2 701	0.0	1 789	1 789	0	5 509	3 605
1977～1978	3 605	4 296	1 648	585	1 063	872	481	2 701	2 701	0.0	1 789	1 789	0	0	2 059
1978～1979	2 059	8 928	1 518	718	804	761	574	2 701	2 701	0.0	1 789	1 789	0	0	5 163
1979～1980	5 163	10 422	1 431	700	785	907	803	2 701	2 701	0.0	1 789	1 789	0	1 910	7 475
1980～1981	7 475	3 494	1 354	424	930	1 012	796	2 701	2 701	0.0	1 789	1 789	0	813	3 858
1981～1982	3 858	4 115	1 621	520	1 101	911	466	2 701	2 701	0.0	1 789	1 789	0	0	2 107
1982～1983	2 107	4 514	1 324	647	693	457	401	2 701	2 701	0.0	1 789	1 762	−27	0	1 300
1983～1984	1 300	306	1 173	538	636	237	145	2 701	0	−2 701.0	1 789	192	−1 597	0	1 032
1984～1985	1 032	3 310	1 050	485	597	408	346	2 701	0	−2 701.0	1 789	1 789	0	0	1 800
1985～1986	1 800	11 497	1 099	777	572	651	813	2 701	2 701	0.0	1 789	1 789	0	2 407	4 936
1986～1987	4 936	2 220	1 151	532	668	660	593	2 701	2 701	0.0	1 789	0	−1 789	0	3 203
1987～1988	3 203	1 848	1 093	536	616	403	364	2 701	2 701	0.0	1 789	0	−1 789	0	1 583
1988～1989	1 583	5 161	1 042	586	642	489	444	2 701	2 701	0.0	1 789	1 789	0	0	1 321

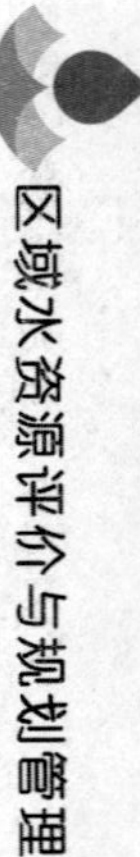

（续表）

年份	月初库容	来水量	净蒸发深			损失量		临朐用水			寿光用水			弃水量	月末库容
			蒸发深	降水	蒸发+降水	蒸发量	渗漏量	需水量	供水量	缺水量	需水量	供水量	缺水量		
1989～1990	1 321	1 624	960	685	425	164	153	2 701	0	−2 701.0	1 789	311	−1 478	0	2 317
1990～1991	2 317	19 663	896	864	334	391	779	2 701	2 701	0.0	1 789	1 789	0	11 205	5 116
1991～1992	5 116	3 384	1 018	378	660	718	744	2 701	2 701	0.0	1 789	0	−1 789	0	4 337
1992～1993	4 337	1 415	1 002	673	417	333	422	2 701	2 701	0.0	1 789	0	−1 789	0	2 296
1993～1994	2 296	9 077	977	703	494	536	701	2 701	2 701	0.0	1 789	1 789	0	0	5 647
1994～1995	5 647	16 807	993	666	521	627	906	2 701	2 701	0.0	1 789	1 789	0	10 811	5 620
1995～1996	5 620	16 160	1 091	827	520	598	798	2 701	2 701	0.0	1 789	1 789	0	10 562	5 333
1996～1997	5 333	5 003	1 124	489	692	716	712	2 701	2 701	0.0	1 789	1 789	0	890	3 528
1997～1998	3 528	9 388	1 063	671	510	536	685	2 701	2 701	0.0	1 789	1 789	0	1 932	5 273
1998～1999	5 273	12 147	1 146	727	648	745	748	2 701	2 701	0.0	1 789	1 789	0	7 478	3 959
1999～2000	3 959	2 212	1 064	447	640	517	460	2 701	2 701	0.0	1 789	0	−1 789	0	2 492
2000～2001	2 492	990	1 102	596	570	291	221	2 701	0	−2 701.0	1 789	1671	−118	0	1 300
2001～2002	1 300	12 344	1 069	692	555	614	695	2 701	2 701	0.0	1 789	1 789	0	2 538	5 307
2002～2003	5 307	27	1 003	424	579	486	408	2 701	2 701	0.0	1 789	147	−1 642	0	1 592
2003～2004	1 592	21 283	927	950	333	446	917	2 701	2 701	0.0	1 789	1 789	0	10 068	6 954
2004～2005	6 954	22 857	979	819	438	510	839	2 701	2 701	0.0	1 789	1 789	0	19 295	4 678
2005～2006	4 678	21 902	922	938	294	406	1 022	2 701	2 701	0.0	1 789	1 789	0	12 677	7 986
2006～2007	7 986	1 619	962	440	592	620	699	2 701	2 701	0	1 789	1 789	0	0	3 796
2007～2008	3 796	7 677	835	667	349	369	661	2 701	2 701	0	1 789	1 789	0	0	5 954

（续表）

年份	月初库容	来水量	净蒸发深			损失量		临朐用水			寿光用水			弃水量	月末库容
			蒸发深	降水	蒸发＋降水	蒸发量	渗漏量	需水量	供水量	缺水量	需水量	供水量	缺水量		
2008～2009	5 954	23 180	910	765	511	581	810	2 701	2 701	0	1 789	1 789	0	17 673	5 580
2009～2010	5 580	27 449	842	642	364	414	791	2 701	2 701	0	1 789	1 789	0	21 464	5 871
2010～1964	5 871	22 808	1 171	818	602	762	888	2 701	2 701	0	1 789	1 789	0	14 553	7 986
平均	4 274	11 048	1 244	661	712	712	664	2 701	2 471	−230	1 789	1 457	−332	4 915	4 274

表 2-31 冶源水库最大供水能力调算(临朐县 90%保证率＋寿光市 90%保证率)

（单位：万 m^3）

年份	月初库容	来水量	净蒸发深			损失量		临朐用水			寿光用水			弃水量	月末库容
			蒸发深	降水	蒸发＋降水	蒸发量	渗漏量	需水量	供水量	缺水量	需水量	供水量	缺水量		
1964～1965	7 986	49 919	1 311	980	762	1 004	1 022	2 701	2 701	0.0	986	986	0	44 964	7 229
1965～1966	7 229	27 124	1 519	871	942	1 084	821	2 701	2 701	0.0	986	986	0	22 882	5 880
1966～1967	5 880	9 281	1 769	612	1 249	1 363	780	2 701	2 701	0.0	986	986	0	5 040	4 292
1967～1968	4 292	8 650	1 840	566	1 274	1 383	767	2 701	2 701	0.0	986	986	0	3 255	3 851
1968～1969	3 851	7 536	1 774	687	1 087	1 115	613	2 701	2 701	0.0	986	986	0	0	5 972
1969～1970	5 972	2 274	1 952	500	1 452	1 373	547	2 701	2 701	0.0	986	986	0	0	2 639
1970～1971	2 639	19 359	1 656	832	957	1 192	931	2 701	2 701	0.0	986	986	0	8 227	7 960
1971～1972	7 960	21 640	1 786	725	1 253	1 427	844	2 701	2 701	0.0	986	986	0	18 851	4 792
1972～1973	4 792	10 838	1 493	842	685	782	762	2 701	2 701	0.0	986	986	0	3 931	6 468
1973～1974	6 468	4 074	1 639	547	1 108	1 275	829	2 701	2 701	0.0	986	986	0	0	4 752
1974～1975	4 752	21 358	1 459	717	936	1 103	863	2 701	2 701	0.0	986	986	0	15 061	5 396
1975～1976	5 396	8 498	1 243	630	683	852	926	2 701	2 701	0.0	986	986	0	2 077	6 352

（续表）

年份	月初库容	来水量	净蒸发深			损失量		临朐用水			寿光用水			弃水量	月末库容
			蒸发深	降水	蒸发＋降水	蒸发量	渗漏量	需水量	供水量	缺水量	需水量	供水量	缺水量		
1976～1977	6 352	9 562	1 485	622	937	1 026	797	2 701	2 701	0.0	986	986	0	6 259	4 145
1977～1978	4 145	4 296	1 648	585	1 063	1 005	583	2 701	2 701	0.0	986	986	0	0	3 166
1978～1979	3 166	8 928	1 518	718	804	892	740	2 701	2 701	0.0	986	986	0	0	6 775
1979～1980	6 775	10 422	1 431	700	785	923	837	2 701	2 701	0.0	986	986	0	3 714	8 031
1980～1981	8 031	3 494	1 354	424	930	1 055	837	2 701	2 701	0.0	986	986	0	1 434	4 512
1981～1982	4 512	4 115	1 621	520	1 101	1 061	581	2 701	2 701	0.0	986	986	0	0	3 299
1982～1983	3 299	4 514	1 324	647	693	625	578	2 701	2 701	0.0	986	986	0	0	2 925
1983～1984	2 925	306	1 173	538	636	376	281	2 701	0	−2 701.0	986	986	0	0	1 589
1984～1985	1 589	3 310	1 050	485	597	499	452	2 701	0	−2 701.0	986	986	0	0	2 962
1985～1986	2 962	11 497	1 099	777	572	673	855	2 701	2 701	0.0	986	986	0	3 756	5 489
1986～1987	5 489	2 220	1 151	532	668	698	653	2 701	2 701	0.0	986	0	−986	0	3 657
1987～1988	3 657	1 848	1 093	536	616	445	414	2 701	2 701	0.0	986	0	−986	0	1 945
1988～1989	1 945	5 161	1 042	586	642	567	529	2 701	2 701	0.0	986	986	0	0	2 323
1989～1990	2 323	1 624	960	685	425	224	222	2 701	0	−2 701.0	986	986	0	0	2 516
1990～1991	2 516	19 663	896	864	334	399	808	2 701	2 701	0.0	986	986	0	11 602	5 683
1991～1992	5 683	3 384	1 018	378	660	710	751	2 701	2 701	0.0	986	986	0	0	3 920
1992～1993	3 920	1 415	1 002	673	417	309	376	2 701	2 701	0.0	986	0	−986	0	1 949
1993～1994	1 949	9 077	977	703	494	542	708	2 701	2 701	0.0	986	986	0	0	6 089
1994～1995	6 089	16 807	993	666	521	644	934	2 701	2 701	0.0	986	986	0	11 453	6 180

（续表）

年份	月初库容	来水量	净蒸发深			损失量		临朐用水			寿光用水			弃水量	月末库容
			蒸发深	降水	蒸发＋降水	蒸发量	渗漏量	需水量	供水量	缺水量	需水量	供水量	缺水量		
1995～1996	6 180	16 160	1 091	827	520	614	833	2 701	2 701	0.0	986	986	0	11 315	5 891
1996～1997	5 891	5 003	1 124	489	692	745	746	2 701	2 701	0.0	986	986	0	1 583	4 134
1997～1998	4 134	9 388	1 063	671	510	559	727	2 701	2 701	0.0	986	986	0	2 655	5 894
1998～1999	5 894	12 147	1 146	727	648	763	787	2 701	2 701	0.0	986	986	0	8 229	4 576
1999～2000	4 576	2 212	1 064	447	640	513	472	2 701	2 701	0.0	986	986	0	0	2 117
2000～2001	2 117	990	1 102	596	570	302	225	2 701	0	−2 701.0	986	986	0	0	1 595
2001～2002	1 595	12 344	1 069	692	555	632	731	2 701	2 701	0.0	986	986	0	2 965	5 924
2002～2003	5 924	27	1 003	424	579	498	420	2 701	2 701	0.0	986	986	0	0	1 347
2003～2004	1 347	21 283	927	950	333	450	925	2 701	2 701	0.0	986	986	0	10 232	7 336
2004～2005	7 336	22 857	979	819	438	523	867	2 701	2 701	0.0	986	986	0	19 878	5 240
2005～2006	5 240	21 902	922	938	294	407	1 034	2 701	2 701	0.0	986	986	0	14 028	7 986
2006～2007	7 986	1 619	962	440	592	650	745	2 701	2 701	0	986	986	0	0	4 524
2007～2008	4 524	7 677	835	667	349	409	788	2 701	2 701	0	986	986	0	0	7 318
2008～2009	7 318	23 180	910	765	511	588	823	2 701	2 701	0	986	986	0	19 453	5 948
2009～2010	5 948	27 449	842	642	364	426	825	2 701	2 701	0	986	986	0	21 967	6 493
2010～1964	6 493	22 808	1 171	818	602	772	909	2 701	2 701	0	986	986	0	15 948	7 986
平均	4 831	11 048	1 244	661	712	755	713	2 701	2 471	−230	986	923	−63	5 304	4 831

表 2-32　方案 1 情况下冶源水库供水能力　（单位：万 m^3）

行政区域	临朐县	寿光市		
保证率	95%	65%	75%	79%
供水量	7.14	5.8	3.00	2.60

表 2-33　方案 2 情况下冶源水库供水能力　（单位：万 m^3）

行政区域	临朐县	寿光市		
保证率	90%	50%	75%	90%
供水量	7.40	10.70	4.90	2.70

第四节　嵩山水库水源条件分析

一、水库概况

嵩山水库位于临朐县西南部，弥河支流石河上游，是一座以防洪、灌溉为主，兼顾养殖、发电等综合利用的中型水库。控制流域面积 151 km^2，流域内建有小（一）型水库 1 座，小（二）型水库 5 座。总库容 5 628 万 m^3，兴利库容 4 053 万 m^3。水库有效灌溉面积 5.8 万亩。

二、嵩山水库来水量分析

由于嵩山水库缺乏径流量观测资料，采用等值线图法和径流系数法分别推求嵩山水库流域的年均径流深，再根据变差系数 C_v 和偏差系数 C_s 值通过皮尔逊Ⅲ型曲线推求不同频率年份的径流深，最后乘以汇流面积得到相应的径流量。

1. 年均径流深计算

（1）径流系数法

利用年降雨量的多年平均值乘以径流系数推求多年平均径流量，可由下式推之：

$$R=1\,000\times C\times P \quad (2-4)$$

式中：R 为多年平均径流深（mm）；

C 为年径流系数；

P 为研究区多年平均降雨量（mm）。

根据《山东省水资源综合规划》及潍坊市多年平均降雨量（665.5 mm）和多年平均径流深（193.1 mm），求得潍坊市的年径流系数为 0.29。

因嵩山水库没有雨量站，本次论证参照附近黑虎山水库的王坟雨量站 1963～2007 年年降雨量进行计算，如表 2-34 所示。

表 2-34　嵩山水库 1963～2007 年降雨量

年份	降雨量 (mm)	年份	降雨量 (mm)	年份	降雨量 (mm)	年份	降雨量 (mm)	年份	降雨量 (mm)
1963	675.8	1973	725.3	1983	524	1993	642.7	2003	981.3
1964	1253	1974	1006.2	1984	556.4	1994	886.9	2004	928.7
1965	546.6	1975	750.2	1985	781.8	1995	747.2	2005	824.6
1966	674.4	1976	782.8	1986	527.3	1996	496	2006	413.4
1967	821.2	1977	587.7	1987	747.8	1997	714	2007	784.1
1968	529.6	1978	930.2	1988	464.2	1998	721.3	均值	706.4
1969	616.9	1979	711.8	1989	389.1	1999	568.3		
1970	942.3	1980	775.3	1990	1 183.3	2000	612.8		
1971	764.6	1981	426.1	1991	640.9	2001	656		
1972	591.7	1982	842.8	1992	521.1	2002	518.6		

由上表可知，嵩山水库所在的附近流域多年平均降雨量为 706.4 mm，乘以年均径流系数 0.29，即得到嵩山水库流域年均径流深为 204.9 mm。

（2）等值线图法

应用等值线图推求多年平均年径流深时，先在图上勾绘出研究流域的分水线，再找出流域的形心，然后根据等值线内插读出形心处的多年平均年径流深值。

根据《山东省水文图集》中的山东省多年平均径流深等值线图，插值求出嵩山水库流域多年平均径流深为 220 mm。

通过两种方法的计算，两者相差 6.8%，表明计算结果是合理的。在后续具体计算时，嵩山水库流域多年平均径流深取上述两种方法的平均值，即 212.5 mm。

2. 不同频率年径流深计算

根据上述计算，多年平均径流深为 212.5 mm，变差系数 C_v 为 0.82，偏差系数 $C_s=2.0C_v$，通过皮尔逊Ⅲ型曲线的模比系数 K_p 值表，计算得流域内不同频率的径流深，如表 2-35 所示。

表 2-35　不同频率径流深表

频率	50%	75%	90%	95%
径流深（mm）	193.4	161.0	136.7	123.2

3. 水库来水量及月分配

嵩山水库控制流域面积 151 km²，流域面积与径流深相乘，得到嵩山水库不同频率年入库水量，如表 2-36 所示。

表 2-36　嵩山水库不同频率年入库流量

频率年	50%	75%	90%	95%
入库水量（万 m^3/a）	2 920.9	2 431.6	2 064.6	1 860.1

根据《山东省水文图集》中的山东省代表站月分配表，查得嵩山水库附近的寒桥水文站不同频率年份径流量月分配系数，由此对嵩山水库年入库流量进行月分配，结果如表 2-37 所示。

表 2-37　嵩山水库入库流量　（单位：万 m^3）

月 / 保证率	6	7	8	9	10	11	12
$P=50\%$	24.2	1 451.4	478.9	0.0	30.3	65.3	72.2
$P=75\%$	341.9	194.3	701.7	540.0	244.7	30.0	25.7
$P=90\%$	352.6	841.3	238.5	35.8	251.0	20.0	7.9
$P=95\%$	295.5	872.7	229.2	43.2	117.9	31.9	3.5
月 / 保证率	**1**	**2**	**3**	**4**	**5**	**合计**	
$P=50\%$	17.3	4.3	98.1	213.9	465.1	2 920.9	
$P=75\%$	0.0	5.1	34.2	50.5	263.6	2 431.6	
$P=90\%$	15.8	0.0	124.0	156.5	21.2	2 064.6	
$P=95\%$	41.5	27.9	78.6	18.8	99.5	1 860.1	

三、水库兴利调节计算

根据水量平衡原理，嵩山水库调节计算公式为：

$$\Delta W=W_{入}-W_{供}-W_{蒸}-W_{渗} \qquad (4-5)$$

式中：ΔW 为水库蓄变水量（万 m^3）；

$W_{入}$ 为入库水量（万 m^3）；

$W_{供}$ 为水库供水量（万 m^3）；

$W_{蒸}$ 为水库水面蒸发损失量（万 m^3）；

$W_{渗}$ 为水库渗漏量（万 m^3）。

1. 蒸发损失水量

水库水面蒸发损失量等于水库水面蒸发损失深乘以水库月平均水面面积。水库水面蒸发损失深等于水库水面蒸发深减去降雨量。

通过《山东省水文图集》的“山东省水体蒸发量等值线图”，查得嵩山水库的数值为

1 365 mm，通过“山东省水体蒸发量计算系数表”，查得年和各月份的计算系数，乘以嵩山水库的水体蒸发量数值 1 365 mm，求得蒸发深，如表 2-38 所示。

表 2-38　嵩山水库水体计算表

名称	1月	2月	3月	4月	5月	6月	7月	8月	9月	10月	11月	12月	年
计算系数	0.030	0.037	0.062	0.072	0.110	0.133	0.113	0.109	0.099	0.084	0.050	0.032	0.936
水面蒸发深(mm)	41.0	50.5	84.6	98.3	150.2	181.5	154.2	148.8	135.1	114.7	68.3	43.7	1 277.6

降雨量采用王坟雨量站多年平均降雨量。水库蒸发损失计算结果见表 2-39。

表 2-39　嵩山水库各月水面蒸发损失　（单位：万 m^3）

名称	1月	2月	3月	4月	5月	6月	7月	8月	9月	10月	11月	12月	年
水面蒸发深(mm)	41.0	50.5	84.6	98.3	150.2	181.5	154.2	148.8	135.1	114.7	68.3	43.7	1 277.6
降雨量(mm)	10.2	15.9	18.6	33.0	53.9	95.7	179.5	161.7	69.0	36.6	21.4	11.0	706.4
蒸发损失深(mm)	30.8	34.6	66.1	65.3	96.2	85.9	0.0	0.0	66.2	78.1	46.9	32.7	571.3

2. 水库渗漏损失量

水库渗漏损失水量包括坝基、坝体、库底及大坝上各种建筑物的渗漏损失。根据有关资料，月渗漏损失水量按月平均蓄水量 3%估算。

3. 水库调节计算

目前嵩山水库现状用水户包括两个：一个是临朐县水泥厂和周边农村集中供水水厂用水，取水量 1 万 m^3/d；二是农业灌溉用水。本次调节计算原则为不考虑农业灌溉情况下，优先保证县城水泥厂和农村集中水厂 1 万 m^3/d 的需水，然后再调算水库的最大供水能力。

经过调算可知，在 50%、75%、90%和 95%降水频率下，嵩山水库能够最大供出的水量分别为 6.0 万 m^3/d、4.7 万 m^3/d、3.8 万 m^3/d 、3.3 万 m^3/d。调算计算结果分别见表 2-40～2-43 所示。

第五节　其他水源条件分析

一、地下水水源

根据寿光市地下水开采调研结果，目前区域内共有集中开采的地下水水源地 13 处，设计开采规模 26.9 万 m^3/d，现状实际开采量 18.45 万 m^3/d。寿光市 13 个地下水源地情况统计见表 2-44 所示。

表 2-40　50%降水频率下嵩山水库调节计算成果　（单位：万 m^3）

月份	月初库容	来水量	蒸发损失	渗漏损失	临朐现状用水量			剩余最大供水量			弃水量	月末库容
					需水量	供水量	缺水量	需水量	供水量	缺水量		
11	1 222.1	65.3	3.5	33.9	30	30	0	180	180	0	0.0	1 040.0
12	1 040.0	72.2	3.5	28.5	31	31	0	186	186	0	0.0	863.1
1	863.1	17.3	6.0	22.5	31	31	0	186	186	0	0.0	634.9
2	634.9	4.3	5.1	15.9	28	28	0	168	168	0	0.0	422.3
3	422.3	98.1	6.5	10.6	31	31	0	186	186	0	0.0	286.3
4	286.3	213.9	5.4	8.4	30	30	0	180	180	0	0.0	276.4
5	276.4	465.1	0.0	11.8	31	31	0	186	186	0	0.0	512.6
6	512.6	24.2	0.0	12.4	30	30	0	180	180	0	0.0	314.4
7	314.4	1 451.4	6.6	27.4	31	31	0	186	186	0	0.0	1 514.7
8	1 514.7	478.9	11.0	48.5	31	31	0	186	186	0	0.0	1 717.2
9	1 717.2	0.0	6.5	47.6	30	30	0	180	180	0	0.0	1 453.1
10	1 453.1	30.3	4.1	40.1	31	31	0	186	186	0	0.0	1 222.1
合计	854.8	2 920.9	58.2	307.7	365	365	0	2 190	2 190	0	0.0	854.8

表 2-41　75%降水频率下嵩山水库调节计算成果　（单位：万 m^3）

月份	月初库容	来水量	蒸发损失	渗漏损失	临朐现状用水量			剩余最大供水量			弃水量	月末库容
					需水量	供水量	缺水量	需水量	供水量	缺水量		
11	1 399.2	30.0	3.6	39.2	30	30	0	141	141	0	0.0	1 215.3
12	1 215.3	25.7	3.7	33.6	31	31	0	145.7	145.7	0	0.0	1 027.0
1	1 027.0	0.0	6.3	27.6	31	31	0	145.7	145.7	0	0.0	816.4
2	816.4	5.1	5.5	21.8	28	28	0	131.6	131.6	0	0.0	634.6
3	634.6	34.2	7.1	16.5	31	31	0	145.7	145.7	0	0.0	468.5
4	468.5	50.5	5.7	12.0	30	30	0	141	141	0	0.0	330.3
5	330.3	263.6	0.0	11.0	31	31	0	145.7	145.7	0	0.0	406.1
6	406.1	341.9	0.0	14.5	30	30	0	141	141	0	0.0	562.5
7	562.5	194.3	5.3	16.8	31	31	0	145.7	145.7	0	0.0	558.0
8	558.0	701.7	8.4	24.1	31	31	0	145.7	145.7	0	0.0	1 050.4
9	1 050.4	540.0	6.0	36.4	30	30	0	141	141	0	0.0	1 377.0
10	1 377.0	244.7	4.2	41.6	31	31	0	145.7	145.7	0	0.0	1 399.2
合计	820.4	2 431.6	55.7	295.4	365	365	0	1 715.5	1 715.5	0	0.0	820.4

表 2-42　90%降水频率下嵩山水库调节计算成果　（单位：万 m³）

月份	月初库容	来水量	蒸发损失	渗漏损失	临朐现状用水量			剩余最大供水量			弃水量	月末库容
					需水量	供水量	缺水量	需水量	供水量	缺水量		
11	1 169.4	20.0	1.2	32.7	30	30	0	114	114	0	0.0	1 011.5
12	1 011.5	7.9	1.4	27.8	31	31	0	117.8	117.8	0	0.0	841.4
1	841.4	15.8	2.7	22.9	31	31	0	117.8	117.8	0	0.0	682.9
2	682.9	0.0	2.7	18.2	28	28	0	106.4	106.4	0	0.0	527.6
3	527.6	124.0	4.0	15.2	31	31	0	117.8	117.8	0	0.0	483.6
4	483.6	156.5	3.6	14.4	30	30	0	114	114	0	0.0	478.1
5	478.1	21.2	0.0	12.2	31	31	0	117.8	117.8	0	0.0	338.3
6	338.3	352.6	0.0	13.1	30	30	0	114	114	0	0.0	533.8
7	533.8	841.3	2.7	26.0	31	31	0	117.8	117.8	0	0.0	1 197.6
8	1 197.6	238.5	2.9	36.7	31	31	0	117.8	117.8	0	0.0	1 247.7
9	1 247.7	35.8	1.8	35.3	30	30	0	114	114	0	0.0	1 102.5
10	1 102.5	251.0	1.2	34.1	31	31	0	117.8	117.8	0	0.0	1 169.4
合计	801.2	2 064.6	24.2	288.4	365	365	0	1 387	1 387	0	0.0	801.2

表 2-43　95%降水频率下嵩山水库调节计算成果　（单位：万 m³）

月份	月初库容	来水量	蒸发损失	渗漏损失	临朐现状用水量			剩余最大供水量			弃水量	月末库容
					需水量	供水量	缺水量	需水量	供水量	缺水量		
11	1 043.1	31.9	1.2	29.4	30	30	0	99	99	0	0.0	915.4
12	915.4	3.5	1.4	25.1	31	31	0	102.3	102.3	0	0.0	759.1
1	759.1	41.5	2.7	21.0	31	31	0	102.3	102.3	0	0.0	643.5
2	643.5	27.9	2.7	17.6	28	28	0	92.4	92.4	0	0.0	530.7
3	530.7	78.6	4.1	14.8	31	31	0	102.3	102.3	0	0.0	457.1
4	457.1	18.8	3.6	11.8	30	30	0	99	99	0	0.0	331.4
5	331.4	99.5	0.0	9.3	31	31	0	102.3	102.3	0	0.0	288.4
6	288.4	295.5	0.0	11.0	30	30	0	99	99	0	0.0	443.9
7	443.9	872.7	2.7	24.0	31	31	0	102.3	102.3	0	0.0	1 156.6
8	1 156.6	229.2	2.9	35.6	31	31	0	102.3	102.3	0	0.0	1 214.0
9	1 214.0	43.2	1.8	34.6	30	30	0	99	99	0	0.0	1 091.9
10	1 091.9	117.9	1.3	32.0	31	31	0	102.3	102.3	0	0.0	1 043.1
合计	739.6	1 860.1	24.4	266.3	365	365	0	1 204.5	1 204.5	0	0.0	739.6

由此可知，在50%降水频率下，嵩山水库能够满足寿光市调水5.0万m^3/d的需求，而在75%、90%和95%降水频率下，嵩山水库仅能提供4.7万m^3/d、3.8万m^3/d和3.3万m^3/d。

表2-44 寿光市集中地下水水源地情况统计 （单位：万m^3/d）

序号	水源地名称	水源地位置	设计开采规模	实际开采量	备注
1	羊口供水水源地	古城街道—久安村	1.5	0.5	生活用水
2	后疃水源地	田柳镇后疃村—于家庄	0.8	0.4	生活用水
3	化龙水源地	化龙镇—张屯村	0.5	0.15	生活用水
4	城北水源地（自来水公司）	文家街道—西陈村	3	2	城区用水
5	东城水源地（自来水公司）	洛城街道—王家尧水	4	3	城市用水+双王城生态经济园区工业用水
6	第三水厂水源地（自来水公司）	圣城街道—崔家庄西侧	3	1	城区用水
7	第二水厂（自来水公司）	圣城街道	2	0	备用水源地
8	第一水厂（自来水公司）	圣城街道	0.3	0.3	停用
9	晨鸣集团水源地（自备井）	圣城街道	6.5	6.5	晨鸣自备井
10	联盟化工+巨能钢厂+巨能电厂+巨能金玉米水源地	古城街道—久安村	2	2	企业自备井
11	寒桥水源地（5眼井）	洛城街道—寒桥村	3.3	2.6	山东海化集团自备井
12	大马疃水源地（5眼井）	孙家集街道			
13	王口水源地（3眼井）	圣城街道—王口大桥北侧			
14	合计		26.9	18.45	/

二、中水/再生水水源

寿光市现有污水处理厂10座，再生水厂1座。污水处理厂包括4座城市污水处理厂和6座乡镇污水处理厂，设计处理规模30.5万m^3/d，实际处理量19.56万m^3/d（2013年实际监测数据）。寿光市10座污水处理厂相关资料见表2-45所示。

表 2-45　**寿光市污水处理厂资料统计**　（单位：万 m^3）

序号	处理厂名称	位置	设计处理规模	实际处理量	处理深度
1	清源水务有限公司	寿光市渤海经济开发区，清水泊农场西 1 km	4	1.44	一级 B
2	城北污水处理厂	寿光市古城街道临泽二村西 500 m	5	4.04	一级 A
3	综合污水处理厂	寿光市双王城生态经济园区南海路西首	12	9.79	一级 A
4	东城污水处理厂	寿光市洛城街道西高湛村西首	4	1.87	一级 A
5	寿光市稻田污水处理厂	稻田镇	0.5	0.4	一级 A
6	寿光市上口污水处理厂	上口镇	0.5	0.02	一级 A
7	台头镇综合污水处理厂	台头镇	0.5	0.1	一级 A
8	寿光市双王城生态经济园区城镇综合污水处理厂	双王城生态经济园区	0.5	0.3	一级 A
9	侯镇镇区综合污水处理厂	侯镇镇区	1.5	0.9	一级 A
10	侯镇海洋化工园区污水处理厂	侯镇海洋化工园区	2	0.7	一级 A
合计			30.5	19.56	

再生水厂为山东中材默锐水务有限公司，设计再生水处理能力 5 万 m^3/d，2013 年实际处理水量 0.3 万 m^3/d。

预测到 2015 年和 2020 年，寿光市再生水回用率分别达到 30%和 40%，回用量分别为 2 893万 m^3 和 3 785 万 m^3。

三、海水淡化水源

根据《寿光市水资源统计报表》(2013 年) 和《山东省寿光市现代水网建设规划》(2012 年)，寿光市 2013 年海水淡化利用量为 0 万 m^3/a，规划到 2015 年和 2020 年海水淡化利用量分别为 150 万 m^3/a 和 350 万 m^3/a。

四、雨水集蓄水源

寿光市 2013 年雨水集蓄利用量为 0 万 m^3/a，规划到 2015 年和 2020 年海水淡化利用量分别为 50 万 m^3/a 和 100 万 m^3/a。

第六节　可利用量与可供水量分析

根据前述分析，计算出寿光市不同保证率下的水资源可利用量。需要指出的是，城区水厂供水水源包括临朐县冶源水库和嵩山水库联合 5 万 m^3/d、双王城水库 5 万 m^3/d，双王城水库剩余的水量作为集中供水水源再向其他用水户供水。

本规划的水资源优化配置重点分析平水年（50%）和一般特枯年（90%）的配置方案，

在此也只分析50%和90%保证率下的可利用水量和可供水量。

一、可利用水量分析

通过分析可知，寿光市现状年50%和90%保证率下可利用水量分别为2.77亿m^3和1.79亿m^3，其中常规水资源量分别为2.56亿m^3和1.58亿m^3，非常规水资源量为0.21亿m^3。2015年水平年50%和95%保证率下可供水量分别为3.35亿m^3和2.29亿m^3，其中常规水资源量分别为3.05亿m^3和1.99亿m^3，非常规水资源量为0.30亿m^3。2020年水平年50%和95%保证率下可供水量分别为3.47亿m^3和2.41亿m^3，其中常规水资源量分别为3.05亿m^3和1.99亿m^3，非常规水资源量为0.42亿m^3。寿光市各水源可供水量汇总见表2-46所示。

表2-46　寿光市各水源可供水量计算成果表　（单位：万m^3）

类型	水源名称	现状年		2015年		2020年	
		50%	95%	50%	95%	50%	95%
常规地表水	双王城	0	0	4 738	4 274	4 738	4 274
	清水湖	0	0	876	876	876	876
	龙泽	2 500	2 500	2 008	1 562	2 008	1 562
	胶东调水干渠	4 650	4 650	0	891	0	891
	弥河河道	9 839	0	10 614	0	10 614	0
	城区水厂	0	0	3 650	3 650	3 650	3 650
	小计	16 989	7 150	21 886	11 253	21 886	11 253
常规地下水	羊口供水水源地	548	548	548	548	548	548
	后疃水源地	292	292	292	292	292	292
	化龙水源地	183	183	183	183	183	183
	城北水源地（自来水公司）	1 095	1 095	1 095	1 095	1 095	1 095
	东城水源地（自来水公司）	1 460	1 460	1 460	1 460	1 460	1 460
	第三水厂水源地（自来水公司）	1 095	1 095	1 095	1 095	1 095	1 095
	第二水源地（自来水公司）	730	730	730	730	730	730
	第一水源地（自来水公司）	110	110	110	110	110	110
	晨鸣集团水源地（自备井）	2 373	2 373	2 373	2 373	2 373	2 373
	联盟化工+巨能钢厂+巨能电厂+巨能金玉米水源地	730	730	730	730	730	730
	小计	8 616	8 616	8 616	8 616	8 616	8 616

（续表）

类型		水源名称	现状年		2015 年		2020 年	
			50%	95%	50%	95%	50%	95%
非常规水	再生水	洛城东城污水处理厂	198	198	372	372	496	496
		古城城北污水处理厂	428	428	465	465	621	621
		侯镇镇区综合污水处理厂	95	95	140	140	186	186
		侯镇海洋化工园区污水处理厂	74	74	186	186	248	248
		寿光市稻田污水处理厂	42	42	47	47	62	62
		寿光市上口污水处理厂	2	2	47	47	62	62
		台头镇综合污水处理厂	32	32	47	47	62	62
		羊口清源水务有限公司	152	152	372	372	496	496
		羊口城镇综合污水处理厂	32	32	47	47	62	62
		羊口综合污水处理厂	1 036	1 036	1 117	1 117	1 489	1 489
		小计	2 092	2 092	2 840	2 840	3 784	3 784
	海水淡化		0	0	150	150	350	350
	雨水利用		0	0	50	50	100	100
	小计		2 092	2 092	3 040	3 040	4 234	4 234
合计		常规水源	25 605	15 766	30 502	19 869	30 502	19 869
		非常规水源	2 092	2 092	3 040	3 040	4 234	4 234
总计			27 697	17 858	33 542	22 909	34 736	24 103

二、可供水量分析

根据山东省水利厅下达的用水总量控制指标，现状年寿光市用水总量控制指标为 2.665 亿 m^3，其中包括当地常规水资源量 1.95 亿 m^3，客水 0.715 亿 m^3；2015 年用水总量控制指标为 2.85 亿 m^3，其中包括当地常规水资源量 1.885 亿 m^3，客水 0.965 亿 m^3（黄河水 0.465 亿 m^3 和长江水 0.5 亿 m^3）。由于寿光市目前存在利用地表水置换地下水的需求，因此在本规划中优先利用地表水，再利用地下水，但是二者总量控制在 2.85 亿 m^3。2020 年的用水总量控制指标尚未下达，本规划 2020 年可供水量情况与 2015 年相同。

可知，现状年 50%和 95%保障率下可供水量分别为 2.77 亿 m^3 和 1.79 亿 m^3，其中常规水资源量分别为 2.56 亿 m^3 和 1.58 亿 m^3，非常规水资源量为 0.21 亿 m^3。规划 2015 年 50%和 95%保障率下可供水量分别为 3.15 亿 m^3 和 2.29 亿 m^3，其中常规水资源量分别为 2.85

亿 m^3 和 1.99 亿 m^3，非常规水资源量为 0.30 亿 m^3。规划 2020 年 50%和 95%保障率下可供水量分别为 3.27 亿 m^3 和 2.41 亿 m^3，其中常规水资源量分别为 2.85 亿 m^3 和 1.99 亿 m^3，非常规水资源量为 0.42 亿 m^3。寿光市各水源可供水量汇总见表 2-47 所示。

表 2-47　寿光市各水源可供水量计算成果表　（单位：万 m^3）

水源名称	现状年		2015 年		2020 年	
	50%	95%	50%	95%	50%	95%
常规水源	25 605	15 766	28 500	19 869	28 500	19 869
非常规水源	2 092	2 092	3 040	3 040	4 234	4 234
合计	27 697	17 858	31540	22 909	32 734	24 103

第三章　寿光市水资源优化配置方案

第一节　水资源优化配置原则

一、用水总量控制原则

根据寿光市用水总量控制指标，确定各县（市、区）用水控制量，配置时供水量不应大于用水控制量。同时，参考寿光市各街道办事处、乡镇行政区水源类型和水资源供需平衡特点，在用水总量控制的范围内允许相邻区域水源适当调剂，以满足需水要求。

二、先地表水、积极利用客水，限制开采地下水的原则

寿光市水资源开发、利用应当按照优先利用地表水、积极利用客水、限制开采地下水、鼓励回用再生水和综合利用海水、微咸水、矿坑水的原则，对地表水、客水和地下水实行统一调度、合理配置。

三、就近原则

寿光市水资源配置中的用水户供水要首先考虑最近水源，最近不能满足的再考虑较远的水源。就近原则表明工程投入和运送成本的降低，符合节约型社会建设的思路。

四、基于现代化水网基础原则

2012 年，寿光市编制了现代水网建设规划，提出了“升 29”的现代化水网工程建设布局，涵盖水资源调配、防洪防潮减灾、水系生态保护等主要工程，本次地表水综合利用规划充分遵循了寿光市现代化水网的建设规划思路。

五、有效性原则

有效性原则是基于水资源作为社会经济行为中的商品属性确定的。水资源的利用应以其利用效益作为经济部门核算成本的重要指标，而其对社会生态环境的保护作用（或效益）应作为整个社会健康发展的重要指标，使水资源利用达到物尽其用的目的。这种有效性在追求经济意义上的有效性的同时追求对环境的负面影响小的环境效益，以及能够提高社会人均收益的社会效益，是能够保证经济、环境和社会协调发展的综合利用效益，满足真正意义上的有效性原则。

六、公平性原则

公平性原则以满足不同区域间和社会各阶层间的各方利益进行资源的合理分配为目标。它要求不同区域（上下游、左右岸）之间的协调发展，以及发展效益或资源利用效益在同一区域内社会各阶层中的公平分配。

七、可持续性原则

可持续性原则可以理解为代际间的资源分配公平性原则，它是以研究一定时期内全社会消耗的资源总量与后代能获得的资源量相比的合理性，反映水资源利用在度过其开发利用阶段、保护管理阶段后，步入的可持续利用阶段中最基本的原则。它要求近期与远期之间、当代与后代之间对水资源的利用上需要有一个协调发展、公平利用的原则，而不是掠夺性地开采和利用，甚至破坏，即当代人对水资源的利用，不应使后一代人正常利用水资源的权利受到破坏。

第二节　寿光市多水源优化配置模型

一、MIKE BASIN 模型软件介绍

本次寿光市多水源优化配置采用丹麦水利与环境研究所（DHI）开发的 MIKE BASIN 流域（区域）水资源规划决策管理支持软件。该软件是主要用于研究流域或者区域内受空间、时间等要素影响的水资源配置及水资源供需平衡的数学模拟工具，其特点是基于 GIS 应用和开发，以 ArcInfo 为平台，让用户自主建立模型，全部建模功能均在地理信息系统软件 ArcInfo中实现，并能提供不同尺度的时空水资源模拟计算、数据交互及结果分析展示等。

MIKE BASIN 以河流为主干，用户、工程以及分汇水点等为节点和相应水力连线组建流域系统图，以各类对象相应的属性建立的系统实现动态模拟。模型还考虑了地表水和地下水

的联合调度，并对系统中的水电站、农业灌区和污水处理厂设置了相关计算，通过可调整修改的优先序或规则进行水量分配计算，用户可选择不同的扩展专业模块。MIKE BASIN 以用户简单易用、内部专业模块深入全面处理为开发理念，做到了用户界面友好、使用过程简洁，高级用户还可以通过编写 Visual Basic 等程序进行二次开发，从而实现模型中复杂的调度方式和控制规则。

基于 MIKE BASIN 长期以来世界范围内的多个流域和区域水资源规划管理项目中所获得的成功经验，目前国内也逐步接触并利用该软件，研究水资源优化配置和制订合理的规划方案。通过强大的运算功能，进行多方案的分析和计算，为规划方案的最终决策提供有力的技术支持。

MIKE BASIN 的运行是通过计算机屏幕进行编辑，借助 ArcGIS 平台管理数据输入输出，并可以灵活地进行模型结果可视化处理，从而直接生成一个数字化河网。MIKE BASIN 在模拟过程中，考虑了空间要素的影响，也考虑了时间要素的影响，可以使用不同时间尺度（年、月、日、小时等）、空间尺度（用水户、工程点、河流、流域）对若干方案进行研究，通过快速计算、数据交互、结果分析展示等功能，增强了可移植性和可扩展性。

模型的基本输入包括了各种不同类型的时间序列数据。最基本的情况下，搭建的模型仅需要流域径流的时间序列就能够运行。其他输入文件定义水库特征和每个水库的操作规则，气象的时间序列与每个供水或灌溉计划有关的数据，如分流点要求和描述回流的其他信息。另外，还有数据描述河流、水渠、发电站特性，地下水特性等水动力条件。在水文学方面，模型通过空间分析，可以在已有的数字高程图 DEM 基础上，在流域中自上而下自动追踪并生成河道，从而建立河网。此外，还可根据流域出口点位置自动划分子流域。MIKE BASIN 模型中的河网有两大要素：一是概括各种天然河道河流及连接渠道；二是代表汇流点、分流点、水库或用水户的河流节点。

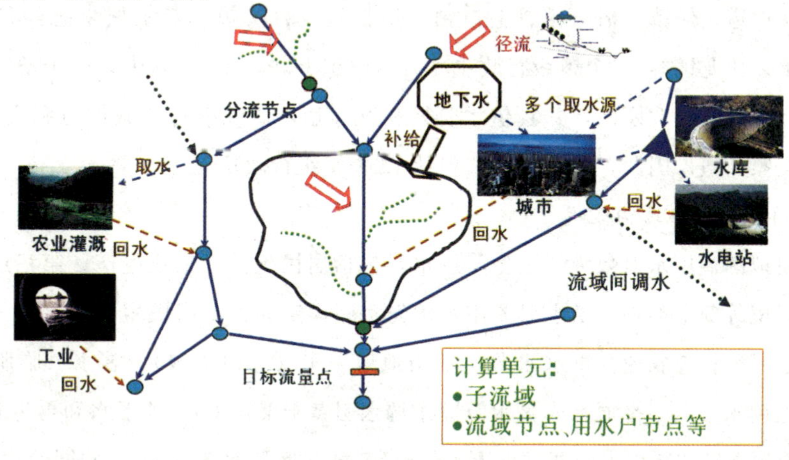

图 3-1　MIKE BASIN 水资源规划管理软件模型物理概念图

二、建模思路

寿光市多水源优化配置是根据对区域水资源系统中人类经济活动所形成的水资源供用耗排关系及其特点的描述，建立以“三生”用水需求与天然水资源供给与需求之间平衡计算为基础的模型。在水资源配置模型描述方面，采用了地表水、地下水、外调水、中水等多水源，以及引水工程、蓄水工程、提水工程等多工程的系统网络描述法。该方法为得到水资源供需平衡合理结果打下基础，使水资源配置系统中的各种水量、水源来去关系及在各处的调蓄情况能够得到清晰、客观的描述。

该模型以水资源配置系统“点、线、面”的水量平衡关系作为水资源平衡计算的基础，包括区域分区的水资源供需平衡及其水资源供用耗排过程的水量平衡等。首先介绍“点”的水量平衡计算：其主要对象为水资源配置系统中的各个节点，包括水利工程节点、计算单元节点等，其平衡关系为计算单元的供需平衡、水利工程的分水汇水节点和水量平衡或控制断面的水量平衡等；其次介绍“线”的水量平衡计算：其主要对象为水资源配置系统中的各类输水线段，其平衡关系为供水量、接受水量间的平衡等；最后介绍“面”的水量平衡计算：其对象主要为完整区域或流域，其平衡关系为流域或区域的水资源供需平衡的非常形象的特殊关系。将水资源调度系统的各种水量平衡关系概化为对系统内“点”“线”“面”对象关系的供需平衡计算的描述，有助于对整个水资源调度系统关系的掌控，有助于设计和建立相应的计算法则，有助于对模型运行结果的比选，并最终提高模型系统运行的实用性和可操作性。

三、优化配置模型构建

1. 研究范围

寿光市多水源优化模型模拟行政范围包括了：圣城街道、文家街道、洛城街道、孙家集街道、古城街道、侯镇、稻田镇、上口镇、田柳镇、台头镇、双王城生态经济园区、营里镇、纪台镇、化龙镇等14个镇级行政单元，总面积1 990 km^2。其中，由于圣城街道和文家街道共同包含晨鸣工业园区，并且供水管网相互连通，研究中将圣城街道和文家街道合并，称为圣城文家街道。因此，研究单元共包括13个镇级行政单元。

2. 供用水单元与结构概化

本次模拟的供用水对象为“三生”用水，包括居民生活、工业生产、第三产业、农业灌溉和生态环境等5个类别。供水对象用水优先次序设定为：①居民生活；②第三产业；③工业；④生态环境；⑤农业。供水水源包括当地地表水（弥河蓄水）、客水（临朐的冶源水库和嵩山水库调水、三个平原水库蓄水及胶东调水引黄干渠输水）、地下水和再生非常规水，其中临朐的冶源水库和嵩山水库调水5万m^3，双王城水库调水5万m^3，共同给市区自来水厂，即市区自来水厂供水能力10万m^3。寿光市用水单元和供水单元详细情况见表3-1和表3-2。

表 3-1　寿光市用水单元项目表

序号	用水单元	用水对象
1	圣城文家街道	居民生活、第三产业、工业、生态环境、农业
2	洛城街道	居民生活、第三产业、工业、生态环境、农业
3	孙家集街道	居民生活、第三产业、生态环境、农业
4	古城街道	居民生活、第三产业、工业、生态环境、农业
5	侯镇	居民生活、工业、生态环境、农业
6	稻田镇	居民生活、生态环境、农业
7	上口镇	居民生活、生态环境、农业
8	田柳镇	居民生活、工业、生态环境、农业
9	台头镇	居民生活、工业、生态环境、农业
10	双王城生态经济园区	居民生活、工业、生态环境、农业
11	营里镇	居民生活、生态环境、农业
12	纪台镇	居民生活、生态环境、农业
13	化龙镇	居民生活、生态环境、农业

表 3-2　寿光市重要地表水源供水单元表

序号	水源名称	性质	供水对象	备注
1	市区水厂	客水	圣城文家街道、洛城街道、孙家集街道、古城街道、侯镇、稻田镇、上口镇、田柳镇、台头镇、双王城生态经济园区、营里镇、纪台镇、化龙镇	规划
2	双王城水库	客水	圣城文家街道、古城街道、田柳镇、台头镇、营里镇	现状
3	清水湖水库	客水	田柳镇、双王城生态经济园区	现状
4	龙泽水库	客水	侯镇	现状
5	胶东调水干渠	客水	田柳镇、台头镇、双王城生态经济园区、营里镇	现状
6	弥河	当地	圣城文家街道、洛城街道、孙家集街道、古城街道、上口镇、纪台镇、化龙镇	现状

注：区域地下水和再生非常规水仅供给本区域用水，不外调。

寿光市多水源优化配置系统概化见图 3-2 所示。

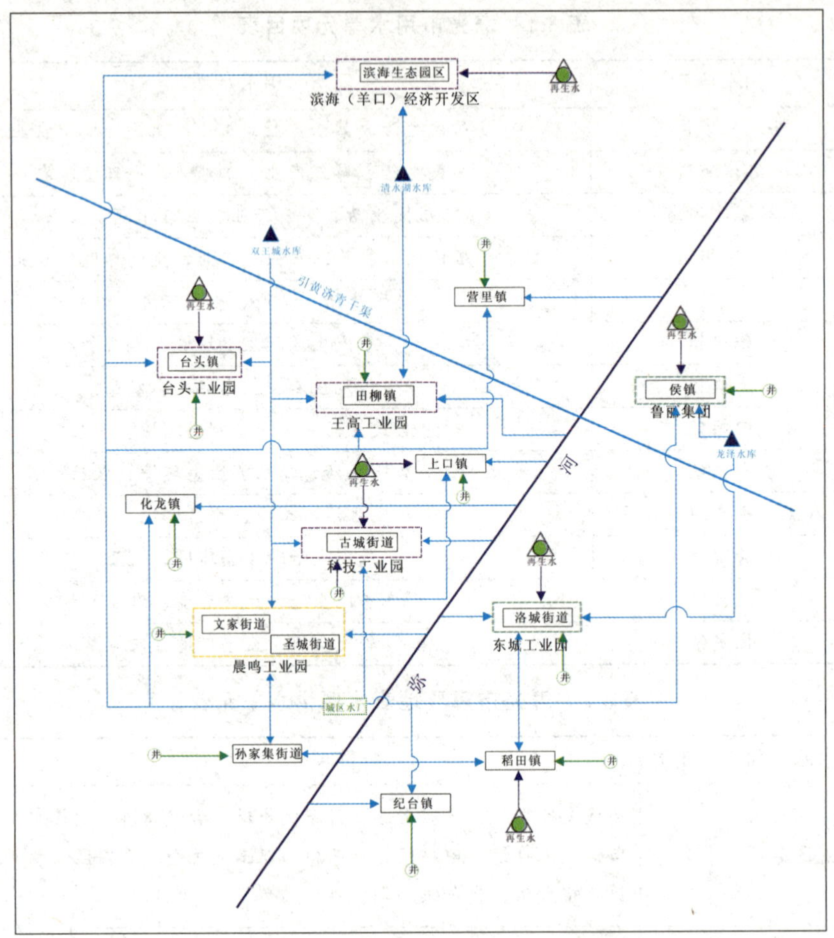

图 3-2　寿光市多水源优化配置系统概化图

3. 模型构建

以 ArcInfo10.1 为平台，按模型要求将寿光市各县市区各配置单元供水规模、需水规模、供水区域输水能力限制、供水次序、用水公平系数等有关数据输入 MIKE BASIN 模型，然后进行调算，即可得出寿光市不同配置单元的水资源合理配置结果。水资源优化配置模拟模型工作流程图和寿光市多水源优化配置空间关联图分别见图 3-3 和图 3-4 所示。

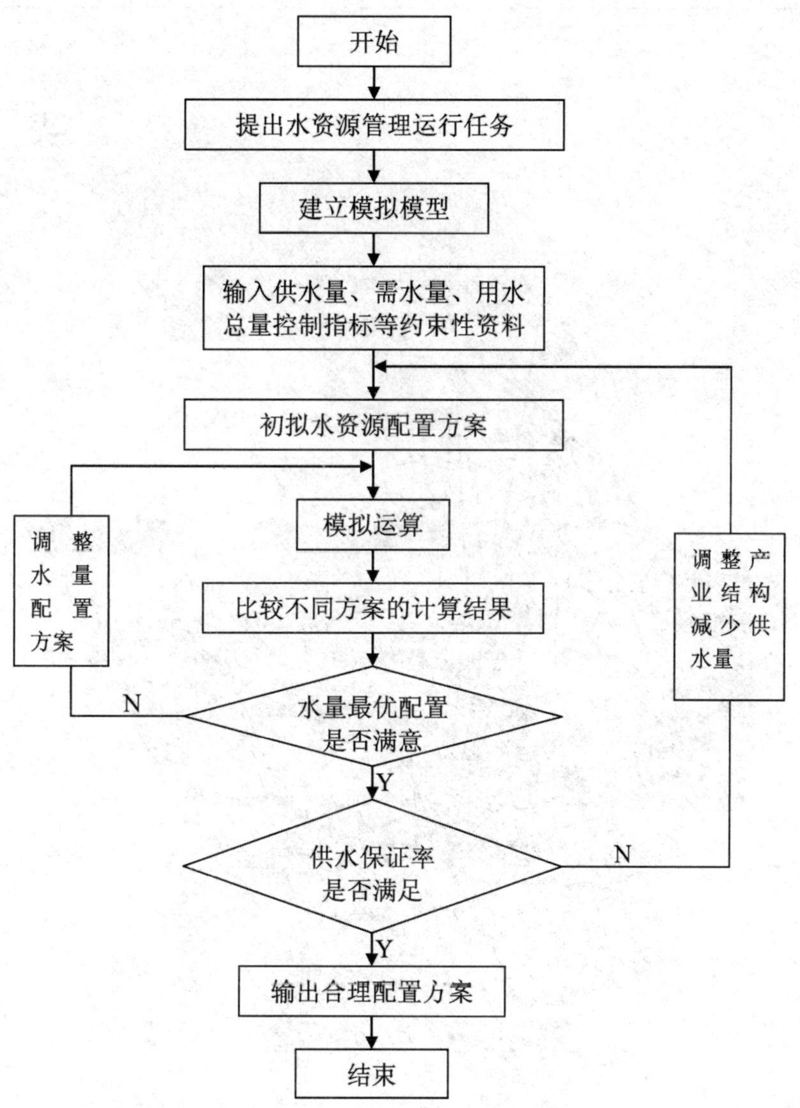

图 3-3　水资源优化配置模型工作流程图

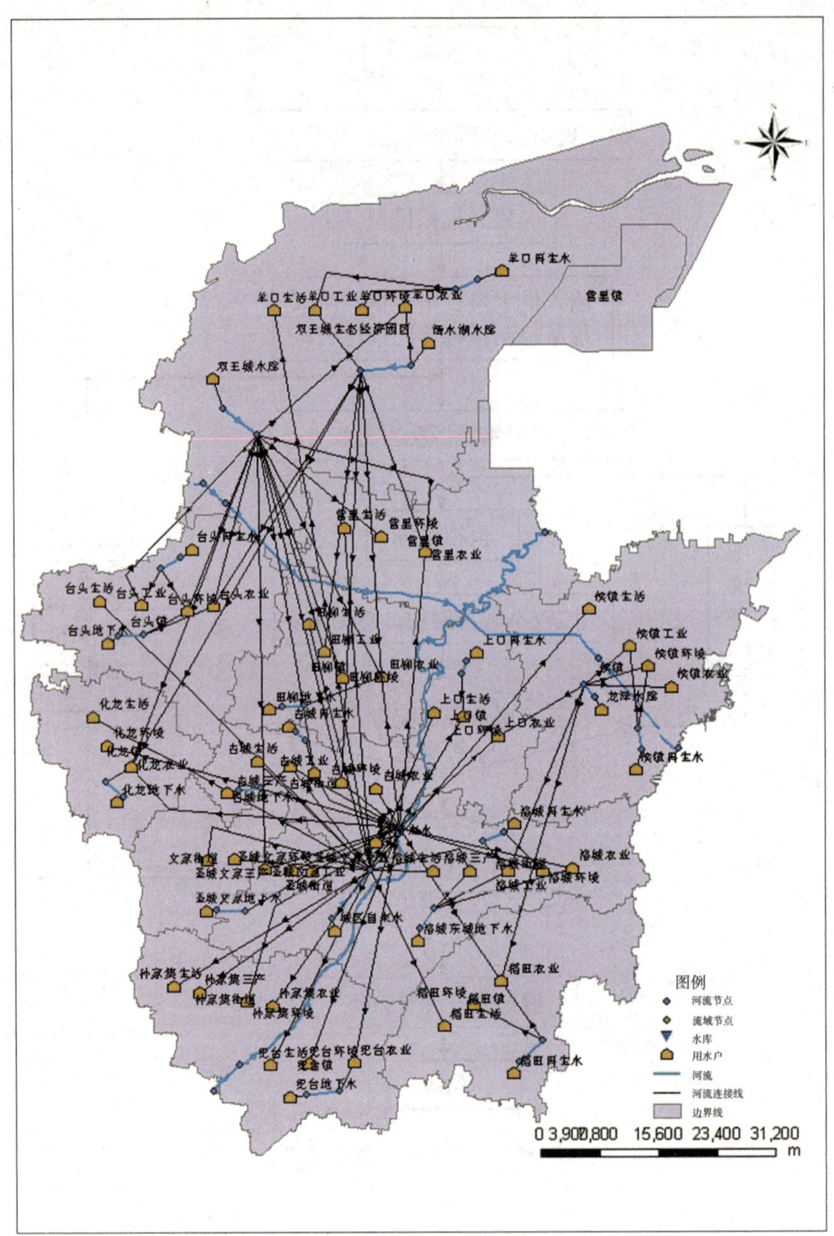

图 3-4　寿光市多水源优化配置空间关联图

四、水平年和保证率

1. 水平年

本次规划选择 2013 年为现状水平年，以 2015 年为近期规划水平年，2020 年为远期规划水平年。

2. 保证率

根据寿光市水资源条件，结合供水对象及近期和远期的发展规模，分析确定的供水设计保证率为：

（1）居民生活、第三产业、工业和生态环境供水保证率95%；

（2）农业灌溉供水保证率50%。

第三节　水资源优化配置结果分析

在模型供水水源配置中，充分考虑寿光市供水水源类型及总体供需平衡特点，具体设定科学合理的水源供水先后次序。寿光市用水户用水优先次序设定为：①居民生活；②第三产业；③工业；④生态环境；⑤农业。

一、现状年水资源配置结果

由于现状年还不具备调蓄黄河水和长江水的条件，寿光市只在引黄济青干渠的周边调引500万 m^3 的水用于农业灌溉，供水水源是以集中地下水水源地、弥河水以及分散的农业灌溉井为主。

寿光市现状年需水量28 500万 m^3，通过水源调配可以供给水量24 645万 m^3，缺水量3 855万 m^3，缺水在农业灌溉。生活需水量1 809万 m^3，全部由地下水供给；工业需水量5 299万 m^3，由地下水、弥河和中材默锐再生水厂供给；农业需水由弥河、引黄干渠、地下水以及部分污水处理厂供给；第三产业由地下水供给；生态环境由弥河、地下水及部分中水供给。

寿光市现状年的水资源配置见表3-3所示。

表3-3　现状年寿光市水资源配置表

工业园区	行政分区	用水户	需水量（万 m^3）	供水水源	供水量（万 m^3）	余缺水量（万 m^3）
晨鸣工业园	圣城、文家街道	生活	586	城北水源地	586	0
		工业	2 138	晨鸣集团水源地（自备井）	2 138	0
		农业	1 607	弥河水	548	−246
				地下水	813	
		第三产业	408	第三水厂水源地（自来水公司）	408	0
		生态环境	467	第三水厂水源地（自来水公司）	467	0
		合计	5 206		4 960	−246

（续表）

工业园区	行政分区	用水户	需水量（万 m^3）	供水水源	供水量（万 m^3）	余缺水量（万 m^3）
东城工业园	洛城街道	生活	273	东城水源地	273	0
		工业	118	东城水源地	118	0
		农业	1 732	弥河水	590	−265
				地下水	877	
		第三产业	82	东城水源地	82	0
		生态环境	252	东城水源地	252	0
		合计	2 456		2 191	−265
	孙家集街道	生活	160	羊口供水水源地	160	0
		农业	1 502	弥河水	512	−230
				地下水	761	
		第三产业	490	东城水源地	102	0
				地下水	388	
		生态环境	148	地下水	148	0
		合计	2 301		2 071	−230
科技工业园	古城街道	生活	125	东城水源地	125	0
		工业	674	联盟化工＋巨能钢厂＋巨能电厂＋巨能金玉米水源地	674	0
		农业	1 409	弥河水	480	−216
				地下水	713	
		第三产业	88	东城水源地	88	0
		生态环境	145	东城水源地	145	0
		合计	2 441		2 225	−216
鲁丽集团	侯镇	生活	104	东城水源地	104	0
		工业	1 410	龙泽水库	1 410	0
		农业	1 531	引黄水	260	−496
				地下水	775	
		第三产业	34	东城水源地	34	0
		生态环境	16	地下水	16	0
		合计	3 096		2 600	−496

（续表）

工业园区	行政分区	用水户	需水量（万 m^3）	供水水源	供水量（万 m^3）	余缺水量（万 m^3）
鲁丽集团	稻田镇	生活	100	田马水厂	43	0
				地下水	57	
		工业	0	/		0
		农业	2 492	地表水	849	−382
				地下水	1 261	
		第三产业	68	地下水	68	0
		生态环境	13	地下水	13	0
		合计	2 673		2 292	−382
	上口镇	生活	70	东城水源地	70	0
		工业	0			0
		农业	895	弥河水	305	−137
				地下水	453	
		第三产业	0	/		0
		生态环境	7	弥河水	7	0
		合计	972		835	−137
王高工业园	田柳镇	生活	72	后疃水源地	72	72
		工业	321	后疃水源地	220	0
				城北水源地	101	
		农业	1 170	引黄水	20	
				地表水	119	−854
				地下水	177	
		第三产业	0	/	0	0
		生态环境	11	再生水	11	0
		合计	1 574		720	−854
台头工业园	台头镇	生活	66	化龙水源地	66	0
		工业	85	地下水	85	0
		农业	1 371	当地地表水	399	−380
				地下水	592	
		第三产业	0	/	0	0
		生态环境	11	地下水	11	0
		合计	1 533		1 153	−380

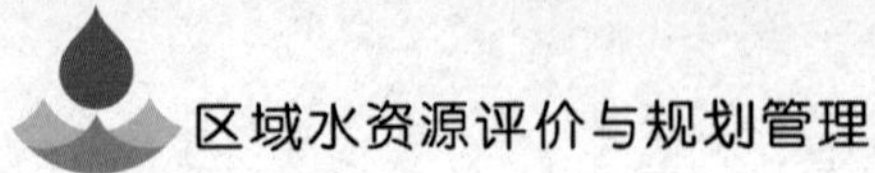

（续表）

工业园区	行政分区	用水户	需水量（万 m^3）	供水水源	供水量（万 m^3）	余缺水量（万 m^3）
滨海经济开发区	双王城生态经济园区	生活	78	久安水源地	78	0
		工业	553	久安水源地	443	0
				中材默锐再生水	110	
		农业	349	引黄水	70	0
				中水	279	
		第三产业	0	/	0	0
		生态环境	44	久安水源地	44	0
		合计	1 024		1 024	0
	营里镇	生活	60	东城水源地	60	0
		工业	0	/	0	0
		农业	918	引黄水	120	−20
				弥河	313	
				地下水	465	
		第三产业	0	/	0	0
		生态环境	8	东城水源地	8	0
		合计	986		966	−20
	纪台镇	生活	56	地下水	56	0
		工业	0	/	0	0
		农业	1 793	弥河水	611	−275
				地下水	907	
		第三产业	0	/		0
		生态环境	4	弥河水	4	0
		合计	1 853		1 578	−275
	化龙镇	生活	59	化龙水源地	59	0
		工业	0	/	0	0
		农业	2 320	地下水	1 965	−355
		第三产业	0	/	0	0
		生态环境	7	地下水	7	0
		合计	2 386		2 031	−355

（续表）

工业园区	行政分区	用水户	需水量（万 m^3）	供水水源	供水量（万 m^3）	余缺水量（万 m^3）
全市		生活	1 809	地下水	1 809	0
		工业	5 299	地下水	3 779	0
				地表水	1 410	
				再生水		
		农业	19 089	地表水	5 196	−3 855
				地下水	9 759	
				中水	279	0
		第三产业	1 170	地下水	1 170	0
		生态环境	1 133	地下水	1 111	0
				地表水	11	
				中水	11	
		合计	28 500		24 645	−3 855

从供水结构来看，地表水总供水量为 6 617 万 m^3，占总供水量的 26.9%，地下水总供水量为 17 628 万 m^3，占总供水量的 71.5%，再生水总供水量 400 万 m^3，占总供水量的 1.6%。

二、规划水平年水资源配置结果

1. 2015 年 50%保证率下水资源配置结果

根据预测结果，到 2015 年，寿光市总需水量 30 749 万 m^3，供水量 30 749 万 m^3，经调控后配置计算后能够满足各用水行业的用水需求。就水源方面，由于城区水厂的投入运行，可以向寿光市用水户供水 3 093 万 m^3（供水能力 3 650 万 m^3），寿光市所有街道（乡镇）的居民生活和第三产业均由城区水厂供给；工业由污水处理再生水、双王城水库、清水湖水库、龙泽水库以及弥河供给；农业主要由弥河、清水湖水库、双王城水库、龙泽水库以及地下水供给；生态环境由再生水供给。寿光市 2015 年 50%保证率下的水资源配置结果见表 3-4。

表 3-4 2015 年 50%保证率下寿光市水资源配置表

工业园区	行政分区	用水户	需水量（万 m^3）	供水水源	供水量（万 m^3）	余缺水量（万 m^3）	再生水量（万 m^3）
晨鸣工业园	圣城、文家街道	生活	713	城区水厂	713	0	0
		工业	3 096	双王城水库	3 096	0	
		农业	1 618	地下水	1 618	0	
		第三产业	587	城区水厂	587	0	
		生态环境	544	弥河水	544	0	
		合计	6 558		6 558	0	
东城工业园	洛城街道	生活	332	城区水厂	332	0	372
		工业	152	再生水厂	119	0	
				龙泽水库	33		
		农业	1 764	地下水	1 764	0	
		第三产业	106	城区水厂	106	0	
		生态环境	253	再生水	253	0	
		合计	2 607		2 607	0	
	孙家集街道	生活	195	城区水厂	195	0	0
		工业	0	/	0	0	
		农业	1 507	地下水	1 507	0	
		第三产业	41	城区水厂	41	0	
		生态环境	149	弥河水	149	0	
		合计	1 892		1 892	0	
科技工业园	古城街道	生活	157	城区水厂	157	0	465
		工业	1 065	再生水	465	0	
				双王城水库	600		
		农业	1 395	弥河水	1 287	0	
				地下水	108		
		第三产业	82	城区水厂	82	0	
		生态环境	145	弥河水	145	0	
		合计	2 844		2 844	0	

（续表）

工业园区	行政分区	用水户	需水量（万 m^3）	供水水源	供水量（万 m^3）	余缺水量（万 m^3）	再生水量（万 m^3）
鲁丽集团	侯镇	生活	138	城区水厂	138	0	326
		工业	1 779	再生水	326	0	
				龙泽水库	1 453		
		农业	1 513	龙泽水库	506	0	
				地下水	1 007		
		第三产业	0	/	0	0	
		生态环境	16	龙泽水库	16	0	
		合计	3 446		3 446	0	
	稻田镇	生活	133	城区水厂	133	0	13
		工业	0	/	0	0	
		农业	2 456	地下水	1 261	0	
				弥河水	1 195		
		第三产业	0	/	0	0	
		生态环境	13	再生水	13	0	
		合计	2 602		2 602	0	
	上口镇	生活	93	城区水厂	93	0	7
		工业	0	/	0	0	
		农业	903	弥河水	903	0	
		第三产业	0	/	0	0	
		生态环境	7	再生水	7	0	
		合计	1 003		1 003	0	
王高工业园	田柳镇	生活	95	城区水厂	95	0	0
		工业	394	双王城水库	394	0	
		农业	1 225	清水湖水库	530	0	
				地下水	251		
				双王城水库	444		
		第三产业	0	/	0	0	
		生态环境	11	双王城水库	11	0	
		合计	1 725		1 725	0	

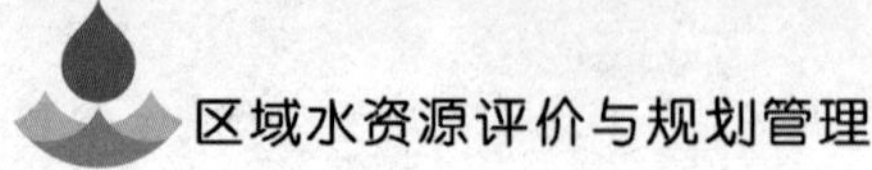

（续表）

工业园区	行政分区	用水户	需水量（万 m^3）	供水水源	供水量（万 m^3）	余缺水量（万 m^3）	再生水量（万 m^3）
台头工业园	台头镇	生活	88	城区水厂	88	0	47
		工业	232	再生水	47	0	
				双王城水库	185		
		农业	1 355	地下水	1355	0	
		第三产业	0	/	0	0	
		生态环境	11	双王城水库	11	0	
		合计	1 686		1 686	0	
滨海经济开发区	双王城生态经济园区	生活	101	城区水厂	101	0	707
		工业	662	再生水	662	0	
		农业	346	清水湖水库	346	0	
		第三产业	0	/	0	0	
		生态环境	45	再生水	45	0	
		合计	1 154		1 154	0	
	营里镇	生活	80	城区水厂	80	0	0
		工业	0	/	0	0	
		农业	923	弥河水	250	0	
				地下水	673		
		第三产业	0	/	0	0	
		生态环境	8	弥河水	8	0	
		合计	1 011		1 011	0	
	纪台镇	生活	75	城区水厂	75	0	0
		工业	0	/	0	0	
		农业	1 777	弥河水	933	0	
				地下水	844		
		第三产业	0	/	0	0	
		生态环境	4	弥河水	4	0	
		合计	1 856		1 856	0	

（续表）

<table>
<tr><th>工业园区</th><th>行政分区</th><th>用水户</th><th>需水量（万 m³）</th><th>供水水源</th><th>供水量（万 m³）</th><th>余缺水量（万 m³）</th><th>再生水量（万 m³）</th></tr>
<tr><td rowspan="6">滨海经济开发区</td><td rowspan="6">化龙镇</td><td>生活</td><td>77</td><td>城区水厂</td><td>77</td><td>0</td><td rowspan="6">0</td></tr>
<tr><td>工业</td><td>0</td><td>/</td><td>0</td><td>0</td></tr>
<tr><td>农业</td><td>2 281</td><td>地下水</td><td>2 281</td><td>0</td></tr>
<tr><td>第三产业</td><td>0</td><td>/</td><td>0</td><td>0</td></tr>
<tr><td>生态环境</td><td>7</td><td>地下水</td><td>7</td><td>0</td></tr>
<tr><td>合计</td><td>2 365</td><td></td><td>2 365</td><td></td></tr>
<tr><td colspan="2" rowspan="18">全市</td><td>生活</td><td>2 277</td><td>城区水厂</td><td>2 277</td><td>0</td><td rowspan="18">1937</td></tr>
<tr><td rowspan="4">工业</td><td rowspan="4">7 380</td><td>再生水</td><td>1 619</td><td rowspan="4">0</td></tr>
<tr><td>双工城水库</td><td>4 275</td></tr>
<tr><td>清水湖水库</td><td>0</td></tr>
<tr><td>龙泽水库</td><td>1 486</td></tr>
<tr><td rowspan="5">农业</td><td rowspan="5">19 063</td><td>弥河水</td><td>4 568</td><td rowspan="5"></td></tr>
<tr><td>清水湖水库</td><td>876</td></tr>
<tr><td>双王城水库</td><td>444</td></tr>
<tr><td>龙泽水库</td><td>506</td></tr>
<tr><td>地下水</td><td>12 669</td></tr>
<tr><td>第三产业</td><td>816</td><td>城区水厂</td><td>816</td><td>0</td></tr>
<tr><td rowspan="5">生态环境</td><td rowspan="5">1 213</td><td>再生水</td><td>318</td><td rowspan="5">0</td></tr>
<tr><td>弥河水</td><td>857</td></tr>
<tr><td>龙泽水库</td><td>16</td></tr>
<tr><td>清水湖水库</td><td>0</td></tr>
<tr><td>双王城水库</td><td>22</td></tr>
<tr><td>合计</td><td>30 749</td><td></td><td>30 749</td><td>0</td></tr>
</table>

从配置的供水结构来看，地表水总供水量为 16 143 万 m³，其中包括引黄引江水 9 650 万 m³，占总供水量的 52.5%；地下水总供水量为 12 669 万 m³，占总供水量的 41.2%，再生水总供水量 1 937 万 m³，占总供水量的 6.3%。供水比例进一步优化，符合寿光市水资源开发利用的思路。

就水源类型和可供水量而言，地表水实际共用 6 493 万 m³，包括冶源水库调水 1 825 万 m³，当地地表水开发利用率 63.1%；地下水实际供水 12 669 万 m³，开发利用率 69.6%；根据分配指标外调水全部用完，开发利用率 100%。50%保证率下寿光市用水开发利用情况见

表 3-5 所示。

表 3-5　2015 年 50%保证率下寿光市用水开发利用情况

水源类型	可供水量（万 m^3）	实际供水量（万 m^3）	开发利用率（%）
当地地表水	7 399	4 668	63.1
地下水	18 199.8	12 669	69.6
非常规水	3 040	1 937	63.7

2.2015 年 95%保证率下水资源配置结果

在 95%保证率下，由于不再考虑农业灌溉用水，需水量也大幅减少。居民生活和第三产业仍然由城区水厂供给，供水总量 3 591 万 m^3；工业仍然由再生水、双王城水库、清水湖水库、龙泽水库供给，供水量 7 380 万 m^3；由于 95%保证率下不再考虑弥河引水，生态环境需水量考虑由再生水、引黄济青和地下水供给。95%保证率下寿光市水资源优化配置结果见表 3-6 所示。

从配置的供水结构来看，地表水总供水量 9 420 万 m^3，占总供水量的 80.1%，地下水总供水量为 849 万 m^3，占总供水量的 7.2%，再生水总供水量 1 485 万 m^3，占总供水量的 12.6%。

较现状年，在供水比例中，地表水的比重提高了 54.2 个百分点，有了大幅度提高，地下水供水比例下降了 65.3 个百分点，大幅度下降。同时，再生水比例也有所提高，提 11 个百分点，符合寿光市水资源开发利用的思路。

表 3-6　2015 年 95%保证率下寿光市用水开发利用情况

<table>
<tr><th>工业园区</th><th>行政分区</th><th>用水户</th><th>需水量（万 m^3）</th><th>供水水源</th><th>供水量（万 m^3）</th><th>余缺水量（万 m^3）</th><th>再生水量（万 m^3）</th></tr>
<tr><td rowspan="5">晨鸣工业园</td><td rowspan="5">圣城、文家街道</td><td>生活</td><td>713</td><td>城区水厂</td><td>713</td><td>0</td><td rowspan="5">0</td></tr>
<tr><td>工业</td><td>3 096</td><td>双王城水库</td><td>3 096</td><td></td></tr>
<tr><td>第三产业</td><td>587</td><td>城区水厂</td><td>587</td><td>0</td></tr>
<tr><td>生态环境</td><td>544</td><td>地下水</td><td>544</td><td>0</td></tr>
<tr><td>合计</td><td>4 940</td><td></td><td>4 940</td><td>0</td></tr>
<tr><td rowspan="6">东城工业园</td><td rowspan="6">洛城街道</td><td>生活</td><td>332</td><td>城区水厂</td><td>332</td><td>0</td><td rowspan="6">372</td></tr>
<tr><td rowspan="2">工业</td><td rowspan="2">152</td><td>再生水</td><td>119</td><td rowspan="2">0</td></tr>
<tr><td>龙泽水库</td><td>33</td></tr>
<tr><td>第三产业</td><td>106</td><td>城区水厂</td><td>106</td><td>0</td></tr>
<tr><td>生态环境</td><td>253</td><td>再生水</td><td>253</td><td>0</td></tr>
<tr><td>合计</td><td>843</td><td></td><td>843</td><td>0</td></tr>
</table>

（续表）

工业园区	行政分区	用水户	需水量（万 m^3）	供水水源	供水量（万 m^3）	余缺水量（万 m^3）	再生水量（万 m^3）
东城工业园	孙家集街道	生活	195	城区水厂	195	0	0
		工业	0	/	0		
		第三产业	41	城区水厂	41	0	
		生态环境	149	地下水	149	0	
		合计	385		385	0	
科技工业园	古城街道	生活	157	城区水厂	157	0	465
		工业	1 065	再生水	465	0	
				双王城水库	600		
		第三产业	82	城区水厂	82	0	
		生态环境	145	地下水	145	0	
		合计	1 449		1 449	0	
鲁丽集团	侯镇	生活	138	城区水厂	138	0	342
		工业	1 779	再生水	326	0	
				龙泽水库	1 453		
		第三产业	0	/	0	0	
		生态环境	16	再生水	16	0	
		合计	1 933		1 933	0	
	稻田镇	生活	133	城区水厂	133	0	13
		工业	0	/	0	0	
		第三产业	68	城区水厂	68	0	
		生态环境	13	再生水	13	0	
		合计	214		214	0	
	上口镇	生活	93	城区水厂	93	0	7
		工业	0	/	0	0	
		第三产业	0	/	0	0	
		生态环境	7	再生水	7	0	
		合计	100		100	0	

（续表）

<table>
<tr><th>工业园区</th><th>行政分区</th><th>用水户</th><th>需水量（万 m³）</th><th>供水水源</th><th>供水量（万 m³）</th><th>余缺水量（万 m³）</th><th>再生水量（万 m³）</th></tr>
<tr><td rowspan="5">王高工业区</td><td rowspan="5">田柳镇</td><td>生活</td><td>95</td><td>城区水厂</td><td>95</td><td>0</td><td rowspan="5">0</td></tr>
<tr><td>工业</td><td>394</td><td>双王城水库</td><td>394</td><td>0</td></tr>
<tr><td>第三产业</td><td>0</td><td>/</td><td>0</td><td>0</td></tr>
<tr><td>生态环境</td><td>11</td><td>引黄济青干渠</td><td>11</td><td>0</td></tr>
<tr><td>合计</td><td>500</td><td></td><td>500</td><td>0</td></tr>
<tr><td rowspan="6">台头工业园</td><td rowspan="6">台头镇</td><td>生活</td><td>88</td><td>城区水厂</td><td>88</td><td>0</td><td rowspan="6">58</td></tr>
<tr><td rowspan="2">工业</td><td rowspan="2">232</td><td>再生水</td><td>47</td><td rowspan="2">0</td></tr>
<tr><td>双王城水库</td><td>185</td></tr>
<tr><td>第三产业</td><td>0</td><td>/</td><td>0</td><td>0</td></tr>
<tr><td>生态环境</td><td>11</td><td>再生水</td><td>11</td><td>0</td></tr>
<tr><td>合计</td><td>331</td><td></td><td>331</td><td>0</td></tr>
<tr><td rowspan="16">滨海经济开发区</td><td rowspan="6">双王城生态经济园区</td><td>生活</td><td>101</td><td>城区水厂</td><td>101</td><td>0</td><td rowspan="6">228</td></tr>
<tr><td rowspan="2">工业</td><td rowspan="2">662</td><td>再生水</td><td>183</td><td rowspan="2">0</td></tr>
<tr><td>清水湖水库</td><td>479</td></tr>
<tr><td>第三产业</td><td>0</td><td>/</td><td>0</td><td>0</td></tr>
<tr><td>生态环境</td><td>45</td><td>再生水</td><td>45</td><td>0</td></tr>
<tr><td>合计</td><td>808</td><td></td><td>808</td><td>0</td></tr>
<tr><td rowspan="5">营里镇</td><td>生活</td><td>80</td><td>城区水厂</td><td>80</td><td>0</td><td rowspan="5">0</td></tr>
<tr><td>工业</td><td>0</td><td>/</td><td>0</td><td>0</td></tr>
<tr><td>第三产业</td><td>0</td><td>/</td><td>0</td><td>0</td></tr>
<tr><td>生态环境</td><td>8</td><td>引黄济青干渠</td><td>8</td><td>0</td></tr>
<tr><td>合计</td><td>88</td><td></td><td>88</td><td>0</td></tr>
<tr><td rowspan="5">纪台镇</td><td>生活</td><td>75</td><td>城区水厂</td><td>75</td><td>0</td><td rowspan="5">0</td></tr>
<tr><td>工业</td><td>0</td><td>/</td><td>0</td><td>0</td></tr>
<tr><td>第三产业</td><td>0</td><td>/</td><td>0</td><td>0</td></tr>
<tr><td>生态环境</td><td>4</td><td>地下水</td><td>4</td><td>0</td></tr>
<tr><td>合计</td><td>79</td><td></td><td>79</td><td>0</td></tr>
</table>

（续表）

工业园区	行政分区	用水户	需水量（万 m^3）	供水水源	供水量（万 m^3）	余缺水量（万 m^3）	再生水量（万 m^3）
滨海经济开发区	化龙镇	生活	77	城区水厂	77	0	0
		工业	0	/	0	0	
		第三产业	0	/	0	0	
		生态环境	7	地下水	7	0	
		合计	84		84		
全市		生活	2 277	城区水厂	2 277	0	1 485
		工业	7 380	再生水	1 140	0	
				双王城水库	4 275		
				清水湖水库	479		
				龙泽水库	1 486		
		第三产业	884	城区水厂	884	0	
		生态环境	1 213	再生水	345	0	
				地下水	849		
				引黄济青干渠	19		
		合计	11 754		11 754		

就水源类型和可供水量而言，地表水实际共用 3 161 万 m^3，剩余 489 万 m^3，开发利用率 86.6％；地下水实际共用 849 万 m^3，剩余 7 767 万 m^3，开发利用率 9.9％；根据分配指标外调水未全部用完，实际共用 6 258 万 m^3，剩余 1 345 万 m^3，开发利用率 82.3％；非常规水实际共用 1 485 万 m^3，剩余 1 355 万 m^3，开发利用率 52.3％。整个寿光市的水资源开发利用率为 51.3％，95％保证率下寿光市用水开发利用情况见表 3-7 所示。

表 3-7　2015 年 95％保证率下寿光市用水开发利用情况

水源类型	水源名称	可供水量（万 m^3）	实际供水量（万 m^3）	余水量（万 m^3）	开发利用率（％）
地表水	城区水厂	3 650	3 161	489	86.6
	弥河	0	0	0	
地下水	地下水	8 616	849	7 767	9.9
外调水（黄河水、长江水）	双王城水库	4 274	4 274	0	82.3
	清水湖水库	876	479	397	
	龙泽水库	1 562	1 487	76	
	引黄干渠	891	19	872	
非常规水	再生水	2 840	1 485	1 355	
合计	/	22 909	11 754	11 156	

3. 2020 年 50％保证率下水资源配置结果

根据预测结果，到 2020 年，寿光市总需水量 29 372 万 m^3，供水量 29 372 万 m^3，经调控后配置计算后能够满足各用水行业的用水需求。

水源供水类型方面，随着人口的增加和生活水平的提高，在未扩大城区水厂规模的基础上，在优先满足生活用水的前提条件下，城区水厂满足不了第三产业的用水需求，在用水结构上缺水部分要由地下水水源来提供。

寿光市所有街道（乡镇）的居民生活全部由城区水厂供给，第三产业由城区水厂和地下水水源共同供给；工业由污水处理再生水、双王城水库、清水湖水库、龙泽水库供给；农业主要由弥河、清水湖水库、双王城水库、龙泽水库以及地下水供给；生态环境由再生水及水库供给。寿光市 2020 年 50％保证率下的水资源配置结果见表 3-8。

表 3-8　2020 年 50％保证率下寿光市水资源配置表

工业园区	行政分区	用水户	需水量（万 m^3）	供水水源	供水量（万 m^3）	余缺水量（万 m^3）	再生水量（万 m^3）
晨鸣工业园	圣城、文家街道	生活	799	城区水厂	799	0	0
		工业	3 715	双王城水库	3 715	0	
		农业	1 386	地下水	1 386		
		第三产业	828	城区水厂	729	0	
				地下水	99		
		生态环境	600	弥河水	600	0	
		合计	7 328		7 328	0	
东城工业园	洛城街道	生活	372	城区水厂	372	0	421
		工业	142	再生水厂	142	0	
		农业	1 494	弥河水	1 494	0	
		第三产业	149	城区水厂	0	0	
				地下水	149		
		生态环境	279	再生水	279	0	
		合计	2 436		2 436	0	
	孙家集街道	生活	219	城区水厂	219	0	0
		工业	0	/	0	0	
		农业	1 295	地下水	1 295	0	
		第三产业	57	地下水	57	0	
		生态环境	164	弥河水	164	0	
		合计	1 735		1 735	0	

（续表）

工业园区	行政分区	用水户	需水量（万 m^3）	供水水源	供水量（万 m^3）	余缺水量（万 m^3）	再生水量（万 m^3）
科技工业园	古城街道	生活	176	城区水厂	176	0	621
		工业	809	再生水	621	0	
				双王城水库	188		
		农业	1 214	弥河水	1 214	0	
		第三产业	115	地下水	115	0	
		生态环境	161	弥河水	161	0	
		合计	2 475		2 475	0	
鲁丽集团	侯镇	生活	216	城区水厂	216	0	452
		工业	1 692	再生水	434	0	
				龙泽水库	1 258		
		农业	1 319	龙泽水库	732	0	
				地下水	587		
		第三产业	0	/	0	0	
		生态环境	18	再生水	18	0	
		合计	3 245		3 245	0	
	稻田镇	生活	210	城区水厂	210	0	14
		工业	0	/	0	0	
		农业	2 146	地下水	184	0	
				弥河水	1 962		
		第三产业	0	/	0	0	
		生态环境	14	再生水	14	0	
		合计	2 370		2 370	0	
	上口镇	生活	149	城区水厂	149	0	8
		工业	0	/	0	0	
		农业	772	弥河水	772	0	
		第三产业	0	/	0	0	
		生态环境	8	再生水	8	0	
		合计	929		929	0	

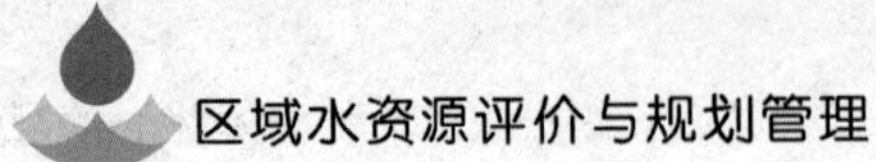

（续表）

工业园区	行政分区	用水户	需水量（万 m^3）	供水水源	供水量（万 m^3）	余缺水量（万 m^3）	再生水量（万 m^3）
王高工业园	田柳镇	生活	148	城区水厂	148	0	
		工业	385	双王城水库	385	0	
		农业	1 011	清水湖水库	287	0	
				地下水	724		
				双王城水库	0		
		第三产业	0	/	0	0	
		生态环境	13	双王城水库	13	0	
		合计	1 557		1 557	0	
台头工业园	台头镇	生活	137	城区水厂	137	0	74
		工业	102	再生水	62	0	
				双王城水库	40		
		农业	1 181	双王城水库	397	0	
				地下水	784		
		第三产业	0	/	0	0	
		生态环境	12	再生水	12	0	
		合计	1 432		1 432	0	
滨海经济开发区	双王城生态经济园区	生活	140	城区水厂	140	0	425
		工业	664	再生水	376	0	
				清水湖水库	288		
		农业	301	清水湖水库	301	0	
		第三产业	0	/	0	0	
		生态环境	49	再生水	49	0	
		合计	1 154		1 154	0	
	营里镇	生活	126	城区水厂	126	0	0
		工业	0	/	0	0	
		农业	792	弥河水	792	0	
				地下水	0		
		第三产业	0	/	0	0	
		生态环境	9	弥河水	9	0	
		合计	927		927	0	

（续表）

<table>
<tr><th>工业园区</th><th>行政分区</th><th>用水户</th><th>需水量（万 m^3）</th><th>供水水源</th><th>供水量（万 m^3）</th><th>余缺水量（万 m^3）</th><th>再生水量（万 m^3）</th></tr>
<tr><td rowspan="13">滨海经济开发区</td><td rowspan="7">纪台镇</td><td>生活</td><td>120</td><td>城区水厂</td><td>120</td><td>0</td><td rowspan="7">0</td></tr>
<tr><td>工业</td><td>0</td><td>/</td><td>0</td><td>0</td></tr>
<tr><td rowspan="2">农业</td><td rowspan="2">1 544</td><td>弥河水</td><td>744</td><td rowspan="2">0</td></tr>
<tr><td>地下水</td><td>800</td></tr>
<tr><td>第三产业</td><td>0</td><td>/</td><td>0</td><td>0</td></tr>
<tr><td>生态环境</td><td>5</td><td>弥河水</td><td>5</td><td>0</td></tr>
<tr><td>合计</td><td>1 669</td><td></td><td>1 669</td><td>0</td></tr>
<tr><td rowspan="6">化龙镇</td><td>生活</td><td>109</td><td>城区水厂</td><td>109</td><td>0</td><td rowspan="6">0</td></tr>
<tr><td>工业</td><td>0</td><td>/</td><td>0</td><td>0</td></tr>
<tr><td>农业</td><td>1 998</td><td>地下水</td><td>1 998</td><td>0</td></tr>
<tr><td>第三产业</td><td>0</td><td>/</td><td>0</td><td>0</td></tr>
<tr><td>生态环境</td><td>8</td><td>地下水</td><td>8</td><td>0</td></tr>
<tr><td>合计</td><td>2 115</td><td></td><td>2 115</td><td>0</td></tr>
<tr><td colspan="2" rowspan="18">全市</td><td>生活</td><td>2 921</td><td>城区水厂</td><td>2 921</td><td>0</td><td rowspan="18">2 015</td></tr>
<tr><td rowspan="4">工业</td><td rowspan="4">7 509</td><td>再生水</td><td>1 635</td><td rowspan="4">0</td></tr>
<tr><td>双王城水库</td><td>4 328</td></tr>
<tr><td>清水湖水库</td><td>288</td></tr>
<tr><td>龙泽水库</td><td>1 258</td></tr>
<tr><td rowspan="6">农业</td><td rowspan="6">16 453</td><td>弥河水</td><td>6 978</td><td rowspan="6">0</td></tr>
<tr><td>清水湖水库</td><td>588</td></tr>
<tr><td>双王城水库</td><td>397</td></tr>
<tr><td>龙泽水库</td><td>732</td></tr>
<tr><td>再生水</td><td>0</td></tr>
<tr><td>地下水</td><td>7 758</td></tr>
<tr><td rowspan="2">第三产业</td><td rowspan="2">1 149</td><td>城区水厂</td><td>729</td><td rowspan="2">0</td></tr>
<tr><td>地下水</td><td>420</td></tr>
<tr><td rowspan="4">生态环境</td><td rowspan="4">1 340</td><td>再生水</td><td>380</td><td rowspan="4">0</td></tr>
<tr><td>龙泽水库</td><td>0</td></tr>
<tr><td>双王城水库</td><td>13</td></tr>
<tr><td>弥河水</td><td>947</td></tr>
<tr><td>合计</td><td>29 372</td><td></td><td>29 372</td><td>0</td></tr>
</table>

从配置的供水结构来看，地表水总供水量为19 179万m^3，占总供水量的65.3%，地下水总供水量8 178万m^3，占总供水量的27.8%，再生水总供水量2 015万m^3，占总供水量的6.9%。从供水结构看，地下水供水比例进一步减小，符合寿光市水资源开发利用的思路。

就水源类型和可供水量而言，当地地表水实际共用7 704万m^3，开发利用率超过100%；地下水实际共用8 178万m^3，开发利用率44.9%；根据分配指标外调水几乎全部用完，实际共用7 604万m^3，开发利用率99.8%；非常规水实际共用2 015万m^3，开发利用率53.3%。整个寿光市的水资源开发利用率为81.4%，2020年50%保证率下寿光市用水开发利用情况见表3-9所示。

表3-9　2020年50%保证率下寿光市用水开发利用情况

水源类型	可供水量（万m^3）	实际供水量（万m^3）	开发利用率（%）
当地地表水	7 399	7 704	104.1
地下水	18 199.8	8 178	44.9
非常规水	3 784	2 015	53.3

4.2020年95%保证率下水资源配置结果

在95%保证率下，由于不再考虑农业灌溉用水，需水量也大幅减少。居民生活全部由城区水厂供给，第三产业仍然由城区水厂和地下水供给，供水总量4 070万m^3；工业由再生水、双王城水库、龙泽水库、引黄济青供给，供水量7 509万m^3；由于95%保证率下不再考虑弥河引水，生态环境需水量考虑由再生水、引黄济青、龙泽水库和地下水供给。2020年95%保证率下寿光市水资源优化配置结果见表3-10所示。

从配置的供水结构来看，地表水总供水量9 546万m^3，占总供水量的73.9%，地下水总供水量1 359万m^3，占总供水量的10.5%，再生水总供水量2 015万m^3，占总供水量的15.6%。

较现状年，在供水比例中地表水的比重提高了48个百分点，有了大幅度提高，地下水供水比例下降了62个百分点，大幅度下降。同时，再生水比例也有所提高，提14个百分点，符合寿光市水资源开发利用的思路。

表 3-10 2020 年 95%保证率下寿光市水资源优化配置表

工业园区	行政分区	用水户	需水量（万 m^3）	供水水源	供水量（万 m^3）	余缺水量（万 m^3）	再生水量（万 m^3）
晨鸣工业园	圣城、文家街道	生活	799	城区水厂	799	0	0
		工业	3 715	双王城水库	3 715	0	
		第三产业	828	城区水厂	729	0	
				地下水	99		
		生态环境	600	地下水	600	0	
		合计	5 942		5 942	0	
东城工业园	洛城街道	生活	372	城区水厂	372	0	421
		工业	142	再生水	142	0	
		第三产业	149	地下水	149	0	
		生态环境	279	再生水	279	0	
		合计	942		942	0	
	孙家集街道	生活	219	城区水厂	219	0	0
		工业	0	/	0	0	
		第三产业	57	地下水	57	0	
		生态环境	164	地下水	164	0	
		合计	440		440	0	
科技工业园	古城街道	生活	176	城区水厂	176	0	621
		工业	809	再生水	621	0	
				双王城水库	188		
		第三产业	115	地下水	115	0	
		生态环境	161	地下水	161	0	
		合计	1 261		1 261	0	
鲁丽集团	侯镇	生活	216	城区水厂	216	0	452
		工业	1 692	再生水	434	0	
				龙泽水库	1 258		
		第三产业		/	0	0	
		生态环境	18	再生水	18	0	
		合计	1 926		1 926	0	

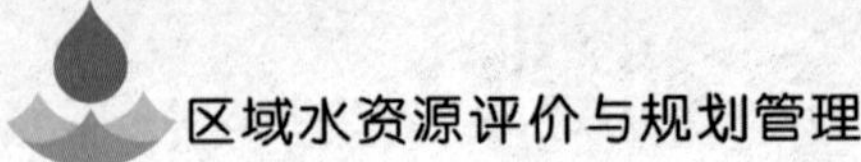

（续表）

工业园区	行政分区	用水户	需水量（万 m^3）	供水水源	供水量（万 m^3）	余缺水量（万 m^3）	再生水量（万 m^3）
鲁丽集团	稻田镇	生活	210	城区水厂	210	0	14
		工业	0	/	0	0	
		第三产业	0	/	0	0	
		生态环境	14	再生水	14	0	
		合计	224		224	0	
	上口镇	生活	149	城区水厂	149	0	8
		工业	0	/	0	0	
		第三产业	0	/	0	0	
		生态环境	8	再生水	8	0	
		合计	157		157	0	
王高工业园	田柳镇	生活	148	城区水厂	148	0	0
		工业	385	双王城水库	371	0	
				引黄济青干渠	14		
		第三产业	0	/	0	0	
		生态环境	13	引黄济青干渠	13	0	
		合计	546		546	0	
台头工业园	台头镇	生活	137	城区水厂	137	0	74
		工业	102	再生水	62	0	
				引黄济青干渠	40		
		第三产业	0	/	0	0	
		生态环境	12	再生水	12	0	
		合计	251		251	0	
滨海经济开发区	双王城生态经济园区	生活	140	城区水厂	140	0	425
		工业	664	再生水	376	0	
				引黄济青干渠	288		
		第三产业	0	/	0	0	
		生态环境	49	再生水	49	0	
		合计	853		853	0	

（续表）

工业园区	行政分区	用水户	需水量（万 m^3）	供水水源	供水量（万 m^3）	余缺水量（万 m^3）	再生水量（万 m^3）
滨海经济开发区	营里镇	生活	126	城区水厂	126	0	0
		工业	0	/	0	0	
		第三产业	0	/	0	0	
		生态环境	9	引黄济青干渠	9	0	
		合计	135		135	0	
	纪台镇	生活	120	城区水厂	120	0	0
		工业	0	/	0	0	
		第三产业	0	/	0	0	
		生态环境	5	地下水	5	0	
		合计	125		125	0	
	化龙镇	生活	109	城区水厂	109	0	0
		工业	0	/	0	0	
		第三产业	0	/	0	0	
		生态环境	8	地下水	8	0	
		合计	117		117	0	
全市		生活	2 921	城区水厂	2 921		2 015
		工业	7 509	再生水	1 635	0	
				双工城水库	4 274		
				引黄济青干渠	342		
				龙泽水库	1 258		
		第三产业	1 149	城区水厂	729	0	
				地下水	420		
		生态环境	1 340	再生水	380	0	
				地下水	938		
				引黄济青干渠	22		
		合计	12 919		12 919	0	

就水源类型和可供水量而言，地表水实际共用 3 650 万 m^3，剩余 0 万 m^3，开发利用率 100％；地下水实际共用 1 358 万 m^3，剩余 7 258 万 m^3，开发利用率 15.8％；根据分配指标外调水未全部用完，实际共用 5 896 万 m^3，剩余 1 707 万 m^3，开发利用率 77.5％；非常规水实际共用 2 015 万 m^3，剩余 1 769 万 m^3，开发利用率 53.3％。整个寿光市的水资源开发利用

率为 54.6%，2020 年 95%保证率下寿光市用水开发利用情况见表 3-11 所示。

表 3-11　2020 年 95%保证率下寿光市用水开发利用情况

水源类型	水源名称	可供水量（万 m^3）	实际供水量（万 m^3）	余水量（万 m^3）	开发利用率（%）
地表水	城区水厂	3 650	3 650	0	100
	弥河	0	0	0	
地下水	地下水	8 616	1 358	7 258	15.8
外调水（黄河水、长江水）	双王城水库	4 274	4 274	0	77.5
	清水湖水库	876	0	876	
	龙泽水库	1 562	1 258	304	
	引黄干渠	891	364	527	
/	再生水	3 784	2 015	1 769	53.3
合计	/	23 653	12 919	10 734	

第四章　地表水利用工程规划

第一节　南水北调续建配套供水工程规划

南水北调东线工程的建设，为寿光市合理利用外调水源，缓解当地水资源紧缺问题提供了机遇。根据南水北调东向工程的总体规划与工程布局，寿光市可以利用引黄济青干渠工程实现外调水源的利用。

引黄济青干渠是南水北调工程东线的引黄济青工程的主干流，也是山东省最大的跨流域、远距离人工开挖调水工程。其西起滨州黄河，东至青岛三家屋子村水库，全长292.0 km，途径滨州、东营、潍坊、青岛4市的10个县市区。在寿光市境内干渠长度为39.9 km，东西横贯寿光市境内中部，沿途共布设8个放水口，为寿光市利用黄河水、长江水等外调水源提供了基础和保障。

根据潍坊市水利局《关于公布我市引黄及长江水量分配方案的通知》（潍水资字［2010］4号文件），潍坊市分配给寿光市引黄水量为4 650万 m^3、长江水量为3 000万 m^3。因此，寿光市可以利用的外调水源总量为7 650万 m^3。

供水工程总体规划：从引黄济青工程中取水至双王城水库，以双王城水库作为调蓄水库，然后通过输水渠道、泵站、供水厂，分南、北两条供水路线，分别向科技工业园、联盟集团、晨鸣集团、台头工业园、王高工业园等单位进行供水。其相应的续建配套工程主要包括供水管线和泵站，供水管线包括北供水管线、南供水管线及其供水支线；供水泵站包括北供水泵站、南供水泵站，供水范围分为北供水区和南供水区。

一、北供水区配套工程规划

1. 供水管线

北区供水管线规划布设1条供水干线和2条供水支线。其中，供水干线总长度为31.5 km，供水支线总长度为3.8 km。

(1) 供水干线

北区供水干线从北线供水泵站开始，沿226省道、南海路等道路向北、向东，沿线依次向清水湖水库分水口、双王城生态经济园区水厂支线、双王城生态经济园区临港工业园区支线供水，至弥河水库止。供水干线管道管径为DN1 000，设计流量0.90 m^3/s。

(2) 供水支线

北区供水区供水支线规划布设2条，总长度3.8 km。一条通向双王城生态经济园区水厂进行供水，另外一条通向双王城生态经济园区临港工业园区进行供水。其中，双王城生态经济园区水厂支线位于北供水干线桩号25+100北侧，布设一根DN600供水管线，管线长度为2.85 km；双王城生态经济园区临港工业园区支线位于北供水干线桩号27+850北侧，布设一根DN700供水管线，管线长度为0.93 km。

2. 供水泵站

北区供水区规划新建1处泵站，对供水干线中的水流进行提升。泵站规划设计由4台水泵组成的1组泵组，扬程63 m。

二、南供水区配套工程规划

1. 供水管线

南区供水管线规划布设1条供水干线和3条供水支线。其中，供水干线总长度为30.7 km，供水支线总长度为25.6 km。

(1) 供水干线

南区供水干线从南线供水泵站开始，沿226省道、引黄济青渠、张僧河、南辛路等向南、向东，依次给台头工业园区支线、新龙化工支线、晨鸣集团支线供水，至弥河杨庄分水闸结束，规划布设两根DN1 400供水管线，总长30.7 km。

(2) 供水支线

南区供水区供水支线规划布设3条，分别为台头工业园区供水支线、新龙化工供水支线、晨鸣集团供水支线。

其中，台头工业园区供水支线位于干线桩号11+600西侧，布设一根DN700供水管线，长9.6 km；新龙化工供水支线位于干线桩号11+600东侧，布设一根DN700供水管线，长1.6 km；晨鸣集团供水支线位于干线桩号29+685西侧，通过杨庄供水泵站从南供水干线提水，布设一根DN1 000供水管线，总长14.5 km。

2. 供水泵站

南区供水区规划新建3处泵站，分别为南线供水泵站、宋庄供水泵站、杨庄供水泵站，分别用来对相应管线中的水流进行提升。其中，南线供水泵站和宋庄泵站，规划均由4（台）2（组）组成，单泵设计流量0.644 m^3/s，扬程56 m；杨庄泵站，规划均由4（台）1（组）

组成，单泵设计流量 0.315 m^3/s，扬程 63 m。

南、北供水区工程规划，详见图 4-1。

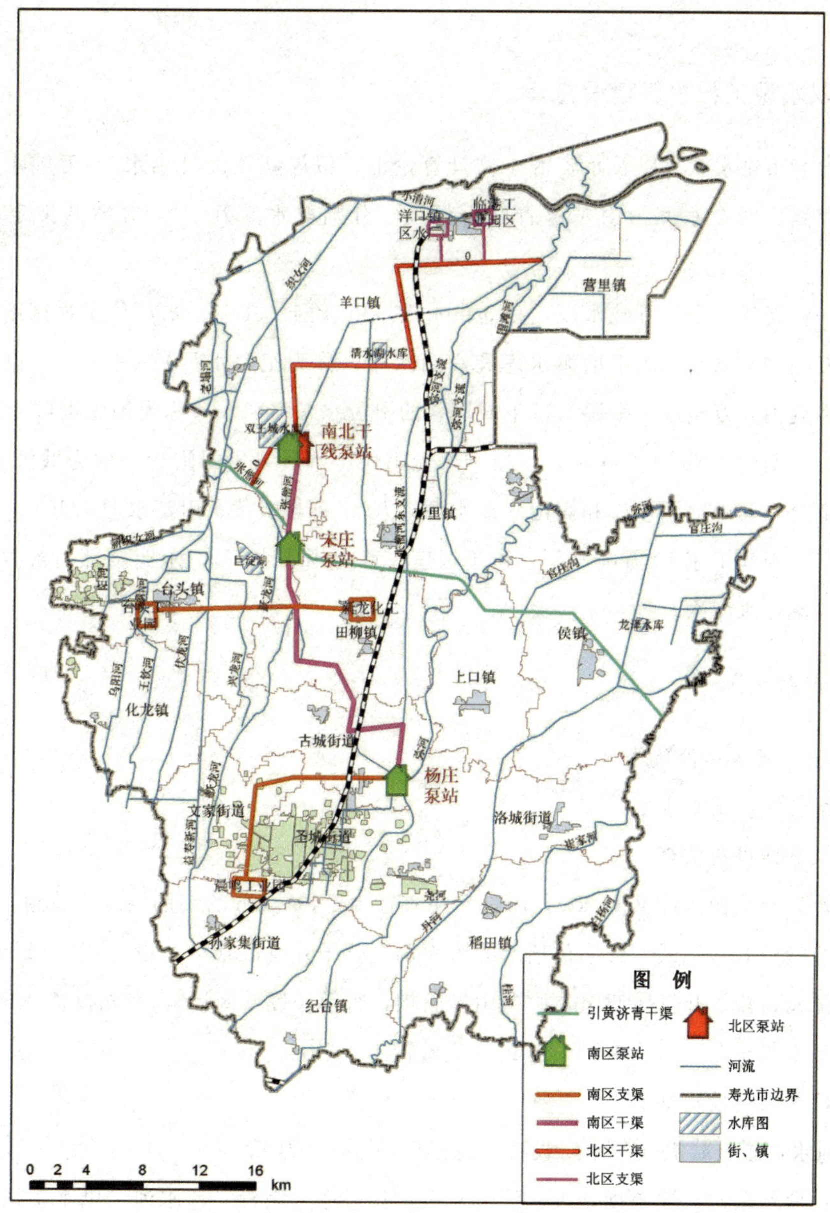

图 4-1　寿光市南水北调续建配套工程规划图

第二节　城乡供水双水源工程规划

一、双水源工程水厂建设方案

根据寿光市供水状况以及水资源水文计算论证，拟议新建设日供水 10 万吨水厂，水源采用冶源和嵩山两个水库与引黄济青联合调度。分别取水 5 万 m^3。方案共拟定以下三个方案。

方案一：新建两个 5 万吨水厂，独立供水入城市管网。其中一水厂位于城区南纪台，处理规模 5 万吨/d，水源来源于冶源水库和嵩山水库（称为纪台水厂）；另一水厂位于城区北杨庄，处理规模 5 万吨/d，水源为双王城调蓄的引黄水、引江水（称为杨庄水厂）。

方案二：新建 1 座 10 万吨水厂，位于寿光市城区（晨鸣集团附近，称为城区水厂），水源包括两部分，其中冶源水库和嵩山水库水源 5 万 m^3/d，引黄、引江水源 5 万 m^3/d。

方案三：新建 1 座 10 万吨水厂，位于杨庄（称为杨庄水厂），水源全部引济青水源，不考虑冶源、嵩山水库水。

二、方案比选

1. 方案一供水水价估算

(1) 纪台水厂供水水价

①调水管线投资估算

纪台水厂至冶源水库共 43 km，沿途采用直径为 1 400 mm 的钢筋混凝土管道，其管道建设及维修总投资 3.0 亿元。具体包括冶源水库调至营子开发区管道建设工程（12 km），寿光投资 0.8 亿元；营子开发区调至临朐粟山橡胶坝，管道长度 9.8 km，寿光投资 0.8 亿元；营子开发区至寿光纪台（41.8 km），管道修复费用 1.4 亿元。

②水厂及泵站投资估算

5 万吨水厂投资根据同类水厂投资，总投资约 6 000 万元。

工艺：取水泵站—除藻预处理—混凝—沉淀—过滤—消毒—清水池—供水泵站

水厂建设具体工艺及设计参数如下：

• 除藻预处理：加氯灭藻池 350 m^3，混凝反应池：690 m^3，二次加药混凝池：530 m^3，沉淀池：3500 m^3；

• 计量泵：4 台，吸泥机：2 台，管道、阀门等；

• 滤池：550 m^2，滤料：300 m^3，阀门等；

• 清水池：7 500 m^3，供水泵房：400 m^2，水泵：4 台（3 用 1 备）；

• 配电设施、化验检测设备；

• 自动控制变电站：520 kW；

• 泵房：105 m^2，直流水泵：3 台（2 用 1 备），管道、闸阀等。

③供水水价计算

工程水费：原水供水管道工程投资按 2.488 亿元，投资回收期按 30 年，利息按 7.05%，冶源水库供水量按 1 825 万 m^3 考虑，计算：

$$36\,000\times7.05\%/\left[1-(1+7.05\%)^{-(-30)}\right]/1\,825\approx1.60\text{元}/m^3$$（含水厂投资）

（2）杨庄水厂供水价格

根据目前杨庄至双王城水库已经铺设的 15 万 m^3/d 的供水管道投资、水厂建设投资以及供水运行情况，初步确定杨庄水厂源水成本 1.72 元/m^3（含水厂投资）。

冶源水库水源处理成本：

总成本费用包括固定资产折旧费、无形资产及递延资产摊销费、大修理费、工资及附加费、维护费、管理费和贷款利息等。

①年折旧费

供水工程固定资产综合折旧率按 4.4%计算（折旧年限按 20 年计），折合每吨水 0.1 元。

②无形资产及递延资产摊销

根据同等水厂情况，折合每吨水 0.055 元。

③修理费

包括大修费、日常维护费，折合每吨水 0.06 元。

④材料、燃料动力费

包括原水水费、药剂费、电费。

（a）混凝剂药剂费

按下式计算：

$$E_2=365K(A_1P_1+A_2P_2)/10^4$$

式中：K 为考虑净水厂用水的扩大系数，取 1.05；

A_1，A_2 为混凝剂、二氧化氯的平均投加量，单位：t/d；

P_1，P_2 为各种药剂的价格，单位：元/t。

本水厂混凝剂药剂费折合每吨水 0.032 元。

消毒剂选用二氧化氯，每方水 0.5 g～1.0 g，每生产 1 kg 二氧化氯费用为 25 元，按每方水 0.8 g 计算，折合每吨水 0.03 元。

（b）电费

按下式计算：

$$E_2=1.05QHP/\eta$$

式中：Q 为城市日供水量，单位：m^3/d；

H 为水泵扬程，单位：m；

P 为电价；

η 为水泵和电机的效率。

净水厂水泵提水总扬程为 58 m，水泵和电机的效率取 75%，则电费折合每吨水 0.15 元。

⑤工资及附加

项目管理人员编制 46 人，折合每吨水 0.015 元。

⑥管理费

包括管理费用、销售费用和其他费用。即管理和销售部门的差旅费、办公费、取暖费、保险费、试验研究费、会议费，以及在成本中列支的税金（如房产税、车船使用税）等，折合每吨水 0.11 元。

总成本：0.55 元/吨水。

引黄、引江水处理成本：

①年折旧费

供水工程固定资产综合折旧率按 4.4%计算（折旧年限按 20 年计），折合每吨水 0.1 元。

②无形资产及递延资产摊销

根据同等水厂情况，折合每吨水 0.055 元。

③修理费

包括大修费、日常维护费，折合每吨水 0.06 元。

④材料、燃料动力费

包括原水水费、药剂费、电费。

(a) 混凝剂药剂费

按下式计算：

$$E_2 = 365K\ (A_1P_1 + A_2P_2)\ /10^4$$

式中：K 为考虑净水厂用水的扩大系数，取 1.05；

A_1，A_2 为混凝剂、二氧化氯的平均投加量，单位：t/d；

P_1，P_2 为各种药剂的价格，单位：元/t。

本水厂混凝剂药剂费折合每吨水 0.038 元。

(b) 除藻前期预处理费

除藻费用参考同类水厂费用，每吨水成本 0.022 元。

消毒剂选用二氧化氯，每方水 0.5 g～1.0 g，每生产 1 kg 二氧化氯费用为 25 元，按每方水 0.8 g 计算，折合每吨水 0.04 元。

(c) 电费

按下式计算：

$$E_2 = 1.05QHP/\eta$$

式中：Q 为城市日供水量，单位：m^3/d；

H 为水泵扬程，单位：m；

P 为电价；

η 为水泵和电机的效率。

净水厂水泵提水总扬程为 58 m，水泵和电机的效率取 75%，电费折合每吨水 0.15 元。

⑤工资及附加

项目管理人员编制 46 人，折合每吨水 0.015 元。

⑥管理费

包括管理费用、销售费用和其他费用。即管理和销售部门的差旅费、办公费、取暖费、保险费、试验研究费、会议费，以及在成本中列支的税金（如房产税、车船使用税）等，折合每吨水 0.11 元。

总成本：0.59 元/m^3。

(3) 供水水价

方案一具体供水价格如表 4-1 所示。

表 4-1　方案一水厂供水价格计算表

方案一	输水价格（元/吨）	水资源费（元/m^3）	处理成本（元/吨）	水厂供水价格（元/吨）
纪台水厂	1.60	0.35	0.55	2.5
杨庄水厂	1.65	1.72	0.59	3.96
平均	1.63			3.23

根据计算，方案一的平均输水价格为 1.63 元/吨，水厂供水价格为 3.23 元/吨。

2. 方案二供水水价估算

(1) 城区水厂从冶源水库调水 5 万 m^3/d

城区水厂至冶源水库共 51 km，沿途采用直径为 1 400 mm 的钢筋混凝土管道，较方案一增加8 km新建管道投资，约 3 000 万元。其管道建设及维修总投资 3.3 亿元。

(2) 水厂及泵站建设投资

10 万吨水厂投资根据同类水厂投资，总投资约 1.0 亿元。

工艺：取水泵站—除藻预处理—混凝—沉淀—过滤—消毒—清水池—供水泵站

水厂建设具体工艺及设计参数如下：

• 除藻预处理：加氯灭藻池 700 m^3，混凝反应池：1 380 m^3，二次加药混凝池：

1 045 m^3，沉淀池：7 000 m^3；

- 计量泵：4 台，吸泥机：2 台，管道、阀门等；
- 滤池：1 050 m^2，滤料：450 m^3，阀门等；
- 清水池：15 000 m^3，供水泵房：525 m^2，水泵：5 台（4 用 1 备）；
- 配电设施、化验检测设备；
- 自动控制变电站：520 kW；
- 泵房：238 m^2，直流水泵：3 台（2 用 1 备），管道、闸阀等。

（3）工程水费：原水供水管道工程和水厂投资按 3.3 亿元，投资回收期按 30 年，利息按 7.05%，冶源水库供水量按 1 825 万 m^3 考虑，计算：

$$43\ 000\times7.05\%/\left[1-(1+7.05\%)^{(-30)}\right]/1825\approx1.68\text{元}/m^3\text{（水厂投资）}$$

杨庄水厂供水价格：

根据目前杨庄至双王城水库已经铺设的 15 万 m^3/d 的供水管道投资、水厂建设投资以及供水运行情况，初步确定杨庄水厂源水成本 1.67 元/m^3（含水厂投资）。

水厂处理成本：

根据方案一分析，冶源水库地表水水源处理成本为 0.55 元/m^3，引黄、引江水水源处理成本为 0.59 元/m^3，平均处理成本为 0.57 元/m^3。

供水水价：

方案二具体供水价格如表 4-2 所示。

表 4-2　方案二水厂供水价格计算表

方案二	输水价格（元/吨）	水资源费（元/m^3）	处理成本（元/吨）	水厂供水价格（元/吨）
城区水厂（冶源水库水）	1.68	0.35	0.55	2.58
城区水厂（引黄、引江水）	1.67	1.68	0.59	3.94
平均	1.68		0.57	3.26

根据计算，方案二的平均输水价格为 1.68 元/吨，水厂供水价格为 3.26 元/吨。

3. 方案三供水水价估算

根据目前杨庄至双王城水库已经铺设的 15 万 m^3/d 的供水管道投资、水厂建设投资以及供水运行情况，初步确定杨庄水厂源水成本 1.67 元/m^3（含水厂投资）。源水水费1.68 元/m^3，处理成本 0.59 元/m^3。杨庄水厂取用引江水源水成本水价 3.94 元/吨。

4. 方案比选

根据计算，方案一平均运输成本 1.63 元/吨，供水成本 3.23 元/吨；方案二平均运输成本1.68元/吨，供水成本3.26元/吨；方案三平均运输成本1.68元/吨，供水成本3.94元/吨。根据供水成本价格比较，方案一最为经济，较方案二经济0.03元/吨，较方案三经济0.71元/吨。

考虑水源构成方面，方案一与方案二包括两种水源，方案三为单一引黄引江水源，两种水源的保证率相对较高，从水源构成角度，方案一和方案二优于方案三。

考虑水厂管理方面，方案一需要建设两座日处理规模为5万吨的水厂，方案二和方案三需要建设1座日处理规模为10万吨的水厂，从管理角度考虑，方案二和方案三优于方案一。

考虑供水成本方案，寿光市地势平缓，地形南高北低，方案二中水厂距离城区最近，供水成本相对较低，方案三中水厂位于北部，供水成本最高。方案一有两座水厂，可采取近距离供水的原则，较为经济。从供水成本考虑方案一和方案二优于方案三。

综上所述，鉴于方案二供水价格较为经济，水源构成合理，水厂管理方便，供水成本相对较低，因此将方案二，即在城区建设1座日处理规模为10万吨水厂的方案作为最优推荐方案。

三、引水工程规划

规划在利用地下水采取联乡镇和单乡镇集中供水模式的基础上，建设1座城区地表水净水厂，通过环闭大水网将地下水水厂和地表水水厂进行串联，实现城乡集中供水双水源。寿光市生活、生产用水全部采用城区地表水厂和引黄、引江水替代地下水源，原地下水源地供水作为补充水源。

1. 管道工程规划

城区水厂至冶源水库共43 km，沿途采用直径为1 400 mm的钢筋混凝土管道，其管道建设及维修总投资3.0亿元。具体包括冶源水库调至营子开发区管道建设工程（12 km），寿光投资0.8亿元；营子开发区调至临朐粟山橡胶坝，管道长度9.8 km，寿光投资0.8亿元；营子开发区至寿光纪台（41.8 km），管道修复费用1.4亿元。纪台至城区水厂8 km新建管道投资，约3 000万元。其管道建设及维修总投资3.3亿元。

2. 双王城水库至城区水厂供水管道，利用已有的双王城水库至杨庄15万吨输水规模的管道，新建杨庄至城区水厂管道，管道长度约4 km，投资约3 000万元。

3. 水厂及泵站投资估算

10万吨水厂投资根据同类水厂投资，约1.0亿元。

四、供水管网工程规划

供水管网可以分为北部供水管网和南部供水管网，投资约2.1亿元。

城区水厂以北为北部供水管网，具体包括：化龙镇、古城镇、田柳镇、上口镇、侯镇、营里镇、台头镇、双王城生态经济园区等7个乡镇和1个生态园区；城区水厂以南为南部供水管网，具体包括：文家街道、圣城街道、洛城街道、稻田镇、纪台镇、孙家街道等4个街道办事处和2个乡镇。

1. 南部供水管网

全部采用PE管材，以弥河为界分东部、西部两个供水单元进行供水。

东部净水管网从城区净水厂铺设管道至东城水厂、留吕加压站、弥河屯田泵站、田马水厂、纪台水厂。该段管径采用Φ800，该管网解决稻田镇、洛城街道、纪台镇等居民生活用水。

西部供水管网利用城区水厂和文家城北水厂进行供水，该管网解决文家街道、圣城街道、孙家集街道等居民生活用水。

2. 北部供水管网

全部采用PE管材，从城区净水厂铺设管道至华龙水厂、后疃水厂、羊口自来水厂、上口加压站、侯镇加压站、台头加压站、营里加压站、原道口加压站等，具体管网线路需进一步进行可行性研究论证。管径采用Φ800，该管网可以解决北部7个乡镇和1个生态园区的生活工业用水。

第三节　弥河拦河闸坝工程规划

弥河是寿光市境内最大的河流，汇集了当地大部分河川径流量及客流量。由于缺少关键的控制性水利工程，对弥河流域地表水资源（河川径流量）开发利用程度相对较低，现状条件下开发利用率仅23%左右（寿光市水资源调查评价，山东省水利科学研究院，寿光市水利局，2014年8月），大部分水资源量未得到利用而排入渤海莱州湾。因此，在寿光市境内形成了水资源一方面紧缺，一方面弥河水资源未得到充分利用的现实矛盾。

根据弥河现状实际情况，本次规划结合河道综合治理及水系生态建设要求，在地质条件适宜区，拟在弥河下游的北外环路弥河桥杨庄橡胶坝—半截河拦河闸段规划新建弥河兴旺庄拦河坝、北孙云子和张家北楼3座橡胶拦河坝。

拦河闸坝新建后，可以通过实施河渠梯级开发，提高弥河河道对河川径流量的拦蓄和调节能力，充分利用弥河地表水资源量，并增加傍河地下水源地渗补水量和洪水资源化地下蓄存量。

表 4-3　拟建拦河闸坝信息表

拦水区间	区间距离（m）	河道坡降	回水距离（m）	下游水深（m）	上游水深（m）	蓄水量（万 m^3）
北外环弥河桥—北孙云子村	2 332	0.001 261	2 332	3.5	0.56	172.2
北孙云子村—张家北楼村	3 230	0.000 282	3 230	3.5	2.59	223.0
张家北楼村—兴旺庄	2 581	0.000 120	2 581	3.5	3.19	205.5

一、北孙云子村拦河闸坝工程规划

建设地点位于弥河干流桩号 25＋732 处（自弥河寿光界起始），坝体采用橡胶坝，橡胶坝总长 300.0 m，坝高 3.5 m，拦蓄库容 172.2 万 m^3。

二、张家北楼拦河闸坝工程规划

建设地点位于弥河干流桩号 28＋962 处（自弥河寿光界起始），采用拦河闸附交通桥的型式，总宽度 274 m，共 25 孔，每孔净宽 10 m，采用卷扬式启闭机，平板钢闸门，设计挡水高度 3.5 m，拦蓄库容 233.0 万 m^3。交通桥桥面净宽 12 m。同时为便于引弥回灌补源，东西两岸各设一处引水闸，西岸引水流量 10 m^3/s，东岸引水流量 5 m^3/s。

三、兴旺庄拦河闸坝工程规划

建设地点位于弥河干流桩号 31＋543 处（自弥河寿光界起始），坝体采用橡胶坝，橡胶坝总长 200.0 m，坝高 3.5 m，两侧各设两孔节制闸，每孔净宽 3.0 m，采用平面钢闸门，可拦蓄水量 205.5 万 m^3。

各拦河闸坝位置详见图 4-2 所示。

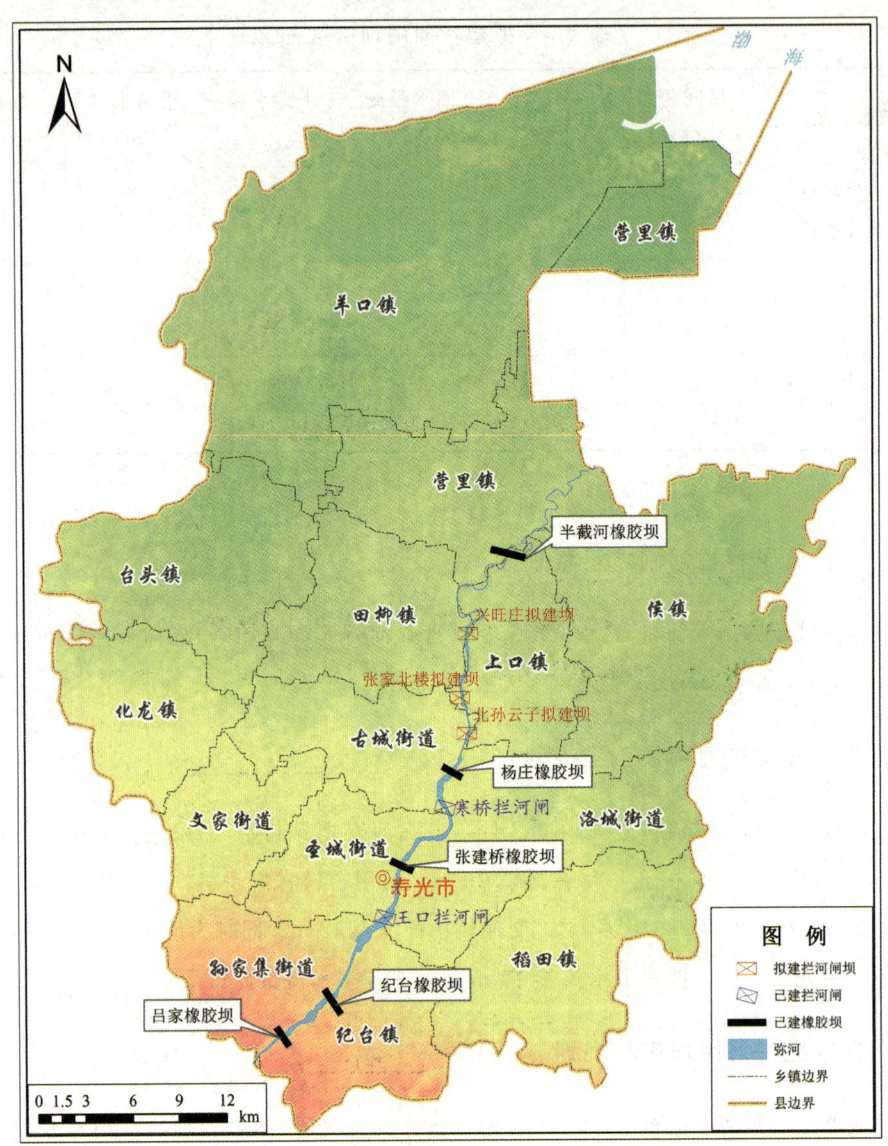

图 4-2 弥河拦河闸坝工程规划布局图

第四节 引弥回灌补源与灌溉工程规划

近年来，随着社会经济的不断发展，寿光市地下水开采量不断增加，尤其是寿光市南部淡水区，大棚种植密集，地下水超采严重。如今寿光市已经出现 3 个较大的地下漏斗区，分别位于化龙镇、圣城街道和侯镇—洛城交界处，漏斗中心水位埋深最大可达 60 多米。南部淡水区地下水开采严重，导致北部咸水区水位高于南部淡水区水位，致使咸淡水分界线不断南移。这些都会制约寿光市今后的发展。

为解决地下水漏斗严重问题，寿光市计划 2016 年底前，投资 1.8 亿元，建成引弥西干渠和益寿新河两侧回灌补源工程。将弥河汛期雨洪水通过西干渠引至冀王沟，再到益寿新河、伏龙河，向西引水至王钦河、乌阳河，向东引水至东、西跃龙河，构建起“两横”“五纵”回灌网络，形成约 200 km^2 回灌补源区。

一、弥河雨洪资源特征

弥河为雨源型河流，受降雨影响较大。暴雨具有明显的季节性，年内降雨多集中在 6～9 月份，约占年降雨量的 75%。根据弥河谭家访水文站 1960～2000 年降水量资料统计，年降雨量 1964 年最大为 1 246.6 mm，1981 年最小为 345.3 mm，丰枯极值比为 3.61。流域内形成暴雨的主要天气系统为气旋、锋面、台风及北方冷空气等。河道径流易于集中，洪水过程与降雨变化规律一致。洪水涨水历时一般为 4～26 小时，洪水多呈陡涨缓落；一次洪水持续时间一般在 22～76 小时。弥河吕家橡胶坝处的河底高程为 28.41 m，20 年一遇洪水时的水位值为 34.345 m，流量为 3 830 m^3/s。据相关资料统计，弥河年均入海量为 3 亿方左右。

二、引弥回灌补源工程布局

本次规划线路自吕家橡胶坝南侧引水，向西经岳寺高村前，然后沿卧甲路西侧向北至一号县路，再沿一号县路南侧向西至董王路西侧，然后穿过一号县路向北至三甲村西南角入原冀王沟，沿冀王沟经张家寨子村穿过铁路向西至王裴村，再经过羊临路向北沿冀王沟到冀家村后分别入益寿新河和跃龙河。在益寿新河庞家庄附近有处东西向的河道，经该河道向西排入伏龙河、王钦河和乌阳河。线路规划如图 4-3 所示。

三、引弥回灌补源配套工程

1. 引水口闸门工程

引弥回灌补源工程自吕家橡胶坝处引水，弥河吕家橡胶坝处的河底高程为 28.41 m，20 年一遇洪水时的水位值为 34.345 m，流量为 3 830 m^3/s。为了使引弥回灌的水质得到保证，一般引汛期弥河水，故设计引水口位置应高于非汛期水位，设计引水口位置为 34 m 处，设计引水流量 5～8 m^3/s，管径流速 3 m/s。

2. 暗涵管道工程

引弥回灌补源工程规划方案全长 13.25 km，其中，羊临路以上段设计为暗渠，设计长度为 10.5 km；设计成砌石墩钢筋混凝土板暗渠，共 1 孔，每孔净宽 4.5 米，洞高为 2.5 m，设计水深为 2.5 m，比降为 1/6 000。暗渠段需新筑暗渠 10.5 km，需配套建筑物 15 座，其中，渠首引水闸 1 座、公路桥（涵）1 座、铁路桥（涵）1 座、交通路口加固 12 座。

3. 明渠工程

羊临路以下段（如图 4-3 所示）设计为明渠，设计长度为 2.75 km，设计渠底宽 4 m，平均口宽 20 m，平均占地宽 48 m，内边坡为 1∶2，设计水深为 2 m，比降为 1/8 000。从暗涵与明渠交接点到益寿新河入口处（冀家庄），这段为新开引水明渠，需新修干渠 2.75 km。进入益寿新河之后，以及后来引入伏龙河、王钦河以及乌阳河这部分明渠需要重新整修河道。明渠工程需配套建筑物 14 座，其中，公路桥 4 座、生产桥（涵）10 座。

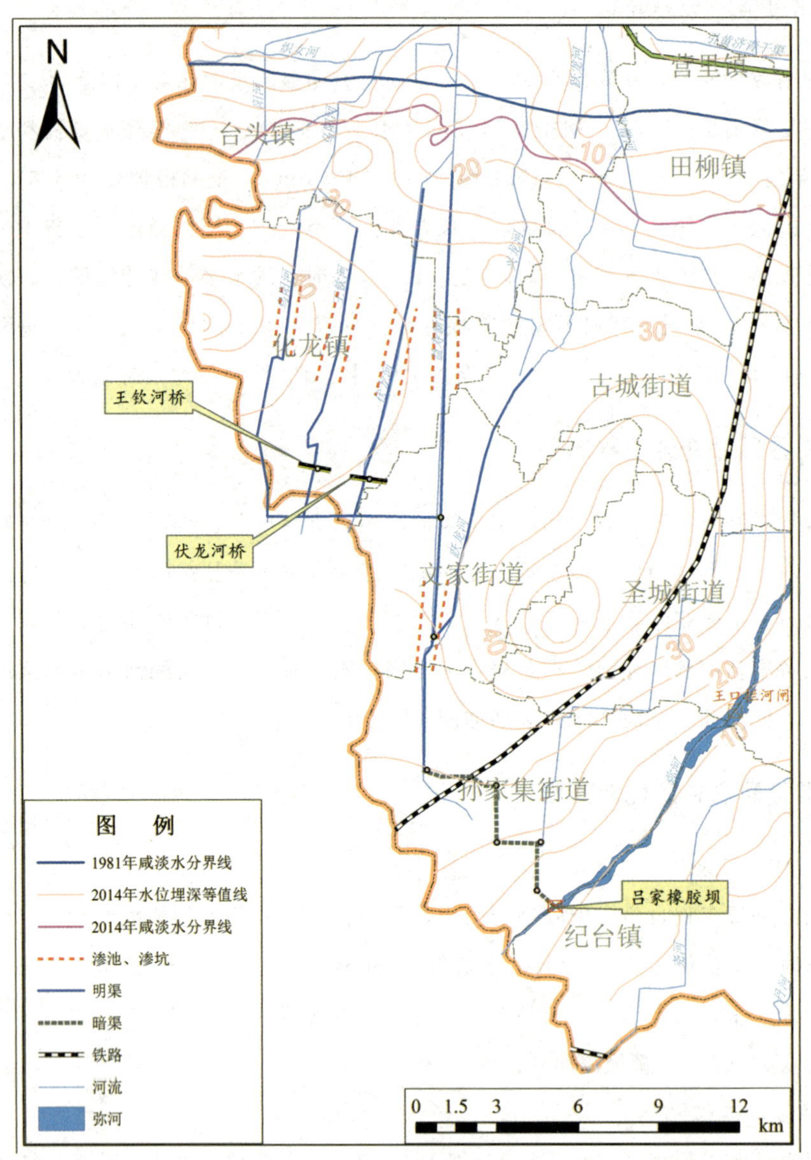

图 4-3　寿光市引弥回灌补源工程布局图

4. 渗池、渗沟工程

（1）益寿新河—冀家庄处：在与冀家庄平行的东侧是寿光市最大的漏斗区所在位置（圣城街道漏斗区），该区域内的地下水自冀家庄向漏斗中心排泄，地下水流动方向自西向东。故在此处河道两侧建些相应的渗池、渗坑，可以加大该处的地下水补给量，有利于该处地下水位的提升、地下漏斗区的修复。

（2）乌阳河、王钦河以及伏龙河处：这几条河流均流经化龙镇，然而在化龙镇内也存在一个较大的地下漏斗区，该区域内地下水向漏斗中心排泄，在这几条河道两侧修建相应的渗池、渗坑，加大地表水向地下的渗漏补给，有利于地下漏斗区的修复。另外，该处地下水位抬升营造地下淡水帷幕，可以防治咸水入侵，有效阻止咸淡水分界线南移。

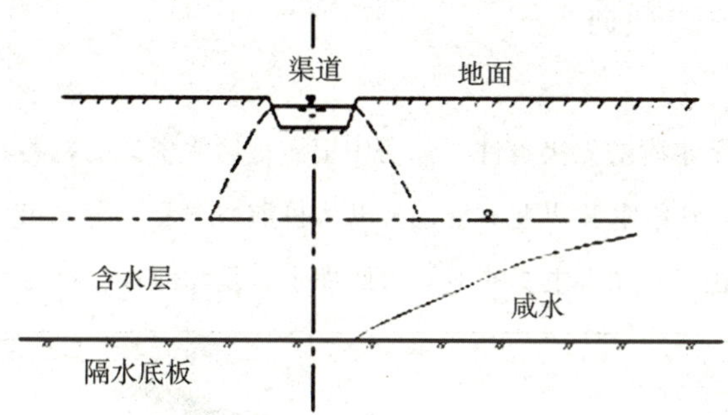

图 4-4　淡水帷幕防治咸水入侵示意图

第五节　地下水库引蓄雨洪水工程规划

近年来，寿光市地下水超采严重，致使咸淡水分界线不断南移。如今，较 1981 年初始值而言，咸水入侵最大距离可达 7 km，年均入侵速率约为 4.28 km^2/a。为有效防治咸水入侵，防止咸淡水分界线继续南移，寿光市在完成引弥西干渠和回灌补源工程建设后，组织弥河西部地下水库建设可行性研究，若可行，2016 年 12 月底完成初步设计、立项等前期工作，2017 年 6 月底前组织工程建设。

一、利用地下水库引蓄雨洪水工程布局

1. 地下坝体建设条件

（1）水文地质条件

从整体上来看，寿光市在自南向北缓慢降低的平原区，位于弥河冲洪扇平原上，具有较厚的第四纪覆盖层。弥河冲洪积扇以含水层厚度大、颗粒粗、入渗性较好成为地下水库库区首选地。此处，弥河古河道分布广泛（如图 4-5 所示），古河道主流带的埋深由南向北逐渐加深：顶板埋深由 8 m 加深到 12 m，底板埋深由 30～35 m 加深到 57～60 m。在横断面上，东部的埋深明显大于西部，东部底板深为 57～60 m，西部则在 40～50 m。古河道主流带沉积体厚度由东向西变薄，单层厚度最大达 10 m 以上。其主要调蓄含水层为潜水—浅层微承压含水层，总厚度一般 10～30 m。岩性多为中粗砂、砾卵石，单井涌水量一般大于 1 000 m^3/d。扇轴部地段大于 3 000 m^3/d，含水层渗透性较好，此处的调蓄能力较强，适合

修建地下水库。

（2）环境地质条件

寿光市与地下水资源开发有关的环境地质问题主要是咸水入侵和区域性地下水位降落漏斗。寿光市南部淡水区地下水开采强度大，上部含水层已被疏干，形成了区域地下水位降落漏斗，漏斗中心最大水位埋深可达 60 m，腾出了较大的地下库容区。这为在漏斗区修建地下水库进行地下水调蓄创造了空间。

（3）水源条件

水源条件是建设地下水库的先决条件。弥河中上游地区水资源的拦蓄和利用率较高，使得弥河下游区经常出现断流，补给水源严重不足。所以从目前情况看，寿光市可以通过引调长江水或黄河水解决回灌水源问题。寿光市主要的地下水回灌水源是弥河水、黄河水、南水北调水。

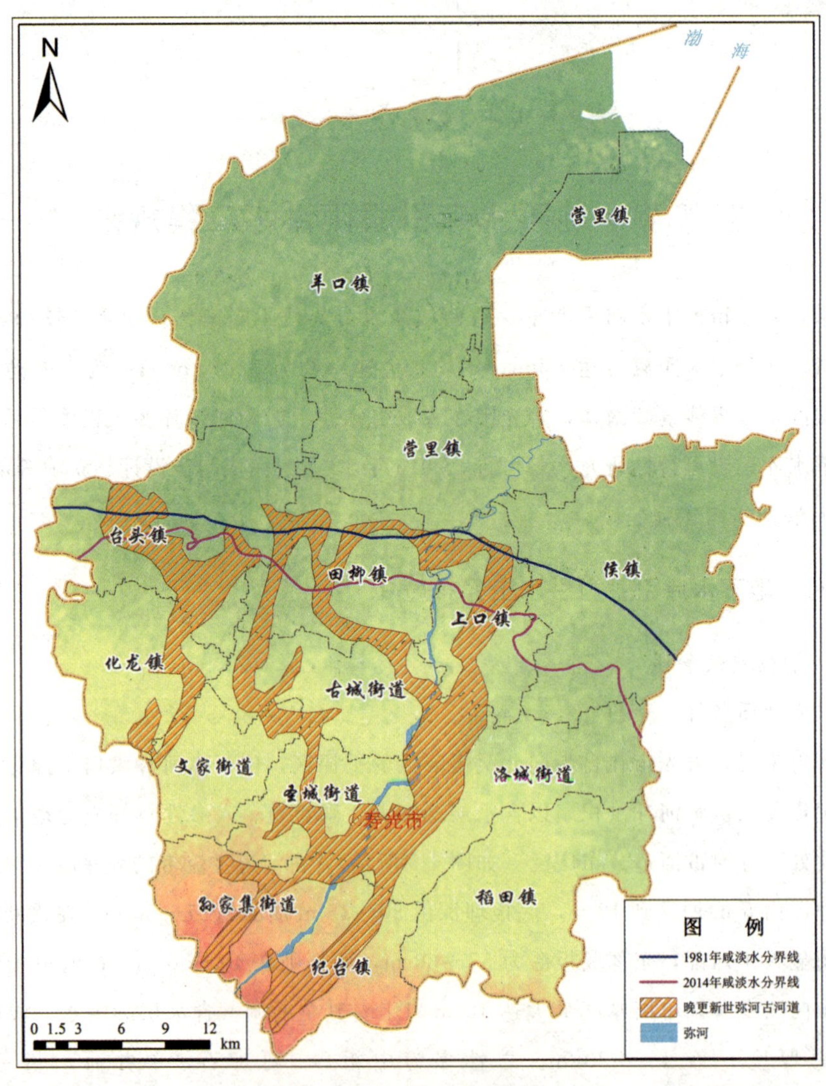

图 4-5　弥河古河道分布图

2. 地下坝体设计原则

地下坝体设计应满足以下基本原则：

(1) 地下坝坝体材料应具有足够的耐久性和较小的渗透性，其坝体材料的渗透系数应小于 1.0×10^{-6} cm/s；

(2) 地下坝应满足一定的强度要求，地下坝墙体所受应力不应该超过坝体材料的抗压强度、抗拉强度和抗剪强度；

(3) 地下坝的厚度应满足材料的抗渗要求和施工要求。

影响地下坝厚度的主要因素有两个：一是在地下水库运行过程中，库内、库外的地下水存在一定的水位差，地下坝应承受一定渗透水压力、墙体厚度抗渗要求和强度要求。二是考虑地下坝施工过程中槽孔的倾斜程度，保证地下坝最深处不同施工顺序墙体结合部位的最小厚度满足设计要求。一般而言，40 m 深度范围内，地下坝槽孔的斜率应控制在 0.5 以内。

(4) 选择地下坝坝轴线应考虑的主要因素：一是有效截断库区内地下水流出库区的过水通道，并尽可能形成较大的地下水库库容；二是坝址处覆盖层较浅或距库区不透水底板的深度最浅，以减少地下坝的深度，降低工程造价；三是滨海区地下水库的地下坝应能有效截断海水入侵的地下通道；四是滨海区地下水库的坝址地表高程尽可能地高于海水潮汐的高潮水位；五是滨海区地下水库应尽可能将海相地层拦在库外，避免含有残存古海水，影响库区地下水水质。

(5) 地下坝坝体与库底相对不透水层、库区不透水边界和其他建筑连接良好，接头不透水或满足抗渗要求。

(6) 确定地下坝坝顶高程应考虑的因素有地下水库地下校核水位或地下正常蓄水位、当地土壤毛细水上升高度、库区地形地貌、潜水蒸发以及库区土地次生盐渍化、库区蓄水对当地生态和环境条件的影响等，其中地下校核水位或地下正常蓄水位是确定地下坝坝顶高程应考虑的主要因素。

(7) 应选择防渗可靠、技术可行和经济合理的地下坝坝型和成熟的地下坝施工工程。

二、利用地下水库引蓄雨洪水配套工程

寿光市位于莱州湾南岸，境内主要河流为弥河。经统计，弥河年均入海量 3 亿 m^3。如果将弥河地表水资源充分利用起来，建立地下挡水坝为主体的地下水库系统工程，挡住咸水入侵，同时拦蓄储存地下淡水，这是一项意义深远的工程。

1. 地下坝（地下水库）施工工程

地下坝（地下水库）防治咸水入侵的原理是利用地下防渗墙，用来上截潜流、下堵咸水，由于其水头低，加之坝体位于地下，稳定性好，安全度高，因此坝的防渗能力是关键。工程实践分析表明：(1) 地下坝拦截了地下基潜流，扩大了供水量，起到了节水调水的作

用；(2) 地下坝提高了地下水位，增加了降雨入渗补给系数，从而起到了拦蓄补源的作用；(3) 咸水入侵区的上游坝拦蓄调节地下水，提高了上游地下淡水头的高度，这将对下游咸水入侵区起到重要的作用，直接缓解咸水入侵现状。

地下坝是地下隐蔽工程，除了受到地下岩层所夹持，还要面临咸水与地下淡水，所以不可能采用大开挖的方式施工，宜采用高压喷射灌浆的施工手段。根据本地的地质条件，沿坝轴线的地层具有可灌性。灌注的板墙具有良好的抗渗能力，在低水头的条件下运行，安全可靠。同时施工进度快，成本低。地下挡水板墙施工，使用的主要灌浆材料为抗海水腐蚀的火山灰硅酸盐水泥。以孔距 2 m 和摆动喷射角度 30°的连接成墙是有质量保证的。依据前人的研究成果，低水头防渗板墙渗透系数小于 10^{-6} cm/s，完全起到防渗效果。

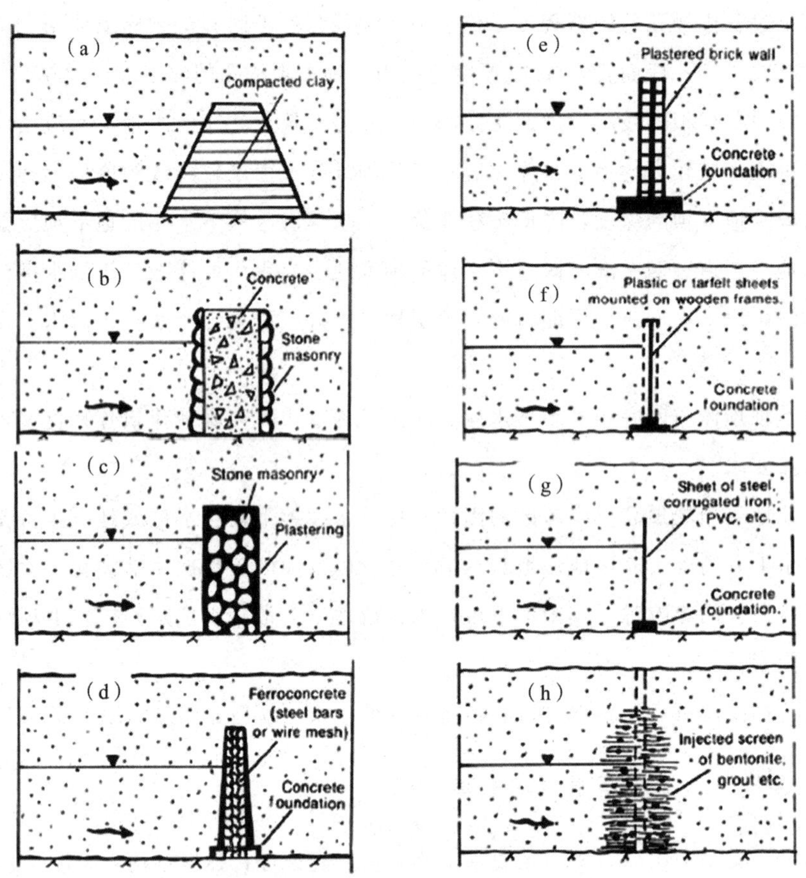

图 4-6　地下坝类型示意图

计划在弥河西部 1981 年咸淡水分界线南侧修建地下坝（地下水库）工程（如图 4-7 所示），具体修建线路为西起大坨村，依次经过小坨村—北洋头—北台头村—马家庄村—纪家桥子村—太平庄村—朗家营村，最后止于王高七村，全长 18 km。

2. 渗池、渗井工程

合理的回灌措施是决定地下水库调蓄功能大小的重要条件。地下水回灌方法可分为地面入渗法和地下灌注法。地面入渗法主要利用河道、沟渠、坑塘，因为它们一般都与含水层联通，该法对解决几米、十几米含水层效果较好。地下灌注法是在河床、沟渠、坑塘施工大口井，穿透黏土、砂质黏土层，将水直接注入砂层，井桶内填满砂砾石，另外还可以利用废机井作为回灌井，该方法对埋深 20 m 以下微承压含水层和浅部地层颗粒较细的场地效果好。弥河冲洪积平原区由于含水层埋藏相对较深，采取地面入渗与地下灌注相结合的回灌措施。

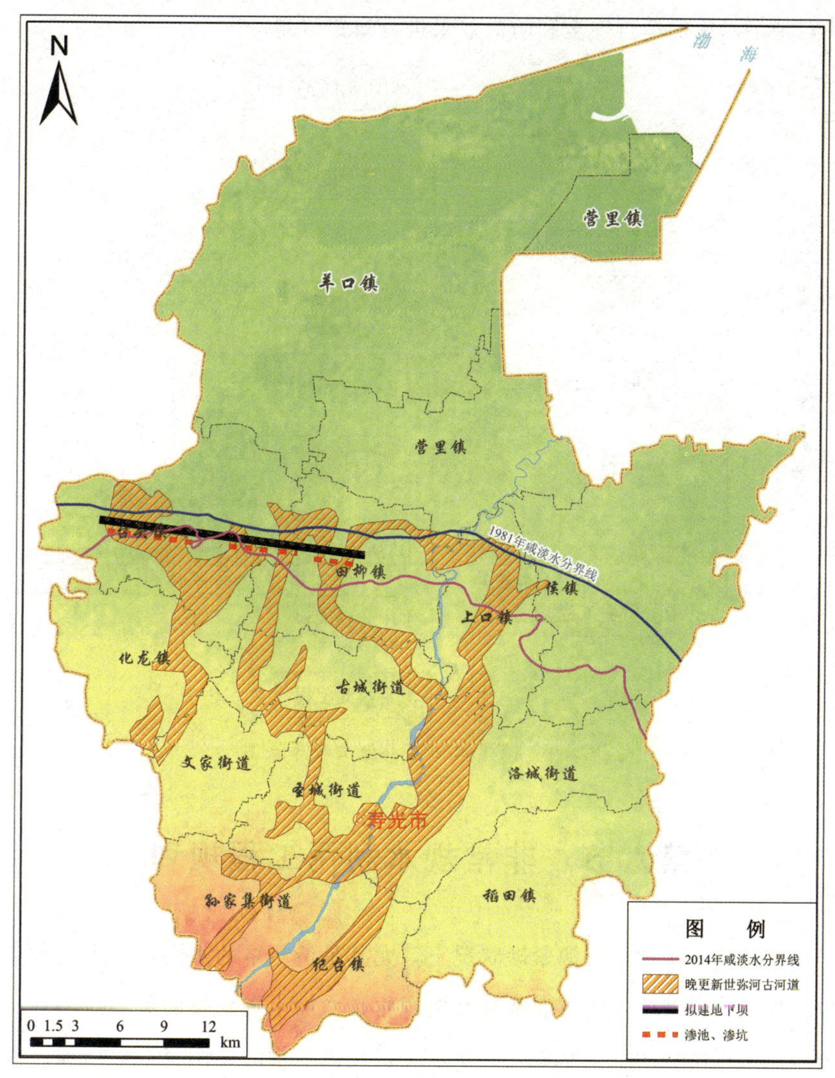

图 4-7　地下坝（地下水库）位置图

3. 其他工程

（1）排污工程的布置

排污工程可采用以下几种方式布置：

①清除库区范围内各种污染源；

②建立专门的排污管网，将污水汇集起来，集中进行污水处理，水质满足回灌水源水质

标准后，将中水送入河流或直接回灌至含水层；

③建立专门的排污管网，将污水收集起来，并通过排污管网排至地下水下游方向的地下水库库区以外。

（2）监测工程

监测工程包括库区内外的地下水位监测、水质监测；河流上下游的水位监测、水质监测等。主要针对地下水库的运行安全和防治效果进行布置监测。

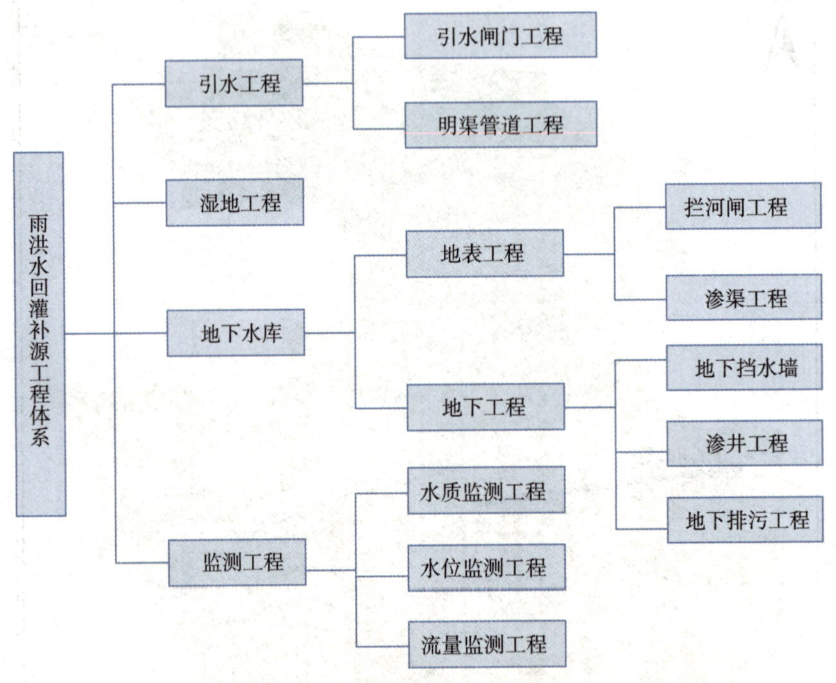

图 4-8　雨洪水回灌补源工程体系图

第六节　非常规水利用工程规划

在水资禀赋条件不足和水资源紧缺状况下，尤其是最严格的水资源管理制度实施后，对用水总量进行控制，合理开发利用非常规水资源将是增加水资源量的关键之一。非常规水源是寿光市未来供水量增加的重要水源，其供水量占总供水量的比例将大幅增加。寿光市非常规水源主要包括再生水、雨水、海水等。

一、再生水利用工程规划

根据再生水水源、潜在用户地理分布、水质水量要求和输配水方式，合理确定污水再生利用的规模、用水途径、布局和建设方式。

城市污水再生利用设施的规划建设应遵循统一规划、分期实施，集中利用为主、分散利用为辅，优水优用、分质供水，注重实效、就近利用等原则。优化城市供水系统与配水管网，通过试点，推动建立与城市水系统相协调的城市再生水利用管网系统。完善污水处理再生利用技术标准，在工业、农业、城市绿化、市政环卫、生态景观等行业以及公共建筑生活杂用水等方面扩大使用再生水。积极研究开发占地面积小、自动化程度高、操作维护方便、高效的污水处理和再生利用技术。

1. 污水处理厂规划

规划远期建设一处污水处理厂：寿北湿地—塘污水处理厂。

规划在寿光市北部建设面积3.6万亩的湿地—塘污水处理厂，利用芦苇、藕等维管束类水生植物进行生物净化处理污水，处理后的水可以用于棉花、林木灌溉。今后可以进一步扩大处理厂面积，增加处理设施，建设寿北中水深度处理污水厂，使处理后的中水用于寿北化工工业园用水、新港水库充水。

2. 中水回用工程规划

寿光市每天的污水处理量达34.48万t，其中有28.48万t排向市内河道。根据寿光市污水处理厂处理程度，从污水处理厂排放出来的中水完全可以用于景观用水、农田灌溉及工业冷却循环用水。

根据再生水源和潜在用水户的分布以及水质处理程度，规划将纪台镇、化龙镇、城北污水处理厂处理后的再生水利用现有河道拦蓄，用于周边农田灌溉和河道生态景观用水，剩余部分进入巨淀湖景区，补充景区的生态用水，并通过景区内的湿地系统进行二次生物净化处理，向周边双王城水库风景区提供良好的生态用水。对流向营子沟及小清河方向的再生水，除了用于灌溉外，可利用营子沟和小清河湿地进行二次生物净化处理，并建设收集管道，把处理后的再生水送至新港水库存蓄。对各工业园区附近的污水处理厂，建设输水管网收集处理达标后的中水供至各工业园，用于工业冷却循环及锅炉用水。再生水利用工程规划主要建设内容见表4-4。

表4-4　寿光市再生水利用工程规划表

序号	工程	建设地点	主要建设内容
1	寿北湿地—塘污水处理厂	双王城生态经济园区	3.6万亩的湿地—塘污水处理厂
2	侯镇项目区再生水收集工程	侯镇	建设污水处理厂至项目区输水管网10 km
3	渤海化工园再生水收集工程	双王城生态经济园区	建设污水处理厂至化工园输水管网5 km

二、雨水集蓄利用规划

城市作为流域中的特殊下垫面板块，供用水体系和水资源特性具有特殊性，城市的雨水利用模式应作为单独体系进行研究。城市雨水利用是针对城市开发建设区域内的屋顶、道路、庭院、广场、绿地等不同下垫面降水所产生的径流，采取相应的集、蓄、渗、用、调等措施，以达到充分利用资源、改善生态环境、减少外排径流量、减轻区域防洪压力的目的，是寓资源利用于灾害防范之中的系统工程。城市雨水资源利用模式示意如图 4-9 所示。

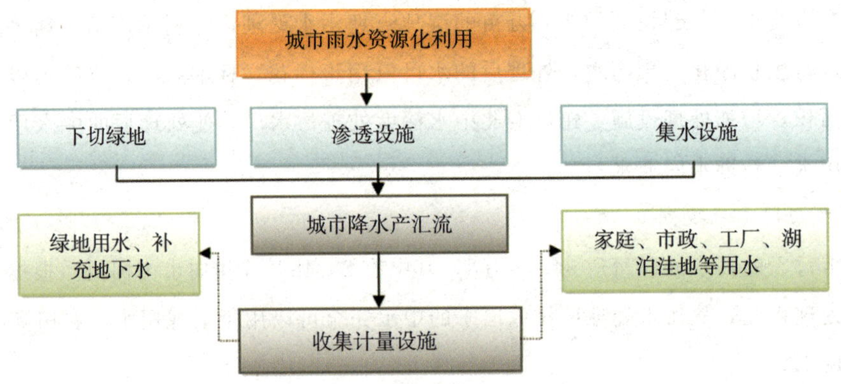

图 4-9 城市雨水资源利用示意图

1. 下切绿地

下切绿地就是将绿地低于周围地面适当深度，使周围地面的地表径流流入绿地下渗。北京研究结果表明，当绿地下切 5～10 cm 时，能够消纳自身和相同面积不透水地面流入的雨水，使 5 年一遇日降雨无径流外排。

2. 渗透性地面等增渗设施

渗透性地面能够较快地下渗雨水、使地表不积水或少积水。渗透性地面通常由铺装面层、垫层和基层部分组成。渗透性地面通常铺装在人行道、庭院、广场、停车场、自行车道和小区内车流量较小的机动车道。其他增渗设施有渗水管沟、渗水井、回灌井等。

3. 地下集水设施建设

地下集水设施主要是在小区、公园、广场等地下建设地下水窖，收集拦蓄利用屋顶、道路、庭院、广场等的雨水，经适当处理，可以用来灌溉绿地、冲厕所、洗车、喷洒路面、城市湖泊洼地景观补水等。这种方法能够使雨水得到充分利用，减少自来水的用量，既减少了雨水排放量，又增加可利用水资源。

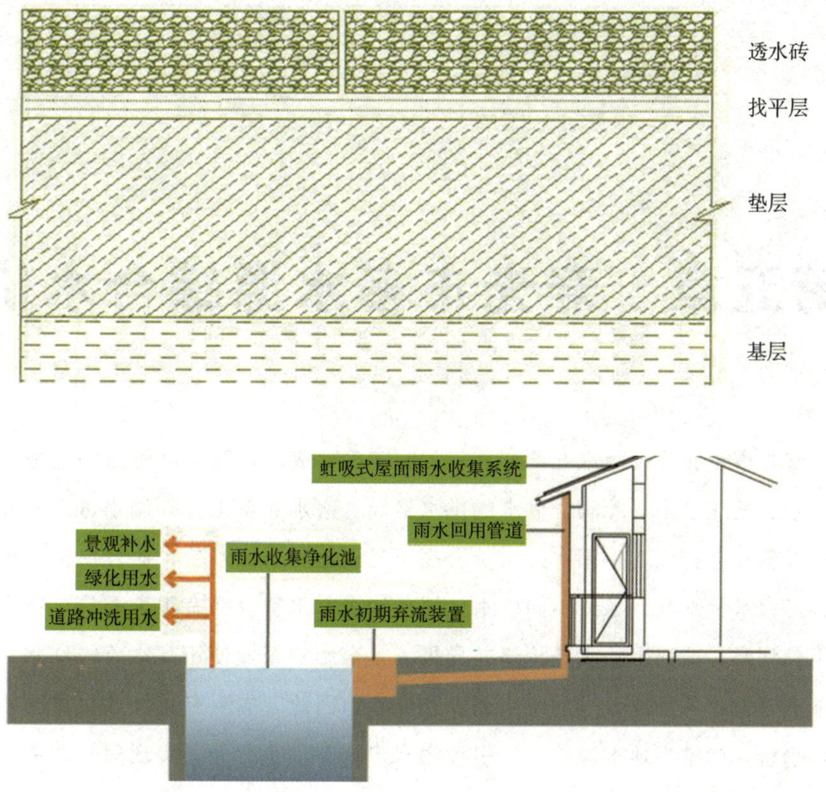

图 4-10　屋面雨水集蓄示意图

雨水集蓄利用的主要措施包括：推广雨水集蓄利用技术，在全市范围内的城镇新建社区建设集雨水池、水塘等小型雨水集蓄利用工程，用于作物浇灌及家庭、公共场所和企业用水；推广雨水集蓄回灌技术，通过城市绿地、可渗透地面、可渗透排水沟等渗透补充地下水，或排入沿途大型蓄水池加以利用；推广生态环境雨水利用技术，与天然洼地、公园河湖等湿地保护相结合，建设雨水利用生态小区。

三、微咸水及海水利用规划

1. 微咸水利用

寿光市北部盐碱区有丰富的微咸水资源，发展微咸水灌溉和工业用海（咸）水具有广阔前景。北部工业发展海（咸）水利用是节约淡水资源的良好途径，如：利用海（咸）水冷却、卫生清洁、冲刷。目前，寿光市微咸水灌溉发展较少，但完全可以借鉴国内外微咸水灌溉成功的经验发展果树等灌溉。

2. 海水利用

国华寿光发电厂工程（一期 21 000 MW）拟采用小清河入海段的淡海水作为直流冷却水源，取水量为 28.9 m^3/s（即日取淡海水 250 万 m^3）。

第五章　寿光市多水源综合水价

目前，寿光市正在建设南水北调配套工程，工程建成后，寿光市将面临当地地表水、地下水、黄河水、长江水多水源联合供水的供水格局。南水北调工程外调水进入寿光后，因其较高的工程投资和运行成本，调水的水价会高于当地地表水源水价，而且由于各种地表水的原水水价、工程水价不同，导致不同供水区域的地表水水费价格有很大差异，特别是使用弥河水与使用长江水、黄河水的水费价格差异极大，会影响企业使用高水价长江水、黄河水的积极性，不利于全市各种地表水的统一调度和配置。因此，应制定长江水、黄河水、弥河地表水的综合水价，调整当地水源价格，引导用水户调整用水行为，实现南水北调工程的良性运行和受水区水资源的优化配置，逐步恢复地下水漏斗，有效遏制咸水入侵。受供水成本、供水水质等综合因素限制，黄河水、长江水、弥河地表水等水源优先用于工业用水。

第一节　地表水源供水量及现状供水体系

一、地表水源供水量

1. 弥河地表水

（1）弥河地表径流量分析

根据谭家坊水文站1976～2011年实测径流量资料（1975年以前为寒桥水文站，1976年移至谭家坊，考虑径流量系列的一致性，采用谭家坊水文站数据分析弥河入寿光径流量），弥河入寿光多年平均径流量15 867万m^3，采用皮尔逊Ⅲ型曲线，经适线频率分析，50%、75%、90%、95%频率径流量分别为11 868.6万m^3、5 585.2万m^3、2 443.5万m^3、1 301.1万m^3。详见图5-1、表5-1、图5-2。

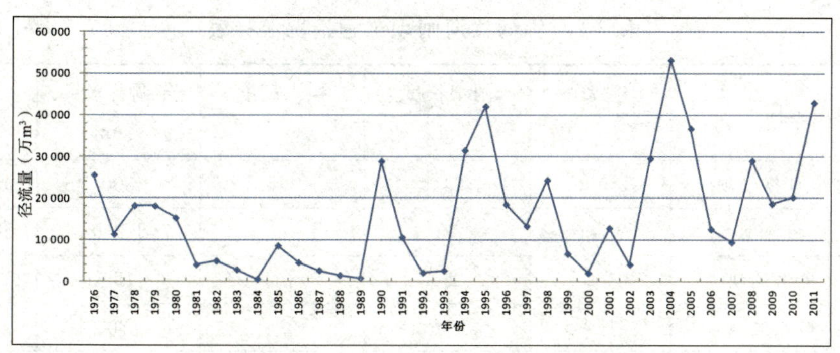

图 5-1　谭家坊水文站 1976～2011 年径流量过程线

表 5-1　谭家坊水文站径流量频率分析结果表

多年平均径流量（万 m³）	Cv	Cv/Cs	不同频率径流量（万 m³）			
			50%	75%	90%	95%
15 867.1	0.90	2.0	11 868.6	5 585.2	2 443.5	1 301.1

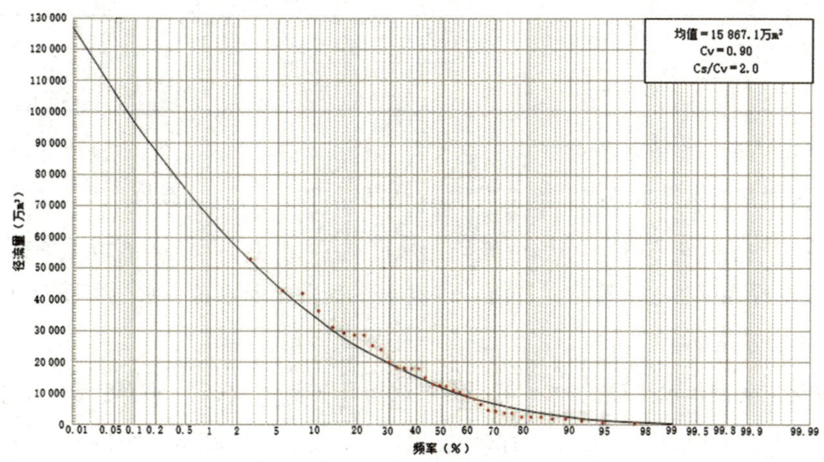

图 5-2　谭家坊水文站径流量频率分析曲线

（2）弥河拦河闸坝情况

2002 年以来，寿光市累计投资 2.40 亿元，在弥河主河道及其分洪河道上先后建设或改造了王口橡胶坎、寒桥拦河闸、张建桥溢流坝、钓鱼台溢流坝、纪台橡胶坝、吕家橡胶坝、杨庄橡胶坝、半截河橡胶坝、鹿家橡胶坝、郝柳橡胶坝、弥河分流挡潮闸等 11 座拦河闸坝工程，年可调蓄水量 5 720 万 m³，工程建设情况见表 6-2。

表 5-2　弥河拦河闸坝工程情况统计表

闸坝名称	投资（万元）	闸坝长度（m）	拦水高度（m）	年调蓄水量（万 m^3）	备注
1. 弥河王口橡胶坝	5 500	244	4.5	800	2010 年改建
2. 寒桥拦河闸	2 760	230	4	1 270	
3. 张建桥溢流坝	500	240	3.5	100	2009 年改建
4. 钓鱼台溢流坝	150	150	2.5	80	
5. 纪台橡胶坝	1 580	274	4	850	
6. 吕家橡胶坝	410	140	3	500	
7. 杨庄橡胶坝	1 300	230	4	800	
8. 半截河橡胶坝	1 905	160	3.5	600	
9. 鹿家橡胶坝	680	80	3	100	
10. 郝柳橡胶坝	2 100	210	3	300	
11. 弥河分流挡潮闸	7 100	152	5	320	挡潮兼拦蓄
合　计	23 985			5 720	

（3）弥河供水工程情况

①晨鸣集团弥河水供水工程。该工程建成于 2007 年 11 月，总投资 7 600 万元，建成日处理能力 15 万 m^3 的水处理厂 1 座，配套了日供水 15 万 m^3 的供水泵站 1 座和 12 km 的 DN1400 mm 的螺旋钢管输水管道。目前，该供水工程由于受水源、水质等条件等限制，日取水量 4 万～5 万 m^3。

②联盟化工集团供水工程。2012 年，山东联盟化工集团投资 5 000 万元，建成了 40/60 等量搬迁项目日供水能力为 4 万 m^3 的供水工程，建设弥河和官庄沟 2 个供水泵站，PE 型供水管道直径 Φ710 mm，长度 30 km，可以供弥河水、黄河水、长江水。

③科技工业园弥河供水工程。该工程建成于 2010 年 11 月，总投资 2 500 万元，建成了 3 200 m^2 渗水廊道、日供水 6 万 m^3 的加压泵站一座，铺设预应力水泥供水管道 9.2 km（其中 DN1 000 mm、800 mm、600 mm 管道各 1.2 km、6.8 km、1.2 km）。供水管网覆盖科技工业园东南部，可以向巨能电厂、巨能特钢、联盟化肥北厂、新丰淀粉、宝隆石油器材、光耀玻璃等企业供水。2011 年底，鲁丽集团投资 1 600 万元，铺设了日供水能力 3 万 m^3 的供水管道，也由该加压泵站供水。

目前，寿光市已建成具备 28 万 m^3/d 供水能力的弥河地表水取水工程。

（4）弥河地表水现状利用情况

2013 年，寿光市工业总用水量 4 577 万 m^3，海化集团、自来水公司（科技园供水）、晨鸣集团、联盟化工等主要大企业取用弥河地表水 1 881 万 m^3，另外工业用水取用地下水

2 696万 m^3。详见表5-3。

表5-3 2013年寿光市主要企业取用弥河地表水统计表

（单位：万 m^3）

企业名称	地表水	地下水	小计
海化集团		753	753
市自来水公司	430	1 861	2 291
晨鸣集团	1 096	778	1 874
联盟股份公司	355		355
联盟一分公司（科技园）		87	87
合计	1 881	3 479	5 360

（5）弥河地表水可供水量分析

根据谭家坊水文站资料，现状条件下寿光市弥河多年平均入境水量15 867万 m^3。但由于径流量年内、年际变化较大，枯水年份75%、90%、95%频率径流量仅分别为5 585.2万 m^3、2 443.5万 m^3、1 301.1万 m^3。

由于时间分配不均，弥河地表水的利用必须有调蓄工程。弥河寿光段建有11座拦河闸坝，年调蓄能力5 720万 m^3，平水年和一般枯水年弥河可供水量基本能够达到或大于拦河闸坝调蓄能力，而一旦遇到特枯年，弥河可供水量仅能达到2 443.5～1 301.1万 m^3。因此，弥河地表水的利用应根据弥河上游来水量情况相机取水，水量不足时以其他水源提高供水保证率。

2. 长江水

按照《潍坊市水利局水量分配方案》，分配给寿光市长江水3 000万 m^3。2013年，为加快南水北调配套工程建设，省南水北调管理局将寿光的长江水用水指标调整为5 000万 m^3。

3. 黄河水

按照《潍坊市水利局水量分配方案》，寿光市分配黄河水4 650万 m^3。多年来，寿光市黄河水年用水量300万～500万 m^3，主要用于农业灌溉。龙泽水库供水工程建成后，企业开始使用黄河水，但使用量较少。

二、现状供水体系

1. 全市取用水相对集中

从寿光市现状用水户的分布情况来看，全市各片区用水户取水相对集中、用水规模大，有利于实行地表水集中供水。而且从现状用水情况来看，全市非农业取用水主要集中在工业、城乡居民生活和第三产业三个方面，城乡居民生活和第三产业取用水基本实行了城乡一体化集中供水，而工业取水又主要集中在晨鸣工业园、科技工业园、双王城生态经济园区、侯镇项目区及鲁丽集团、东城工业园、王高工业园区、台头工业园七大园区。经统计分析，现状年七大园区工业年取水量占全市非农业年取水量的 65.2%，占全市工业及三产年取水量的 91.1%，详见表 5-4。可见，全市非农业取水相当集中，便于实行集中供水。

表 5-4　全市非农业现状取水量统计与近期预测表

			现状（2013 年）			近期（2016 年）		
			地下水	地表水	小计	地下水	地表水	小计
城乡居民生活取用水量			2 312		2 312		2 700	2 700
工业及三产取用水量	七大园区	晨鸣工业园	678	1 460	2 138	300	2 796	3 096
		科技工业园	634	40	674		1 065	1 065
		双王城生态经济园区	553		553		662	662
		侯镇项目区及鲁丽集团	89	1 321	1 410		1 779	1 779
		东城工业园	118		118		152	152
		王高工业园	321		321		394	394
		台头工业园	85		85		232	232
		小计	2478	2821	5 299	300	7 080	7 380
	其他工业及三产		520		520	400		400
	合计		2 998	2 821	5 819	700	7 080	7 780
	七大园区占工业及三产用水量比例（%）		82.7	100	91.1	42.9	100	94.9
总计			5 310	2 821	8 131	700	9 780	10 480
七大园区占全市非农业用水量比例（%）			46.7	100	65.2	42.9	72.4	74.2

2. 集中供水工程相对完善

目前，全市城乡居民生活用水已全部实行集中供水；主要工业用水已实行了地表水供水，建成了晨鸣弥河供水站、联盟弥河供水站、科技工业园弥河供水站（向科技工业园的巨能特钢、巨能电厂、巨能金玉米、联盟化工一分公司、天力药业等企业和鲁丽集团供水），可引用弥河水、黄河水、长江水；龙泽水库供水厂（向侯镇项目区的大地盐化集团、新华制药等企业供水）以黄河水为主，弥河水和长江水作补充。

3. 配套工程建设条件优越

南水北调东线一期山东寿光市续建配套工程（寿光润圣水务有限公司承建，简称“润圣管道”）建成后，能够向晨鸣弥河供水站、科技工业园供水站、联盟弥河供水站和拟建的城乡居民生活用水处理厂（规划在弥河杨庄橡胶坝西南侧建设）供水，形成比较完备的供水体系和供水网络（详见图 5-3），具有工程量少、投资省、供水量大的良好的建设条件。届时，全市近 95%的非农业取用水实行地表水集中供水，基本实现弥河水（径流和上游水库水）、黄河水、长江水“三水”联供。

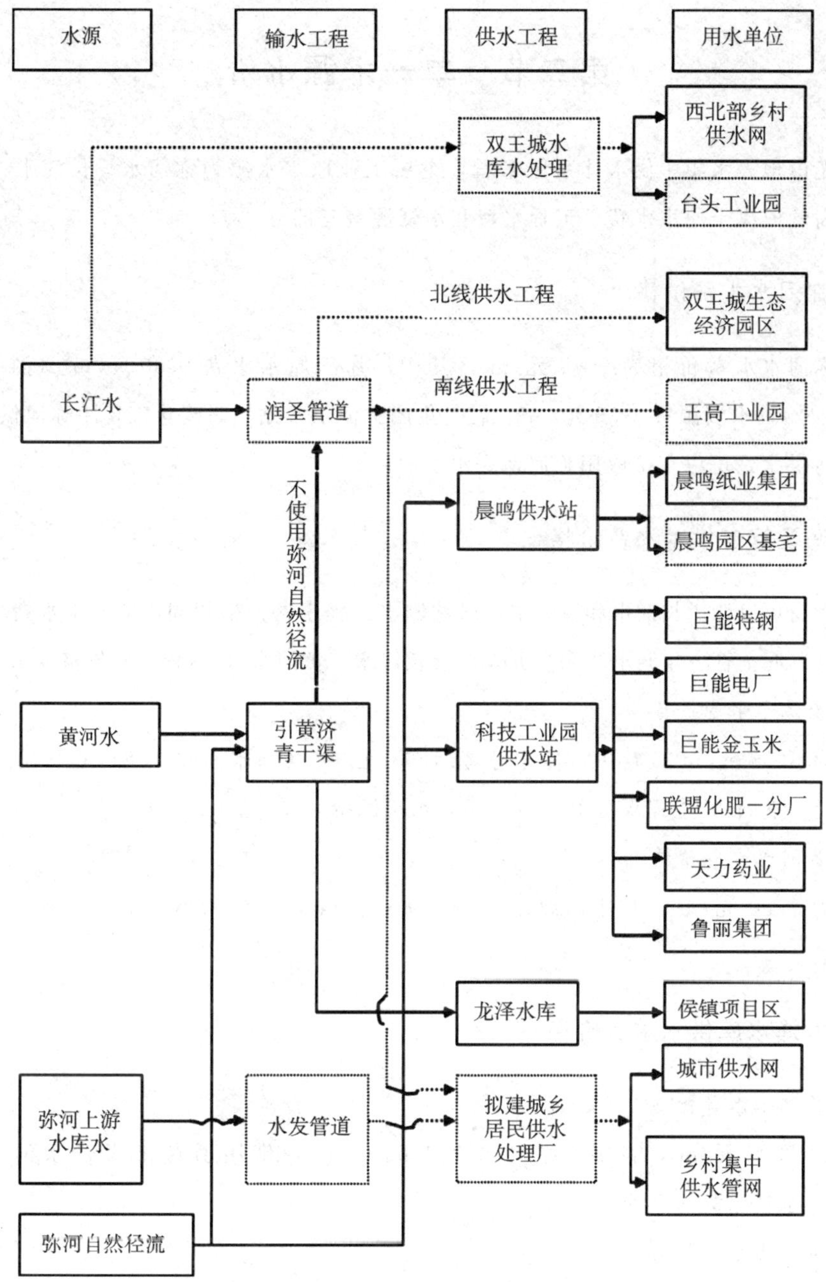

图 5-3　寿光市地表水集中供水体系图

第二节 单一水源水价

从寿光市地表水集中供水体系图来看，主要工业取水水源为弥河水、长江水、黄河水，供水水价高低取决于原水水费、工程水费和水资源费三部分。

一、弥河水水费价格

取用弥河水水费价格为 0.65 元/m³，其中，弥河原水水费 0.30 元/m³（潍价格厅发〔2013〕12 号），水资源费 0.35 元/m³。晨鸣集团弥河供水站、联盟化工集团弥河供水站、科技工业弥河供水站可以直接取用弥河地表水。

二、润圣管道供水水费价格

润圣管道可以调用长江水和黄河水，虽然调水工程水费价格相同，但原水水费价格不同。经初步核算，润圣管道年调水 3 000 万 m³（含长江水、黄河水），工程水费价格为 1.55 元/m³。

1. 供长江水水费价格

水费为 3.55 元/m³，其中，原水水费 1.65 元/m³（基本水价 0.82 元/m³、计量水价 0.83 元/m³，下同），工程水费 1.55 元/m³，水资源费 0.35 元/m³。

2. 供黄河水水费价格

水费为 2.80 元/m³，其中，原水水费 0.80 元/m³，工程水费 1.65 元/m³，水资源费 0.35 元/m³。

三、龙泽水库供水水费价格

1. 供长江水水费价格

水费为 2.20 元/m³，其中，原水水费 1.65 元/m³，借用引黄济青输水河工程水费 0.1 元/m³，水资源费 0.35 元/m³。

2. 供黄河水水费价格

水费为 1.15 元/m³，其中，原水水费 0.80 元/m³，水资源费 0.35 元/m³。

3. 供弥河水水费价格

水费为 0.75 元/m³，其中，原水水费 0.30 元/m³，借用引黄济青输水河工程水费 0.1 元/m³，水资源费 0.35 元/m³。

四、科技工业园弥河供水站水费价格

1. 供长江水水费价格

水费为3.95元/m³，其中，原水水费1.65元/m³，润圣管道工程水费1.55元/m³，供水站工程水费0.40元/m³，水资源费0.35元/m³。

2. 供黄河水水费价格

水费为3.10元/m³，其中，原水水费0.80元/m³，润圣管道工程水费1.55元/m³，供水站工程水费0.40元/m³，水资源费0.35元/m³。

3. 供弥河水水费价格

水费为1.05元/m³，其中，原水水费0.30元/m³，供水站工程水费0.40元/m³，水资源费0.35元/m³。

弥河水、长江水、黄河水供水价格统计分析结果详见表5-5。

表5-5　寿光市不同水源现状供水价格调查表

供水工程	水价（元/m³）		
	弥河	长江水	黄河水
晨鸣集团弥河供水站	0.65	—	—
联盟化工集团弥河供水站	0.65	—	—
润圣管道	—	3.55	2.7
龙泽水库	0.75	2.1	1.15
科技工业园弥河供水站	1.05	3.95	3.1

第三节　地表水源综合水价

一、综合水价计算方法

地表水综合水价采用下式计算：

$$P_{综}=\frac{P_1\cdot W_1+P_2\cdot W_2+P_3\cdot W_3}{W_1+W_2+W_3} \qquad (5-1)$$

式中：$P_{综}$为地表水源综合水价，单位：元/m³；

P_1为弥河水水价，单位：元/m³；

P_2为长江水水价，单位：元/m³；

P_3为黄河水水价，单位：元/m³；

W_1为弥河水供水量，单位：万m³；

W_2为长江水供水量，单位：万m³；

W_3为黄河水供水量，单位：万m³。

二、综合水价计算

1. 计算方案

本次水价计算方案充分考虑弥河地表水的供水保证程度，遵循充分利用区域外调水、最大限度利用当地地表水的原则，结合寿光市工业取水规模较大的晨鸣工业园、科技工业园、侯镇项目区、鲁丽集团及王高工业园近期（2015 年）取用水情况（详见表 5-6），制定五种综合水价计算方案。

由于特枯年份弥河地表水可供水量为 1 300 万 m^3/a，约占五大工业园区取水量的 21.5%，因此，在平水或枯水年份（50%或 75%保证率），考虑供水工程因素，除侯镇项目区和王高工业园外，其他工业园区取用弥河水量分别按用水量的 30%、40%、50%、60%设定四种不同的配置方案，相应得到平水或枯水年份（50%或 75%保证率）的四种综合水价计算方案。在特枯年份（95%保证率），按照水资源合理配置的优化方法，在实现水资源费收支平衡的基础上，考虑到社会承受能力，以综合水价最低为目标函数，将各类水源配置到各工业园区，相应得到第五种综合水价计算方案。

方案一：平水或枯水年份（50%或 75%保证率），侯镇项目区用水按黄河水 70%、弥河水、长江水各 15%配置；王高工业园按黄河水、长江水各 50%配置；其他工业园按弥河水 30%，不足部分按黄河水、长江水各 50%配置。

方案二：平水或枯水年份（50%或 75%保证率），侯镇项目区用水按黄河水 70%、弥河水、长江水各 15%配置；工高工业园按黄河水、长江水各 50%配置；其他工业园按弥河水占 40%，不足部分按黄河水、长江水各 50%配置。

表 5-6　寿光市部分工业园区近期（2015 年）取用水情况统计表

工业园区		地下水	地表水	合计
晨鸣工业园	晨鸣集团		2 500	2 500
	阳光王子纸业		146	146
	其他	300	150	450
	小计	300	2 796	3 096
科技工业园	巨能电厂		219	219
	天力药业		52	52
	其他		70	70
	小计	0	1 065	1 065

（续表）

工业园区		地下水	地表水	合计
侯镇项目区及鲁丽集团	大地盐化		235	235
	联盟化工		720	720
	联盟磷复肥		36	36
	联盟石油		18	18
	其他		120	120
	鲁丽集团		650	650
	小计		1 779	1 779
王高工业园	新龙电化		146	146
	隆源纸业		98	98
	其他		150	150
	小计	0	394	394
合计		300	6 034	6 334

注：双王城生态经济园区不是润圣管道（南线）调水，其用水量暂不考虑参与综合水价水价计算。

方案三：平水或枯水年份（50%或75%保证率），侯镇项目区用水按黄河水70%、弥河水、长江水各15%配置；王高工业园按黄河水、长江水各50%配置；其他工业园按弥河水占50%，不足部分按黄河水、长江水各50%配置。

方案四：平水或枯水年份（50%或75%保证率），侯镇项目区用水按黄河水70%、弥河水、长江水各15%配置；王高工业园按黄河水、长江水各50%配置；其他工业园按弥河水占60%，不足部分按黄河水、长江水各50%配置。

方案五：特枯年份（95%保证率），弥河地表水可供水量为1 300万 m^3/a。侯镇项目区用水按黄河水70%、长江水不低于用水量的15%、不足部分由弥河水补充；王高工业园按黄河水、长江水各50%配置；晨鸣工业园区、科技工业园区、鲁丽集团按照水资源合理配置的优化方法，在实现水资源费收支平衡的基础上，考虑到社会承受能力，以综合水价最低为目标函数，将弥河地表水配置到各工业园区，不足部分按照黄河水、长江水各50%配置。

2. 综合水价计算

根据设定的五种综合水价计算方案，结合各园区的不同水源及相应取水工程，计算综合水价。晨鸣工业园主要取水水源有弥河水、长江水和黄河水，取水工程分别是晨鸣弥河供水站、润圣管道；科技工业园主要取水水源分别是弥河水、长江水和黄河水，取水工程分别是科技工业园供水站和润圣管道；侯镇项目区取水水源主要有弥河水、长江水和黄河水，取水工程是龙泽水库；鲁丽集团取水水源主要有弥河水、长江水、黄河水，取水工程为科技工业园供水站和润圣管道；王高工业园取水水源主要是长江水和黄河水，取水工程为润圣管道。

由于不同供水工程供长江水或黄河水的价格均不一致，因此，需首先采用加权平均的方法计算出弥河水、长江水和黄河水的平均供水价格，进而根据不同地表水源的配置水量及相应平均供水价格计算地表水综合水价。

根据四种方案一、二、三、四设定的水资源配置状况，计算寿光市多水源综合水价，详见表 5-7～5-10。

根据方案一、二、三、四的计算结果，平水或枯水年份（50%或 75%保证率）三种方案下的地表水综合水价分别为 2.33 元/m^3、2.14 元/m^3、1.90 元/m^3、1.70 元/m^3；由于长江水单一水源价格相对较高，因此，随着弥河用水量的增加，长江水、黄河水用水量会相应减少，综合水价则随之降低。

根据方案五，特枯年份（95%保证率）弥河地表水可供水量为 1 300 万 m^3/a，晨鸣工业园区、科技工业园区、鲁丽集团、侯镇项目区取用弥河水量分别记为 x_1，x_2，x_3，x_4；则可相应确定四个工业园区取用长江水、黄河水量，并计算出弥河水、长江水、黄河水的单一水源价格分别为 $P_1=f_1(x_1, x_2, x_3, x_4)$，$P_2=f_2(x_1, x_2, x_3, x_4)$，$P_3=f_3(x_1, x_2, x_3, x_4)$。

以综合水价最低为目标函数，求解线性规划 $\min P_{综}$。

$$\min P_{综}=\min\left[\left(\sum_{i=1}^{3} f_i(x_1, x_2, x_3, x_4)\cdot W_i\right)\Big/\sum_{i=1}^{3} W_i\right] \qquad (5-2)$$

$$\begin{cases} x_1+x_2+x_3+x_4=1\,300 \\ 0\leqslant x_1\leqslant 1\,300 \\ 0\leqslant x_2\leqslant 1\,065 \\ 0\leqslant x_3\leqslant 650 \\ 0\leqslant x_4\leqslant 162 \end{cases}$$

经计算，综合水价最低时的最优解为［1 300，0，0，0］；$\min P_{综}=2.38$，详见表 5-11。该结果表明，特枯年份（95%保证率）弥河水全部供给晨鸣工业园区，其他工业园区充分利用长江水、黄河水，在实现水资源费收支平衡的前提下，综合水价最低为 2.38 元/m^3。计算结果较符合实际供用水状况。

表 5-7　方案一　寿光市多水源综合水价计算结果表

方案	园区名称	水源	供水工程	水量（万 m^3）	单一水源水价（元/m^3）	取水量合计（万 m^3）	综合水价（元/m^3）
一	晨鸣工业园	弥河水	晨鸣弥河供水站	839	0.65	2 796	2.33
		长江水	润圣管道	979	3.55		
		黄河水	润圣管道	979	2.80		
	科技工业园	弥河水	科技工业园供水站	320	1.05	1 065	
		长江水	润圣管道	186	3.55		
			科技工业园供水站	186	3.95		
			小计	373	3.75		
		黄河水	科技工业园供水站	373	3.10		
	侯镇项目区	弥河水	龙泽水库	169	0.65	1 129	
		长江水	龙泽水库	169	2.10		
		黄河水	龙泽水库	790	1.15		
	鲁丽集团	弥河水	科技工业园供水站	195	1.05	650	
		长江水	润圣管道	114	3.55		
			科技工业园供水站	114	3.95		
			小计	228	3.75		
		黄河水	科技工业园供水站	228	3.10		
	王高工业园	长江水	润圣管道	197	3.55	394	
		黄河水	润圣管道	197	2.80		
	合计	弥河水		1 523	0.79	6 034	
		长江水		1 945	3.49		
		黄河水		2 566	2.36		

表 5-8　方案二　寿光市多水源综合水价计算结果表

方案	园区名称	水源	供水工程	水量（万 m³）	单一水源水价（元/m³）	取水量合计（万 m³）	综合水价（元/m³）
二	晨鸣工业园	弥河水	晨鸣弥河供水站	1 118	0.65	2 796	2.14
		长江水	润圣管道	839	3.55		
		黄河水	润圣管道	839	2.80		
	科技工业园	弥河水	科技工业园供水站	426	1.05	1 065	
		长江水	润圣管道	160	3.55		
			科技工业园供水站	160	3.95		
			小计	320	3.75		
		黄河水	科技工业园供水站	320	3.10		
	侯镇项目区	弥河水	龙泽水库	169	0.65	1 129	
		长江水	龙泽水库	169	2.10		
		黄河水	龙泽水库	790	1.15		
	鲁丽集团	弥河水	科技工业园供水站	260	1.05	650	
		长江水	润圣管道	98	3.55		
			科技工业园供水站	98	3.95		
			小计	195	3.75		
		黄河水	科技工业园供水站	195	3.10		
	王高工业园	长江水	润圣管道	197	3.55	394	
		黄河水	润圣管道	197	2.80		
	合计	弥河水		1 974	0.79	6 034	
		长江水		1 720	3.47		
		黄河水		2 341	2.31		

表 5-9　方案三　寿光市多水源综合水价计算结果表

方案	园区名称	水源	供水工程	水量（万 m^3）	单一水源水价（元/m^3）	取水量合计（万 m^3）	综合水价（元/m^3）
三	晨鸣工业园	弥河水	晨鸣弥河供水站	1 398	0.65	2 796	1.90
		长江水	润圣管道	699	3.55		
		黄河水	润圣管道	699	2.80		
	科技工业园	弥河水	科技工业园供水站	533	0.65	1 065	
		长江水	润圣管道	133	3.55		
			科技工业园供水站	133	3.95		
			小计	266	3.75		
		黄河水	科技工业园供水站	266	3.10		
	侯镇项目区	弥河水	龙泽水库	169	0.65	1 129	
		长江水	龙泽水库	169	2.10		
		黄河水	龙泽水库	790	1.15		
	鲁丽集团	弥河水	科技工业园供水站	325	0.65	650	
		长江水	润圣管道	81	3.55		
			科技工业园供水站	81	3.95		
			小计	163	3.75		
		黄河水	科技工业园供水站	163	3.10		
	王高工业园	长江水	润圣管道	197	3.55	394	
		黄河水	润圣管道	197	2.80		
	合计	弥河水		2 425	0.65	6 034	
		长江水		1 494	3.44		
		黄河水		2 115	2.24		

表 5-10　方案四　寿光市多水源综合水价计算结果表

<table>
<tr><th>方案</th><th>园区名称</th><th>水源</th><th>供水工程</th><th>水量
（万 m³）</th><th>单一水源水价
（元/m³）</th><th>取水量合计
（万 m³）</th><th>综合水价
（元/m³）</th></tr>
<tr><td rowspan="20">四</td><td rowspan="3">晨鸣工业园</td><td>弥河水</td><td>晨鸣弥河供水站</td><td>1 678</td><td>0.65</td><td rowspan="3">2 796</td><td rowspan="20">1.70</td></tr>
<tr><td>长江水</td><td>润圣管道</td><td>559</td><td>3.55</td></tr>
<tr><td>黄河水</td><td>润圣管道</td><td>559</td><td>2.80</td></tr>
<tr><td rowspan="5">科技工业园</td><td>弥河水</td><td>科技工业园供水站</td><td>639</td><td>0.65</td><td rowspan="5">1 065</td></tr>
<tr><td rowspan="3">长江水</td><td>润圣管道</td><td>107</td><td>3.55</td></tr>
<tr><td>科技工业园供水站</td><td>107</td><td>3.95</td></tr>
<tr><td>小计</td><td>213</td><td>3.75</td></tr>
<tr><td>黄河水</td><td>科技工业园供水站</td><td>213</td><td>3.10</td></tr>
<tr><td rowspan="3">侯镇项目区</td><td>弥河水</td><td>龙泽水库</td><td>169</td><td>0.65</td><td rowspan="3">1 129</td></tr>
<tr><td>长江水</td><td>龙泽水库</td><td>169</td><td>2.10</td></tr>
<tr><td>黄河水</td><td>龙泽水库</td><td>790</td><td>1.15</td></tr>
<tr><td rowspan="5">鲁丽集团</td><td>弥河水</td><td>科技工业园供水站</td><td>390</td><td>0.65</td><td rowspan="5">650</td></tr>
<tr><td rowspan="3">长江水</td><td>润圣管道</td><td>65</td><td>3.55</td></tr>
<tr><td>科技工业园供水站</td><td>65</td><td>3.95</td></tr>
<tr><td>小计</td><td>130</td><td>3.75</td></tr>
<tr><td>黄河水</td><td>科技工业园供水站</td><td>130</td><td>3.10</td></tr>
<tr><td rowspan="2">王高工业园</td><td>长江水</td><td>润圣管道</td><td>197</td><td>3.55</td><td rowspan="2">394</td></tr>
<tr><td>黄河水</td><td>润圣管道</td><td>197</td><td>2.80</td></tr>
<tr><td rowspan="3">合计</td><td colspan="2">弥河水</td><td>2 876</td><td>0.65</td><td rowspan="3">6 034</td></tr>
<tr><td colspan="2">长江水</td><td>1 269</td><td>3.41</td></tr>
<tr><td colspan="2">黄河水</td><td>1 890</td><td>2.16</td></tr>
</table>

表 5-11　方案五　寿光市多水源综合水价计算结果表

方案	园区名称	水源	供水工程	水量（万 m^3）	单一水源水价（元/m^3）	取水量合计（万 m^3）	综合水价（元/m^3）
五	晨鸣工业园	弥河水	晨鸣弥河供水站	1 300	0.65	2 796	2.38
		长江水	润圣管道	748	3.55		
		黄河水	润圣管道	748	2.8		
	科技工业园	弥河水	科技工业园供水站	0	1.05	1 065	
		长江水	润圣管道	266	3.55		
			科技工业园供水站	266	3.95		
			小计	533	3.75		
		黄河水	科技工业园供水站	533	3.1		
	侯镇项目区	弥河水	龙泽水库	0	0.75	1 129	
		长江水	龙泽水库	339	2.1		
		黄河水	龙泽水库	790	1.15		
	鲁丽集团	弥河水	科技工业园供水站	0	1.05	650	
		长江水	润圣管道	163	3.55		
			科技工业园供水站	163	3.95		
			小计	325	3.75		
		黄河水	科技工业园供水站	325	3.1		
	王高工业园	长江水	润圣管道	197	3.55	394	
		黄河水	润圣管道	197	2.80		
	合计	弥河水		1 300	0.65	6 034	
		长江水		2 141	3.40		
		黄河水		2 593	2.40		

弥河地表水受供水保证率限制，枯水年份水量不足，南水北调工程通水后应首先考虑用长江水、黄河水和弥河地表水替代地下水，以长江水、黄河水提高地表水供水的可靠程度，相机取用弥河地表水。综合比较方案一、二、三、四及方案五五种方案综合水价计算结果，考虑工业用水保证率要求较高，弥河地表水可供水量按95%保证率可供水量1 300万 m^3，推荐方案五计算结果，由此确定综合水价为2.38元/m^3。

第四节　地表水源综合水价运行机制

寿光市地表水现有弥河水、长江水、黄河水，供水企业和供水单位有市自来水公司、龙泽水库供水公司、山东润圣水务有限公司、晨鸣集团弥河供水站、联盟集团弥河供水站、弥河管理处、引黄济青寿光管理处以及下一步的长江水原水管道建设管理单位等（以下通称“供水单位”），各供水单位均承担了相应的供水工程建设费用。为推动综合水价的实施，寿光市政府应对各地表水源原水进行统一调配，建立水费统一征缴机制，由寿光市政府负责各种地表水源原水水费的征缴工作，按实际用水量直接向用水单位或个人收取各供水单位除水处理费用以外的水费，并对征缴的水费进行统筹安排，支付地表水购买费用和长江水、弥河水供水单位不完全用水年份基本费用（非用水年份和用水量小的年份，基本费用按调水工程折旧费和管理费支付），并建立长效的水价补偿机制，结余的资金向下一年度流转，个别年份支付调水基本费用不足部分由市财政从地方留成的水资源费中解决。

第六章　规划实施效果评价

寿光市社会经济的发展依赖于水资源与水环境的支撑，但是因特殊的地理位置和快速发展的工农业生产，水资源短缺已经成为制约寿光市发展的重要"瓶颈"。长期大量地开采地下水，已经为寿光市带来了地下水漏斗区面积扩大、咸水入侵加重、水质污染等一系列的生态环境问题，严重制约了寿光市社会经济的快速发展。

地表水综合利用规划实施后，寿光市通过合理有效地利用当地地表水、引黄引江等客水资源，减少地下水资源的开发利用，供用水结构进一步优化；通过减少地下水的开采并实施雨洪回灌补源工程，咸水入侵将得到有效的改善，地下水位也可以得到逐渐的恢复，大大改善了地下水的生态系统。因此，规划实施将会为寿光市带来巨大的社会效益、生态环境效益和经济效益。

第一节　社会效益评价

一、供水水源结构进一步优化

目前寿光市供水主要依靠地下水，全市可利用地表水主要是弥河径流及其上游水库调水、引黄济青工程黄河水。寿光市地表水利用量较低，多年平均地表水供水量占总供水量的15%，同时，由于供水工程建设滞后，除年利用弥河水 2 000 万 m^3 左右外，其余弥河水和 4 650 万 m^3 黄河水（上级分配水量指标）都没有得到充分利用。

规划方案实施后，寿光市供水结构发生根本性的变化，现状年（2013 年）到规划水平年（2015 年和 2020 年），地下水供水比例由 72.5%下降到 41.2%和 27.8%，地表水供水比例由 25.9%提高到 52.5%和 65.3%，再生水分别由 0%分别提高到 6.3%和 6.9%。

规划 2015 年地表水利用量：7 594 万 m^3，其中弥河水 4 503 万 m^3，冶源水库调水 3 091 万 m^3，引黄引江水利用量 9 267 m^3，地下水利用量 10 756 万 m^3，再生水利用量 2 829 万 m^3。地表水开发利用率也由现状年的 23.5%增加到 36.2%；地下水开发利用率由 96.8%（2012 年）下降到 59.1%。

二、农村饮用水安全进一步提高

2006～2007年全国首次农村饮用水与环境卫生调查结果表明：我国农村饮用水的水源主要以地下水为主，采用分散式供水的模式，而分散式供水基本采取直接采用原水。以《生活饮用水卫生标准》(GB 5749－2006) 作为评价标准，这次调查水样中未达到基本卫生安全的超标率是44.36%；地表水超标率为40.44%，地下水超标率为45.94%。农村饮用水污染指标主要是微生物，饮水中因细菌总数和总大肠菌群所引起的水质超标率为25.92%；集中式供水中有消毒设备的仅占29.18%。目前，寿光市农村饮用水也是采用集中与分散式供水相结合的模式，以直接取用当地地下水原水为主。

根据《寿光市水资源调查评价》(2014年10月)，在评价的45处浅层水源中，达到水质Ⅲ类标准的有19处，占浅层水源的42.2%。其中，水质为Ⅱ类的有5处，占浅层水源的11.1%；水质为Ⅲ类的有14处，占浅层水源的31.1%。超出水质Ⅲ类标准的有26处，占浅层水源的57.8%。其中，水质为Ⅳ类的有10处，占浅层水源的22.2%；水质为Ⅴ类的有15处，占浅层水源的33.3%；水质为劣Ⅴ类的有1处，占浅层水源的2.2%。

在超标的26处水源中，pH超标1处，占超标水源数的3.8%；总硬度超标24处，占超标水源数的92.3%，最大超标倍数为1.44（寿光市洛城街道黄家尧水村东南700 m)；溶解性总固体超标5处，占超标水源数的19.2%，最大超标倍数为0.52（寿光市洛城街道黄家尧水村东南700 m)；氯化物超标1处，占超标水源数的3.8%，最大超标倍数为0.14（寿光市洛城街道黄家尧水村东南700 m)；硝酸盐氮超标19处，占超标水源数的73.1%，最大超标倍数为1.75（寿光市纪台镇东方东村东南180 m)。

根据调查结果，寿光市分散式供水存在着较大的供水安全风险。规划实施后，新修建的城区水厂综合考虑了冶源水库、嵩山水库、南水北调、引黄引江等多种水源联合统一供水，供水能力和供水保证率大大提高。水质经过统一净化消毒处理后，饮用水安全得到了保障，尤其是街道（乡)、镇的农村饮用水安全得到了保障，有效解决了（乡）镇自备水源，水量小、水质差等基本生活问题。

三、水资源开发利用与经济社会发展更加协调

寿光市社会经济的发展依赖于水资源与水环境的支撑，但在水资源开发利用过程中同时又对水资源自然禀赋环境产生了不利的影响。经济发展速度越快，发展规模越大，对水资源自然禀赋环境的冲击力就越大。反过来，经济发展对水资源自然禀赋环境的保护治理又提供了经济的保障和技术支持。因此，水资源的开发利用与经济社会发展的关系协调、理顺后，才能得以相互促进。

本次地表水利用综合规划主要是为寿光市的经济建设服务，遵照可持续发展的观点，正

确地把握人口、资源、环境与经济发展的辩证关系，协调处理好整体与局部、近期与长远等各种利害关系，指导地表水水资源综合开发、利用、节约和保护工作。

在不同的发展时期，满足生活和工业、农业、第三产业、生态环境用水要求，使生活、工业、第三产业和生态环境供水保证率达到95%，农业灌溉供水保证率达到50%。通过节约用水、跨区域调水、非常规水等工程和非工程措施实现各部门的协调发展，使寿光市的经济社会能按城市总体规划制定的目标发展。

第二节　生态环境评价

一、咸水入侵得到有效的遏制

根据《寿光市水资源调查评价》（2014年10月），相对于1981年，咸水入侵面积为141.16 km^2，年平均入侵速率约为4.28 km^2/a。行政区上涉及台头镇、上口镇、田柳镇、侯镇和洛城街道5个街镇。其中，侯镇咸水入侵面积最大，约为47.89 km^2；田柳镇次之，咸水入侵面积约为31.95 km^2，其次为台头镇，咸水入侵面积约为30.18 km^2；再次为上口镇，咸水入侵面积约为29.10 km^2；最小为洛城街道，咸水入侵面积约为2.04 km^2。至2014年，寿光市境内整个咸水区域总面积约为1 164.25 km^2。

咸水入侵的主要原因是地下水资源的大量开采。本规划实施后，将提高当地地表水、引黄引江等客水资源的利用率，减少地下水资源的开发利用，同时实施雨洪回灌补源工程，该区域地下水开采量将大幅度下降，地下水位逐年上升，淡水水头的抬升将有效遏制海水继续入侵的趋势。

二、地下水漏斗区水位得到逐步的恢复

根据《寿光市水资源调查评价》（2014年10月），寿光市地下水位埋深仅在南部的纪台镇存在小于5 m的区域，其他区域地下水位埋深均在5 m以上。而且在化龙镇、圣城街道和洛城街道三个区域，分别存在一个水力梯度非常大的地下水位等值线密集区，即产生了严重的地下水漏斗区。选用地下水位埋深6 m为临界值判定漏斗区，那么寿光市1981年咸淡水分界线以南基本都属于漏斗区，漏斗区面积为1 008 km^2，约占整个淡水区面积的95%，占寿光市总面积的61%。

本规划实施后，一方面通过地表水置换地下水源，减少地下水的开采，另一方面通过引弥回灌补源工程，人工增加了地下水补给量。地下水位将会逐步抬升，漏斗区面积将会逐步减小。

三、环境效益

根据《寿光市水资源调查评价》(2014 年 10 月)，对寿光市 4 个水功能区 5 个监测断面进行水质评价，评价河长 184.5 km。其中，1 个水功能区达标，其他 4 个水功能区现状水质均为劣 V 类，未达标。

随着本规划的实施，寿光市工业污水处理能力将进一步加大。再生水等非常规水源得到了有效利用，再生水利用量将由现状年的 400 万 m^3/a 提高到 2015 的 973 万 m^3 和 2020 年的 2 050 万 m^3/a。再生水的回用率将达到 30%左右，极大地减少了污水和再生水的排放量，对水功能区的水环境将起到改善作用，并使其得到有效的管理和保护。

第三节　经济效益评价

水是基础性的自然资源和战略性的经济资源，是生态与环境的控制性要素。规划实施后，将有效推动寿光市经济的发展。一是水资源的合理开发利用极大地提高了工厂企业的生产用水保证率，改善了投资环境，促进了招商引资；二是地表水资源的综合利用，特别是长江水客水资源的大幅利用，必将有效促进水利工程的良性运转，更好地发挥工程的经济效益；三是规划的实施将带来众多水利工程建设，不仅能够拉动内需，促进消费大幅提升区域国民经济生产总值，而且能够提供大量的就业机会，增加居民收入。

第七章 地表水综合利用保障措施

一、加快水资源开发利用相关工程建设

1. 完善南水北调续配套工程建设

到2015年，寿光市共可引客水9 650万m^3，其中可调引黄河水4 650万m^3，可调引长江水5 000万m^3，这些客水资源对缓解寿光市水资源短缺具有极其重要的作用。2013年底，南水北调干线已经实现通水，寿光市需要尽快完善南水北调续配套工程，加快清水湖水库和龙泽水库的水库主体、取水口门泵站、引水渠道等工程的建设。

2. 加快地表拦蓄工程建设

重点加快弥河下游的北外环路弥河桥杨庄橡胶坝—半截河拦河闸段北孙云子村、张家北楼村、兴旺庄三处拦河闸的建设，提高地表水的拦蓄能力。

3. 加快非常规水利用工程建设

寿光市可利用的非常规水主要包括雨水、海水淡化水和再生水。

雨水利用方面，农村地区要统筹布局开展小水窖、小水池、小塘坝、小泵站、小水渠等“五小水利”工程建设。城市要完善屋顶雨水拦蓄、道路雨水与污水分离、公园绿地蓄渗等配套工程建设。

海水淡化方面，加快海水淡化相关工程的建设进度，出台相关扶持政策。

再生水利用方面，强化污水处理与回用工程建设，提高污水处理回用率。坚持污水集中与分散处理相结合的原则，加快城镇污水收集管线及再生水回用配套工程（如再生水厂、再生水输水管线等）建设。将再生水作为对水质要求不高的工业（如电厂、化工厂等）、农业灌溉、园林灌溉、生态和环境用水等，提高中水利用率。

二、加强水资源节约利用

1. 加强工业节约用水

一是强化工业用水项目源头管理，取水量较高的新建和改扩建工业项目必须制定节水措

施。工业节水设施项目必须与主体工程同时设计、同时施工、同时投入运行。对重点水资源保护区、缺水地区要严格限制引进和新上高污染、高耗水工业项目。二是采用先进的节水工艺，提高循环冷却水的浓缩倍数和重复利用率。三是逐步淘汰落后的高耗水工艺、设备和产品，研究开发先进的节水工艺，督促企业进行生产工艺节水改造。四是加大企业节水投入力度，增加水质处理工艺，使企业的排水在处理达标排放的同时进一步深度处理，实现工业企业自身污水回用。五是严格用水器具市场准入制度，执行国家用水器具及用水设备的标准，规范和清理整顿用水器具的生产及经营秩序，落实国家工业节水鼓励类、限制类和淘汰类产业政策，推荐使用节水型技术、节水设备（产品），扩大节水产品的市场份额。六是定期开展企业水平衡测试，掌握企业用水水平，及时发现用水存在的问题，并采取相应措施，不断提高工业企业用水水平。

2. 加强生活节约用水

一是加强城市管网维修管护，加强市政用水的管理，减少和杜绝跑、冒、滴、漏等现象，降低管网漏损率。二是建立节水器具市场认定和准入制度，对节水产品进行测试认证，凭证进入市场；同时对生活用水器具进行节水改造，提高节水器具普及率。三是居民小区或学校政府机关等单位安装中水管道系统，实行分质供水。中水管道系统实行与主体工程“同时设计、同时施工、同时投入使用”的“三同时”制度。四是利用各种宣传媒体，加强节水宣传工作。

三、加强农业节约用水

目前寿光市用水大户仍然是农业用水，而农业用水的85%是灌溉用水，因此节水首先要在农业节水，特别是灌溉用水上做文章。应因地制宜地发展各项农业高效用水技术的综合集成，形成从水资源管理、经输水和配水到水分转化整个过程的技术体系，最大限度地减少农田灌溉各个环节水的损失，提高水资源的总体利用效率，才能实现真正意义上的农业高效用水。

寿光市应在全面节水的基础上，着重提高水的利用率和生产效率，在保证粮食安全的前提下，争取做到农业用水的零增长。大中型灌区续建配套与节水改造工程坚持高起点、高标准、高质量、高效益，既要考虑当前条件，又要兼顾今后发展，注重长期效益，采用先进的节水灌溉技术；对已有低标准的节水灌溉工程，在尽量不损害原有运行较好的工程的前提下，进行技术改造；因地制宜、量力而行、注重实效，依据当地条件，合理选择节水灌溉形式和管理模式。

1. 节水灌溉综合技术

灌溉用水主要包括水资源调配、输配水、田间灌水和作物吸收等四个环节。在各个环节采取相应的节水措施，组成一个完整的节水灌溉技术体系，包括水资源优化调配技术、节水灌溉工程技术、农艺及生物节水技术和节水管理技术。其中，节水灌溉工程技术是该技术体系的核心，已相对成熟并得到普及，其他技术相对薄弱，急需加强研究开发和推广应用。

（1）农业用水优化配置技术

农业用水水源包括降水、地表水、地下水、土壤水以及经过处理符合水质标准的回归水、微咸水、再生水等。通过工程措施与非工程措施，优化配置多种水源，是实现计划用水、节约用水和提高农业用水效率的基本要求。

积极发展多水源联合调度技术。大力推广各种农业用水工程设施控制与调度方法，高效使用地表水，合理开采地下水，在时间上和空间上合理分配与使用水资源，发展“长藤结瓜”灌溉系统及其灌溉水管理技术，实现“大、中、小，蓄、引、提”联合调度，提高灌区内的调蓄能力和反调节能力。逐步推行农业用水总量控制与定额管理。加快制定各地区不同降水年型农业用水总量指标和不同灌水方法条件下不同作物灌溉用水定额，合理调整农、林、牧、副、渔各业用水比例。建立与水资源条件相适应的节水高效农作制度。提倡发展和应用适水种植技术。根据当地水、土、光、热资源条件，以高效、节水为原则，以水定作物，合理安排作物的种植结构以及灌溉规模。限制和压缩高耗水、低产出作物的种植面积。发展井渠结合灌溉技术。推广和应用地表水、地下水联合调控技术；提倡井渠双灌、渠水补源、井水保丰；重视地下水采补平衡技术研究。发展土壤墒情、旱情监测预测技术。加强大尺度土壤水分时空变异规律研究和土壤墒情与旱情指标体系研究；积极研究和开发土壤墒情、旱情监测仪器设备。

（2）高效输配水技术

农业用水输配水过程中的水量损失所占比重很大，提高输水效率是农业节水的主要内容。因地制宜应用渠道防渗技术。对输水损失大、输水效率低的支渠及其以上渠道优先防渗；提倡井灌区无回灌补源任务的固定渠道全部防渗；提水灌区推广渠道防渗。发展管道输水技术。改造较小流量渠道时优先采用低压管道输配水技术；在高扬程提水灌区和有发展自压管道输水条件的灌区，优先发展自压式管道输水系统。推广采用经济适用的防渗材料。提倡使用灰土、水泥土、砌石等当地材料；推广使用混凝土和沥青混凝土、塑料薄膜等成熟的渠道防渗工程常用材料；鼓励在试验研究的基础上，使用复合土工膜、改性沥青防水卷材等土工膜料以及聚合物纤维混凝土、土壤固化剂和土工合成材料膨润土垫等防渗材料；加强不同气候和土质条件下渠道防渗新材料、新工艺、新施工设备的研究；加强渠道防渗防冻胀技术的研究和产品开发。发展防渗渠道断面尺寸和结构优化设计技术。大、中型防渗渠道宜采用坡脚或底面为弧形的非标准形断面，小型渠道宜采用U形断面；中小型渠道宜采用混凝土防渗衬砌石，提倡采用标准化设计、工厂化预制、现场装配技术。积极发展渠系动态配水技术。发展和应用实时灌溉预报技术；加强灌区用水管理技术的研究与应用，提倡动态计划用水管理。加快发展灌区量测水技术。鼓励研究、开发与推广精度高、造价低、适用性强、操作简便、便于管理和维护的小型量水设备。发展输水建筑物老化防治技术。积极研究输水建筑物老化防治技术、病害诊断技术和防腐蚀、修复、堵漏技术；加快发展输水建筑物加固技术和产品的开发。

（3）田间灌水技术

田间灌水既是提高灌溉水利用率的最后环节，又是引水、输水和配水的基础，改进田间灌水技术是农业节水的重点。改进地面灌水技术。推广小畦灌溉、细流沟灌、波涌灌溉；合理确定沟畦规格和地面自然坡降，缩小地块；推广高精度平整土地技术，鼓励使用激光平整土地；科学控制入畦（沟）流量、水头、灌水定额、改水成数等灌水要素。淘汰无畦漫灌。大力推广以稻田干湿交替灌溉技术为主的水管理技术。提倡水稻灌区格田化和采用水稻浅湿控制灌溉技术；推广水稻泡田与耕作结合技术；发展水稻“三旱”耕作与旱育稀植抛秧技术；淘汰水稻长期淹灌技术；杜绝稻田串灌串排技术；积极研究稻田适宜水层标准、土壤水分控制指标、晒田技术及相应的灌溉制度。因地制宜发展和应用喷灌技术。积极鼓励在经济作物种植区、城郊农业区、集中连片规模经营的地区应用喷灌技术；优先推广轻小型成套喷灌技术与设备；在山丘区或有自压条件的地区，鼓励发展自压喷灌技术；积极研究和开发低成本、低能耗、使用方便的喷灌设备。鼓励发展微灌技术。在果树种植、设施农业、高效农业、创汇农业中大力推广微喷灌与滴灌技术；提倡微灌技术与地膜覆盖、水肥同步供给等农艺技术有机结合；鼓励在山丘区利用地面自然坡降发展自压微喷灌、滴灌、小管出流等微灌技术；鼓励结合雨水集蓄利用工程，发展和应用低水头重力式微灌技术；积极研究和开发低成本、低能耗、多用途的微灌设备。在春旱严重、后期天然降水基本可满足作物生长需要的地区，大力推广坐水种技术。鼓励研究和开发造价低、性能好、效率高的复式联合补水种植机具。鼓励应用精准控制灌溉技术。提倡适时适量灌溉；加强农作物水分生理特性和需水规律研究；积极研究作物生长与土壤水分、土壤养分、空气湿度、大气温度等环境因素的关系。缺水地区大力发展各种非充分灌溉技术。提倡在作物需水临界期及重要生长发育时期灌“关键水”技术；鼓励试验研究作物水分生产函数；研究作物的经济灌溉定额和最优灌溉制度；加强非充分灌溉和调亏灌溉节水增产机理研究；研究和运用控制性分根交替灌溉技术。

（4）生物节水与农艺节水技术

生物措施和农艺措施可提高水分利用率和水分生产率，节约灌溉用水量，是农业主要节水措施。鼓励研究和应用水肥耦合技术。提倡灌溉与施肥在时间、数量和使用方式上合理配合，以水调肥、水肥共济，提高水分和肥料利用率。提倡深耕、深松等蓄水保墒技术和生物养地技术。改善土壤结构，提高土壤的蓄水、保水、供水能力，增加自然降水的利用率，降低灌溉用水量。重视深耕机具的研究、开发和产业化。在土质较轻、地面坡度较大或降水量较少的地区，积极推广保护性耕作技术。加强保护性耕作技术中秸秆残茬覆盖处理、机械化生物耕作、化学除草剂施用三个关键技术的研究；加强适用于不同地区的保护性耕作机具的研制与产业化。推广田间增水技术。发展覆膜和沟播技术；加强低成本、完全可降解地膜研究；加强土壤表面保墒增温剂的研究与开发。发展和应用蒸腾蒸发抑制技术。提倡在作物需水高峰期对作物叶面喷施抗旱剂；鼓励具有代谢、成膜和反射作用的抗旱节水技术产品的研究和产业化。推广抗（耐）旱、高产、优质农作物品种。加快发展抗（耐）旱节水农作物品种选育的分子生物学技术，选育抗旱、耐旱、水分高效利用型新品种。鼓励使用种衣剂和保水剂进行拌种。加强低成本、多功能保水拌种剂、经济作物和草场专用保水剂产品和设备的研究与开发。

（5）降水和回归水利用技术

提高降水利用率和回归水重复利用率可直接减少灌溉用水量，是农业节水的最基本内容。推广降水滞蓄利用技术。积极发展不同作物、不同降水条件下田间水管理技术，推广协调作物耗水和天然降水的灌溉制度与灌水技术；在旱作农业区，推广以滞蓄天然降水为主要目的的土地平整技术和改进耕作技术；在水稻种植区，积极推广水稻浅灌深蓄技术；在干旱半干旱地区以及保水能力差的山丘区，推广鱼鳞坑、水平沟等集雨保水技术。推广灌溉回归水利用技术。积极发展灌排统一管理技术；在无盐碱威胁地区，杜绝无效退泄和低效排水的灌溉水管理技术；在灌溉回归水水质不符合灌溉水质要求的地区，积极发展“咸淡混浇”等简单易行的灌溉回归水安全利用技术。大力发展雨水集蓄利用技术。推广设施农业和庭院集雨技术；推广工程设施标准化；研究和应用雨水集蓄利用中水质保护技术；积极开发环保型、高效低价雨水汇集、保存、防渗新材料。

（6）非常规水利用技术

在研究试验的基础上，安全使用部分再生水、微咸水和淡化后的海水等非常规水以及通过人工增雨技术等非常规手段增加农业水资源。发展非常规水资源化技术。发展一水多用和分质用水技术；发展非常规水与淡水混合使用或交替使用技术；建立污水灌溉量化指标体系和咸水灌溉控制指标体系；发展非常规水利用时地下水质、地表水质、农作物产量与品质、土壤理化性状等影响监测与评价技术；加强生活污水、微咸水等排泄与处理技术的研究；积极研究与开发经济有效的非常规水处理设备与水质监测仪器。重视发展人工增雨技术。人工增雨应坚持政府领导、统筹规划、合理分配。在层状冷云及对流云人工增雨潜力区，采用人工增雨催化作业技术；建立人工增雨综合决策技术系统。适度发展海水利用技术。鼓励在养殖业或其他农副业中合理利用海水资源；加强天然淡水稀释海水浇灌耐盐作物的技术研究。

（7）节水灌溉管理技术

包括灌溉用水管理自动信息系统、输配水自动量测及监控技术，土壤墒情自动监测技术、节水灌溉制度等。其中，输配水自动量测及监控技术采用高标准的量测设备，及时准确地掌握灌区水情，如水库、河流、渠道的水位、流量以及抽水水泵运行情况等技术参数，通过数据采集、传输和计算机处理，实现科学配水，减少弃水。土壤墒情自动监测技术采用张力计、中子仪、TDR等先进的土壤墒情监测仪器监测土壤墒情，以科学制订灌溉计划、实施适时适量的精细灌溉。

2. 节水措施

(1) 以节水增产为目标对灌区进行技术改造

根据当地自然、水资源、农业生产和社会经济特点，以节水、高效为目标，对灌区实施“两改一提高”，即改革灌区管理体制，改造灌溉设施和技术，提高灌溉水的有效利用率。重点放在现有大型灌区渠道防渗、建筑物的维修、更新和田间工程配套等节水技术改造上。

(2) 因地制宜加快发展节水灌溉工程

在节水增效示范项目的建设中，因地制宜地分别推广发展工程节水措施；在山丘区因地制宜建设集雨水窖、水池、水柜、水塘等小型集雨工程，努力缓解水资源供需矛盾。

(3) 加强用水定额管理，推广节水灌溉制度

在加强工程管理的同时，制定各农作物的用水定额，根据灌溉定额灌溉水量，实行控制。积极推广和研究节水灌溉制度，把有限的水量集中用于农作物用水的关键期，以扩大灌溉面积，使灌溉总体效益最大。重点推广用水计量设备，力争实行按亩配水，按方收费。

(4) 平田整地开展田间工程改造

地面灌溉仍是我省目前采用最多的灌溉方式，预计今后相当长的一段时间内，仍将占主导地位。据分析，地面灌溉用水损失中，田间部分损失占35%左右，说明田间节水潜力很大。造成田间用水损失的原因是畦块过大，田块大平小不平，致使灌水不均匀，深层渗漏严重。实施田间工程改造投资省、效益大，节水增产效果良好。

(5) 大力推广节水农业技术

各种节水工程技术只有与相应的节水农业技术相结合，才能发挥综合优势，达到节水、高产、优质、高效的最终目标。节水农业技术措施包括抗旱节水品种、地膜覆盖、秸秆覆盖、少耕免耕、节水增产栽培、农业产业结构调整等，都具有投资省，节水、增产效果显著，技术成熟等特点，推广前景广阔。

(6) 积极发展节水综合技术

节水灌溉综合技术的目标不但要提高灌溉水的利用率，而且也要使灌溉水的生产效率得到提高，真正起到节水增产的作用。因此，节水灌溉技术应当与现代工程技术、农业技术和节水管理信息技术因地制宜地进行有机结合、集成，形成节水高效的节水灌溉综合技术体系，并在大面积上推广应用。

3. 优化农业种植结构

根据寿光市2002～2011年间的统计资料记载，寿光当地主要种植的作物可以分为粮食(包括小麦、玉米、豆类、薯类等)、油料、棉花、蔬菜(含菜用瓜)、水果(含干果)以及其他作物等六类。2002～2011年间，寿光市以上六类作物的总面积由2002年的2 051 145亩

增加到2011年的2 575 012亩，总的种植面积增长了1/4。由于蔬菜是寿光市发展的一个农业主导产业，其种植面积在不断增加，蔬菜大棚的数量也是逐年增加的，而蔬菜种植对水的依赖性较大，蔬菜种植面积的加大将增加地下水的使用量。近年来，寿光市的地下水持续下降，已经出现了较大范围的地下水漏斗区，地下水位最大埋深已经达到60多米，为了解决这一问题，必须调整优化寿光市农业种植结构。

（1）结合自然条件，因地制宜发展节水农业

要调整农业种植结构，首先要准备把握当地的自然条件，包括分析好气候、特点以及水利条件：①气候特点对农作物的生长有着重要的影响，在节水农业发展中，应结合当地气候属性、降水特点、降水的时空分布特点、光照、温度等选择合适的作物，除此之外，还要结合地貌地形特点并做好耕地的规划；②水利条件，要结合现有的水库、河流合理规划灌溉方式，压制地下水的开采。

（2）减少耗水农作物的种植面积

不同农作物的需水量不同，要发展节水农业就要减少水的无效损耗，因而应做好作物需水量的分析，供给作物充足的水分，但同时尽量减少灌溉水的浪费。另外，减少耗水农作物的种植面积对节水来说也是十分必要的。将耗水农作物替换成耐旱农作物进行种植，同时减少其种植面积。

（3）提升农业种植科技含量

调整农业种植结构需要运行多种农业技术，为了提升作物产量，取得良好的经济效益，应结合地区自然、经济、技术条件培育抗旱作物品种；为了减少水资源浪费和改善作物生长环境，需要针对寿光当地作物特点采用和改进地膜覆盖技术。调整农业种植结构有赖于较高的农业技术水平。

综上所述，应适当压减依靠地下水灌溉的小麦种植面积，改种玉米、棉花等低耗水农作物，鼓励改种青贮玉米、苜蓿等饲草作物，探索走出一条节水压采稳粮的农业种植结构调整之路。

三、加强水资源管理

1. 完善水资源管理体制

一是建立完善的流域管理与行政区域管理相结合、符合自然规律的水资源管理体制，出台《寿光市区域水量调度管理办法》，建立区域水资源统一调度的制度，使区域水资源统一调度步入规范化和法制化轨道，需要考虑成立“水资源调配中心”，对全市的水资源进行统一管理，统一调配。调配中心主要根据本区域内的实际情况，制定合理的水量分配方案，在总量控制和以供定需的约束下，对区域内水资源进行分配。

二是积极探索建立与区域经济社会发展水平相适应的节水管理体制，建立健全节水机

构。综合采取法律、行政、经济、技术等手段，对取水、供水、用水、排水及污水处理回用实行全过程管理，充分发挥市场机制和价格杠杆在水资源配置、水需求调节和水污染防治等方面的作用。

三是推进水资源预警管理工作，对区域内的重点地表蓄水工程、地下水水源地以及各类水功能区实行“红色”“橙色”和“黄色”预警管理，保障供用水安全和水环境安全。

2. 落实最严格水资源管理制度

一是严格三条“红线”控制管理制度，通过建立健全科学完备的监测体系，获取准确、真实、有效的监测数据，加强对用水总量、重点用水户和水功能区水质的监测。

二是严格水资源管理责任考核，各级组织部门把水资源管理纳入当地科学发展综合考核体系；依法落实地方行政首长负责制，把考核结果作为评价各级政府执政能力和发展实绩的重要依据。

3. 严格执行取水许可及水资源论证制度

一是严格执行取水许可制度，推进取水许可规范化管理，严格执行取水许可总量控制，限制不合理用水需求。严格控制高耗水行业取水许可审批，新、扩、改建项目应当符合低耗水、低污染要求，对耗水量大、用水效率低、水污染严重的建设项目不予审批，对已批准的建设项目，节水设施要与主体同时设计、施工和验收。

二是严格执行建设项目水资源论证制度，规范建设项目取用水合理性和配套的节水技术与措施论证，对高耗水、高用水、重污染等行业项目进行严格论证。完善建设项目水资源论证后评估制度及责任追究制度。

三是全面加强规划水资源论证制度，完善国民经济和社会发展规划、城镇发展规划、工业园区等重大建设项目布局的水资源论证工作，推动水资源论证的着力点尽快从微观层面转入宏观层面，从源头上把好水资源开发利用关。

四是完善计划用水制度，将直接从江河湖泊或地下取水的用水户以及公共供水管网中的用水大户纳入计划用水管理，扩大计划用水覆盖范围。按照省市制定的各行业相应定额，严格执行按定额取水，实行超定额累进加价制度，用经济杠杆控制超定额浪费水现象，完善计划用水制度建设。

4. 建立综合水价制定和运行机制

根据“优先利用地表水、积极利用客水、限制开采地下水、鼓励回用再生水和综合利用海水、微咸水、矿坑水”的用水政策，针对不同的水源成本，结合寿光市的实际状况，制定多水源配置下的合理的综合水价。

为推动综合水价的实施，寿光市政府应对各地表水源原水进行统一调配，建立水费统一征缴机制，由寿光市政府负责各种地表水源原水水费的征缴工作，按实际用水量直接向用水单位或个人收取各供水单位除水处理费用以外的水费，并对征缴的水费进行统筹安排，支付地表水购买费用和长江水、弥河水供水单位不完全用水年份基本费用（非用水年份和用水量小的年份，基本费用按调水工程折旧费和管理费支付），并建立长效的水价补偿机制，结余的资金向下一年度流转，个别年份支付调水基本费用不足部分由市财政从地方留成的水资源费中解决。

5. 建立水资源市场调节机制

建立健全水资源市场交易机制，通过明确水权分配制度，培育水交易市场，通过水权交易来实现用水指标的合理配置和调节。

6. 做好农业和生态补偿

针对寿光市水资源短缺的状况，要优先保障生活生产用水，不可避免地要挤占部分农业和生态用水。由于挤占了农业和生态用水，这就不可避免地对农民的收入和自然环境污染带来一定的风险，有必要对农业生产和生态环境进行补偿，给予资金上的支持，提高其收入水平，增强其抵抗风险的能力。

7. 做好应急供水方案

由于气候条件影响，寿光市容易发生干旱灾害；同时由于水源条件的劣势，更多水源依赖于客水资源（包括黄河水、长江水、冶源水库和嵩山水库水），区域当家水资源较少。为了保障寿光市的供水安全，需要做好应急供水方案，若发生极端干旱或者严重水污染事件，需要开启地下水作为应急备用水源。

四、加强水资源保护

1. 加大生产生活污废水的处理力度

一方面大力发展循环经济，培育节水型企业和工业废水“零排放”企业。另一方面加快污水管网建设，做到污水收集系统全覆盖，实现污水全处理，污水处理厂处理后的中水必须全部达标。外排的中水通过建设人工湿地提升水质，减少环境负荷。

2. 加快河流综合治理工程建设

积极推进河流综合治理工程建设，通过河道疏浚、岸坡整治、生态修复等措施，在提高防洪排涝能力的同时，着力解决河道淤积堵塞、功能退化、水体污染等突出问题，提高水体环境承载力。

3. 加强地下水资源的保护

针对寿光市北部海水入侵、南部地下水漏斗的现状，要切实加强地下水保护方面的工作。一方面要限制地下水的开采，集中开采或者企业自备的地下水井要逐步关停，用地表水进行水源替换。另一方面，通过有效拦蓄当地雨水、调引弥河雨洪水，回灌地下水。